基于估计理论的大气资料同化引论

——大气的状态估计

朱国富 著

内 容 简 介

本书是关于“大气的状态估计”的著述，直接连接估计理论和大气资料同化，包括大气状态估计的理论和应用，阐述了实际应用在分析同化基本方法中属于状态估计的估计理论。

本书介绍了大气资料同化的源起、发展史、数学理论基础、学科一般内容和系统研发实例。其中，阐明了大气资料同化是一门独立的科学学科；特别是依据其历史发展进程，阐明它的含义是“分析功能、更新形式及资料四维同化内涵的统一体”，注重其理论基础，阐明随机变量是大气资料同化成为一门科学的根本概念。

本书最为着重逻辑和内容的“来龙去脉”和“框架性理解”以及“循序渐进”的思维方式，突出知识理论的“学以致用”，然后是具体内容的“力求准确”。

本书最适合的读者对象是资料同化领域的学生和研发新人，也可作为注重数学方法的应用技能、特别是估计理论方法应用的参考。

图书在版编目(CIP)数据

基于估计理论的大气资料同化引论：大气的状态估计/朱国富著. ——北京：气象出版社，2020.5

ISBN 978-7-5029-7163-2

Ⅰ.①基… Ⅱ.①朱… Ⅲ.①数值天气预报 Ⅳ.①P456.7

中国版本图书馆 CIP 数据核字(2020)第 049238 号

Jiyu Guji Lilun de Daqi Ziliao Tonghua Yinlun—Daqi de Zhuangtai Guji

基于估计理论的大气资料同化引论——大气的状态估计

出版发行：气象出版社
地　　址：北京市海淀区中关村南大街 46 号　**邮政编码**：100081
电　　话：010-68407112(总编室)　010-68408042(发行部)
网　　址：http://www.qxcbs.com　**E-mail**：qxcbs@cma.gov.cn
责任编辑：王萃萃　**终　　审**：吴晓鹏
责任校对：王丽梅　**责任技编**：赵相宁
封面设计：博雅思企划
印　　刷：三河市君旺印务有限公司
开　　本：787 mm×1092 mm　1/16　**印　　张**：12.75
字　　数：385 千字
版　　次：2020 年 5 月第 1 版　**印　　次**：2020 年 5 月第 1 次印刷
定　　价：68.00 元

在本书付梓之际，惊闻我的恩师于2020年5月1日下午2点离开了我们……

谨以此书致敬北京大学物理学院大气与海洋科学系教授陈受钧老师！纪念他为我国业务数值天气预报做出过的贡献！

前言

这本书出自自己在大气资料同化领域的一线研发经历和经典文献阅读。没有研发实践的体会和思考，只是阅读了文献，或是，没有经典文献阅读，只有一线研发经历，我都同样写不出这本书。也因此，这本书尤其试图着重认识和实践、理论和应用的直接连接，试图结合研发实践来突出知识、理论的“**学以致用**”；例如，书中多处凸显了“数学是如此重要”的示范性例子。

写这本书时，时常想到一些难忘的经历和感受。时逢自主研发新一代中国气象数值预报模式体系，我有幸在 2001 年 4 月进入中国气象局组建的数值预报创新基地，初入旨在业务应用的 GRAPES(Global/Regional Assimilation and PrEdiction System)变分同化系统的研发工作；那时苦于少有中文的比较系统、又易读易懂的相关文献。近些年来，在自然基金评审和期刊科技论文审稿时，不时感到有些申请人和作者对资料同化的理解不够准确。又有，几年前，单位的“民主生活会”上，有年轻职工提到自己的感受：业务应用的资料同化比较复杂且专业性强，在学校和科研院所学习时接触很有限，如果有贴近实际工作的专业培训，那对研发新人就会有直接帮助。因此，这本书最为明确的是它的定位：希望它能成为资料同化领域的适用于学生的教材和研发新人的培训材料。

所以，旨在写成这样的一本书：

• 它是一本“**引论**”，在内容上重**来龙去脉**，在形式上**以问题引导**来渐进式展开。如，整个书的内容结构是：大气资料同化源起于哪里？它有着什么样的前世今生？为什么说它已发展成为一门独立的科学学科？你想看看一个同化(软件)系统的研发实例吗？再如，具体到一种同化方法的软件系统实际研发，它包含**最基本**的三个方面，依次是：**理解**上清楚“是什么”，**实施方案**上研究“怎么做成”，**编程实现**上“如何开发”。

• 突出注重“**理解**”。①力求有理论支撑的应用，也因此本书的冠名中“基于估计理论”意在凸显大气资料同化已发展成为有数学理论基础的一门科学；②力求有原理指导的实践，例如：变分同化方法原理中所用假设条件对指导业务同化系统研发实践的意义(参见 5.1.3 节)；③引导认识上的简单相通、内在联系，如分析同化基本方法中的等价性特征和共性特征；④力求准确地理解(特别是有着应用意义的)基本的概念和术语，如“初猜场”“背景场”和“先验信息”的明确及区分(参见 2.8 节)，“参数估计”和“状态估计”的对比参照理解(参见 3.6.2 节和 3.6.3 节)。

• 力图凸显理论与应用直接连接、知识与实践密切结合的**应用技能**。例如：**随机变量**概念的实际应用意义(参见 3.1.3 节)；**中心极限定理**在资料同化中的实际应用(参见 3.3.2 节)；与大气资料同化相关的**状态估计**(参见 3.6.3 节)，与分析同化基本方法直接连接的状态估计方法，特别是大气状态统计最优估计的**经典简单例子**(其线性最小方差估计方法与目标函数方法)中简单而深刻的一般意义(参见 3.7 节)。

• 试图“**层层递进**”地阐述。例如第 2 章“从‘客观分析’到‘资料同化’”，其中的 2.3—2.7 节从“**当时**

提出”的角度介绍资料同化发展进程中历经的各基本方法，2.8 节从(发展到今天的)“**现在评述**”的角度阐述各基本方法之“基本”的意义，2.9 节从“**脉络梳理**”的角度阐明这些基本方法之累积精进的内在发展逻辑。再如 3.1.2 节从**随机变量**的角度介绍均值和众数，3.7.2 节以**简单例子**介绍线性最小方差估计方法和目标函数方法，3.7.5 节从**实际应用**的角度阐述大气状态估计的最优插值/集合卡尔曼同化和变分同化。这些虽然是有内容重复，但希望能让读者感到更是有着彼此间相互联系的层层递进。

• 力求**少用数学公式**，力求用公式时是用来说明文字、而不是用文字来说明公式，力求公式服务于理解概念和说明来龙去脉、而不是相反，以图对内容的“**框架性理解**”。不过，因为资料同化是基于数学理论基础的，还是有许多数学推导和公式表示；特别是实操性的同化系统具体研发，更是首要清晰理解公式、然后必须做到**公式与代码程序的一一对应**，例如，在研发实例的最后三章，第 5 章中的最优化算法和第 6 章中的控制变量变换其本身就是数学的表示形式，第 7 章中的编程实现就是依据目标泛函及其梯度的计算公式和极小化算法才能编写程序。

此外，文中有许多“参见×××节”之类的地方，是为了便于前后相关知识的连接；使用了不同的字体，是为了助于重要词义的凸显和区分；还用了小字号的内容，是为了增加一些可具体化的注释和说明。希望这些有益于读者的阅读理解。

总之，这本书是写给学生的，所以特别注重理解，包括框架性的学科内容、来龙去脉的知识、出处清晰和界定准确的基本概念和术语、简单例子的示范，等等。

这本书是写给研发新人的，所以力图凸显理论和知识的应用技能，(多处、甚至逐层地)力图展现整体的思路、清晰的逻辑、严谨的过程、循序渐进的思维方式等(如：观测的引入和观测算子的三个基本功能、观测信息的传播和 $\boldsymbol{B}$ 矩阵的作用，变分同化方法在应用中的整体理解及其四个基本环节，软件系统编程实现的四个连贯环节，以及其中的代码正确性检验环节的可以规范化步骤，等等)；深感，不论是系统的自主研发(必须整体理解)，还是系统的针对性研发(要清晰在整体中的位置)，整体思路、清晰逻辑和严谨过程，相对于具体知识，不仅是更前端和必要的，而且比结果本身重要，因为它们才保障可能得到可靠的好结果。

这本书也是写给自己的。书中 7.4.5 节“单个观测的理想试验测试”用到的图 7.4.1($\boldsymbol{B}$ 矩阵中多变量之间的水平相关的解析模型)是在 2001 年做出的。当我找到这张图时深有感触：严谨扎实做事所出来的东西能长久地属于自己；过去的工作不会虚无、白费。唯有扎实工作感知真实、能识真实；生命为感知而存在，此言极是。

希望这本书能传递一些学以致用的触动、循序渐进的思维、面向实际问题做科研的意识，以及具体化的科学上严谨和工程上扎实的科研素质。

限于自己的水平，加之许多内容出自自己研发实践的体会和思考，难免有不对、不足、不妥的地方，热忱欢迎读者指正。

这本书写出来了。此时此刻，首先想到的是薛纪善研究员和丁一汇院士。感谢薛纪善研究员，是他让我“有能力写这本书”；感谢丁一汇院士，是他让我“能写出这本书”。

薛纪善研究员当初说的一句话“人一生能做出的有意义、有价值的事其实是很少的几件”，让我在 2001 年决心和有幸加入了中国气象局数值预报创新基地 GRAPES 团队，成为它的首批成员之一，参加 GRAPES 变分同化系统的自主研发；这句话，更是触动和守持了我一生的价值观，也成了后来写这本书的内心动力。GRAPES 同化系统研发之初，他带着我一起到北京大学一位叶教授的家中去请教(当时对大家来说还都是陌生的)最优化原理和方法。在这个研发过程中,他指导我、和我并肩战斗编写出来三次样条方法的伴随码,由此一系列地实施成就了分析质量场位势高度和温度的可选、观测温度同化的实现及其在卫星辐射率同化模块中接入后温度廓线的更准确性计算;他的想法启发我开展了同化方法的新探索,由此我完整地独立完成了结合三维变分与集合卡曼滤波二者优势的同化系统研发……因此,想到薛纪善研究员,感知什么是真实的科技领军人物和什么是真实的团队;这就是,从中想到自己与事业发展共赢的一步步成长,想到 2001 年 4 月到位的 GRAPES 团队的 14 位首批成员:薛纪善,陈德辉,沈元芳,金之雁,张华,徐国强,杨学胜,庄世宇,胡江林,朱国富,伍湘君,张红亮,黄丽萍,王世玉(博士后),还想到在一起有过的激情岁月。想得历历在目之时,会禁不住热泪润湿眼睛。深以为,我们应该记住这些人、这些事、这段岁月!

未曾也没敢想过写这本书,是直接受到丁一汇院士的鼓励才想到了!他看到我写的一篇关于同化的稿件,鼓励我说:写一本“深入浅出”的书,讲清楚资料同化。这句话是写这本书的第一推动力,而且让我也有了“如何来写这本书”的指导思想。限于自己的水平,不一定“深入”;出于一线研发实践的认识,力求“浅出”。来自研发实践的深切体会是:认识上要“清晰简单”,实践上要“细致不简单”;这才是严谨扎实,才可能把事情做好。

我要特别感谢我的家人。感谢夫人,她以我们都认同的价值观一直支持我,坚定了我要把这本书写出来的决心;写书的最后一章时,没有已备的原料,是在回忆多年前的研发情形中“掏空”自己和进行梳理,加之搜阅针对性素材来进行编写,所以没有快写出来的兴奋,而是感到疲惫和烦躁。这时候是夫人鼓励和给予我“最后一公里”的坚持;她还是有些文稿的第一读者,帮我指出和修改表述方面的问题。感谢孩子,他的阳光、正直总激励我应该做一些有价值和有意义的事情。

最后,感谢我父母,感谢我的硕士导师张玉玲教授和博士导师陈受钧教授;感谢我的母校,深深感谢他们在心灵深处灌输给我的执念、教育和追求。

朱国富

2019 年 10 月

导 读

这本书的主旨是试图“讲清楚大气资料同化”。这涉及：为什么说发展到今天的大气资料同化有了自己**独立**的明确含义？为什么说大气资料同化已成为一门**科学**？为什么说现在的大气资料同化是一门**学科**？由此，来理解“大气资料同化是将**不同时刻**的各种**观测**资料通过大气**动力**数值**模式**在一起进行融合来**最优地估计**大气状态的理论和方法”，阐明“大气资料同化是一门**独立的科学学科**”。也因为这些内容，希望这本书能成为资料同化领域和特别适用于学生或研发新人的教材或培训材料。

讲清楚“资料同化有了自己**独立**的明确含义”需要从“客观分析”到“资料同化”；也就是，只有在从“分析”到“同化”的历史**发展**进程中才能清晰和准确地理解资料同化的来龙去脉和它的明确含义。在这个历史发展进程中先后经历了多项式函数拟合方法、逐步订正方法、最优插值方法、变分方法和集合卡尔曼滤波方法等分析同化**基本方法**；现在资料同化是“**分析**”功能、“**更新**”形式和“**同化**”内涵的统一体。这个历史进程有着一个**在认识上极其简单清晰**的内在发展逻辑——这就是**上下承接**和**循序渐进**两个基本特征，呈现为一个经典的**累积精进**的范例。这些构成了第 2 章的内容，涉及资料同化的**发展史**，阐述了资料同化的前世今生。

“客观分析”源起于数值天气预报（NWP：Numerical Weather Prediction）的初值形成。尽管发展到今天的资料同化已成为一门独立的科学学科，但直至现在它的一个重要用途仍然是为 NWP 提供初值；而且，现在资料同化中的伴随方法和集合方法与 NWP 的“集合预报”和“交互式预报”使得资料同化和 NWP 二者相贯通；此外，资料同化所用的背景场和欲求的分析场都属于 NWP 的（离散化的）状态空间。因此，专门用一个章节来概述数值天气预报，这就是第 1 章的内容。如果读者的关注点只是在资料同化，可跳过这一章，直接到第 2 章。

“大气资料同化成为一门**科学**”基于**随机变量**，也就是，随机变量是大气资料同化成为一门科学的根本概念；正是基于随机变量使得**概率论**和**数理统计**成为资料同化的数学理论基础，于是让**尽可能准确**地确定大气状态的分析问题成为**最优地估计**大气状态的估计问题，使资料同化方法基于状态估计的**估计理论**成为**统计最优估计方法**，并有了**最大后验估计**和**线性最小方差估计**的两种代表性方法，从而以概率最大或以方差最小为最优标准得到**众数**或**均值**，作为大气状态的最优估计即分析场。这就是第 3 章的内容。

大气资料同化有其基本内容而“能够作为一门**学科**”。它的学科**基本内容**，除了上述的发展史、基本方法、数学理论基础之外，还包含了不限于某种具体同化方法的**一般内容**，依次是：“‘分析’一经提出其**问题是什么**”“资料同化的**输入是什么**”“资料同化**如何得以实施**”“资料同化**对其结果有着什么内在要求**”和“资料同化算法系统**为什么要精雕细刻和如何精雕细刻**”等。这就是第 4 章的内容。第 3 章和第 4 章在一起构成了资料同化科学的数学理论基础和学科的基本内容及一般原理。

资料同化，认识上终于简单，实践上**始终**不简单！如果说以上部分是力求认识上如何简单(如它的根本概念、代表性方法、内在发展逻辑)，那么下面最后三章是试图揭示一个具体同化方法在其软件系统的研发实践上如何不简单(如处理背景误差协方差 ***B*** 矩阵的具体技术细节、业务同化系统的自主研发)；由此也通过一个具体同化方法增加对资料同化的过程了解和更全面理解。

我国自主研发的GRAPES(Global/Regional Assimilation and PrEdiction System)同化系统采用变分方案。实际上，变分同化方法从20世纪90年代起被国际上主要业务数值天气预报中心所应用。所以，最后三章以变分同化方法为例，结合GRAPES变分同化(软件)系统及其实际研发历程，阐述资料同化软件系统的**研发实例**。

依据某一同化方法，研发一个业务应用的资料同化软件系统是一个非常大的系统工程。对于任何一种同化方法的软件系统研发，都包含**最基本**的三个方面，依次是“理解性认识”“实施性方案”和“编程实现”：

• **理解性认识**是在认识论层面，清楚“是什么”，涉及对该方法的**基本原理**、**数学公式**、**实施处理**、**实现求解**的整体理解和认识；围绕变分同化的目标泛函，理解和认识它在原理上的导出、形式上的数学表达式、实施上的优化和简化、求解上的最优化下降算法(亦即“它从哪里来”“它是什么”“如何能实施它的求解”和“怎么实现它的求解”)，来构成第5章的内容。

• **实施性方案**是在可行性层面，研究“怎么做成”，涉及该方法在实际应用中的**实施困难及其处理方案**；围绕 ***B*** 矩阵的处理，包含物理参量变换和向量空间变换两个基本方案及步骤，来构成第6章的内容。

• **编程实现**是在实操层面，开发“软件系统”，涉及软件系统的编程框架**内容**、编程顶层**设计**和代码具体**编写**及其正确性**检验**四个连贯的环节；结合GRAPES变分同化系统的框架建立、**一体化和模块化**设计、**标准化**编程、**可规范化**检验，这形成第7章的内容。

至此，希望导读，不仅给这本书的阅读，也为大气资料同化的理解，提供一个清晰、连贯和比较整体的脉络。

顺便指出，“大气资料同化是将**不同时刻**的各种**观测**资料通过大气**动力**数值**模式**在一起进行融合来**最优地估计**大气状态的理论和方法”。这个描述性定义包含了：①资料同化的**目的**是得到大气状态的最优估计/尽可能准确的大气状态；②它成为一门科学的**数学理论基础**是基于随机变量和估计理论；③资料同化的**输入**是观测资料本身和支配大气运动的物理规律；④“同化”的**含义**和**途径**是“四维同化”，它表示这样的一个过程，在这个过程中不同时刻的各种观测资料通过大气动力数值模式在一起进行融合来尽可能准确地确定大气的状态；如果从预报的视角，也就是：通过分析预报循环，数值预报模式不断吸收、消化观测资料，从而使预报模式状态越来越接近真实大气的过程。

常用变量符号的一般约定

1) u, v, w, T, p, ρ, q：*无加粗的斜体*表示标量。

2) $\boldsymbol{x} = (x_1, x_2, \cdots, x_{Nx})$：离散化的模式大气状态空间向量，**小写粗斜体 $\boldsymbol{x}$** 表示**向量**，*无加粗的斜体* x 表示向量分量（某个格点上的某个物理变量）的*标量值*。

3) $\boldsymbol{y} = (y_1, y_2, \cdots, y_{Ny})$：所有观测在一起构成的观测空间向量，**小写粗斜体 $\boldsymbol{y}$** 表示**向量**，*无加粗的斜体* y 表示向量分量的*标量值*（某个观测值）。

4) $M, \boldsymbol{M}, \boldsymbol{M}^{\mathrm{T}}$：分别表示非线性预报模式，其切线性模式，该切线性模式的伴随模式。

5) $H, \boldsymbol{H}, \boldsymbol{H}^{\mathrm{T}}$：分别表示非线性观测算子，其切线性模式，该切线性模式的伴随模式。

注：在资料同化相关的外文文献中，M 和 H 的切线性模式及其伴随模式常用粗正体分别表示为 $\mathbf{M}$、$\mathbf{M}^{\mathrm{T}}$ 和 $\mathbf{H}$、$\mathbf{H}^{\mathrm{T}}$。

6) $\boldsymbol{x}_{\mathrm{b}}, \boldsymbol{y}_{\mathrm{o}}, \boldsymbol{x}_{\mathrm{a}}$：分别表示分析同化中的背景场（模式大气状态空间向量），观测（观测空间向量），分析场（模式大气状态空间向量）。

注：资料同化相关的外文文献中，常用粗正体表示为 $\mathbf{x}_{\mathrm{b}}, \mathbf{y}_{\mathrm{o}}, \mathbf{x}_{\mathrm{a}}$。

7) $\boldsymbol{B}, \boldsymbol{R}, \boldsymbol{A}$：**大写粗斜体**表示**矩阵**，分别表示分析同化中的背景场误差协方差矩阵，观测误差协方差矩阵（包括观测的测量误差和代表性误差），分析场误差协方差矩阵。

注：资料同化相关的外文文献中，常用粗正体表示为 $\mathbf{B}, \mathbf{R}, \mathbf{A}$。

8) $\boldsymbol{P}_{\mathrm{b}}, \boldsymbol{P}_{\mathrm{a}}$：当背景场来自预报场时、特别是在卡尔曼滤波同化方法中，常用来（代替 $\boldsymbol{B}, \boldsymbol{A}$）表示预报场误差协方差矩阵（亦即背景场误差协方差矩阵）和分析场误差协方差矩阵。

9) $P(X=x)$：*无加粗的斜体*大写 X 表示随机变量，小写 x 表示随机变量 X 的可能值；$P(X=x)$ 或简记为 $P(x)$，表示某一随机变量 X 取值 x 时的概率；对于离散型随机变量，表示为 $P(X=x_i) = p_i$。

10) 文中小号字体文字表示解释性和标注性的内容。希望有助于增添一些认知上的“具体”和“着地”之感而不多余。如：“资料同化系统中预先给定的误差参数（均值和协方差）的诊断和调谐”。

常用英文缩写

1)NWP:Numerical Weather Prediction,数值天气预报。

2)GRAPES:Global/Regional Assimilation PrEdiction System,全球/区域一体化同化预报系统,即中国新一代数值预报系统。

3)NCEP:National Centers for Environmental Prediction,美国国家环境预报中心。

4)ECMWF:European Centre for Medium-Range Weather Forecasts,欧洲中期天气预报中心。

5)SCM:Successive Correction Method,逐步订正方法。

6)OI:Optimal Interpolation,最优插值方法。

7)Var:Variational methods,变分方法。

8)EnKF:Ensemble Kalman Filter,集合卡尔曼滤波方法。

目　录

软件系统研发:你想看看一个资料同化系统的研发实例吗

数值天气预报简介:大气资料同化源起于哪里

专门用一个章节概述一下数值天气预报,有以下考虑:

• 大气资料同化起源于数值天气预报;而且,尽管发展到今天的资料同化已成为一门独立的科学学科,但直至现在它的一个重要用途仍然是为数值天气预报提供初值。

• 资料同化所需的背景场和欲求的分析场都属于数值天气预报的(离散化的)状态空间。

• 现在资料同化中的伴随方法和集合方法与数值天气预报的"集合预报"和"交互式预报"使得资料同化和数值天气预报二者相贯通,建立了新的内在联系(同化的伴随方法和集合方法用于"集合预报的初始扰动""适应性观测的敏感区识别和观测对分析、预报的影响评估"),有了相互的密切关联(把资料同化和集合预报自然地结合为一体)。

因此,本章有助于资料同化的阐述以及资料同化和数值天气预报二者贯通的理解。如果读者的关注点只是在资料同化,也可跳过这一章,直接到第2章,只需在有关部分进行针对性的返回阅读。

第1章 大气资料同化源起和数值天气预报浅谈

大气资料同化源自数值天气预报(NWP:Numerical Weather Prediction)初值形成的客观分析。

1.1 数值天气预报(NWP)的概述

1.1.1 数值天气预报是怎么一回事

可以有一个通俗的说法:

• 预报:用已知的现在状态,预告未来的状态;

• 天气预报:用已知的现在天气的大气状态,预告未来天气的大气状态;

• 数值天气预报:用已知的现在天气的大气状态,通过数值方法算出来未来天气的大气状态。

作为学科定义:数值天气预报是在大气的初始状态已知的条件下通过数值方法求解反映支配大气运动演变过程的物理、化学规律的(多为微分方程的)方程组来预报未来的大气状态。数学上,它是利用数值计算的方法求解数学物理方程中的初值问题。

所以,NWP有两个主要组成部分:天气预报数值模型和初值形式方法。天气预报数值模型是反映大气运动演变规律的**数值天气预报模式**(简称**预报模式**)。初值形式方法是利用各种观测资料和诸如天气动力学的其他可用信息、来得到某个时刻的尽可能准确的大气状态的方法；这样得到的某个时刻的大气状态，用作**初始场**，为天气预报数值模型提供初值。于是，NWP 表现为这样的步骤过程：用初值形式方法得到初始场，由该初始场作为预报模式的初值、来积分该预报模式到未来某一时刻，便得到该时刻的大气状态。这个未来时刻的大气状态也就是由初值和预报模式产生的一个**预报场**。

传统的天气预报是由预报员根据天气图以及本人天气动力学知识和积累的经验做出的一种主观预报，会因人而异；与之不同，数值天气预报是由计算机按照一定的初值形式和预报模型的程序代码计算出来的一种**定量的**和**客观的**预报。由于 NWP 所用的各种观测数据非常多、NWP 的预报模式很复杂、预报精准性要求模式分辨率尽可能高、预报时效性要求运算尽可能快以及预报业务要求运算稳定，因此数值天气预报需要**大型高性能计算机**（计算量、时效上都非人力所能为）来完成。

1.1.2 非线性的大气运动基本方程组和数值天气预报的产生缘由

数值天气预报模式（数值模型）来自大气运动演变规律的物理模型。这个物理模型是基于已有科学认知得到的大气运动所遵循的基本定律，包括：

- 动量变化定律（牛顿第二定律）的运动方程；
- 热力学第一定律的热力学方程；
- 质量守恒定律的干空气连续方程和水物质守恒方程；
- 建立在玻意耳-马略特定律、查理定律、盖-吕萨克定律等经验定律上的理想气体状态方程（又称理想气体定律、普适气体定律）。

它们构成描述大气运动的基本方程组，即支配大气状态时间演变的流体力学和热力学方程组；这个**物理模型**是现有科学认知下对真实大气运动演变的近似。

#附　大气运动基本方程组(哈廷讷,1975;张玉玲等,1986)

$\frac{d\mathbf{V}_3}{dt}=-\alpha\nabla_3 p-2\boldsymbol{\Omega}\times\mathbf{V}_3+\boldsymbol{g}+\boldsymbol{F}$，运动方程：$\mathbf{V}_3$ 是三维的速度(u,v,w)，∇_3是三维的梯度算子，α 是比容，$\boldsymbol{\Omega}$ 是地球的自转角速度，$\boldsymbol{g}$，$\boldsymbol{F}$ 分别是重力和摩擦力。

$\frac{1}{\alpha}\frac{d\alpha}{dt}=\nabla_3\cdot\mathbf{V}_3$，　连续方程。

$p\alpha=RT$，　理想气体状态方程：p，T 分别是气压和绝对温度，R 是气体常数。

$c_p\frac{dT}{dt}-\alpha\frac{dp}{dt}=Q$，　热力学第一定律：$c_p$ 是等压比热，Q 是单位质量空气的加热率。

$\frac{dq}{dt}=\alpha S$，　水汽守恒方程：q 是比湿，S 是任何一种水汽的源/汇（单位时间单位体积的质量）。

数学形式上，这个物理模型是**时空连续**的偏微分方程组，一般地，含有 7 个预报量（风速的三个分量 u，v，w，和大气温度 T，气压 p，密度 ρ 以及水汽比湿 q）的 7 个（含时间导数的）预报方程或（无时间导数的）诊断方程。在方程组中，运动方程中的黏性力 $\boldsymbol{F}$、热力学方程中的非绝

热加热率 Q 和水汽方程中的水汽量源汇 S 在现有科学认知下一般都当作时间、空间和这 7 个预报量的函数;这样,预报量的数目和方程的数目相同,因此方程组是闭合的。顺便指出,水汽比湿 q 的水物质守恒方程可以扩展;例如,对于云水、云冰等其他相态水物质以及臭氧等其他示踪物,只要包括它们的源和汇(也当作时间、空间和其他预报量的函数),就可以把它们的守恒方程类似地列出来;这样扩展后的方程组仍然是闭合的。

但是,这 7 个方程是**非线性的**,迄今为止还没有一种解析求解方法,常用的是用数值方法求解(中国大百科全书,1987)。这便是数值天气预报的产生缘由,也就是,在不能求大气运动演变规律的物理模型的解析解的情况下,通过数值方法求解这个非线性方程组,来制作天气预报。

当然,NWP 所能考虑的是一个**适定**的初值/边值问题,即其有唯一的解,且连续地依赖于初始/边界条件。如果初始/边界条件中的微小误差会造成解的很大误差,这种情况称其为非适定问题;我们决不能求非适定问题的数值解:计算结果会崩溃。

1.1.3　数值求解方法和数值天气预报及其误差来源

数值求解方法首先是把物理模型中时空连续的(含时、空微分形式的)方程组进行离散化和参数化而建立它的数值模型即 NWP 的**预报模式**,再利用离散化的**初始条件**(即 NWP 的**初始场**)和边界条件(全球模式的上、下边界条件,区域模式还包含水平边界条件),最后通过计算机计算来求这个数值模型的解,亦即用初始场积分预报模式到未来时刻、来得到未来时刻的预报场。

1.1.3.1　NWP 的预报模式

基于 1.1.2 节所述的时空连续的大气运动基本方程组这个物理模型,根据实际情况和结合应用目的,通过**简化**(参见 1.1.4.5 节(1)中基于尺度分析的“过滤模式的建立和发展”)、**离散化**、**参数化**,形成便于计算和应用的 NWP 的**预报模式**,它是大气运动演变“物理模型”的近似,也近似地代表实际的大气运动演变。

(1)　**离散化**

通过离散化从大气运动演变的物理模型出发到天气预报的数值模型的这个过程是指大气数值模式的设计(廖洞贤,1999);以下是这个过程中的若干基本方面和概念(哈廷讷,1975;张玉玲等,1986;Kalnay,2005)。

• **时间或空间的离散化**。①**时间上的离散化**,即时间积分方案,如中央差(蛙跃)显式方案和半隐式半拉格朗日方案;**空间上的离散化**如有限差分方法、谱方法和有限体积法。②对应空间的各离散化方法,需要建立规则的空间网格,即**模式网格**,如有限差分方法的等距或等经纬度网格,谱方法的纬向等经度格点和经向高斯格点构成的球面网格。

• 以简明的差分法为例,**离散化的格式选择**。离散化中合适的格式设计是数值模式设计的重要部分;时或空离散化的格式选择必须满足一些准则:差分近似的**精确性**、**一致性**(相容性)、**收敛性**和**稳定性**。

①时或空差分格式的截断误差(局地截断误差)与精确性。对于任一时空连续可微的大气状态物理量 f,选择一定的差分格式(如向前差分格式,中央差分格式),用该格式的差分近似($\Delta f/\Delta x$,或 $\Delta f/\Delta t$)(这里,Δx 表示空间间隔即网格距,Δt 是时间间隔即时间积分步长)代替微商($\mathrm{d}f/\mathrm{d}x$,或 $\mathrm{d}f/\mathrm{d}t$),二者之差是截断误差。当 f 用 Taylor 级数展开时可以显示:截断误差是关于 Δx,

Δt 的级数余项；所以当 Δx，Δt 越小时(时、空分辨率越高)，截断误差越小，微商的差分近似自然越精确。截断误差关于 Δx，Δt 的最低方次称为截断误差的阶，截断误差的阶越高，所采用的差分格式就越精确，如向前差分格式的一阶精度($O(\Delta x)$)，中央差分格式的二阶精度($O(\Delta x^2)$)。

②差分方程和微分方程/偏微分方程的一致性(相容性)。连续的微分方程/偏微分方程通过一定差分格式的离散化便得到它的差分方程；如果在 Δx 和 $\Delta t \to 0$ 的极限条件下，原微分方程和它的差分近似(即离散化的差分方程)是相同的，则称(满足这一要求的)该差分格式的差分方程和原来的微分方程是一致(相容)的。

③差分方程解的截断误差(累积截断误差)与收敛性。由于离散化中差分格式的截断误差，微分方程的真解 f 与差分方程的准确解 F 不同，二者之差($f-F$)叫做**解的截断误差**(或称离散化误差)，它是每一步(用差分方程代替微分方程的)截断误差的积累；减少解的截断误差一般有两种方法：减小时空间隔(Δx，Δt)，和采用更高阶的差分格式，但是它们都会使计算量增加。当 Δx 和 Δt 取得充分小，可以使得**差分格式的截断误差**达到所要求的精确，但它并不能保证差分方程**解的截断误差**一定随之而减少；如果 Δx 和 Δt 趋于零，F 趋于 f(即($f-F$)趋于零)，则称该差分格式的差分方程的解是收敛的(收敛于原微分方程的解)。虽然实际求差分方程的数值解时不是想让 Δx，$\Delta t \to 0$，我们对收敛性感兴趣的原因是想确信如果 Δx，Δt 很小的话，($f-F$)的误差(某时刻的累积误差)是在可接受范围内足够小。

④差分方程解的舍入误差与稳定性。由于实际计算中计算机存在舍入误差，(按一定差分格式离散化的)差分方程的数值解 F_N 与它的准确解 F 不同，二者之差($F-F_N$)叫做解的舍入误差(或称稳定性误差)。在求差分方程数值解的过程中，计算是按时间步长逐步积分进行的；如果 Δx 和 Δt 趋于零，随着积分步的无限增加，($F-F_N$)在整个求解区域(全部舍入误差的累积)保持有界，则称该差分格式的差分方程是计算稳定的。描述自然界现象的物理量一般情况下不是随时间无限增大的(即真解是有界的)，差分方程(作为微分方程的近似)的解也不应该随时间无限增长，否则就是出现了计算不稳定现象。最著名的计算稳定性判据是 Courant，Friedrichs，Lewy 基于线性微分方程在 1928 年提出的 CFL 条件；CFL 条件要求积分的时间步长 Δt 要小于网格距 Δx 除以最快信号传播速度 c，即 $\Delta t < \Delta x / c$。它是线性稳定性判据，对于非线性方程只有参考意义；非线性方程的计算稳定性更为复杂：对于线性方程是稳定的差分格式，用到非线性方程时仍旧可能出现不稳定现象。此外，由③和④可知，真解和数值解的实际误差($f-F_N$)=($f-F$)+($F-F_N$)，亦即总误差是数值计算过程中由于离散和舍入所造成的误差之和。

⑤一致性、收敛性和稳定性之间关系。这就是基本的 Lax-Richtmyer 定理：已知一个合适的适定线性初值问题和一个满足一致性条件的有限差分格式，差分方程的稳定性是其收敛性的充要条件。这个定理很有用：它使我们通过分别研究较容易的一致性和稳定性问题来检验其解是否收敛。由于截断误差的表达式中一般含有上下界不能用的未知微商，所以研究它的收敛性问题通常是困难的。

(2) **参数化**

以下面的逻辑来陈述。

• 原因(为什么要参数化)。大气是一种具有连续运动尺度谱的连续介质。由于离散化存在最小可分辨尺度的限制(如对于用有限差分方法进行空间离散化的格点模式，运动的最小可分辨尺度大于二倍格距的波长；对于用谱方法进行空间离散化的谱模式，运动的最小可分辨尺度大于谱展开的截断波长；参见下面的“附”），使得对于任何数值预报模式有着一定的可分辨尺度，所以不管模式的分辨率如何高，总有一些接近于或小于网格距尺度的运动无法被数值模式显式分辨出来。例如：对于过去几十千米到百千米格距的数值模式，不能显式分辨几千米到十千米的积云对流；即使现在数值预报模式的水平和垂直分辨率随着计算机能力不断提高，也不能显式分辨几厘米到模式格距大小的湍流运动以及发生在分子尺度的过程，如凝结、蒸发、摩擦和辐射。这种不能被模式网格显式分辨的运动过程称为“次网格尺度物理过程”；对于大气运动基本方程组的（格体）平均方程来说，它们是必须添加的一些“源、汇”。这些发生在次网格尺度上的物理过程会是实际大气中许多重要的过程，对可分辨的大尺度大气运动以及天气现象来说会是十分关键的，重要的例子如热带积云对全球能量平衡、行星边界层的湍流混合对午后雷暴发展（Kalnay，2005）。

#附　动量、温度和比湿的（格体）平均方程（张玉玲等，1986）

恰当地选得时空间隔；一般地，它比要滤掉的运动的尺度大，同时又要比所描述的运动的尺度小。对于某一物理变量 X，$X=\overline{X}+X'$，$\overline{X}$ 为其平均值，X' 为脉动值；（密度除外，密度 ρ 的变化主要由温度的变化而引起，且温度的变化范围又不太大，通常除运动方程必须考虑密度的脉动而产生的浮力外，都可以认为 $\rho=\overline{\rho}$；）可以得到下面的平均运动的方程：

$$\frac{\mathrm{d}\overline{\boldsymbol{V}}_3}{\mathrm{d}t}=-\overline{\alpha}\ \nabla_3\overline{p}-2\boldsymbol{\Omega}\times\overline{\boldsymbol{V}}_3+\boldsymbol{g}+\boldsymbol{F}-\frac{1}{\overline{\rho}}\ \nabla_3\cdot(\overline{\rho}\overline{\boldsymbol{V}'_3\boldsymbol{V}'_3})。$$

$$c_p\frac{\mathrm{d}\overline{T}}{\mathrm{d}t}-\overline{\alpha}\ \frac{\mathrm{d}\overline{p}}{\mathrm{d}t}=\overline{Q}-\frac{1}{\overline{\rho}}\ \nabla_3\cdot(\overline{\rho}c_p\overline{T'\boldsymbol{V}'_3})-\frac{1}{\overline{\rho}}\ \nabla_3\cdot(\overline{p'\boldsymbol{V}'_3})。$$

$$\frac{\mathrm{d}\overline{q}}{\mathrm{d}t}=\frac{\overline{S}}{\overline{\rho}}-\frac{1}{\overline{\rho}}\ \nabla_3\cdot(\overline{\rho}\overline{q'\boldsymbol{V}'_3})。$$

如果取平均的时空间隔非常小，则脉动动量表示湍流运动。此时，$\frac{1}{\overline{\rho}}\ \nabla_3\cdot(\overline{\rho}\overline{\boldsymbol{V}'_3\boldsymbol{V}'_3})$ 为 Reynold 应力。$\frac{1}{\overline{\rho}}\ \nabla_3\cdot(\overline{\rho}c_p\overline{T'\boldsymbol{V}'_3})$ 和 $\frac{1}{\overline{\rho}}\ \nabla_3\cdot(\overline{\rho}\overline{q'\boldsymbol{V}'_3})$ 分别为热量和水汽的湍流输送所造成的热源/汇和水汽热源/汇；为了书写方便，一般合并到 $\overline{S}$ 和 $\overline{Q}$ 中。而 $\frac{1}{\overline{\rho}}\ \nabla_3\cdot(\overline{\rho'\boldsymbol{V}'_3})$ 项因为 p' 很小、可以略去。

对于 NWP 的离散化空间，如有限差分方法的网格，变量在离散点（网格点）上的值 $\overline{X}$ 是网格点的格体平均值；它能够比较精确地表示波长大于或等于 10 倍格点距的系统；对于短波系统的表示则误差较大。对于更小尺度的系统，如波长小于 2 倍格点距，用格点值 $\overline{X}$ 不能直接描述；这种尺度的过程称为次网格尺度过程。

• 做法（何谓参数化）。为了考虑这些过程，反映和模拟网格和次网格过程的相互作用，要对次网格现象进行“参数化”，将次网格过程用可分辨尺度的网格物理量的值来表示，这就是所谓的“次网格尺度物理过程参数化”。例如，常用的次网格尺度物理过程参数化有：积云对流参数化、云微物理参数化、大气边界层参数化、辐射参数化、陆面过程参数化、次网格地形参数化、重力波拖曳参数化等；这样通过网格物理量描述次网格物理过程对网格尺度过程的统计效应。

• 条件（有什么前提）。必须指出，次网格尺度物理过程参数化，只有当这些次网格尺度物理过程远较网格尺度为小，以致该过程可以认为是随机的才可能（廖洞贤，1999）。这样才能保证参数化所内含的“统计效应”。

（3）　**大气状态和模式大气**

大气状态是模式大气的原生；此外，大气状态是认知资料同化及其目的的一个首要术语。

• **大气状态**。一般地，按照“流体质点”模型下**流体连续介质**假设，大气状态是**某一时刻**的一个三维连续统一体；它通常表示为大气的气压、温度、风、湿度等三维的、连续的大气状态变量。在研究中，随所关心的对象与想要解决的问题的不同，它可以考虑为二维、一维或点的状态变量，如某一物理空间点的温度，或是二维物理空间的高度场。

• 模式大气和模式大气状态空间变量。对于 NWP，数值模型所表征的大气称为模式大气，它是由某一预先设计的规则网格上所有格点上的所有模式物理变量构成的。例如，对于一个格点模式，离散化空间网格的某一格点上某一大气状态物理变量（如压、温、风、湿之一）被称为一个模式格点物理量；任一时刻，这个离散化的**所有三维物理空间格点上所有大气状态物理变量**构成的一个整体，在数学上可表示为一个 N_x 维空间的一个 N_x 维向量 $\boldsymbol{x}$，则向量 $\boldsymbol{x}$ 的值就是该时刻的**模式大气状态**，如 t 时刻的模式大气状态可表示为 $\boldsymbol{x}(t)=(x_1(t),x_2(t),\cdots,x_{N_x}(t))$，其维数 N_x 是所有模式格点物理量的数目，等于所有格点数与大气状态物理变量个数的乘积；这个 N_x 维空间是一个相空间，向量 $\boldsymbol{x}$ 是这个相空间的变量，就是指这个相空间的一个点。模式大气状态近似地代表实际的大气状态，也简称**模式大气**；因此，这里的相空间称作模式大气状态相空间（简称**模式状态空间**），向量 $\boldsymbol{x}$ 称作模式状态空间变量。

必须指出，**网格点上的模式值**（模式网格物理量的值）不是点上的严格真实值，而是格体平均意义上的值，表示数值模式可显式分辨的值。网格点上的模式值与资料同化中的观测代表性误差相联系（参见 4.3.2.5 节“观测误差协方差矩阵”）。

1.1.3.2　NWP 的初值形成

数值天气预报，有了（反映大气状态演变规律的）预报模式之后，作为初值问题，还需要模式大气的初始场。初值形成方法就是通过利用观测资料和诸如天气动力学的其他可用信息来得到某个时刻的尽可能准确的大气状态（当然作为模式大气的初始场，初值是离散化**规则网格**的模式大气状态），称作**分析场**；它用作**初始场**，为 NWP 预报模式提供初值。

NWP 初值形成方法先后经历主观分析方法、**客观分析**方法和**资料同化**方法（参见 4.8 节(2)“资料同化的发展史”）。一般地，现在的大气资料同化方法在结果上所得到的分析场，其数学形式表现为观测信息本身和 NWP 短期预报的统计结合，即

$$\boldsymbol{x}_a=\boldsymbol{x}_b+\mathbf{W}[\boldsymbol{y}_o-H(\boldsymbol{x}_b)]$$

这里，$\boldsymbol{x}_a$ 是**分析场**，$\boldsymbol{x}_b$ 是**背景场**，来自 NWP 短期预报（包含大气运动基本方程组的信息），它们都是模式状态空间向量；$\boldsymbol{y}_o$ 是**观测**，是所有观测在一起构成的观测空间向量；H 是观测算子（也称为向前观测算子）（参见 4.3.1 节“观测信息的引入”），它给出了从大气状态物理量映射到观测物理量在变量转换、空间位置和时间位置上的具体确定联系，由此 $H(\boldsymbol{x})$ 是由状态空间向量（如初猜场 $\boldsymbol{x}_b$ 或 $\boldsymbol{x}_g$；参见 2.4.1 节 3)“初猜场的引入”，5.3.3.1 节(2)“适用于内外循环的增量形式”）模拟的观测值，也称**观测相当量**；$\boldsymbol{W}$ 是统计最优权重，包含着背景场和观测对于分析场的影响比重和观测信息的传播和平滑。

这个数学形式可以在观念上理解为：以（规则网格点上的）背景信息为平台，统计最优地融合其他信息（如（不规则分布的）各类观测资料），来得到（规则网格点上的）分析场；其中，观测

信息以观测增量的方式得以使用，即$[\boldsymbol{y}_o-H(\boldsymbol{x}_b)]$是观测增量，也称为**新息**(innovation)，它准确地表达了不是观测值本身或背景场本身、而是测站位置上观测值和它的背景场模拟值这二者之差引入的“新的信息”。

各类观测资料来自观测系统，例如，**地基**的地面观测、船舶报，**空基**的无线电探空资料、飞机报、风廓线仪观测，**天基**的卫星云导风、辐射率、洋面风等资料、以及导航卫星掩星探测资料，地基/机载/星载的雷达遥感探测资料等。

大气资料同化，远不止于上述的结果形式，已成为基于估计理论的一门学科领域，这是本书的主题，后面章节将逐步展开叙述。

1.1.3.3 NWP 的误差来源

NWP 的误差来源有以下几个方面：

• **物理模型**的误差。它来自物理模型，因为大气运动基本方程组这个物理模型是对真实大气运动演变的近似。

• **预报模式**的误差。它来自预报模式(数值模型)建立及其求解过程，包含：①进行**简化**时的物理近似；②处理连续系统的**离散化**误差(截断误差)和求解离散化方程的**数值计算误差**(即计算机实际计算时的舍入误差/或称稳定性误差)；③处理次网格过程的**参数化**误差(各种参数化方案的误差)。顺便指出，由此可以理解：通过简化、离散化和参数化之后建立的 NWP 的**预报模式**是对实际大气状态时间演变的一种近似，以及**它的解**与真实大气状态不仅会有差别、还会存在是否收敛的情况。

• **初值**输入的误差。它是来自初值本身的误差以及初值作为输入用于预报模式进行积分时的插入震荡，包含：①**初值误差**，它是因为初值形成方法本身都有近似，以及使用的所有观测和其他数据信息都有误差，所以不可能得到完全准确的某个时刻的大气状态，这样，初始场本身存在误差；②**插入震荡**，它是由于预报模式和初值都本身存在误差，所以初值不可能(也不可知)是满足预报模式的一个值，这样，当初始场作为预报模式输入时存在它与预报模式之间的不协调，即所谓的插入震荡。顺便指出，初值与预报模式的不协调，与“资料同化”的若干发展进展(如初始化技术，参见 4.4.2.1 节“初始化技术的引入和理解”)、内容细节(如目标函数的约束项)及同化策略(如气候、强对流系统的数值预报/数值模拟中的多次同化策略)相联系。

• **边界条件**的误差(全球模式的上、下边界条件，区域模式还包含水平边界条件)。顺便指出，边界条件误差与区域同化系统预报误差协方差统计(滞后 NMC 方法，参见 4.3.2.3 节(2)“估测 $\boldsymbol{B}$ 矩阵的主要方法”)相联系。

• 天气系统和天气现象的**可预报性**。参见 1.1.6.1 节(1)“天气的可预报性和大气的混沌特征”。

认识 NWP 的误差及其来源不仅与预报模式和分析同化的研发实践和针对性改进直接关联，也是理解“集合预报”的引入(由确定性预报到集合预报)和做法(如初值扰动、物理参数化过程扰动)的一个前提，以及理解“模式预报产品的解释应用”的一个前提。

1.1.4　数值天气预报发展史中的一些开创性事件和内在发展逻辑

1.1.4.1　首次提出

1904 年 Bjerknes(1904)以确定论的信念**首次明确提出了数值天气预报的理论思想**：从原则上说，大气未来的状态完全是由其详细的初始状态和已知的边界条件以及牛顿运动方程、波义耳-查理-道尔顿状态方程、质量守恒方程、热力学能量方程所决定的。也就是，将预测大气未来时刻的状态(即天气预报)问题提为一组数学物理方程的初值问题。

1.1.4.2 首次尝试

直到1922年，Richardson(1922)提出解决这一初值问题的实用方法，**首次尝试实践**Bjerknes(1904)的**数值天气预报**的理论思想：从一组不经过任何处理的原始大气方程组出发，利用数值计算的方法对方程组进行积分，试图计算出未来天气的变化。用他给出的数值积分方法和网格设计及实施方案，利用当时匮乏稀疏的观测资料，得到德国中部的计算结果是预报6 h的地面气压变化为146 hPa，而实际上地面气压无大变化；误差如此巨大！

虽然这个首次尝试是以失败告终，但它的价值是无法估量的(Kalnay,2005)。Richardson(1922)在《用数值方法作天气预报》(Weather Prediction by Numerical Process)一书中论述了数值天气预报的原理和可能性。他的工作不仅给出了完全原始大气运动方程相当完整的数值积分方法，而且一劳永逸地使在该领域里未来研究工作者将要面对的基本问题具体化，且为这些问题的解决打下了坚实的基础。也正是如此，后来的发展让人们可以认识到首次尝试失败的一些明确原因：所用的原始方程组与当时匮乏稀疏的观测资料和无法满足的计算任务(对于CFL条件要求的积分步长和网格距)不相适配；因为：

1)不经过任何处理的**原始大气运动方程组**很复杂，包含各种尺度的大气运动，如缓变的大尺度罗斯贝波，高频的重力波和声波。

2)对于原始方程组的数值模式，**初始状态**的不平衡能产生快速移动的重力波。虚假的不平衡将产生虚假的重力波；它初始时刻导数的数量级很大，会掩饰了预报中大尺度气象信号的初始变率。要减小初始场误差、解决其中包含的不平衡，意味着观测资料的数量增加和质量改善，以及初值形式方法的改进。

3)**数值计算方法**中，Courant，Friedrichs，Lewy在1928年提出的CFL条件要求积分的时间步长要小于网格距除以最快信号传播速度；违背了CFL这个限制条件，积分执行过程将使结果陷入“计算崩溃”。完全原始大气运动方程(包含水平运动的声波)中最快信号传播速度为水平运动的声波，其传播速度为300 m/s；所以CFL条件要求的时间步长要足够小；这意味着足够大的计算任务。

从这些基本问题也能够看到“NWP是基于大气动力学、大气探测技术、数值计算方法和高性能计算机的科学技术”的具体化及其明确的未来发展方向：上述1)指向大气动力学科学认知的进步，2)指向大气探测技术和分析同化方法的发展，3)指向数值计算方法和高性能计算机的发展。NWP后来发展的历史事实，不论是它的首次成功、还是它的累积精进，也正是这样进展的。

1.1.4.3 首次成功

1950年Charney，Fjørtoft和von Neuman(1950)发表了利用正压一层的过滤模式(正压涡度模式)计算出的历史上第一张有实际意义的数值预报天气图——用电子计算机ENIAC计算的北美地区500 hPa的24 h天气预报图。数值天气预报**实际模拟试验首次获得成功**。从1904年首次提出到1950年首次成功，经历近半个世纪。

Charney等(1950)取得成功的理由和条件：

1)大气科学理论本身的发展。Rossby(1939)提出大气长波理论，导出能成功地预报大尺度大气运动的大气长波相速度公式；Charney(1948)提出尺度分析方法，认识了复杂大气运动的主要方面，即“地转风”关系和“静力平衡”关系，进而在Rossby等工作的基础上，提出了滤波理论，证明了采用静力平衡和地转平衡近似可以消除重力波和声波，从而简化原始方程，即把它变成控制大尺度大气运动的正压涡度方程，建立过滤模式；这为最终取得数值预报的首次成功在理论和方法上奠定了基础。

2)气象观测网、特别是高空气象观测的发展。由于第二次世界大战空军作战的需要，发展了大气高空探测技术，建立了高空气象观测网，可以收集到大量的地面和空中观测数据；由此提高了初值质量。

3)电子计算机的出现。由于国家需要发展核武器，需要大量的计算，发展了快速计算的计算机；由此计算机能力得到明显的提高。

1.1.4.4　首次用于预报业务

随着 Charney 等(1950)工作的成功，Rossby 返回瑞典并指导了一个小组，利用被称为 BESK 的瑞典大型计算机复制了相似的试验。作为这一研究的结果，**首次用于预报业务(实时)的数值天气预报**于 1954 年 9 月在瑞典开始运行(Kalnay,2005)。

1.1.4.5　显著的累积精进的特征

自此，随着地球科学本身、探测技术和新计算方法的进步，以及超级计算机、大规模并行处理技术和互联网的问世和发展，业务数值天气预报就走上了一条持续积累而不断发展的轨道。NWP 这个累积精进的显著特征，不仅具体反映在它的主要组成——预报模式和初值形成上，也明确体现在它的预报性能上。

(1)　**预报模式上**

从初次尝试失败的原始方程模式(应用动量方程)，到取得成功的过滤模式(应用涡度方程)，又回到原始方程模式，这其中不断以大气科学在理解上的新认知来克服和突破以往的旧局限，而呈现为一个累积和进步的过程。

1)过滤模式的建立和发展

①先放弃原始方程(包含大量的不甚了解的因子)，基于大气运动零级近似(转向有着相当理解的、仅考虑对大气运动最有影响的因子)，建立过滤模式(可滤掉重力波和声波，仅考虑大尺度大气运动)；具体为：在 Richardson 用完全原始大气运动方程尝试数值天气预报的失败之后，人们不再试图去处理大气运动所有的复杂性，而是首先基于尺度分析方法和大气运动零级近似(即“地转平衡”和“静力平衡”的水平无辐散大尺度涡旋运动)的新认知，考虑仅仅一些被认为对大气运动最有影响的因子(零级近似)，建立简化模式，即一层正压涡度方程的过滤模式(水平风速采用**地转风关系**的散度方程形式、且不随高度变化)；其中，因为无辐散而能滤掉重力波和声波等快波，从而克服之前 1.1.4.2 节“首次尝试”的失败中 2)和 3)这两个局限，取得首次成功。

②以此为开始，再逐渐增加其他的因子，这样不断吸纳新因子来发展过滤模式；如：二层斜压模式(包括温度平流而考虑**风随高度变化**的垂直结构)，平衡模式(散度方程形式采用比地转近似精确度更高的**线性平衡关系**来代替地转风关系)。以这种**阶梯式方法**，成功地推动了 NWP 工作开展下去，避免由于同时将大量的不甚了解的因子引进而不可避免要遭遇的陷阱(Kalnay,2005)。不过，随着过滤模式的发展，为了使过滤模式达到更高的精确度而使用较少的近似，如近似精确度更高的平衡模式(假定水平风速的旋转部分比辐散部分大一个量级，散度方程形式采用水平风速用旋转风代替的**非线性平衡关系**)，却使方程变得更加复杂，以至于由于过滤重力波而具有的优越性被使用较少近似带来的数学处理上的复杂性所抵消了(哈廷讷,1975；张玉玲等,1986)。这也是后来人们又转向应用原始方程组的一个实施性原因。何况，对于这些简化模式，尺度分析方法中所基于的特征时间尺度($\tau=L/V$，τ、L 和 V 分别表示特征时间尺度、特征水平尺度和特征速度尺度)的估算

只适用于大尺度运动,而对于重力波(波速 $c\sim100$ m/s)这样的估算已不正确;事实上,在有强烈发展过程的地区和时刻,过程的特征时间尺度往往很短,散度也不一定比涡度小一个量级,用这些简化模式预报精确度就不够高了,用原始方程模式才更为合理。

①和②具体地展现了过滤模式建立和发展的累积精进过程,如:具体在风场所采用的散度方程形式,从随高度不变的地转风关系、到随高度变化的地转风关系、到线性平衡关系、到非线性平衡关系。

2)回到原始方程模式

①物理上的认知和原始方程模式的物理性能改进。不仅在方程形式上,由尺度分析方法可知,过滤模式对于实际大气过于简化了,而且在大气运动演变的物理实质上,用过滤模式作预报的局限性是可以理解的。完全的原始方程组包括了大气动力学的两种基本过程:演变过程和适应过程;它们对应着实际大气运动是地转平衡不断缓慢被破坏、破坏后又以有限速度较快向地转平衡调整这二个同时存在和进行的过程,包含着**零级近似**的水平大尺度涡旋运动**和一级近似**的垂直次级环流**之间的联系**(张玉玲等,1986;陶祖钰,谢安,1989)。而过滤模式只能描述慢变的大尺度运动的演变过程,却不包括另一个重要过程——快变的适应过程;因为大气适应过程的主角是次级环流(水平辐散辐合和垂直运动构成的有势运动)和(惯性)重力波,但过滤模式恰恰假定了水平无辐散、进而滤掉了重力波。也就是,过滤模式,其基本假定的物理基础是大气运动零级近似的水平无辐散大尺度涡旋运动,只包含大气运动的慢变的演变过程;而原始方程模式,和过滤模式的本质区别就是保留了重力波,不仅包含慢变的演变过程,还包含快变的适应过程,因此原始方程模式的物理性能比过滤模式更接近大气运动的实际过程。(也顺便从中可见,不论建立简化模式,还是回到原始方程模式,都有着一定物理认知的前提,即:是在人们对于大气运动变化过程及其天气系统的时间尺度、空间尺度以及运动的基本性质获得了许多实践经验和理论认识之后。)

②原始方程模式的实现。Eliassen(1956)提出用考虑重力波的原始方程模式制作预报的方案。Hinkelmann(1959)等在认识了快速重力波的性质、并采取缩短时间步长和滤去重力外波等措施之后,用原始方程模式作预报,获得了成功,其效果不低于准地转模式(水平风速采用地转风关系的过滤模式)。缩短时间步长,意味着计算量大大地增加,因此也只是 20 世纪 60 年代的后半期计算机的速度才达到足以使原始方程模式能用于日常业务预报的程度。

事实上,由于原始方程组的解包括有快速重力波和声波,它对于初值、边值和差分格式都十分灵敏,原始方程模式的实现因此会产生一些特殊问题。例如,由于 CFL 这个限制条件,为了保证计算稳定,**时间步长**必须很短,这大大地增加了计算量;**初始场**中包含的误差可以激发虚假的惯性重力波,甚至可能由此产生计算不稳定;模式对**边界条件**的敏感性而造成的计算紊乱;等等。

这些相应地要求有足够快的计算机和研究原始方程的有效解法等措施,例如:①采用流体静力近似滤掉垂直声波(水平兰姆波除外);②进行空间或时间平滑,滤去短波分量;③研究和选用最接近真解的差分格式,如对于二维适应问题的 C 格式;④作为设计数值模式的约束条件,构造守恒的差分格式,使差分方程保持连续大气的积分关系,来减少误差来源,同时也是克服非线性不稳定的一种有效措施;⑤构造有平滑作用的差分格式(如九点格式,或称半动量格式),或通过方程中加水平扩散项,抑制小尺度能量的增长,使计算结果稳定光滑;⑥采用半拉格朗日半隐式格式,回避直接计算非线性的平流项,是一种克服非线性不稳定的方法;⑦采用高时效的时间积分方案,如基于大气运动过程在时间上就基本上可分的缓变的演变过程和快变的适应过程所提出的分离积分方法；⑧形成平衡初值，例如，不直接使用风场的实测资料，而是用精度比较高的高度资料，通过风场和气压场的某种平衡关系来计算得到；⑨采用没有辐散的初始风场，而不用实测风场，如只取旋转风部分；等等（张玉玲等，1986）。正是这些工作，以及大型电子计算机的使用，20 世纪 70 年代以后各国都相继采用原始方程模式做业务预报了。

（2）　**初值形成上**

1960 年，美国成功发射了泰勒斯气象卫星，为提供沙漠和海洋等地区的气象观测资料找到了新的途径。

初值形成的分析同化基本方法先后经历了多项式函数拟合方法、逐步订正方法、最优插值方法、变分方法和集合卡尔曼滤波方法，呈现出一个上下承接的纵向联系和循序渐进的内在发展逻辑（朱国富，2015）（详见 2.9 节）。它是一个经典的累积精进的历史进程，在认识上极其简单清晰。

（3）　**预报性能上**

Kalnay（2005）以美国国家环境预报中心 NCEP（原国家气象中心 NMC）业务数值预报技巧的历史演变为例，明晰地显示了 1960—2000 年过去近 40 年业务数值天气预报的技巧持续的改进情况（见图 1.1.1）。

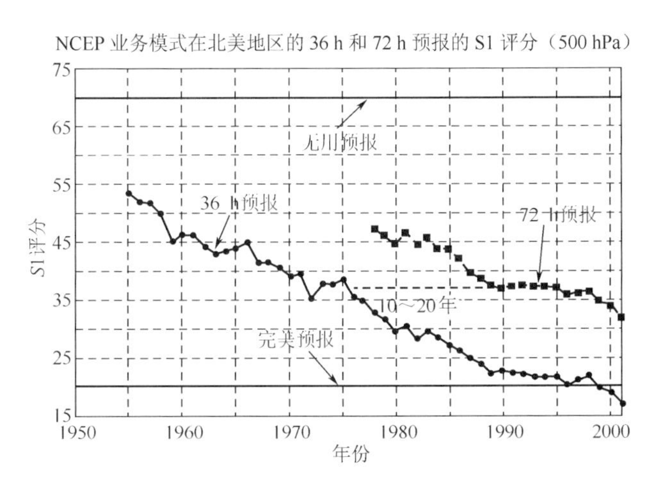

图 1.1.1　北美地区 500 hPa NCEP（原 NMC）模式业务预报技巧的历史演变。S1 评分度量了关心区域平均的、水平气压梯度的相对误差。根据经验，该评分的值当 S1＝70％和 S2＝20％时分别表示“无用”预报和“完美”预报。注意，20 世纪 90 年代初的 72 h 预报技巧相当于其 10～20 年前 36 h 预报的技巧（引自 Kalnay（2005））

Kalnay 指出，这样的改进显然是由于以下四个方面的因素造成的。

①**超级计算机**计算能力的提高，使得大气模式中可以取更细的分辨率和更小的近似表达（截断误差更小）。

②预报模式中表示小尺度**物理过程**方法的改进（云、降水、热量、水汽、动量的湍流输送和辐射）。

③更精确的**资料同化方法**的使用，使得预报模式的初始条件得以改善；诸如四维变分同化方法的引入和同化系统中误差参数指定的优化改进（Rabier，2005）。

④**观测资料**的可用性和数目大量增加，尤其是海洋和南半球的卫星资料和飞机资料。

这些因素，不论是计算机的能力、还是小尺度物理过程的认知和资料同化方法的改进，在实际发展历程中都是逐步、渐进的。

1.1.4.6 NWP 发展——一场静悄悄的革命

2015 年 9 月《自然》(Nature)杂志发表了一篇标题引人注目的综述文章"关于数值天气预报的静悄悄的革命"(The quiet revolution of numerical weather prediction)(Bauer et al.,2015)。它开篇明义地在摘要位置明确指出:数值天气预报的进展呈现为一场静悄悄的革命,因为这些 NWP 的进展都来自于多年来科学知识和技术进步的**稳步的持续积累**,而且这些多年来科学知识和技术进步,除了少数例外之外,**与基础物理学的突破并没有关系**。然而,在物理科学各领域中,就其影响,数值天气预报是对社会影响最大的领域之一。作为一个计算问题,全球天气预报可与模拟人类大脑和早期宇宙的演变相媲美,而且在世界各地主要的气象预报中心每天运行。

#附　原文(Nature,2015,525: 47-55)

Advances in numerical weather prediction represent a quiet revolution because they have resulted from **a steady accumulation** of scientific knowledge and technological advances over many years that,with only a few exceptions,have not been associated with the aura of fundamental physics breakthroughs. Nonetheless,the impact of numerical weather prediction is among the greatest of any area of physical science. As a computational problem,global weather prediction is comparable to the simulation of the human brain and of the evolution of the early Universe,and it is performed every day at major operational centres across the world.

简言之,对于 NWP,**上下承接的循序渐进**成就稳步持续的累积精进是 NWP 最真实的历史进程及其内在发展逻辑,**稳步持续的累积精进**是 NWP 进步发展的最显著特征。这对于 NWP 的自主研发有着实在的现实意义和指导作用,意味着:**在事的因素**需要注重"想循序渐进"的**遵循规律**和"能循序渐进"的**坚实基础**(solid foundation)**与过程**(going forward step by step),**在人的因素**需要注重"能沉下心"和"有积累"的研发人员。

1.1.5　全球/区域模式、静力/非静力模式和中尺度模式

1.1.5.1　模式分辨率与计算机计算能力

以有限差分法为例,对于任一时空连续可微的大气状态物理量 f,当 f 用 Taylor 级数展开时,其截断误差是关于时空分辨率 Δx,Δt 的级数余项,所以时、空分辨率越高,离散化的截断误差越小,微商的差分近似自然越精确。对于 NWP 模式,它的时空步长取决于时空分辨率,因此它的精确度受到模式的时空分辨率的强烈影响;一般说来,模式的时空分辨率越高,模式的精确度就越高。而且,时间分辨率和空间分辨率的提高通常是连在一起的,即:由于存在 CFL 这个限制条件,空间分辨率提高 1 倍,就要求时间步长减半,这样才能满足计算稳定性条件的要求。所以,模式分辨率的提高是要付出高昂代价的;为了使模式分辨率提高 1 倍,其代价是要付出 2^4 倍的计算代价(三维空间加一维时间)。

现代既可以提高模式的精确度、计算又不太繁重的方法是使用半隐式半拉格朗日时间格式;这些格式(是由 A. Robert 领导的一些加拿大科学家最先提出的)在时间步长方面具有较

少的苛刻条件，而具有较高的空间离散精确度。不过，为了更好地预报天气，高分辨率将是一个长期不懈的追求；也因此对于那些可用的、最快的超级计算机来说，运行大气模式就常常成为它们的一个主要用途(Kalnay，2005)。

1.1.5.2 全球模式和区域模式

之所以有全球模式和区域模式之分，是由于计算机的计算能力限制和存在所关心的区域。因为全球模式的水平区域为整个地球，因此限于计算机的计算能力不可能以较高的分辨率运行。对于更为详细的预报，就需要提高分辨率、只能做(人为的)所关心的有限区域的预报。

一般地，正是因为区域模式具有较高的分辨率(其分辨率较之全球模式要高两倍或更高)，以及在描述地形强迫方面要远好于全球模式，区域模式比全球模式有较高精确度，并有复制较小尺度天气现象的优势，例如锋面、飓风等；但是区域模式有它的不足：区域模式在其水平区域的边缘需要侧边界条件，因此区域模式不是“自治的”，它需要较粗分辨率的全球模式或是范围更大的较粗分辨率的区域模式给它提供侧边界条件，而且侧边界条件必须尽可能地精确，否则区域模式的内解很快就会变坏。

全球模式，因为是整个地球区域和较低的分辨率，一般用于大尺度环流的演变、大范围降水的发生发展等预报和中期预报中的指导。区域模式，因为是较高的分辨率、但人为的边界选取和边界条件存在的不可避免的误差及其向内(以快波)传播让内解变坏的影响，仅仅用于短期预报(一般为1～3 d)，特别是用于其所在水平范围内的短期降水预报，如降水发生区域、降水强度、降水出现时段等。

1.1.5.3 静力模式和非静力模式

静力模式和非静力模式之分，取决于其模拟或预报所关心的天气系统的尺度和其模式网格的分辨率。

由尺度分析方法可知，如果大气运动的水平尺度远大于其垂直尺度，流体静力近似是非常精确的；甚至水平尺度与垂直尺度量级相当时，流体静力方程也是精确的。

对于水平网格大于10 km的NWP模式，习惯上运动方程的垂直分量用静力平衡近似代替，因为相对于重力加速度，垂直加速度是可以考虑忽略的；这样的NWP模式就是静力模式。原始方程组的解包含快速重力波和声波；采用静力方程的主要优点是滤掉了垂直声波(水平传播的兰姆(Lamb)波除外)，这样，依据计算稳定性的CFL条件，使得模式在积分时可以用较长的时间步长(至于Lamb波，一般是采用半隐式时间格式来处理)。静力模式还有许多其他方便，例如，利用静力近似，可以非常方便地用气压取代高度来作垂直坐标，得到比较简单的气压p坐标系方程(连续方程变为诊断方程)；也可以用σ坐标系(一种修正的p坐标系)，使下边界条件变得非常简单(下边界始终为$\sigma=1$)；等等。

当模式分辨率提高到只有几千米，就不再使用静力近似，因为它对于水平尺度为10 km或更小的天气系统不精确。为了能够表示那些与浮力相比较垂直加速度不可忽略的较小尺度现象，例如风暴或对流云等，必须使用没有流体静力近似的运动方程组；这样建立的NWP模式就是非静力模式。一般说来，声波对大气气流没有什么影响，但声波的存在要求模式要以非常小的步长积分，这就要求在流体非静力模式中用特殊的方法以保持合理的计算效率(Kalnay，2005)：由于声波的传播要依赖大气的可压缩性(三维散度)，因此一些流体非静力模式使用了准Boussinesq或“滞弹性”方程；其中，假设大气被分离为流体静力基本态和扰动，并且除了在浮力项之外，密度扰动均被忽略。其他的方法有在气压梯度项中使用的人工“散度阻尼”，以及对于那些影响声波的项采用隐式时间格式(这些格式是无条件稳定的)。

由于全球模式分辨率较低,而区域模式分辨率较高,所以初期的全球模式都是静力模式,而非静力模式最初是用于区域模式。当然,初期的区域模式分辨率也相当低(几十千米、甚至百千米),也是静力模式;而随着计算机的快速发展和模式分辨率的不断提高,将非静力模式使用于全球预报系统正是一个趋势,并已有非静力全球模式,如我国新一代数值预报系统GRAPES(Global/Regional Assimilation PrEdiction System)(陈德辉等,2008)。

1.1.5.4 中尺度模式

中尺度模式是以中尺度天气系统和天气现象为对象的 NWP 模式。

大气运动的尺度分类通常有经验、理论和实用这三种方法;目前使用较多的是 Orlanski(1975)根据观测和理论的综合分析结果而提出的尺度划分方案。按照 Orlanski 尺度划分标准,中尺度天气系统的水平尺度是 2~2000 km(生命史 1 h 或更短至 3~5 d,即时间尺度几十分钟至几天之间),其中水平尺度 200~2000 km 为 α 中尺度,20~200 km 为 β 中尺度,2~20 km 为 γ 中尺度;其核心是 β 中尺度系统(生命史大多为几小时~1 d 以内),比较典型的如雷暴群、飑线。对于 β 中尺度和 γ 中尺度的天气系统、特别是强对流天气系统,它们有这样的基本特征:①水平尺度小、生命期短;②气象要素梯度大,天气强烈;③非地转平衡和非静力平衡。

这些特征要求其模式是高分辨率和流体非静力的。因此,如果 α 中尺度天气系统的发生和发展还可以用流体静力模式进行模拟或预报,那么 β 中尺度和 γ 中尺度的强对流天气系统演变已不能再用流体静力模式来描写,必须研发和使用高分辨率、流体非静力的中尺度模式。因为高分辨率的要求,中尺度模式一般是区域模式。

1.1.6 NWP 的集合预报和交互式预报——数值天气预报的两个发展方向

数值天气预报原本是数学物理方程中的初值问题(Bjerknes,1904),是确定论的单值预报,是观测系统提供观测资料、观测资料进入数值天气预报系统而提供预报服务的单向流。这是传统的数值天气预报。

NWP 的集合预报和交互式预报是数值天气预报的两个发展方向:集合预报标志着 NWP 从确定论转变为概率论;交互式预报形成了观测与预报(服务)交互和观测与预报一体化。

1.1.6.1 NWP 的不确定性和集合预报

(1) 天气的可预报性和大气的混沌特征

天气的可预报性是指天气预报在时效上存在一个上限,超出这个上限,预报会呈现随机的结果,将完全失去预报技巧。大气有着**高度非线性**和**耗散**等性质,是**一个复杂的系统**。大气运动演变的可预报性是客观存在的固有属性;不同的天气系统和天气现象有着不同的可预报性,如中尺度天气系统比大尺度天气系统的可预报性一般要小,有组织的对流或者是由较大尺度的运动强迫造成的对流,其对流降水比单个雷暴造成的降水的可预报性要长得多。利用数值预报模式是定量估计天气可预报时效研究所使用的一种方法。

天气可预报性的经典研究是美国气象学家洛伦兹(Lorenz)1963 年的论文《确定性系统的非周期流》(Deterministic nonperiodic flow)(Lorenz,1963)。这个研究是关于一个简单的非线性大气模式的数值试验,其结果表明:对于这个**确定的**模式方程(包括其参数取一定的值),随着时间的积分,原来非常小的两个预报结果的差别变得越来越大,以至于到了两个星期后,两个预报结果的不同甚至就像是两个随意选取的模式状态。也就是这个非线性大气模式具有对初始值的敏感依赖性，亦即初始条件最微小的差异都会导致大气运动演变的无法预测。这种发生在确定性系统中的貌似随机的不确定性、不可预测就是**混沌**现象。Lorenz 在他著名的系列论文(Lorenz,1963,1965,1968)中有一个十分重要的发现：即使用完美的模式和最完善的观测资料，大气的混沌特征也会对天气的可预报性强加一个约两周上限的限制。Lorenz 由此才得出结论：天气的长期预报是不可能的，形象化的说法就是所谓的“蝴蝶效应”；他后来在一次讲演中说：一只南美洲亚马孙河流域热带雨林中的蝴蝶，偶尔扇动几下翅膀，可能在两周后在美国德克萨斯引起一场龙卷风。其原因在于：蝴蝶翅膀的运动，导致其身边的空气系统发生变化，并引起微弱气流的产生，而微弱气流的产生又会引起它四周空气或其他系统产生相应的变化，由此引起连锁反映，最终导致其他系统的极大变化。Lorenz 把这种现象戏称做“**蝴蝶效应**”，意思即一件表面上看来毫无关系、非常微小的事情，可能带来巨大的改变。从此以后，所谓“蝴蝶效应”之说就不胫而走。

1963 年 Lorenz 发现的混沌现象将人们从“确定论”的思想中解放出来。大气对初始的微小误差非常敏感；对于 NWP，随着模式的积分，初始的微小误差被不断地放大，直至最终得到了与真值具有很大差异的结果。正是基于大气的混沌现象，为了解决 NWP 初始场的不确定性问题，Epstein(1969)和 Leith(1974)先后提出了集合预报的思想和方法。

(2)　**NWP 的不确定性**

NWP 的不确定性是由于大气的混沌特征以及 NWP 初始场和预报模式存在的不确定性。其中，大气的混沌特征是大气本身的固有属性，NWP 的初始场不确定性是由于(与输入端相连的)初值误差，预报模式不确定性是由于(与数值模型相连的)预报模式误差(参见 1.1.3.3 节“NWP 的误差来源”)。对于短期数值天气预报来说，初始场的不确定性非常重要。

NWP 的不确定性表现有以下事实：

• 即使是在预报时效上限(如 Lorenz 经典研究中可预报上限为两周)之前，NWP 的预报技巧随时间是下降的。

• 由于初值存在误差，NWP 初始状态的真值永远不可知，也无法得到；因此，我们可以从确定论的角度转向概率论的角度，不是把初值看成确定论意义下的一个*确定的值*，而是看成概率论意义下随机变量的一个可能的值，即把存在误差的初值看作是初始时刻真实大气状态真值的*一个可能的值*(参见 3.1.3 节“随机变量概念的实际应用意义”)。于是，这样的可能的值当然不是一个，而是需要有与初值误差一致和能反映真实大气所有可能性的初始场样本集合。

• 完全类似地，由于预报模式存在误差，需要有与预报模式误差一致和能反映真实大气所有可能性的预报模式样本集合。

(3)　**NWP 的集合预报**

传统的数值天气预报是确定论的预报，NWP 的集合预报产生于 NWP 客观存在的不确定性。正是基于上面的这些事实，通过**在初始条件中**引入扰动(如 Monte Carlo 方法的**随机的**扰动，或下文中增长模繁殖法、奇异向量法得到的**取决于基本气流动力特征的**扰动)或/和**预报模式**引入扰动(如表现为某个 NWP 的预报模式中某物理过程采用不同参数化方案，甚至如超级集合预报是使用不同的 NWP 预报模式)，得到能代表初始场不确定性的**多初始场**(一组初值样本)或/和能代表预报模式不确定性的**多预报模式**(一组预报模式)，然后以不同的初值和预报模式分别进行模式积分，产生**多个模式预报场**(一组模式预报，或称模式预报的集合)。这种基于不确定性、通过引入随机性或大气动力特征的扰动而得到模式预报集合的 NWP 方法就是集合预报。

1992 年 12 月,在进行了一系列有关如何最有效地在初始条件中引入小扰动的深入研究后,集合预报在美国国家环境预报中心(NCEP:National Centers for Environmental Prediction)和欧洲中期天气预报中心(ECMWF:European Centre for Medium-Range Weather Forecasts)同时投入业务(Kalnay,2005)。这两个工作都是通过**在初始条件中引入扰动**建立的业务集合预报系统,但所使用的初值扰动方法不同。ECMWF 使用的扰动方法是奇异向量法(SVs:Singular Vectors)(Palmer et al.,1992; Molteni et al.,1996);NCEP 开始使用的扰动方法是时间滞后平均法(LAF:Lagged Average Forecasting)(Hoffman et al.,1983),从 1994 年开始使用增长模繁殖法(BGM:Breeding of Growing Modes)(Toth et al.,1993; 1997)。此后,增长模繁殖法和奇异向量法成为最具代表性的两种初值扰动方法。为了了解和对比具体的初值扰动方法,更是为了后面揭示 NWP 的“集合预报”和 NWP 的“交互式预报”之间的内在联系(参见 1.1.6.4 节),下面概述这两种方法(Kalnay,2005)。

(4) **集合预报的两种代表性初值扰动方法**

早期的集合预报曾采用 Monte Carlo 方法的初值扰动,即扰动本身的取法是**随机的**(未考虑大气动力特征),而其振幅是与现实的分析误差标准差一致。但由 Hollingsworth(1980)以及 Hoffman 和 Kalnay(1983)等所做的工作表明随机初始扰动增长得并不像实际的分析误差那样快。奇异向量法和增长模繁殖法都是产生表征**初始误差最优增长**的初始扰动。

①奇异向量法得到初始扰动的基本思想和做法

• 它是直接利用 NWP 的非线性**预报模式**M(预报模式 M 表示:只依赖于初值 $\boldsymbol{x}(t_0)$ 的模式预报(确定性预报)是 $\boldsymbol{x}(t)=M[\boldsymbol{x}(t_0)]$,其中 $\boldsymbol{x}$ 为模式大气状态相空间变量)。

• 假定预报模式 M 的**切线性近似**,也就是,对于一个初始扰动 $\mathrm{d}\boldsymbol{x}(t_0)$,受此扰动后的模式大气状态($\boldsymbol{x}(t_0)+\mathrm{d}\boldsymbol{x}(t_0)$)在较短时段内($t_0,t_i$)的演变是线性的,即近似为:

$$M_{t_0\to t_i}[\boldsymbol{x}(t_0)+\mathrm{d}\boldsymbol{x}(t_0)]\approx M_{t_0\to t_i}[\boldsymbol{x}(t_0)]+\boldsymbol{M}\mathrm{d}\boldsymbol{x}(t_0)=\boldsymbol{x}(t_i)+\mathrm{d}\boldsymbol{x}(t_i);$$

其中的 $\boldsymbol{M}=\left.\dfrac{\partial M}{\partial \boldsymbol{x}}\right|_{\boldsymbol{x}=\boldsymbol{x}(t_0)}$ 便是预报模式 M 关于 $\boldsymbol{x}$ 在初始时刻 t_0 的切线性模式,它使初始时刻 t_0 的扰动 $\mathrm{d}\boldsymbol{x}(t_0)$ 线性增长为 t_i 时刻的终末扰动 $\mathrm{d}\boldsymbol{x}(t_i)$($=\boldsymbol{M}\mathrm{d}\boldsymbol{x}(t_0)$)。$\left.\dfrac{\partial M}{\partial \boldsymbol{x}}\right|_{\boldsymbol{x}=\boldsymbol{x}(t_0)}$ 是已知的;其实,对于任一已知的具体时刻 t,预报模式的轨迹 $\boldsymbol{x}(t)=M_{t_0\to t}[\boldsymbol{x}(t_0)]$ 是已知的,而切线性模式 $\left.\dfrac{\partial M}{\partial \boldsymbol{x}}\right|_{\boldsymbol{x}=\boldsymbol{x}(t)}$ 依赖于预报模式的轨迹(它是切线性模式中需要用到的状态参量),所以是一个已知矩阵;它的转置 $\boldsymbol{M}^{\mathrm{T}}$ 是该切线性模式的伴随模式。

• 通过求取伴随模式和切线性模式的乘积 $\boldsymbol{M}^{\mathrm{T}}\boldsymbol{M}$ 的特征向量,得到切线性模式 $\boldsymbol{M}$ 的奇异向量;这个奇异向量就是所欲求得的初始扰动向量,因为它在(t_0,t_i)时段增长得最快,也就是说,它是经过 $\boldsymbol{M}$ 传播后能够在终末时刻 t_i 达到极大值的模的初始扰动向量。

这可以通过完备的数学推导予以证明。对于一个相同大小的初始扰动向量 $\mathrm{d}\boldsymbol{x}(t_0)$(图示为球形)(如欧几里得空间定义的初始模等于 $\|\mathrm{d}\boldsymbol{x}(t_0)\|^2=\langle \mathrm{d}\boldsymbol{x}(t_0),\mathrm{d}\boldsymbol{x}(t_0)\rangle=[\mathrm{d}\boldsymbol{x}(t_0)]^{\mathrm{T}}\mathrm{d}\boldsymbol{x}(t_0)=\mathrm{d}x_1(t_0)^2+\mathrm{d}x_2(t_0)^2+\cdots+x_{Nx}(t_0)^2=1$(图示为球形),这里$\langle\cdot,\cdot\rangle$表示内积),它经过 $\boldsymbol{M}$ 传播后在终末时刻 t_i 的模是 $\|\mathrm{d}\boldsymbol{x}(t_i)\|^2=\langle \mathrm{d}\boldsymbol{x}(t_i),\mathrm{d}\boldsymbol{x}(t_i)\rangle=[\boldsymbol{M}\mathrm{d}\boldsymbol{x}(t_0)]^{\mathrm{T}}\boldsymbol{M}\mathrm{d}\boldsymbol{x}(t_0)=\langle \boldsymbol{M}^{\mathrm{T}}\boldsymbol{M}\mathrm{d}\boldsymbol{x}(t_0),\mathrm{d}\boldsymbol{x}(t_0)\rangle$;于是,通过变分法,可以得到:在强约束 $\|\mathrm{d}\boldsymbol{x}(t_0)\|^2=1$ 条件下能够使 $\|\mathrm{d}\boldsymbol{x}(t_i)\|^2$(=

$\langle \boldsymbol{M}^{\mathrm{T}}\boldsymbol{M}\mathrm{d}\boldsymbol{x}(t_0),\mathrm{d}\boldsymbol{x}(t_0)\rangle$)达到极大值的初始扰动向量 $\mathrm{d}\boldsymbol{x}(t_0)$ 就是 $\boldsymbol{M}^{\mathrm{T}}\boldsymbol{M}$ 的特征向量。还可以导出:它也就是切线性模式 $\boldsymbol{M}$ 的初始奇异向量;且它所对应的 $\boldsymbol{M}^{\mathrm{T}}\boldsymbol{M}$ 的特征值是对应的 $\boldsymbol{M}$ 的奇异值的平方。

• 对应于前几个最大特征值的切线性模式奇异向量是一组最优增长的扰动,利用这组奇异向量或其线性组合构造集合预报的初始扰动。

②增长模繁殖法得到繁殖向量的基本思想和做法

• 它是直接利用 NWP 的**预报结果**。

• 仅在初始时刻,引入一个振幅与分析误差标准差一致的随机扰动("随机种子场"),加入该时刻的分析场(即成为受扰动的分析场),来启动繁殖循环。(随机种子只是为了启动仅引入一次。)

• 用相同的非线性预报模式 M 分别对受扰动的分析场和未受扰动的分析场**积分**。初始时刻之后,在固定时间间隔(如每隔 6 h 或者 24 h),将受扰动分析场积分得到的预报场(有扰预报)和未受扰动分析场积分得到的预报场(控制预报)**相减**;对二者之差**按比例缩小**(scaled down),使其和初始扰动有同样的振幅;然后把它作为该时刻的**扰动**加在该时刻的分析场上,再分别对受扰动的分析场和未受扰动的分析场**积分**到下一个时间间隔,这样依固定时间间隔多次**重复**上述步骤。

• 结果发现,引入初始随机扰动后,经过 3～4 d 的过渡期,繁殖循环产生的扰动(称作繁殖向量)**获得巨大的增长率**。而且,如上所述,以固定时间间隔地在分析场引入扰动和对预报模式进行积分,这样的循环使所引入的扰动进入繁殖循环,扰动随着时间会**被增长的误差所控制**(Kalnay,2005)。由此,产生表征初始误差最优增长的扰动,成为集合预报的初始扰动。

③奇异向量法和增长模繁殖法的二者比较

这两种方法的共同点:目的都是产生表征初始误差最优增长的初始扰动;手段上都利用了预报模式来产生初始扰动,因此结果上在所得到的初始扰动中都包括了依赖于基本大气运动的演变的增长误差。二者的不同之处和各自的一些突出优缺点如下。

• 奇异向量法是具有完备的数学理论基础的**伴随方法**,直接利用 NWP 的**预报模式**(切线性模式及其伴随模式);增长模繁殖法是利用预报样本成员的**集合方法**,直接利用 NWP 的**预报结果**(样本成员的有扰预报与控制预报之差)。

• 奇异向量法所确定的初始扰动是最快增长的向量,发散度好;增长模繁殖法所引入的扰动的数理意义不够明确。

• 奇异向量法在方法上做了切线性近似:这假定了扰动线性增长,这也对(大振幅)慢变模态和(小振幅)快变模态会有失真的取舍;增长模繁殖法所用的预报结果直接来自非线性预报模式本身。

• 奇异向量法在实施上不易:为了得到初始扰动,需要开发和运算切线性模式及其伴随模式,而它们的开发是一项艰巨工作、它们的运算计算量很大;增长模繁殖法所引入的扰动是直接利用集合预报本身的样本成员之差,所以相对简单,且其中的加减和按比例缩小等运算计算量小,几乎不耗费额外的计算资源。

1.1.6.2　集合预报的意义和优点(集合预报比单个确定性预报)

首先,集合预报,因为它提供对同一有效预报时间的一组不同的预报结果,而不是提供确定论下的单个预报,所以标志着 NWP 从确定论转变为概率论;而且,集合预报,因为所基于的事实(即 NWP 的不确定性)符合真实,所以在概念上**更科学**;它的科学实质是物理上的 NWP 的不确定性和数学上的概率论。

产品上,集合预报,因为它提供一组不同的预报结果,还有了以下优点。

• 有用信息上**更丰富**。例如,由集合预报中的(样本)成员能得到预报量的相应的**概率**。各成员(包括概率小的成员)提供了**极端天气事件**发生的可能性。大气可预报性是随着时间的不同和区域的不同而不断变化的;集合预报中的成员间的**离散度**反映真实大气的可预报性或预报的可信度:离散度愈小,可预报性愈高,预报可信度愈大,反之,可预报性愈低,预报可信度愈小。

• 性能上可获得**准确性更高**的确定性预报结果。特别是对于几天以上的预报,若干成员的集合平均预报比单一的确定性预报更为准确,因为最不确定的预报分量有被平均掉的趋向;也因此集合预报显示了它在月动力延伸期预报中的可能优势。必须指出,**集合预报的集合平均虽然也成了一个确定性预报**,但是它和传统的 NWP 有着本质的区别:传统的 NWP 是确定论下的单一值,而集合平均是概率论下(预报集合)的一个均值。

• 对应在服务观念上,基于集合预报的科学实质之 NWP 的不确定性,引导以淡化**定点**、**定时**、**定量**的**确定性**预报;在服务内容上,基于集合预报的科学实质之概率论,引导以强化**天气**的**概率**预报及**天气灾害**的**风险**评估。

1.1.6.3 NWP 的适应性(或目标)观测和交互式预报

(1) **适应性(或目标)观测**(adaptive or targeting observation)

1)适应性观测的目的、途径和核心

适应性(或目标)观测是观测适应预报(或服务)即观测与预报(或服务)有交互而进行的有目标的观测,就是针对**所关心的天气**为了提高其预报准确率、识别出对应的**敏感区**、在敏感区实施的**加强观测**。适应性观测的目的是提高所关心的天气的预报准确率,途径是在该目的敏感区进行加强观测来改善敏感区的分析场质量而由此实现目的,核心是敏感区的识别;由其途径可知:敏感区即加强观测的目标区,也就是瞄准它(targeting)进行加强观测的区域。这里涉及以下内容。

• 所关心的天气是指所关心区域和时间的天气。它可以是客观上**预报不确定性大**(如前期集合预报的 3 d 预报其离散度格外大)指示的所在关心区域(如台风的可能登陆区域,已经水灾严重的区域)的天气,或根据前期预报(如数值模式的 3 d 预报)指示的某区域的可能重要转折性/灾害性天气(如华南暴雨);也可能是来自特定地点、特定时间的天气预报服务的用户需求(人们主观上关心的天气),例如,2008 年 8 月 8 日晚北京奥运会开幕式的天气。

• 敏感区或者目标区是对所关心区域(称作验证区)和时间(称作验证时刻)的天气的预报(如北京某天的 48 h 或 24 h 预报)影响最大的一些局部区域,**这些区域的分析误差在预报过程中会迅速增长,从而导致预报质量的下降**。因此,通过布设这些区域的加强观测,这些区域的分析场质量的改善能最大程度上改进验证区域在验证时刻的预报。

• 加强观测是在现有的、固定的气象观测网基础上**瞄准敏感区**进行的可移动的、机动性的**补充观测**。加强观测需要适应性观测的观测仪器;因为所关心的天气和它对应的敏感区是时空不固定的,所以它们是具有可**移动**、**机动**可控性的观测仪器,如船舶探空,下投式探空仪(可由飞机、定高气球等飞行器从高空定点、定时投放),车载/机载/星载雷达,扫描开启和扫描速率都机动可控的卫星探测仪。补充观测,可以是可移动观测仪器在敏感区的增加观测,也可以是业务卫星对敏感区的机动性扫描和更高扫描速率的加强观测、以及常规业务观测网正处在敏感区时的加密观测，等。

可见，适应性（或目标）观测是气象界提出的如何开销“划算”、有效益地进行观测来提高预报准确率的一个概念。它的基本思想是：在现有的、固定的气象观测网基础上，在特定的时间和地点（即所谓瞄准目标区（targeting））进行加强观测从而通过改善分析场使得所关心的天气预报误差尽可能小，即对改进预报有最大的贡献。已经初步开展的“目标观测”现场野外试验有：1997 年 1—2 月进行的锋面和大西洋风暴路径试验（FASTEX：the Fronts and Atlantic Storm-Track Experiment），1998 年 1—2 月进行的北太平洋风暴路径试验（NORPEX：the North Pacific Experiment），等。

2）敏感区（或目标区）识别的技术方法

目标观测敏感区的识别技术方法（或称适应性观测策略）主要得益于 20 世纪 90 年代发展的适应性同化方法。对目标观测进行研究的主流适应性同化方法有两种：采用伴随技术的四维变分（4D-Var）和采用集合方法的集合 Kalman 滤波。因此，敏感区识别的技术方法主要分为两类：基于伴随模式的技术方法和基于集合预报的技术方法。

• 基于伴随模式的敏感区识别。它是利用非线性预报模式的切线性模式的伴随模式计算所关心区域和时间的模式预报误差增长对于初值误差的敏感性，其最大敏感性区域对应敏感区；例如，Langland 等（1999）的梯度敏感性向量方法（gradient sensitivity vector method）利用伴随模式计算所定义的描述预报验证区范围所关心的模式预报量 $\boldsymbol{x}$ 的一个标量度量函数 J 关于初始分析场 $\boldsymbol{x}_a$ 的梯度，这个梯度被称为分析敏感性向量（analysis sensitivity vector），亦即**预报对分析的敏感性**：$\partial J(\boldsymbol{x})/\partial \boldsymbol{x}_a$；但是这个方法没有考虑现有已用的信息，特别是忽略了待瞄准实施的目标观测与其他观测的相互作用、与背景场的相互作用、以及背景场/观测的误差特征。后来，Baker 和 Daley（2000）考虑所用同化系统的特征（所用同化系统中的背景场 $\boldsymbol{x}_b$ 和观测 $\boldsymbol{y}_o$ 及它们的误差方差）来得到分析 $\boldsymbol{x}_a$ 对观测 $\boldsymbol{y}_o$ 的敏感性：$\partial \boldsymbol{x}_a/\partial \boldsymbol{y}_o = \boldsymbol{K}^{\mathrm{T}}$（$\boldsymbol{K}$ 为增益矩阵），包含所用的 $\boldsymbol{x}_b$ 和 $\boldsymbol{y}_o$ 的位置信息和协方差，参见第 2 章的式（2.6.2）和式（2.7.1），由此进而计算预报对于同化中所用观测的敏感性，亦即**预报对观测的敏感性**：$\partial J(\boldsymbol{x})/\partial \boldsymbol{y}_o = \partial \boldsymbol{x}_a/\partial \boldsymbol{y}_o \cdot \partial J(\boldsymbol{x})/\partial \boldsymbol{x}_a$。

• 基于集合预报的敏感区识别。方法上的根据是卡尔曼滤波（KF：Kalman Filter）同化方法（参见 2.7.2 节，即按照逐时次的更新步骤——预报步骤的序贯循环方式，从更新步骤不仅得到分析场 $\boldsymbol{x}_a(t)$ 还得到它的误差协方差 $\boldsymbol{P}_a(t)$，从预报步骤不仅得到下循环的背景场 $\boldsymbol{x}_b(t+1)$ 还得到它的误差协方差 $\boldsymbol{P}_b(t+1)$）；实施的前提是基于一组预报集合。例如，Bishop 等（2001）提出的集合转换卡尔曼滤波方法（ETKF：Ensemble Transform Kalman Filter），它是在（集合预报的）集合空间中应用集合转换和标准化来求解卡尔曼滤波方程，能够快速地得到与所增加观测相应的预报误差协方差，进而直接估计出**由于增加观测造成的**预报误差协方差的减少量（称为信号协方差矩阵），显然信号协方差矩阵是**预报**直接**对观测的敏感性**；这样，ETKF 能快速地把观测的敏感性转换为预报误差方差减小量的估计；于是，因为它的快速，能够计算和比较不同布设的增加观测造成的预报误差方差的减少量，由此，**最优的观测资源布设**确定为**使得验证区域在验证时刻的预报误差方差最小的那个布设**，这个最优观测资源布设所对应的增加观测区域就是敏感区。实际应用中，需要定义一个衡量验证区范围信号方差减小量的关于模式预报量 $\boldsymbol{x}$ 的 guidance 函数/度量函数，如扰动总能量，扰动动能。

3)目标观测的发起—决策—实施过程：

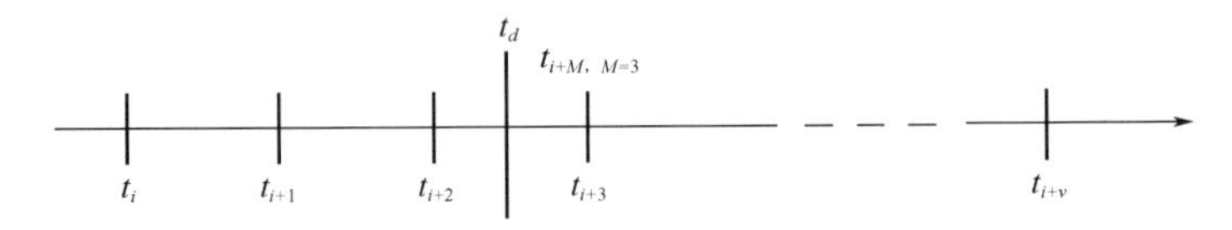

图 1.1.2　目标观测的行为过程的时间示意图。t_i 为起始时间，t_d 为决策时间，t_{i+v} 为验证时间，t_{i+m} 为能够同化观测资料的分析时刻；t_{i+M} 为来得及实施目标观测的最后一个分析时刻(这里 $M=3$)，以同化该时刻观测资料的分析场为初值，所布设的目标观测使所关心天气在验证时刻 t_{i+v} 的预报误差得到最大减小(引自 Bishop 等(2001))

图 1.1.2 给出了从所关心天气的发起、到做出对其部署目标观测的决策、到所关心天气的预报验证等几个重要时间节点，它们分别是起始时间(t_i)、决策时间(t_d)、验证时间(t_{i+v})。在 t_d 之前的分析时刻(即 $t_i \leqslant t_{i+m} < t_d$)，只有日常的现有业务观测；在 t_d 之后的分析时刻(即 $t_d < t_{i+m} < t_{i+M}$)，可布设目标观测，因此有加强观测和/或日常的业务观测。如图 1.1.2 所示，$t_i < t_d < t_{i+M}$，要留出足够的时间实施目标观测布设。

(2)　**NWP 的交互式预报**

适应性观测是**观测适应预报**的观测，它的直接意义是为提高所关心的天气的预报如何经济和有效地进行**瞄准目标**的观测，而它的重要意义远不止于此，还可以把这个直接意义延伸到观测**仪器的经济和最佳操控**(如操控卫星的扫描速率，确定什么时候才需要高扫描速率的位置)和观测**数据的简化和最佳使用**(如海量数据流的动态的选择性使用/稀疏化)，更重要的是，目标观测的思想是一个将观测和数值预报模式相结合、由数值预报模式可以**部分主动地决定**在哪里观测(即决定在某些敏感区域的加强观测)的新思想，这是从传统的**观测到预报**转变为**观测和预报(服务)交互**和**观测和预报一体化**(如图 1.1.3)。

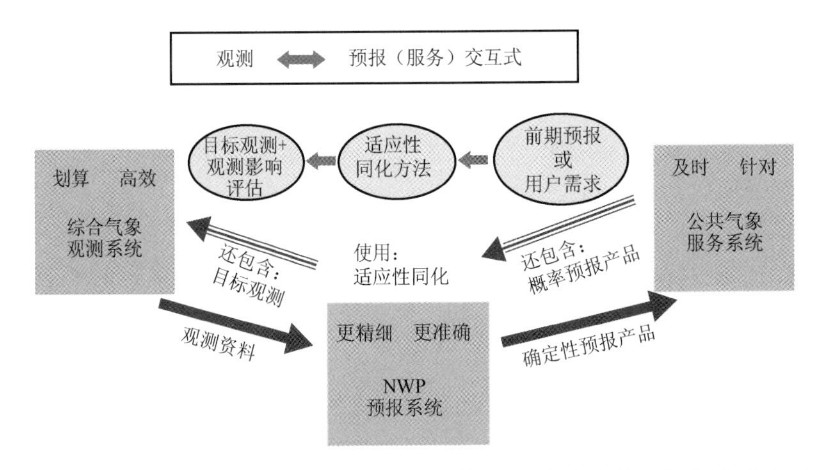

图 1.1.3　基于 NWP 的观测和预报(服务)一体化，也包含从前期模式(集合)预报到目标观测的 NWP 的交互式预报。

(黑色长箭头和文本大致表示传统的观测到预报到服务的 NWP 预报，三线长箭头和文本表示新增部分，它们在一起构成)

观测和预报(服务)交互的一个直接意义是建立可移动的补充观测系统和动力控制的机动观测指挥系统,适应重大预报保障的需要。而且在更扩展的视角,目标观测包含观测对于预报的敏感性,这个理念对应于和能应用于**观测影响评估**,由此能够指导如何改进观测系统的设计和提高观测系统建设的效益。

目标观测,虽然也有可能通过经验丰富的预报员和大量的资料统计结果给出所关心天气预报的敏感区来实施,但它一经**提出**就是针对(在敏感区的)NWP 的分析场误差,而且它的核心——敏感性识别都是基于 NWP(资料同化方法和预报模式/预报结果)来**实现**,它的**目的**更是在于提高 NWP 的预报准确率,所以目标观测是针对 NWP、基于 NWP 和为了提高 NWP 的目标观测,交互式预报是 NWP 的观测和预报交互。

2003 年第 14 届世界气象大会批准实施一个为期 10 年(2005—2015 年)的国际研究计划——一个研究与业务结合的、需要全球合作的大气科学研究计划,THORPEX 计划(THe Observing system Research and Predictability EXperiment:观测系统研究与可预报性试验)。THORPEX 计划旨在通过预报观测交互研究,改进气象观测系统能力,加速提高 1～14 d 高影响天气的预报准确率,以造福于社会、经济和环境。它的科学计划的核心内容是观测系统研究和数值预报系统研究,最终目标是建立全球交互式预报系统(GIFS:Global Interactive Forecast System)(THORPEX 中国委员会秘书处,2005)。

NWP 的交互式预报把天气预报变成一个交互式过程,同时形成气象信息在预报用户、NWP 系统、观测系统之间的流动(对于 NWP 系统内部的资料同化与预报模式之间及其信息的交互流动,可参见 2.7.4 节“EnKF 的做法要点”)。

1.1.6.4 集合预报和交互式预报的比较和内在联系

集合预报和交互式预报都是数值天气预报的新发展方向。尽管它们是不同的发展方向,但主要是目的和结果效益的不同,其实它们有着紧密相通的内在联系。

目的和结果效益的不同:

• 和传统数值天气预报的确定性的**单值**预报不同,**集合预报**得到多个预报集合,使得 NWP 从确定论转变为概率论;

• 和传统数值天气预报的“从观测到预报”的**单向流**不同,观测—预报**交互式预报**实现“观测适应预报”的在目标区的加强观测,使得 NWP 从被动地接受观测输入转变为(部分)主动地决定在哪里观测,而实现观测与预报双向交互;

• 较之于传统的确定性预报,集合预报在结果上更直接地体现在 NWP 的**输出结果**更科学、准确,而交互式预报在效益上更重要地体现在 NWP 的**做法方式**更合理、经济。

实质共同和做法相通之处:

• **在内在的实质上**它们都基于 NWP 的不确定性;

• 甚至**在实施上**,它们一开始都基于 NWP 的初始条件不确定性。例如,对于集合预报,其初期和现在仍常用的是采用初始扰动方法(对于短期数值天气预报来说,初始场的不确定性非常重要),它是通过产生表征初始误差最优增长的那些初始扰动,进而得到多个初始场和进行模式积分得到预报集合;对于交互式预报的适应性观测,其初期的敏感区识别是通过计算所关心区域和时间的模式预报误差增长对于初值误差的敏感性,由此得到的最大敏感性区域对应敏感区;

• **在方法上**,对于集合预报的初始扰动和交互式预报的敏感区识别,最具代表性的方法都是分为两类:利用伴随模式的技术方法和利用集合预报的技术方法;例如,初值扰动的奇异向

量法和增长模繁殖法，敏感区识别的梯度敏感性向量方法和集合转换卡尔曼滤波方法。所不同的是在用途上，例如：**利用伴随模式的方法**，对于集合预报是用来决定集合预报的初始扰动方案(即：利用伴随模式来计算使 $\| d\boldsymbol{x}(t_i) \|^2 (= \langle \boldsymbol{M}^{\mathrm{T}}\boldsymbol{M} d\boldsymbol{x}(t_0), d\boldsymbol{x}(t_0) \rangle)$ 达到极大值的初始扰动向量 $d\boldsymbol{x}(t_0)$，亦即 $\boldsymbol{M}^{\mathrm{T}}\boldsymbol{M}$ 的特征向量，参见 1.1.6.1 节(4)中的奇异向量法)，对于交互式预报是用来决定如何最佳使用观测(即：利用伴随模式来计算梯度 $\partial J(\boldsymbol{x})/\partial \boldsymbol{x}_a$，亦即预报对分析的敏感性，参见 1.1.6.3 节(1)中的基于伴随模式的敏感区识别)。

1.1.7 业务数值天气预报系统

在业务实施上，实现数值天气预报就是建立业务数值天气预报系统；这是一个系统工程。一般一个业务数值天气预报系统包含以下不可或缺的组成部分：

- 各种观测的**资料获取和预处理系统**；
- 形成初值的**分析同化系统**；
- 反映大气运动演变规律的**预报模式系统**；
- 面向需求的各类预报产品及服务产品制作的**后处理和输出及归档系统**(后处理，如由模式面内插到规定等压面的产品、地表气象要素的诊断量、对流天气预报的 K 指数、模式输出的模拟雷达回波和卫星云图；输出，如图形)；
- 模式产品的**检验评估系统**；
- 更好地利用模式预报产品的**解释应用系统**(如预报产品的偏差订正)。

其中从观测资料的获取到预报产品的生成，各组成部分彼此是系统工程中接连相继的**串联性质**的环节，所以有着**“短板效应”**，即：前一个环节直接影响后一个环节的结果；任一环节的粗陋都将限制最后结果的质量。

我国数值天气预报业务始于 20 世纪 70 年代末，经历从无到有，逐步建立了较为完整的数值预报业务体系，包括区域、全球、台风、集合和若干应用气象等数值预报系统，包含短时、短期、中期预报；期间，在引进移植和消化吸收基础上 1991 年建立了我国第一代全球中期数值预报业务系统，使我国进入了世界上制作中期数值天气预报少数几个国家的行列，成为气象大国；21 世纪初，作为“十五”国家重点科技攻关项目，“中国气象数值预报系统技术创新研究”启动，开始**自主开发**建立全球/区域一体化的多尺度通用的中国新一代气象数值预报模式系统 GRAPES(Global/Regional Assimilation PrEdiction System)，向气象强国迈进。

1.1.8 数值天气预报在现代气象业务体系中的位置

数值天气预报是基于大气动力学、大气探测技术、数值计算方法和高性能计算机的科学技术。数值天气预报的质量和准确性的长足进步，是 20 世纪下半叶所有科学分支中的主要成就之一(雅罗，2004)。

现在，作为被人们所**普遍接受的观念**，数值预报已成为现代气象预报业务的基础和提高准确率与服务水平的最根本科学途径。以数值预报技术为基础，结合其他方法建立起来的现代综合气象预报系统，已成为气象工作者进行天气、气候分析和预报的重要而有效的手段。

1.1.8.1 数值天气预报是提高天气预报准确率和服务水平的根本科学途径

在具体的日常天气预报和服务中，数值天气预报已经成为现代业务天气预报和服务的基础；3 d 以上的天气预报更是主要地依据数值天气预报。离开数值天气预报，日常天气预报已难以开展了(甚至出现这样的不良现象:预报员过分依赖数值天气预报,成为数值天气预报的“奴隶”)。因此,数值天气预报成为现代业务天气预报和服务的核心科技,是提高天气预报准确率和服务水平的根本科学途径。

1.1.8.2　数值天气预报是反映一个国家气象现代化水平和在国际气象界中地位的重要标志

现代气象业务体系包含综合气象观测业务、气象预报预测业务、公共气象服务业务以及科技支撑保障系统(如科技创新、高性能计算机、通信网络)等主要方面。这些方面与数值天气预报有着直接的联系(参见图 1.1.4)。

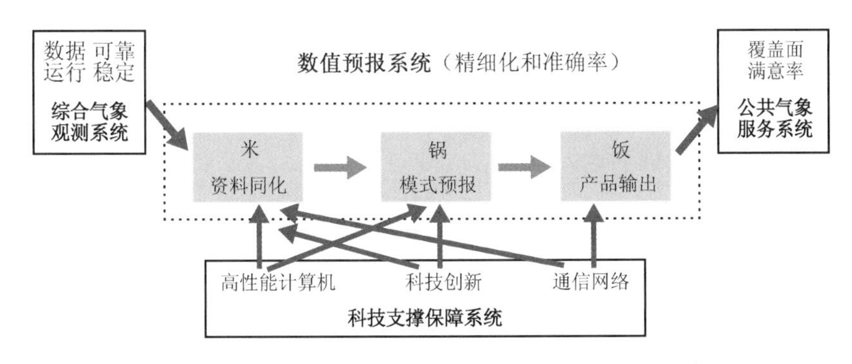

图 1.1.4　气象预报预测业务之数值预报业务系统在现代气象业务体系中的位置

• **综合气象观测业务**提供 NWP 的观测资料;同时,观测资料,特别是卫星和雷达等非常规资料,是否能定量地用于 NWP、且给 NWP 带来多大正贡献,是最高标准地衡量了该种观测及其应用的水平和价值。

• **气象预报预测业务**包含数值模式、天气、气候、气候变化和应用气象等业务及其业务平台建设;NWP 包含于其中,且是现代天气预报业务的核心科技和其他业务的科技基础和支撑。

• **公共气象服务业务**,作为气象业务对社会的供给产出,需要科技支撑;而 NWP 是它的越来越重要的科技支撑。

• 大气科学进步、大气探测技术进展、数值计算方法改进等**科技发展创新**,连同**高性能计算机和通信网络**,是 NWP 的前进推动力和支撑保障。

由这些联系可见,**在整体的现代气象业务高度**,数值天气预报的水平集中地体现了大气科学理论、综合气象观测、通信网络、高性能计算机等科技的发展创新能力,以及气象预报与服务业务的水平;因此,数值天气预报的水平是整体现代气象业务水平的综合反映,是反映一个国家气象现代化水平和在国际气象界中地位的重要标志。

1.1.8.3　数值天气预报是第一气象核心科技

在现代气象业务体系中,**观测**业务是基础和前端输入,**预报**业务是关键和核心手段,**服务**业务是目的和后端产出;而**数值天气预报**是预报业务的核心科技。可见,数值天气预报是关键和核心位置——**预报**业务的核心科技,是现代气象业务的第一关键核心科技。

事实上,数值天气预报已成为气象业务的第一核心科技。如上所述,微观的具体业务上,几乎所有的发达国家的天气预报都在很大程度上越来越**依靠**数值天气预报的结果,因此数值天气预报是现代业务天气预报和服务的基础,是提高天气预报准确率的最根本科学途径;宏观的综合实力上,数值天气预报的水平**有赖于**气象观测、气象信息(通信网络及高性能计算机)、大气科学研究等气象综合科技实力和应用能力,因此标志一个国家的气象现代化水平和在国际气象界中的地位。

1.2 数值天气预报的一些理解

1.2.1 两个趣味的对比和理解

(1) **NWP的一个简单总体认识**

有了NWP的预报模式和资料同化方法，NWP表现为这样的过程：通过资料同化得到**分析场**，它用作初始场，作为预报模式的输入；然后，通过积分**预报模式**到未来时刻，得到未来时刻的预报场即**预报产品**。

通过下面类比，可以看到NWP、科研活动、日常生活在总体认识上的简单相通：

NWP	资料同化→	预报模式→	模式产品
一般科研活动	输入 →	运算 →	输出
日常生活现象	米 →	锅 →	饭

(2) **科研NWP和业务NWP的一些不同**

NWP的观测输入数据来自真实大气的探测测量，NWP的预报模式基于实际大气运动的演变规律。科研NWP和业务NWP，因为都属于NWP，自然有许多和基本的共同之处。例如，一定假不得，都讲究客观的求“真”和理性的务“实”；可能错不起，都注重严谨扎实的过程。但是在工作性质上，科研NWP和业务NWP有诸多不同；了解和品味这些不同，或许有益于对NWP不同工作岗位的认识。

通过下面对比，可以品味科研NWP和业务NWP在工作性质上一定程度的一些不同：

	科研的NWP	**业务的NWP**
行为出发点	兴趣点/个人	整体一盘棋/团结协作
行为过程	“打一枪换个地方”的点点转变	没完的持续，稳步的循序渐进
程序运行上	这一次正确	**稳定**运行
计算耗时上	不争分秒、不在乎时日	运算**省时**
结果水平上	个例最优	**统计最优**

也就是：

• 对于科研NWP，可以针对某个兴趣点、靠个人（讲究人的能力）来开展；但是，建立业务数值天气预报系统是一个系统工程，必须是整体一盘棋、靠团结协作（讲究人的品质）来完成，每个业务NWP工作是其中的某一环节；

• 对于科研NWP，可以因兴趣点得到解答而进入新兴趣点，或项目结题而开展新项目；但是业务数值天气预报系统的工作，最显著的特征是上下承接和循序渐进（最经典的例子是ECMWF），需要业务NWP研发人员沉下心多年干一件事、甚至是一生干好一件事；

• 程序运行上，以资料读取和模式运算为实例，对于科研NWP，只需要所关心的资料取出即可、所关心时段的个例能正常运算即可；但对于业务 NWP，读资料时必须每个闰年得到考虑、NWP 系统能稳定运行是业务化首先注重的指标；

• NWP 运算，对于科研，在个人承受和不影响项目周期的时间范围内可以出来结果即可；但对于业务，追求运算省时和更快发布产品、至少不影响产品发布；

• NWP 预报结果，对于科研，所关心个例的模拟或预报结果最优，可满足天气系统的结构分析和天气过程的机理研究；但对于业务，时间序列的统计最优才代表它的水平。

1.2.2　分析同化与预报模式在认识上的简单相通

下面以我国新一代数值预报系统 GRAPES 为例，给出它的分析同化系统与预报模式系统这两个主体部分的示意：

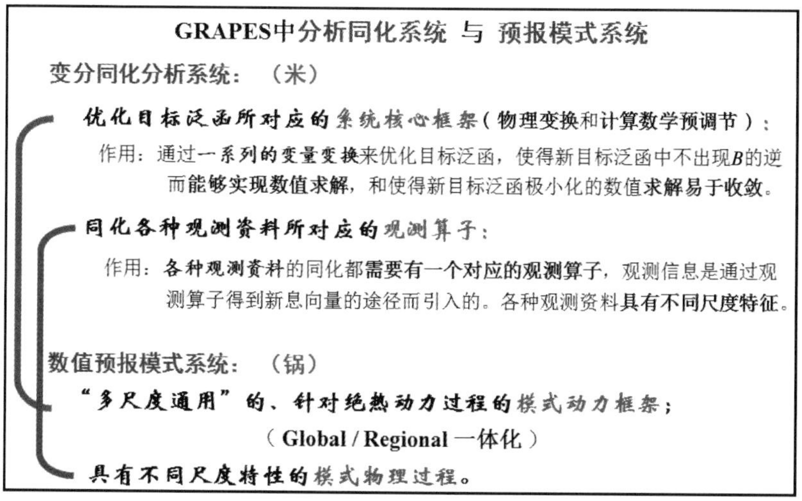

GRAPES中分析同化系统 与 预报模式系统

变分同化分析系统：（米）

优化目标泛函所对应的系统核心框架（物理变换和计算数学预调节）：

作用：通过一系列的变量变换来优化目标泛函，使得新目标泛函中不出现*B*的逆而能够实现数值求解，和使得新目标泛函极小化的数值求解易于收敛。

同化各种观测资料所对应的观测算子：

作用：各种观测资料的同化都需要有一个对应的观测算子，观测信息是通过观测算子得到新息向量的途径而引入的。各种观测资料具有不同尺度特征。

数值预报模式系统：（锅）

“多尺度通用”的、针对绝热动力过程的模式动力框架；

（Global / Regional 一体化）

具有不同尺度特性的模式物理过程。

• 预报模式系统包含一个动力框架和若干物理过程。通常地，预报模式**动力框架**是指预报模式方程的绝热、无摩擦的网格尺度动力过程，它是“多尺度通用”的。**各个模式物理过程**是指不同的源汇项或不同的次网格尺度物理过程，它们**具有不同尺度特性的**，如辐射过程、大气边界层过程(PBL)和深/浅对流过程；不同模式物理过程**都要作用到动力框架中**它所在的方程，进行“动力框架＋物理过程”一起求解。

• 基于估计理论的已有 NWP 的分析同化系统(如最优插值方法、变分方法、集合卡尔曼滤波方法的同化系统)包含一个核心框架和若干观测算子(参见 4.3 节“资料同化如何得以实施”)。通常地，**同化核心框架**是针对背景场误差协方差矩阵(***B*** 矩阵)，它影响所用观测信息的权重与传播平滑；一般地，现在的分析同化系统的背景场来自预报模式的前期预报场，它的误差协方差矩阵包含与预报模式一致的多种尺度特征。**各个观测算子**是从大气状态物理量映射到观测物理量的确定关系；**不同的观测资料**必需各自的观测算子才得以被同化使用，**都被作用于同一个同化核心框架**；不同的观测资料**具有不同尺度特性**，如探空测风和风廓线仪测风(表现为：在同一时间、同一地点，探空的测风和风廓线仪的测风会不相同，因为它们代表不同尺度特征的风)。

这里顺便预先指出，同化系统的核心框架是可以明确界定的，它是与“***B*** 矩阵”关联的部分。例如对于变分同化系统，它就是去掉目标泛函中 ***B*** 的逆：在内容上包含两个基本步骤：①物理参量变换来处理 ***B*** 矩阵中多变量之间的物理相关，②向量空间变换来处理 ***B*** 矩阵中单变量的三维空间相关;在作用上到达两个目的:大大**简化**和**优化**目标泛函而能够实现数值求解和求解过程易于收敛并能得到可靠的解(参见5.3.3节)。

1.2.3 一体化气象数值预报系统

一个国家级的数值天气预报业务,可能有多套独立的NWP系统,例如,全球数值预报系统,区域数值预报系统,台风数值预报系统;区域数值预报系统又可能有MM5、WRF、区域中尺度GRAPES等同时存在;台风数值预报系统又可能是全球的和区域的台风系统,还可能是预报西太平洋/印度洋/大西洋等不同区域台风能力的系统。对于初期从无到有的NWP业务体系建立,这本身是气象事业划时代的了不起的系统工程。但是需要明确:**多套独立的NWP系统存在**,是由于计算机能力不能满足的不同需求(如全球/区域之分)、科学认知能力、科技系统工程设计能力、其他因素等当时和现实的**若干主客观原因的限制**,而不是本身应该是这样的,特别是对于NWP系统的自主研发,更**不是**NWP系统追求**高质量发展的体现**。

追求高质量发展的NWP系统是一体化数值天气预报系统,如已有的具体实例:欧洲中期天气预报中心ECMWF的"集成预报系统"(**IFS**:Integrated Forecasting System),英国气象局Met Office的"一体化模式"(或称统一模式)(**UM**:Unified Model)。

新一代中国气象数值预报系统GRAPES从一开始就把建立多尺度统一模式作为它的基本选择;"多尺度统一模式"包含(中尺度、短期和中期天气预报、月-季-年气候预测等气象预报系统的)统一**动力模式框架**和(程序软件标准的)统一**编码**"coding"(中国气象局,2000)。下面以GRAPES为例,给出一体化数值天气预报系统的示意:

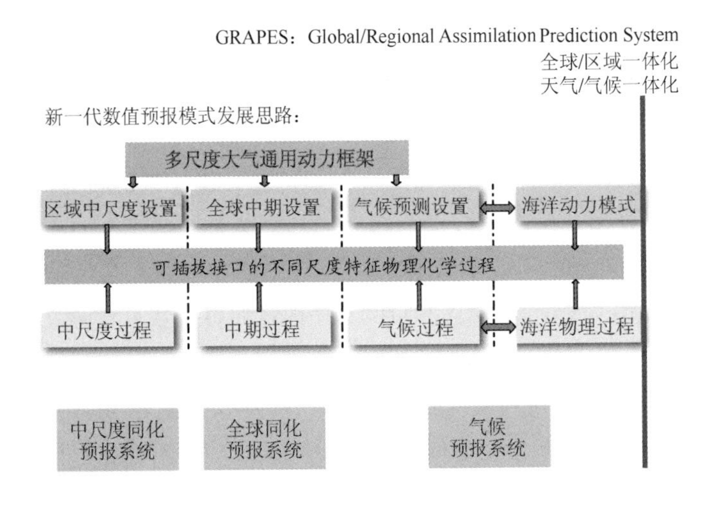

这就是:"多尺度通用"只限于模式的绝热动力过程部分即动力模式框架;物理过程部分具有不同尺度特征,是独立可插拔的。(不论是对于NWP的"确定性预报"还是集合预报)这样建立以多尺度通用模式为核心的、针对不同尺度特征物理过程的、以统一编程软件标准为平台的中尺度、全球、气候等全球/区域一体化和天气/气候一体化的气象预报系统;其中,海洋模式可以分别与短期气候和中期天气预报子系统耦合。每一个系统组成一个(或一个以上)完整的预报流程:

• "确定性预报",例如,全球中期预报流程:选定全球动力框架与中期预报物理过程模块组成"大气模式"(或"大气-海洋"耦合模式)后,输入实况资料,经资料分析同化、模式预报,制

作出全球中期天气(确定性)预报;

• 全球集合预报包括中期集合预报、月集合预报和季集合预报,其主要区别在于物理过程模块选取、初始扰动生成方案和样本数的多少三个方面,但其预报流程是相似的。以月集合预报流程为例:选定全球大气动力框架与月尺度气候预测物理过程模块组成"大气模式"、全球海洋动力框架与全球海洋预报物理过程模块组成"海洋模式",由此"大气模式"与"海洋模式"耦合成"大气-海洋"耦合模式后,输入实况资料,经资料分析同化、初始扰动生成、模式预报,多个预报样本"集成",制作出月尺度气候集合预测。

如下,可以这样来理解"一体化"数值天气预报系统(而不是"多套独立"的数值天气预报系统)是NWP系统应该的样子和NWP系统追求高水平和高质量发展的体现:

• 科学上,"多尺度通用"涉及数值预报模式的本质问题:"多尺度通用"只限于模式的绝热动力过程部分,而物理过程部分是具有不同尺度特征的独立性的。全球/区域和天气/气候模式预报系统的客观真实对象都是一个地球大气。一体化数值天气预报系统符合这个客观真实。

• 计算机软件工程上,一体化数值天气预报系统客观要求:①程序编写要求的"**标准化**":采用统一的计算机语言和编程规则(包括程序的规范结构和形式、程序和变量的命名规则、"COMMON、EQUIVELANCE"数据流语句和"GOTO"转向执行语句的不建议使用等);②编程顶层设计的"**一体化**":对于各个(子)预报系统的软件系统,(目录、数据结构定义)结构组织的清晰和高度一致、源程序代码和脚本的最大限度不重复、(变量名、程序名)名称的整体统一;③编程实现的"**模块化**":程序本身的独立(如完全显示常数/变量名/派生数据类型/子程序的出处)和程序功能独立,使之能很容易"插拔"式地调用,以及编程实现的"**并行化**"和"**可扩展性**":根据高性能计算机的并行计算要求编写程序,以便减少模式计算时间,提高模式计算效率,同时要求模式程序具有串行与并行、不同计算机系统之间的兼容性、可移植性。

• 现实意义上,一体化数值天气预报系统有诸多益处和优势:①带来NWP系统的减核和计算资源的集约利用;②降低NWP系统的业务运行和维护成本;③便于加快NWP系统的业务更新换代;④统一科研开发与业务所用预报模式,助于加速研究成果业务化,可以减少科研与业务的连接难度而利于密切科研与业务之间的合作;⑤编程标准一致和与国际标准接轨,有利于共同开发、成果共享和国外研究成果的引进、吸收;等。

当然,实现一体化气象数值预报系统有更高难度,例如必须有科学上的清晰认知和工程上的顶层设计与匠心实施。

参考文献

陈德辉,薛纪善,杨学胜,等,2008. GRAPES新一代全球/区域多尺度统一数值预报模式总体设计研究[J]. 科学通报,53(20):2396-2407.

哈廷讷G J,1975. 数值天气预报[M]. 北京大学地球物理系气象专业,译. 北京:科学出版社:1-7,187-188,294.

Kalnay E,2005. 大气模式、资料同化和可预报性[M]. 蒲朝霞等,译. 北京:气象出版社:1-10,77-97,108-112,155-162,180-185.

廖洞贤,1999. 大气数值模式的设计[M]. 北京:气象出版社:59,162-189.

陶祖钰,谢安,1989. 天气过程诊断分析原理和实践[M]. 北京:北京大学出版社.

THORPEX中国委员会秘书处,2005. THORPEX国际科学计划[M]. 北京:气象出版社.

雅罗 M,2004. 信息时代的天气、气候和水——2004年世界气象日致辞[J]. 气象知识,1,4-5.

《中国大百科全书》总编辑委员会,1987. 大气科学 海洋科学 水文科学[M]. 北京·上海:中国大百科全书出版社:685-688.

中国气象局,2000. 中国气象数值预报系统技术创新预研究报告[E]. 北京.

张玉玲,吴辉碇,王晓林,1986. 数值天气预报[M]. 北京:科学出版社:1-4,4-7,104-143.

朱国富,2015. 数值天气预报中分析同化基本方法的历史发展脉络和评述[J]. 气象,41(4):456-463.

Baker N L,Daley R,2000. Observation and background adjoint sensitivity in the adaptive observation-targeting problem[J]. Quart J Roy Meteor Soc,126:1431-1454.

Bauer P,Thorpe A,Brunet G,2015. The quiet revolution of numerical weather prediction[J]. Nature,525:47-55.

Bishop C H,Etherton B J,Majumdar S J,2001. Adaptive sampling with the Ensemble Transform Kalman Filter. Part I:Theoretical aspects[J]. Mon Wea Rev,129:420-436.

Bjerknes V,1904. Das Problem der Wettervorhersage,betrachtet vom Stanpunkt der Mechanik und der[J]. Meteor Zeits,21:1-7.

Charney J G,1948. On the scale of atmospheric motions[J]. Geofys Publ, 17(2): 1-17.

Charney J G,Fjørtoft R,von Neumann J,1950. Numerical integration of the barotropic vorticity equation[J]. Tellus,2:237-254.

Courant R, Friedrichs K, Lewy H,1928. Uber die partielen differenzengleichungen der mathematischen physik[J]. Math Annalen, 100(1): 32-74.

Eliassen A,1956. A procedure for numerical Integration of the primitive equations of the two-parameter model ofthe atmosphere[R]. Scientific Report No. 4, Department of Meteorology, UCLA.

Epstein E S,1969. Stochastic-dynamic prediction[J]. Tellus,21:739-759.

Hoffman R N,Kalnay E,1983. Lagged average forecasting,an alternative to Monte Carlo forecasting[J]. Tellus(35A):100-118.

Hollingsworth A,1980. An Experiment in Monte Carlo Forecasting[M]. Workshop on Stochastic-Dynamic Forecasting. ECMWF,Shinfield Park,Reading,UK.

Langland R H,Gelaro R,Rohaly G D,et al,1999. Targeted observations in FASTEX:Adjoint-based targeting procedures and data impact experiments in IOP 17 and IOP 18[J]. Q J R Meteoml Soc,125,3241-3270.

Leith C E,1974. Theoretical skill of Monte Carlo forecasts[J]. Mon Wea Rev,102(6):409-418.

Lorenz E N,1963. Deterministic nonperiodic flow[J]. J Atmos Sci,20:130-141.

Lorenz E N,1965. A study of the predictability of a 28-variable atmospheric model[J]. Tellus,17:321-333.

Lorenz E N,1968. The predictability of a flow which possesses many scales of motion[J]. Tellus,21:289-307.

Molteni F,Buizza R,Palmer T N,et al,1996. The ECMWF ensemble prediction system:Methodology and validation[J]. Quart J Roy Meteor Soc,122:73-119.

Orlanski I,1975. A rational subdivision of scales for atmospheric processes[J]. Bull Am Meteorol Soc,56:527-530.

Palmer T N,Molteni F,Mureau R,et al,1992. Ensemble prediction[M]. ECMWF Research Department Tech. Memo:188,45.

Rabier F,2005. Overview of global data assimilation developments in numerical weather prediction centres[J]. Q J R Meteorol Soc,131:3215-3233.

Richardson L,1922. Weather Prediction by Numerical Process[M]. Cambridge:Cambridge University Press.

Rossby C G,1939. Relation between variations in the intensity of the zonal circulation of the atmosphere and the displacements of the semi-permanent centers of action[J]. J Marine Research,2: 38-55.

Toth Z,Kalnay E,1993. Ensemble forecasting at NMC:The generation of perturbations[J]. Bull Amer Meteor Soc,74:2317-2330.

Toth Z,Kalnay E,1997. Ensemble forecasting at NCEP and the breeding method[J]. Mon Wea Rev,125:3297-3318.

发展史:大气资料同化有着什么样的前世今生

这一部分将阐明:只有在分析同化的历史发展进程中才能准确理解大气资料同化的来龙去脉和含义;而且,发展到今天的大气资料同化有了自己**独立的明确含义**。

第2章 从“客观分析”到“资料同化”

2.1 NWP的分析和客观分析是怎么一回事

NWP的初值,作为模式大气的初始场,自然是模式大气的初始状态。如1.1.3所述,模式大气状态表示为某一预先设计的**规则网格上**的物理量场。为了形成初值,早期的数值天气预报主要是利用来自全球各地气象观测站的常规气象资料;而**气象观测站是不规则分布的**,所以,“**如何将这些不规则分布的观测资料插值到规则网格点上**,再经过必要的协调处理(如初始化技术,参见4.4.2.1节“初始化技术的引入和理解”)后,为预报模式提供初值”,这是**早期NWP初值形成所面对的问题**,即**NWP**一经提出就有了的**分析问题**。

在数值天气预报中,“**分析**”术语就是指这样的**功能:由不规则分布的测站上气象观测值得到规则分布的空间格点上最可能的值**。如果分析是依靠人工填图、手工分析天气图和主观近似地插值等人工干预来完成,其结果自然会因人而异,就被称为**主观分析**;这也是最初NWP形成初值的分析。如果分析是按照某种算法通过计算机程序自动化地完成,其结果便没有主观分析中的人工干预和因人而异,则被称为**客观分析**。这就类似于数值天气预报,相对于预报员(主要根据天气图以及自身天气动力学知识和经验做出)的主观预报,是由计算机(按照一定的初值形式和预报模型的程序代码)计算出来的客观定量预报;客观分析,相对于手动人工的天气图分析,是由计算机按照算法程序完成的“分析”功能。

主观分析的“主观”在于靠手动人工的因人而异,客观分析的“客观”在于依赖算法和程序的无需人工干预;而主观分析和客观分析的根本共同点落在共同的字眼“分析”上,即上述的“功能”实现。因此,**客观分析的“客观”是相对于主观分析的“主观”**,首先,是指**手段**上依靠算法程序和计算机的自动化运算、而不是如主观分析中的手动操作的填图与分析和手工近似的插值;进而,对于任何人使用同样的算法程序和计算机而有的**结果**是同样的、客观的、而不是如主观分析那样会因人而异的。进而还需指出:**客观分析并不是其中不包含主观成分**,而是任何客观分析方法都有近似,且其中会有主观成分,如客观分析中的误差参数的选取和经验权重的给定。

分析所得到的结果,即规则网格点上最可能的值,被称为**分析场**,常常又被简称为“**分析**”(例如,“分析误差”即指“分析场误差”);英文文献中它们也常常会对应同一个英文单词

"analysis",尽管也常会把分析场用词为"analysis field"。为了语义上明确和避免可能的混淆,本书中(除惯用的"分析误差"这个例外)使用"**分析**"这个字眼时仅表示分析的"**行为**"过程或"**功能**"实现,而使用"**分析场**"(不并用"分析")这个字眼来表示分析**所得到的结果**。

最早的客观分析是由Panofsky(1949)提出的,论文题目为《客观天气图分析》(Objective Weather-Map Analysis);可见,NWP的"分析"这个术语来源于天气预报员的**天气图分析**。

实现"分析"功能而得到分析场的方法就是**分析方法**。

从客观分析发展到资料同化是一个累积精进的渐进过程。资料同化方法是后来的客观分析方法,但前期的客观分析方法不是资料同化方法;为了叙述的方便,在阐明资料同化的由来和含义之前,下文有时以"分析同化"用词作为同时包含二者时的一般表述。

2.2 概述:客观分析的发展进程中历经的基本方法

2.2.1 客观分析的产生

NWP的初值形成方法先后经历了主观分析方法和客观分析方法。在NWP的初期,科学先驱们,如1922年Richardson、1950年Charny等、我国20世纪50年代顾震潮先生,是通过**主观分析方法**由某一时刻的观测资料得到该时刻预报模式网格上的值即分析场。具体过程是:首先进行观测资料的填图和手工分析绘制等值线图,然后在等值线图上通过主观估计的人工近似插值,得到预先设计的规则格点上最可能的值(Panofsky,1949)。这个过程所包含的填图、天气图分析和插值不仅因为手动人工耗时不可能满足预报时效的需求,而且因为人为主观性使得其结果因人而异。

由于主观分析方法的手动人工**耗时**和人为**主观**性,为了提高工作效率并减少人为的误差,按照某种算法通过计算机程序自动化地实现分析功能的客观分析方法应运而生。

2.2.2 先后经历的基本方法

客观分析的基本方法先后经历了多项式函数拟合方法、逐步订正方法、最优插值方法、变分方法和集合卡尔曼滤波方法;下文2.8节将阐明这些基本方法之"基本"所在的**开创性和奠基性**,同时它们也是**国际上主要业务NWP中心**在其数值预报系统发展中**所使用**过的分析同化方法:

①多项式函数拟合方法由Panofsky(1949)提出,是最早的客观分析方法。

②逐步订正方法由Bergthorsson和Döös(1955)提出,后来Cressman(1959)将它发展为一个业务客观分析方案,用于当时美国联合数值天气预报(JNWP:the Joint Numerical Weather Prediction)部门。

③最优插值方法由Gandin(1965)于1963年首先全面地研制和开发,并应用到苏联的客观分析中;Bergman(1979)详细地描述了当时美国国家气象中心(NMC:National Meteorological Center,NCEP的前身)业务使用的9层全球预报系统的最优插值方案;Lorenc(1981)详细地描述了当时欧洲中期天气预报中心(ECMWF)业务使用的最优插值方案;在20世纪80年代和90年代初,最优插值方案成为业务分析方案的主流选择。

④变分方法(Lorenc,1986)是目前国际上大多数主要业务NWP中心的业务分析方案

(Parrish et al. ,1992;Courtier et al. ,1998)。

⑤集合卡尔曼滤波方法是 1994 年由海洋学者 Evensen 引入资料同化领域(Evensen,1994),已成为国际上同化领域的发展新动向和热点研究课题;Hamill(2006)系统地描述了基于样本集合的大气资料同化方法。

2.3　多项式函数拟合方法

2.3.1　基本思想

多项式拟合方法的**思想**是:假定待分析的气象变量(称作**分析变量**)和三维空间坐标存在着某一**解析函数**的客观联系,再通过**拟合观测数据**来确定这个解析函数,那么该气象变量在三维空间任何点上(当然包括预先设计的规则网格点上)的值也就可以从这个确定的解析函数计算出来;如果所确定的解析函数是最可信的,则由它算出来的值也就是所要得到的最可能的值。这样,就能从观测数据、按照其所确定的解析函数,计算得到预先设计的规则网格上每个格点的气象变量的最可能值即分析场。这也就完成了"由不规则分布的观测资料得到规则网格点上最可能的值"的客观分析;因为这个**过程**无需手动人工干涉(填图、等值线天气图分析)和人为估计(主观插值),所得到的**结果**即分析场,只依赖于所假定的解析函数和观测数据,所以不因人而异、是客观的。

于是,这一客观分析问题变成"找到一个解析函数 $p(x,y,z)$,用它来表示分析变量 p 的三维空间坐标(x,y,z)的分布"。

2.3.2　具体实施的做法要点

在**具体实施**中,Panofsky(1949)**假定的解析函数是二维的三次多项式函数**$p(x,y)$;也就是简化为一层一层地进行水平方向的二维分析。他这样的选择是考虑:

• 类似于(主观)天气图分析,即是**二维的**某一等压面分析(如 500 hPa 天气图分析);这样,客观分析的垂直维数为某一固定常值;

• 水平面上**限定在相对小的区域**;这样,二维的三次多项式函数在该区域可以令人满意地拟合观测。

于是,二维的三次多项式函数 $p(x,y)$的一般形式写为:

$$p(x,y)=\sum_{i,j}a_{ij}x^{i}y^{j},(i+j\leqslant 3),\text{系数 } a_{ij} \text{ 有 10 个。} \tag{2.3.1}$$

所以,有 10 个或以上不同点上的观测数据就可以确定它的 10 系数,由此也就确定了这个三次多项式函数。

至于如何确定**所限定的拟合区域大小**,又考虑:

• 它**取决于需要平滑观测的程度**。如果所限定的区域只容纳 10 个观测数据,那么这些数据能够按照上面三次多项式准确拟合观测,也因此没有对观测的平滑。实际上,由于所有观测受到观测误差和可能的局地涡旋影响,不应该完全准确地拟合观测,而需要一些适当的平滑。其实,也不可能指望所确定的多项式函数能拟合这些局地涡旋,我们关注的是所确定的多项式函数能够表示出所分析的气象变量场的大尺度特征。

至于如何确定**平滑的程度**，又考虑：

• **它取决于所分析的气象变量场的性质**。观测值比较不准或易受非代表性涨落影响的变量（如风），则应当比观测值较准的变量（如气压）进行更多平滑。所以，对于气压场的分析，可能使用 12～14 个观测数据来确定三次多项式的 10 个系数；对于风场，则要求不少于 20 个。

至于最后**如何确定最可信的多项式**：

• 从 M 个观测数据确定 N 个系数（$M>N$），通常根据最小二乘法通过拟合观测来处理；假定观测误差和局地涡旋是关于平滑的场正态分布，那么这样的拟合处理会得到**最可信的多项式**，进而由它算出所要得到的最可能的值。

多项式拟合方法，除了上述基本思想和做法要点之外，还需考虑**不同拟合区域的拼接**等处理工艺（Panofsky，1949）。

2.4 逐步订正方法（SCM：Successive Correction Method）

2.4.1 SCM 的出现背景和基本思想

1）背景一：分析问题存在的可能问题和预报场的引入

Bergthorsson 和 Döös（1955）对分析问题——“如何将不规则分布的观测资料通过插值得到某一预定的规则网格点上最可能的值”的调查研究所得出的结论是：仅仅通过天气观测资料的插值来得到合理的分析场常常是不可能的。十分清楚，得到合理的分析场要求**观测站之间的距离必须小于所要分析的天气系统的尺度**。而在许多区域，如海洋，不能满足这样的条件。这种情形下，任何插值方法，不论是线性的、二次的、还是三次的，都将失败。然而，如果 12 h 前在这样的区域有一些观测资料，那么一个 12 h 的预报场很可能是比用插值得到的分析场更好的近似。所以**把预报场用于分析**是保持时间连续性的一个相当自然的方式。

2）背景二：多项式拟合方法存在的问题

Panofsky（1949）提出的最早客观分析方法是由最小二乘法原则用某些多项式拟合观测。这个方法本来就是对于观测资料相当稠密的区域设计的，用于半球区域不是太适用；半球区域的很多地方是大片零星散布的观测，最小二乘法多项式拟合方案在这样的区域往往会出现某类不稳定（Cressman，1959）。

3）初猜场的引入和 SCM 的基本思想

SCM 的基本思想是引入初猜场（an initial guess），来处理这些出现的问题，改善分析场质量：

①初猜场是每个规则网格点上的初猜值；所引入的（**第一次的**）初猜值可以来自预报值（如 NWP 的 12 h 预报）、气候值，或是二者混合提供，它们至少在观测稀疏、甚至大片零星散布的区域是比用观测资料插值得到的值更好的近似；②在此基础上，对每个格点上的初猜值，使用该格点周围的有关观测资料对其进行**逐步**订正、最后得到分析值。这样来处理上述 1）中的问题和避过 2）中的问题，得到（过程上）能稳定执行和（结果上）质量更好的分析场。

2.4.2 SCM 的做法要点

Cressman 逐步订正方案（Cressman，1959）就是引入初猜场之后，使用观测资料对其进行逐步订正的方案。具体地：

• **分析值**是利用周围**观测**资料对格点上**猜值**进行订正的更新形式。对于某一格点上所要分析的要素量 x，**订正更新的公式形式**是：

$$x_a = x_g + C \tag{2.4.1a}$$

其中 x_a、x_g 和 C 分别是 x 的分析值、初猜值和由**有关观测**资料计算的订正值。**有关观测**是指不只是与分析变量相同的观测要素量，也可以是与分析变量有确定映射关系的观测要素量。例如，对于位势高度分析，有关观测包括不仅是位势高度观测本身，还可以是风观测，因为观测要素量“风”和分析变量“高度”可以有确定的地转风关系近似。

• 这是一个**单点分析方案**：逐个格点地根据该格点周围的观测资料来订正该格点的初猜场。

• 观测订正值 C 是与分析格点邻近的所有有关观测资料对该格点 x_g 的订正之和。

以 500 hPa 位势高度分析为例，某一邻近测站的有关观测资料被考虑了三种情况：只有位势高度的观测、同时有位势高度和风的观测、只有风的观测；对某一格点，由以该格点为圆心、N 为**影响半径范围内的所有测站**的所有高度和风的观测资料，得到这些观测资料对该格点的订正值 C：

$$C = \frac{A\sum C_h + \sum C_v}{An_h + n_v},$$

其中：①C_h 是**只有高度观测**时对该格点的订正值，

$$C_h = W(D_o - D_g)$$

②C_v 是**同时有高度和风的观测**时的订正值，

$$C_v = W\left[D_o + \frac{kf}{mg}(v_o\Delta x - u_o\Delta y) - D_g\right]$$

③**只有风的观测**时，②中的订正值

$$C_v = W\left[\frac{kf}{mg}(v_o\Delta x - u_o\Delta y)\right]$$

式中，W 是权重因子，D_o 是测站上的高度观测值，D_g 是插值到测站位置的高度初猜值，u_o 和 v_o 是风观测的 x 和 y 方向的分量，f 是科氏参数，g 是重力加速度，m 是地图投影放大系数，Δx、Δy 是观测点到格点的地图投影距离的 x 和 y 方向的分量，因子 k 表示地转风对于实际风的平均比率。风观测对高度的订正考虑了地转关系，使用表达式：$\delta\Phi = \delta(gz) = \frac{\partial \Phi}{\partial x}\delta x + \frac{\partial \Phi}{\partial y}\delta y = fv_g\delta x - fu_g\delta y$，其中 Φ 为位势，u_g 和 v_g 是地转风的 x 和 y 方向的分量。订正值 C 表达式中的 n_h 和 n_v 分别是订正值 C_h 和 C_v 的总个数；A 是加权因子，取决于高度初猜场的横向梯度的质量，如果期望更接近风场的拟合，A 取小值。

• 是经过逐步序列的**数轮“扫描”**即**逐步订正**来完成分析，即使用**更新的初猜场**和**逐步减小的影响半径** N 来进行逐步序列的数轮扫描（如 2～3 轮）：①初猜值经过订正得到分析值，该分析值再用作下一轮“扫描”的初猜值。②由于大气中高度变量和风变量的不同尺度特征，第一轮扫描时半径 N 取值较大，只考虑高度观测的订正，随后的各轮扫描才同时考虑高度观测和风观测的订正；由于半径 N 逐轮减小，因此各轮扫描使用了不同的观测资料。更新的初猜场和逐步减小的影响半径的逐步序列的数轮扫描是 Cressman 逐步订正方案之“逐步”特征的体现。③随着影响半径 N 逐轮减小，使得分析值趋于向观测值收敛；极端的情形，当观测在格

点上且 N 很小时，该格点分析值收敛于观测值（见式（2.4.1b））。

• 第一轮扫描的初猜值即**第一次猜值**（the first guess）**的选用**。如上所述，第一次猜值可以由预报值（如 NWP 的 12 h 预报）、气候值，或是二者混合提供。第一次猜值的选用是考虑**与最终分析值尽可能准确的近似**；为了能以最小的计算开销得到最好的分析准确度（accuracy），这样的选用是至关重要的。

• **订正更新公式的矢量形式**。把所有网格点上的初猜场用矢量表示：$\boldsymbol{x}_g=(x_1,x_2,\cdots,x_{Nx})^T$，对于某一轮扫描，式（2.4.1a）可以写为一般的形式（未考虑加权因子 A）：

$$x_a(i)=x_g(i)+\frac{\sum_{k=1}^{n}\{W(k,i)[y_o(k)-x_g(k)]\}}{\sum_{k=1}^{n}W(k,i)},\qquad x_g(k)=H(\boldsymbol{x}_g)\quad(2.4.1b)$$

式中，i 表示格点位置，k 表示观测点位置；H 是由初猜场的值 $\boldsymbol{x}_g$ 得到 k 测站位置上模拟观测值 $x_g(k)$ 的**观测算子**（参见 4.3.1 节“观测信息的引入”），这里只是空间插值算子；$[y_o(k)-x_g(k)]$ 是 k 测站位置上观测值和模拟观测值之差，称为**观测增量**，即观测信息是以观测增量的方式得以使用；$W(k,i)$ 是 k 测站对 i 格点的**权重函数**，由经验给定：

$$W(k,i)=\max\left(0,\frac{N^2-d^2(k,i)}{N^2+d^2(k,i)}\right),$$

这里，$d(k,i)$ 是 k 测站和 i 格点之间的距离，N 是权重因子 W 取 0 值的最小距离，即为影响半径，表示由观测资料对格点的订正只考虑距离该格点半径 N 范围内的那些测站（$k=1,\cdots,n$）的影响；对于某一轮扫描，N 的取值是固定的。

• **观测资料的质量控制的重要性**。由式（2.4.1b）可知，对于很小的影响半径，如果观测位于格点上，那么该格点分析值收敛于观测值；这会导致一个“轻信观测”的分析；如果观测资料有严重过失误差，这能导致分析场中出现“公牛眼”（围绕一个不真实的格点值的许多等值线）。因此，剔除这样观测的质量控制是非常重要的环节。

2.5 最优插值方法（OI：Optimal Interpolation）

2.5.1 OI 对 SCM 的承接、比 SCM 的最突出进步和它的基本思想

OI 与 SCM 上下承接：也属于单点分析方案，也是与 SCM 的式（2.4.1b）相近的订正更新的公式形式（内含着：同样的“观测算子”概念、“相关观测”情形、也是“观测信息以观测增量的使用方式”“分析值是以观测增量对猜值进行订正的更新形式”等）。OI 比 SCM 的进步是不再使用经验给定的权重函数；OI 的基本思想是以**分析误差方差最小**为准则来确定观测增量的**统计最优权重**。

2.5.2 OI 的做法要点

• 以**背景场**表示初猜场。背景场起着和初猜场相近的作用（参见 2.4.1 节中 3）“初猜场的引入和 SCM 的基本思想”和 4.1.2.1 节“逆问题求解的欠定性”），但**意义上不同于初猜场**，参见 2.8 节（附 1 分析同化中“初猜场”“背景场”和“先验信息”的明确区分）。订正更新的公式形式：

$$x_a(i)=x_b(i)+\sum_{k=1}^{n}\{W(k,i)[y_o(k)-x_b(k)]\},\qquad x_b(k)=H(\boldsymbol{x}_b)\quad(2.5.1a)$$

$\boldsymbol{x}_b$ 表示背景场。

• **显式地引入数据的误差**。考虑背景场误差、观测误差以及分析场误差，例如，表示为：

$x_b(i)=x_t(i)+\varepsilon_b(i)$，$x_b(k)=x_t(k)+\varepsilon_b(k)$，其中，$\varepsilon_b(i)$ 和 $\varepsilon_b(k)$ 分别是位置在格点 i 和在测站 k 的背景场误差，x_t 表示对应的真值；因为 $\varepsilon_b(k)$ 是在测站 k 位置的背景场误差，因此含有观测算子 H。

$y_o(k)=x_t(k)+\varepsilon_o(k)$，其中，$\varepsilon_o(k)$ 是测站 k 的观测误差，

$x_a(i)=x_t(i)+\varepsilon_a(i)$，其中，$\varepsilon_a(i)$ 是格点 i 的分析误差，

并假定背景误差和观测误差**无偏**：$E[\varepsilon_b]=0$ 和 $E[\varepsilon_o]=0$，以及背景误差和观测误差**无关**：$E[\varepsilon_b\varepsilon_o]=0$。

• 之后，通过求**分析误差方差最小**，得到**统计最优权重**；其中，显式地**定量使用了**数据的**误差的统计特征**（方差和相关）。具体地，将上面考虑误差的背景场、观测以及分析场代入式(2.5.1a)，求 $\min\{E[\varepsilon_a(i)\varepsilon_a(i)]\}$，并利用误差无偏和背景与观测的误差无关的假定，可得到确定统计最优权重的线性方程组：

$$\sum_{k=1}^{n}\{W(k,i)[b(k,ko)+r(k,ko)]\}=b(ko,i),ko=1,\cdots,n;$$

式中，$r(k,ko)$ 是测站 k 和测站 ko 间的观测误差协方差，$b(k,ko)$ 是 k 和 ko 间的背景误差协方差，$b(ko,i)$ 是测站 ko 和格点 i 间的背景误差协方差；涉及测站位置上的 b 含有在求方差最小中产生的观测算子 H 的切线性近似。误差协方差包含方差和相关两个部分，参见 4.3.2.2 节(1)“数学上认识 $\boldsymbol{B}$ 矩阵以及在实际应用中的意义”。

• 最后，**仅仅一次的订正更新**完成分析。具体地，由这个统计最优权重 $W(k,i)$，**一次性**地将所计算的观测增量加权订正（即分析增量 $\delta x_a(i)=\sum_{k=1}^{n}\{W(k,i)[y_o(k)-x_b(k)]\}$）加到背景场的值，就得到分析值。

也因此**不需要 SCM 的逐步的迭代过程**；这也是**背景场在意义上不同于**（计算数学的迭代算法中）**初猜场**的一个体现。

• OI 分析方程的**向量和矩阵形式**。Lorenc(1981)描述了当时在 ECMWF 实施的业务 OI 方案，它不是通过逐个格点的逐个变量求解，其新颖性是对于一个有限空间体积内的格点和变量，建立并求解 OI 的分析方程组，使得大量资料的使用成为可行。这个方案的 OI 分析方程(Kalnay，2005)是对应式(2.5.1a)的向量和矩阵形式：

$$\boldsymbol{x}_a=\boldsymbol{x}_b+\boldsymbol{W}[\boldsymbol{y}_o-H(\boldsymbol{x}_b)] \tag{2.5.1b}$$

式中，$\boldsymbol{W}=\boldsymbol{B}\boldsymbol{H}^T(\boldsymbol{H}\boldsymbol{B}\boldsymbol{H}^T+\boldsymbol{R})^{-1}$ 是使得分析误差协方差极小的**最优权重矩阵**。这里，上标 T 和 −1 分别表示矩阵的转置和矩阵的逆（下同），$\boldsymbol{B}=E[\boldsymbol{\varepsilon}_b\boldsymbol{\varepsilon}_b^T]$ 为**背景场误差协方差矩阵**（参见 4.3.2.2 节(2)“物理上认识 $\boldsymbol{B}$ 矩阵以及在实际应用中的意义”），$\boldsymbol{R}=E[\boldsymbol{\varepsilon}_o\boldsymbol{\varepsilon}_o^T]$ 为**观测误差协方差矩阵**（参见 4.3.2.5 节），而 $\boldsymbol{\varepsilon}_b$ 和 $\boldsymbol{\varepsilon}_o$ 分别为背景场误差向量和观测误差向量。$\boldsymbol{H}$ 是非线性观测算子 H 的切线性算子；$\boldsymbol{B}\boldsymbol{H}^T$ 是格点位置和测站位置间的背景误差协方差，$\boldsymbol{H}\boldsymbol{B}\boldsymbol{H}^T$ 是测站位置间的背景误差协方差。此外，观测增量 $\boldsymbol{d}=\boldsymbol{y}_o-H(\boldsymbol{x}_b)=\boldsymbol{y}_o-H(\boldsymbol{x}_t+\boldsymbol{x}_b-\boldsymbol{x}_t)=\boldsymbol{y}_o-H(\boldsymbol{x}_t)-\boldsymbol{H}(\boldsymbol{x}_b-\boldsymbol{x}_t)=\boldsymbol{\varepsilon}_o-\boldsymbol{H}\boldsymbol{\varepsilon}_b$。

最优权重矩阵 $\boldsymbol{W}$ 的等式可以重新写为：$\boldsymbol{W}(\boldsymbol{H}\boldsymbol{B}\boldsymbol{H}^T+\boldsymbol{R})=\boldsymbol{B}\boldsymbol{H}^T$；通过求解这个线性方程组，得到 $\boldsymbol{W}$；再代入式(2.5.1b)，得到分析向量 $\boldsymbol{x}_a$。

由于需要求解线性方程组，所以不能使用与分析变量是复杂非线性关系的有关观测（如卫星辐射率、雷达反射率等观测资料）（即观测算子 H 不能太复杂），以及存在观测资料的区域选择问题（即受限于求解线性方程组的规模）。

• **显式地考虑了不同观测系统的观测质量特征**。最优权重矩阵 $\boldsymbol{W}$ 包含观测误差协方差 $\boldsymbol{R}$，这使得分析能够考虑观测质量特征。由于气象观测网是由若干不同的观测系统组成的，每个观测系统有着自己特有的观测质量特征，因此 OI 通过最优权重矩阵 $\boldsymbol{W}$，以合理和分类的方式解决了各观测系统观测质量特征的不同（Bergman，1979）。这也体现了“最优”的另一层意义。

2.6 变分方法（Var：Variational methods）

2.6.1 Var 的基本思想和比之前客观分析方法的最突出进步

Var 的基本思想是把“分析问题”归结为“一个目标泛函的极小化问题”，然后通过求该泛函极小的解来得到大气状态的最优估计即分析场。因为变分法就是求依赖于某些未知函数的泛函数极值的（数学）方法（与微分学中函数极值问题相类似），所以这种通过变分法实现（客观分析）资料同化的方法就称为**变分（分析）同化方法**。Var 的基本思想包括两个主要部分：变分同化方法的目标泛函的导出和该目标泛函极值的求解。

也正是因为使用变分法的求解方式，所以：①Var 能够引入复杂的非线性观测算子而使得直接同化卫星、雷达等大量非常规、非模式变量的观测资料成为可能，②且执行所有资料被同时使用的全局求解，因而不存在观测资料使用的区域选择问题，这样就避免了在不同资料选择区边界上出现跳跃。这些是 Var 比 OI 的最突出进步。此外，下文还将看到，③Var 通过理论上的数学求解可以直接导出一个显式解；这个显式解在形式上与经验给出的 SCM 的式（2.4.1b）和 OI 的式（2.5.1b）相同；这是 Var 比之前客观分析方法的另一个突出进步。

2.6.2 Var 的做法要点

（1） **Var 的目标泛函的导出**

分两个步骤把分析问题归结为一个目标泛函的极小化问题（Lorenc，1986）：

• 首先，基于随机变量概念，**分析问题可以变为最大后验估计问题**（参见 3.7.3 节“大气状态的最优分析的理想化方程”）。①把大气状态（**真值**）视为一个随机向量 $\boldsymbol{X}$，它的可能取值用 $\boldsymbol{x}$ 表示；以背景场 $\boldsymbol{x}_b$ 为大气状态 $\boldsymbol{X}$ 的一个先验估计，则 $(\boldsymbol{x}-\boldsymbol{x}_b)$ 是背景场 $\boldsymbol{x}_b$ 的误差（取了负号：$-(\boldsymbol{x}_b-\boldsymbol{x})$），于是由背景场误差 $\boldsymbol{\varepsilon}_b=(\boldsymbol{x}-\boldsymbol{x}_b)$ 的概率密度分布（PDF）便知道**来自背景场**的大气状态 $\boldsymbol{X}$ 的一个先验 PDF：$P_b(\boldsymbol{x}-\boldsymbol{x}_b)$（参见 3.1.3.2 节中有关的资料同化中“随机向量概念下的数据”）；再以观测 $\boldsymbol{y}_o$ 为该先验信息之后又已知的新的信息，通过观测算子 $\boldsymbol{y}=H(\boldsymbol{x})$（即观测量 $\boldsymbol{y}$ 和大气状态变量 $\boldsymbol{x}$ 的关系，参见 4.3.1 节中有关的“观测算子”），由观测误差 $\boldsymbol{\varepsilon}_o=(\boldsymbol{y}-\boldsymbol{y}_o)$ 的 PDF，可以得到**来自观测**以观测算子为桥梁（亦即此条件下）的大气状态 $\boldsymbol{X}$ 的条件 PDF：$P_{oc}(H(\boldsymbol{x})-\boldsymbol{y}_o)$；②于是，根据贝叶斯定理（Bayes' theorem）便得到（已知先验的背景场和新的观测的条件下）大气状态 $\boldsymbol{X}$ 的后验 PDF：$P_a(\boldsymbol{x})$，③由此，所欲得到的大气状态的最佳估计即分析场就是大气状态的后验概率最大时的解 $\boldsymbol{x}_a$。也就是基于随机变量的概念，根据贝叶斯定理，把分析问题变成“求已知先验的背景场和新的观测的条件下后验概率最大的解”这一估计问题。

• 之后，**最大后验概率估计问题可以转化为一个目标泛函的极值问题**(参见 3.7.5.1 节“最大后验估计方法与变分同化方法”)。①在先验背景场误差和观测误差是**不相关**的假定下，可以得到已知先验的背景场和新的观测的条件下大气状态变量 $\boldsymbol{X}$ 的后验概率密度函数是：

$$P_a(\boldsymbol{x})=P(\boldsymbol{x}\,|\,\boldsymbol{y}_o)\propto P(\boldsymbol{y}_o\,|\,\boldsymbol{x})P(\boldsymbol{x})=P_{oc}(\boldsymbol{y})P_b(\boldsymbol{x})=P[H(\boldsymbol{x})-\boldsymbol{y}_o]P(\boldsymbol{x}-\boldsymbol{x}_b)$$

②在背景场误差和观测误差满足**正态分布**的假定下：

$$P_b(\boldsymbol{x})=P(\boldsymbol{x}-\boldsymbol{x}_b)\propto\exp\left[-\frac{1}{2}(\boldsymbol{x}-\boldsymbol{x}_b)^{\mathrm{T}}\boldsymbol{B}^{-1}(\boldsymbol{x}-\boldsymbol{x}_b)\right],$$

$$P_{oc}(\boldsymbol{y})=P[H(\boldsymbol{x})-\boldsymbol{y}_o]\propto\exp\left\{-\frac{1}{2}[H(\boldsymbol{x})-\boldsymbol{y}_o]^{T}\boldsymbol{R}^{-1}[H(\boldsymbol{x})-\boldsymbol{y}_o]\right\},$$

后验概率 $P_a(\boldsymbol{x})$ 最大的解便转化为等价于一个目标泛数 $J(\boldsymbol{x})$ 最小的解：

$$J(\boldsymbol{x}_a)=\min_{x}J(\boldsymbol{x}),$$

其中，

$$J(\boldsymbol{x})=\frac{1}{2}\{(\boldsymbol{x}-\boldsymbol{x}_b)^{\mathrm{T}}\boldsymbol{B}^{-1}(\boldsymbol{x}-\boldsymbol{x}_b)+[H(\boldsymbol{x})-\boldsymbol{y}_o]^{\mathrm{T}}\boldsymbol{R}^{-1}[H(\boldsymbol{x})-\boldsymbol{y}_o]\}\quad(2.6.1\text{a})$$

式中，$\boldsymbol{B}$ 为背景场误差协方差矩阵，$\boldsymbol{R}$ 为观测误差协方差矩阵；上标 T 和 −1 分别表示矩阵的转置和矩阵的逆。

求得使该目标泛函 $J(\boldsymbol{x})$ 极小的解 $\boldsymbol{x}_a$ 就是得到大气状态的后验概率最大时的解，这个解就是所欲得到的大气状态的最佳估计，也就是分析场。

#附 **背景场误差协方差矩阵**(参见 **4.3.2.2** 节(**2**)中有关的“物理上认识 $\boldsymbol{B}$ 矩阵”)：

$$\boldsymbol{B}=\langle(\boldsymbol{x}_b-\boldsymbol{x}_t)(\boldsymbol{x}_b-\boldsymbol{x}_t)^{\mathrm{T}}\rangle,$$

其中，$\boldsymbol{x}_t$ 表示大气状态的真值，$(\boldsymbol{x}_b-\boldsymbol{x}_t)=\boldsymbol{\varepsilon}_b$ 是背景场误差。

观测误差协方差矩阵(参见 4.3.2.5 节)：$\boldsymbol{R}=\langle(\boldsymbol{y}_o-H(\boldsymbol{x}_t))(\boldsymbol{y}_o-H(\boldsymbol{x}_t))^{\mathrm{T}}\rangle$。

协方差矩阵(参见 3.1.1.1 节“随机变量”和 4.3.2.2 节“认识 $\boldsymbol{B}$ 矩阵：$\boldsymbol{B}$ 矩阵的数学和物理意义”)：它可以表示为“$\Sigma\boldsymbol{C}\Sigma$”形式，其中 Σ 是标准差的对角矩阵，$\boldsymbol{C}$ 是一个相关矩阵。例如，对于背景场误差协方差矩阵 $\boldsymbol{B}=\Sigma\boldsymbol{C}\Sigma$，其标准差部分表征背景场向量各分量的不确定性，其相关部分表征背景场向量各分量之间的联系，包含**不同变量间的物理相关**(如风场和质量场之间的地转平衡关系，质量场本身的温度和气压之间的静力平衡关系)和**不同位置间的空间相关**。

(2) **Var 的目标泛函极小化的求解**

• **Var 在理论上的数学求解**与 Var 的另一个突出进步。数学上，①用变分方法求满足 $\min\limits_{x}J(\boldsymbol{x})$ 的解 $\boldsymbol{x}_a$，有：

$$\nabla_x J(\boldsymbol{x}_a)=\boldsymbol{B}^{-1}(\boldsymbol{x}_a-\boldsymbol{x}_b)+\boldsymbol{H}^{\mathrm{T}}\boldsymbol{R}^{-1}[\boldsymbol{H}(\boldsymbol{x}_a)-\boldsymbol{y}_o]=0,$$

式中，$\boldsymbol{H}=\left.\dfrac{\partial H(\boldsymbol{x})}{\partial\boldsymbol{x}}\right|_{\boldsymbol{x}=\boldsymbol{x}_a}$ 是观测算子 H 的**切线性算子**，它的转置 $\boldsymbol{H}^{\mathrm{T}}$ 是其**伴随算子**。由于 $\boldsymbol{H}$ 和 $H(\boldsymbol{x}_a)$ 都包含 $\boldsymbol{x}_a$，所以不易显式求解，可以通过迭代求解。②在假定观测算子 H 在 $\boldsymbol{x}_b$ 处的线性化对于 $\boldsymbol{x}$ 的可能值的整个值域范围是合理近似的条件下(即观测算子 H 在 $\boldsymbol{x}_b$ 附近做线性化近似)，有：$H(\boldsymbol{x})\approx H(\boldsymbol{x}_b)+\boldsymbol{H}(\boldsymbol{x}-\boldsymbol{x}_b)$，此时 $\boldsymbol{H}$ 取在 $\boldsymbol{x}=\boldsymbol{x}_b$ 时的值，则相应的目标泛函写为：

$$J(\boldsymbol{x})=\frac{1}{2}\{(\boldsymbol{x}-\boldsymbol{x}_b)^{\mathrm{T}}\boldsymbol{B}^{-1}(\boldsymbol{x}-\boldsymbol{x}_b)+[\boldsymbol{H}(\boldsymbol{x}-\boldsymbol{x}_b)-\boldsymbol{d}]^{\mathrm{T}}\boldsymbol{R}^{-1}[\boldsymbol{H}(\boldsymbol{x}-\boldsymbol{x}_b)-\boldsymbol{d}]\},\quad(2.6.1\text{b})$$

于是，通过$\nabla_x J(\boldsymbol{x}_a)=0$，便直接导出一个显式解：

$$\boldsymbol{x}_a=\boldsymbol{x}_b+\boldsymbol{Wd} \tag{2.6.2}$$

式中，$\boldsymbol{d}=\boldsymbol{y}_o-H(\boldsymbol{x}_b)$是**新息向量**，$\boldsymbol{W}=\boldsymbol{BH}^{\mathrm{T}}(\boldsymbol{HBH}^{\mathrm{T}}+\boldsymbol{R})^{-1}$是**最优权重矩阵**；这里$\boldsymbol{H}\approx\left.\frac{\partial H(\boldsymbol{x})}{\partial \boldsymbol{x}}\right|_{x=x_b}$。

它在形式上和OI的式(2.5.1b)相同；这也被称作Var与OI在解的形式上的等价性。不同的是，Var的式(2.6.2)是通过理论上的数学求解而直接导出的一个显式解，不是经验给出的；这是Var比之前客观分析方法的另一个突出进步。

• Var**在实际应用中的实施**与控制变量变换方法(CVTs：Control Variable Transforms)。①由于现场观测量测的独立性、一些观测(不同通道间辐射率、反演资料)的相关性难以确定，以及资料同化中观测误差的复杂性等情形，所以实际应用中通过对观测资料进行稀疏化处理，通常考虑不同地点/通道的观测误差是不相关的，这时目标泛函$J(\boldsymbol{x})$中的观测误差协方差$\boldsymbol{R}$是对角矩阵(参见4.3.2.5节)，对目标泛函极小化求解不构成困难。②在变分方法的实际应用中，目标泛函极小化求解遇到的困难是$\boldsymbol{B}$矩阵的**维数巨大**和条件数很大而**近于病态**(参见5.3.2节)；$\boldsymbol{B}$矩阵的维数巨大使得巨维$\boldsymbol{B}$矩阵无法存贮、更无法求逆，因而使得极小化更**无法数值求解**；$\boldsymbol{B}$矩阵的近于病态使得极小化的**数值求解难于收敛**，以及使得解对输入数据的微小误差很敏感，导致**解不可靠**。③克服困难的办法是假定气候统计平均意义上的静态$\boldsymbol{B}$矩阵(不随时间变化)，然后通过控制变量变换方法，来去掉目标泛函中$\boldsymbol{B}$的逆，使得目标泛函得到大大**简化**和**优化**而能够实现其极小化的数值求解和求解过程易于收敛并能得到可靠的解；控制变量变换方法包含两个基本步骤：物理参量变换来处理$\boldsymbol{B}$矩阵中多变量之间的物理相关，和向量空间变换来处理$\boldsymbol{B}$矩阵中单变量的三维空间相关。Var实际应用的具体实施，包括处理$\boldsymbol{B}$矩阵的控制变量变换方法的具体步骤和具体实现，参见5.3节有关的“目标泛函的优化和简化”和第6章。

2.7 集合卡尔曼滤波法(EnKF：Ensemble Kalman Filter)

2.7.1 EnKF的上下承接和它的基本思想及最突出进步

EnKF和OI一样，都是基于**分析误差方差最小**的准则得到最优统计权重，都有着同样的分析场的订正更新的公式形式：$\boldsymbol{x}_a=\boldsymbol{x}_b+\boldsymbol{Kd}$，式中$\boldsymbol{K}=\boldsymbol{BH}^{\mathrm{T}}(\boldsymbol{HBH}^{\mathrm{T}}+\boldsymbol{R})^{-1}$是**增益矩阵**，也就是**最优权重矩阵$\boldsymbol{W}$**。

对于实际应用的情形，背景场误差协方差矩阵$\boldsymbol{B}$是一个超大规模的、稀疏和接近病态的非对角矩阵，这导致了OI和Var的数值求解困难，所以OI和Var都把$\boldsymbol{B}$当作不随时间变化的静态矩阵。

在分析同化中，$\boldsymbol{B}$矩阵的作用对于分析场有深刻影响，主要决定观测信息的适当权重和合理平滑与传播(参见4.3.2.1节“$\boldsymbol{B}$矩阵对分析的至关重要作用”)。静态$\boldsymbol{B}$矩阵的实质是包含真实$\boldsymbol{B}$矩阵平均意义上的一些非常重要的动力统计性质，如运动场和质量场之间的地转平衡、质量场之气压和位势之间的静力平衡等约束关系；这些统计性质只是大气状态的一种平均意义上的近似，对于某一时刻的大气状态，会与实际情形有明显差距，如在锋面附近。

EnKF 的基本思想是：①在概念上，源于卡尔曼滤波(分析)同化方法(KF：Kalman Filter)和扩展卡尔曼滤波(分析)同化方法(ExKF：Extended Kalman Filter)；②在技术实现上，基于蒙特卡洛技术使用短期预报集合来估计动态演变的 $\boldsymbol{B}$；③在具体实施上，并不是需要显式地存储访问和计算 $\boldsymbol{B}$，而是使用短期预报集合分开计算增益矩阵中的 $\boldsymbol{HBH}^{\mathrm{T}}$ 和 $\boldsymbol{BH}^{\mathrm{T}}$。

因为 EnKF 源于 KF，它有了两个最突出进步：①构成了分析和预报结合为一体的循环；②使用动态演变的 $\boldsymbol{B}$ 矩阵。又因为 EnKF 基于 KF 的思想和预报集合的技术实现，它还有了两个最突出的进步：③不仅得到大气状态的最优估计，还能给出该估计的误差协方差；④它将资料同化和集合预报自然地结合为一体(参见 2.7.4 节“EnKF 的做法要点”)。

2.7.2　卡尔曼滤波(分析)同化方法(KF：Kalman Filter)

(1)　KF 同化方法的来源和基本思想

卡尔曼滤波是控制论领域信号处理的一种最优估计方法，它是卡尔曼(R E Kalman)于 1960 年提出的处理“**线性**随机动态系统、具有**高斯白噪声**随机信号”的一种**顺序递推**、**最小方差估计方法**。在估计过程中，利用**系统状态方程**、**观测方程**及其白噪声激励(系统噪声和观测噪声)的统计特征，给定**前一时刻**的系统状态的估计值及其噪声协方差，根据**当前时刻**的观测值及其噪声的协方差，可以递推计算**当前时刻**的系统状态的最优估计及该估计的误差协方差。

卡尔曼滤波方法有着广泛的应用。它应用于大气资料同化领域，被称为卡尔曼滤波(分析)同化方法。卡尔曼滤波同化方法假定背景场和观测的误差(噪声)是**高斯**分布的，考虑**线性**的预报模式和观测算子，显式地使用动态的背景场误差协方差，逐时次递推地融合背景场和观测，在分析误差方差最小的准则下得到大气状态的最优估计即分析场，以及该分析场的误差协方差。

(2)　KF 同化方法的做法要点

在具体实施上，卡尔曼滤波同化方法是**按照逐时次的序贯更新方式进行分析和预报结合为一体的循环**；对于每一个循环，包含结合为一体的两个步骤：更新步骤和预报步骤。

1)更新步骤

在更新步骤中完成客观分析，得到**当前 t 时刻**的分析场及其误差协方差。具体来说，它是利用预报模式(系统状态方程)的**前一时刻**预报作为背景场，通过观测算子(观测方程)利用**当前 t 时刻**的观测，在分析误差方差最小的准则下得到最优统计权重，进而得到大气状态的最优估计(即分析场)，以及该估计的误差协方差；且所得到的分析场及其误差协方差为**当前循环**接下来的预报步骤提供初值。

相应地，更新步骤的方程表示为：

$$\boldsymbol{x}_{\mathrm{a}}^{t}=\boldsymbol{x}_{b}^{t}+\boldsymbol{K}(\boldsymbol{y}_{\mathrm{o}}^{t}-\boldsymbol{H}^{t}\boldsymbol{x}_{\mathrm{b}}^{t}),\tag{2.7.1a}$$

$$P_{\mathrm{a}}^{t}=(I-\boldsymbol{KH}^{t})P_{\mathrm{b}}^{t},\tag{2.7.1b}$$

式中，上标 t 表示 t 时刻；$\boldsymbol{x}_{\mathrm{b}}$ 和 $\boldsymbol{P}_{\mathrm{b}}$ 表示(由上一个循环的预报步骤产生的)前一时刻预报场及其误差协方差，它用作(分析)同化的背景场及其误差协方差；$\boldsymbol{y}_{\mathrm{o}}$ 和 $\boldsymbol{R}$ 表示观测和观测误差协方差，$\boldsymbol{H}$ 表示线性观测算子；$\boldsymbol{K}=\boldsymbol{P}_{\mathrm{b}}^{\mathrm{t}}\boldsymbol{H}^{\mathrm{tT}}(\boldsymbol{H}^{\mathrm{t}}\boldsymbol{P}_{\mathrm{b}}^{\mathrm{t}}\boldsymbol{H}^{\mathrm{tT}}+\boldsymbol{R}^{\mathrm{t}})^{-1}$(上标 T 表示矩阵的转置，对应伴随算子)，被称为**增益矩阵，是满足分析误差方差最小时得到的**(参照下面文中“附　KF 同化方法中 $\boldsymbol{P}_{\mathrm{b}}$ 和 $\boldsymbol{P}_{\mathrm{a}}$ 以及增益矩阵 $\boldsymbol{K}$ 的求取”)。$\boldsymbol{x}_{\mathrm{a}}$ 和 $\boldsymbol{P}_{\mathrm{a}}$ 是在分析误差最小的准则下得到的大气状态的最优估计即分析场及其误差协方差；它们为**当前循环**接下来的预报步骤提供初值。

2)预报步骤

在预报步骤中执行预报模式积分,得到**下一个循环$t+1$时刻的**预报场及其误差协方差。具体而言,用(由当前循环的更新步骤产生的)分析场及其误差协方差作为初值,通过预报模式(系统状态方程)积分到下一个循环的$t+1$时刻,得到$t+1$时刻的预报场及其误差协方差;且所得到的预报场及其误差协方差为**下一个循环的**更新步骤提供背景场及其误差协方差。

相应地,预报步骤的方程表示为:

$$\boldsymbol{x}_{\mathrm{b}}^{t+1}=\boldsymbol{M}^{t\to t+1}\boldsymbol{x}_{\mathrm{a}}^{t}, \tag{2.7.1c}$$

$$\boldsymbol{P}_{\mathrm{b}}^{t+1}=\boldsymbol{M}^{t\to t+1}\boldsymbol{P}_{\mathrm{a}}^{t}\boldsymbol{M}^{t\to t+1\,\mathrm{T}}+\boldsymbol{Q}^{t\to t+1}=\boldsymbol{M}^{t\to t+1}(\boldsymbol{M}^{t\to t+1}\boldsymbol{P}_{\mathrm{a}}^{t})^{\mathrm{T}}+\boldsymbol{Q}^{t\to t+1}, \tag{2.7.1d}$$

式中,上标$t+1$表示$t+1$时刻,上标$t\to t+1$表示从t到$t+1$的时段;$\boldsymbol{M}$表示线性预报模式,$\boldsymbol{Q}$是预报模式误差协方差。

$\boldsymbol{x}_{\mathrm{b}}$和$\boldsymbol{P}_{\mathrm{b}}$是通过预报模式积分得到的$t+1$时刻的预报场及其误差协方差;它们为**下一个循环的**更新步骤提供背景场及其误差协方差。

#附　KF **同化方法中 $\boldsymbol{P}_{\mathrm{b}}$ 和 $\boldsymbol{P}_{\mathrm{a}}$ 以及**(满足分析场误差方差最小的)**增益矩阵 $\boldsymbol{K}$ 的求取**

• 分析场、背景场的误差分别表示为:$\boldsymbol{\varepsilon}_{\mathrm{a}}=\boldsymbol{x}_{\mathrm{a}}-\boldsymbol{x}_{\mathrm{t}}$,$\boldsymbol{\varepsilon}_{\mathrm{b}}=\boldsymbol{x}_{\mathrm{b}}-\boldsymbol{x}_{\mathrm{t}}$;

分析场、背景场的误差协方差定义为:$\boldsymbol{P}_{\mathrm{a}}=E[\boldsymbol{\varepsilon}_{\mathrm{a}}\boldsymbol{\varepsilon}_{\mathrm{a}}^{\mathrm{T}}]$,$\boldsymbol{P}_{\mathrm{b}}=E[\boldsymbol{\varepsilon}_{\mathrm{b}}\boldsymbol{\varepsilon}_{\mathrm{b}}^{\mathrm{T}}]$。

用$\boldsymbol{\varepsilon}_{\mathrm{M}}$表示预报模式的误差,则定义其协方差:$\boldsymbol{Q}=E[\boldsymbol{\varepsilon}_{\mathrm{M}}\boldsymbol{\varepsilon}_{\mathrm{M}}^{\mathrm{T}}]$。

• 假设模式误差$\boldsymbol{\varepsilon}_{\mathrm{M}}^{t-1\to t}$是均值为零的白噪声过程,则$t$时刻大气状态的**真值**可以表示为:

$$\boldsymbol{x}_{t}^{t}=\boldsymbol{M}^{t-1\to t}\boldsymbol{x}_{t}^{t-1}+\boldsymbol{\varepsilon}_{\mathrm{M}}^{t-1\to t},$$

• 更新步骤(t时刻)中的**背景场**是由$t-1$时刻分析场积分预报模式到t时刻的预报:

$$\boldsymbol{x}_{\mathrm{b}}^{t}=\boldsymbol{M}^{t-1\to t}\boldsymbol{x}_{\mathrm{a}}^{t-1},$$

• 于是,更新步骤中的**背景场误差**及其**协方差**:

$$\boldsymbol{\varepsilon}_{\mathrm{b}}^{t}=\boldsymbol{x}_{\mathrm{b}}^{t}-\boldsymbol{x}_{t}^{t}=\boldsymbol{M}^{t-1\to t}(\boldsymbol{x}_{\mathrm{a}}^{t-1}-\boldsymbol{x}_{t}^{t-1})+\boldsymbol{\varepsilon}_{\mathrm{M}}^{t-1\to t}=\boldsymbol{M}^{t-1\to t}\boldsymbol{\varepsilon}_{\mathrm{a}}^{t-1}+\boldsymbol{\varepsilon}_{\mathrm{M}}^{t-1\to t};$$

由此$\boldsymbol{P}_{\mathrm{b}}^{t}=E(\boldsymbol{\varepsilon}_{\mathrm{b}}^{t}\boldsymbol{\varepsilon}_{\mathrm{b}}^{t\,\mathrm{T}})=\boldsymbol{M}^{t-1\to t}\boldsymbol{P}_{\mathrm{a}}^{t-1}\boldsymbol{M}^{t-1\to t\,\mathrm{T}}+\boldsymbol{Q}^{t-1\to t}$,式中,$\boldsymbol{Q}^{t-1\to t}=E(\boldsymbol{\varepsilon}_{\mathrm{M}}^{t-1\to t}\boldsymbol{\varepsilon}_{\mathrm{M}}^{t-1\to t\,\mathrm{T}})$是模式误差协方差(略去上标$t$时刻,它也就是预报步骤中的式(2.7.1d))。

• 更新步骤(t时刻)中的**观测误差**及其**协方差**:

$\boldsymbol{\varepsilon}_{\mathrm{R}}^{t}=(\boldsymbol{y}_{\mathrm{o}}^{t}-\boldsymbol{H}^{t}\boldsymbol{x}_{t}^{t})=\boldsymbol{\varepsilon}_{\mathrm{o}}^{t}+\boldsymbol{\varepsilon}_{\mathrm{H}}^{t}+\boldsymbol{\varepsilon}_{\mathrm{r}}^{t}$,包含测量误差、观测算子误差和代表性误差;

它的协方差:$\boldsymbol{R}=E[\boldsymbol{\varepsilon}_{\mathrm{R}}\boldsymbol{\varepsilon}_{\mathrm{R}}^{\mathrm{T}}]$(参见 4.3.2.5 节)。

• 由式(2.7.1a),可以得到更新步骤(t时刻)中的**分析误差**:$\boldsymbol{\varepsilon}_{\mathrm{a}}^{t}=\boldsymbol{\varepsilon}_{\mathrm{b}}^{t}+\boldsymbol{K}(\boldsymbol{\varepsilon}_{\mathrm{R}}^{t}-\boldsymbol{H}^{t}\boldsymbol{\varepsilon}_{\mathrm{b}}^{t})$;

假定背景误差和观测误差无关,即:$E[\boldsymbol{\varepsilon}_{\mathrm{b}}\boldsymbol{\varepsilon}_{\mathrm{R}}^{\mathrm{T}}]=0$,

于是**分析误差的协方差**:$\boldsymbol{P}_{\mathrm{a}}=E[\boldsymbol{\varepsilon}_{\mathrm{a}}\boldsymbol{\varepsilon}_{\mathrm{a}}^{\mathrm{T}}]$(略去了上标$t$时刻)

$$=\boldsymbol{P}_{\mathrm{b}}-\boldsymbol{P}_{\mathrm{b}}\boldsymbol{H}^{\mathrm{T}}\boldsymbol{K}^{\mathrm{T}}-\boldsymbol{KHP}_{\mathrm{b}}+\boldsymbol{KRK}^{\mathrm{T}}+\boldsymbol{KHP}_{\mathrm{b}}\boldsymbol{H}^{\mathrm{T}}\boldsymbol{K}^{\mathrm{T}};$$

由此求$\min\limits_{\boldsymbol{K}}\boldsymbol{P}_{\mathrm{a}}(\boldsymbol{K})$,得到:$\boldsymbol{K}=\boldsymbol{P}_{\mathrm{b}}\boldsymbol{H}^{\mathrm{T}}(\boldsymbol{HP}_{\mathrm{b}}\boldsymbol{H}^{\mathrm{T}}+\boldsymbol{R})^{-1}$。

由上述可知:KF 同化方法和 OI 一样,都有着同样的分析场的订正更新的公式形式:$\boldsymbol{x}_{\mathrm{a}}=\boldsymbol{x}_{\mathrm{b}}+\boldsymbol{Kd}$,其中的增益矩阵$\boldsymbol{K}=\boldsymbol{BH}^{\mathrm{T}}(\boldsymbol{HBH}^{\mathrm{T}}+\boldsymbol{R})^{-1}$都是基于**分析误差方差最小**的准则所得到的最优统计权重;在导出过程中都假定背景场误差和观测误差无关。顺便指出,当背景场是由预报模式的预报场提供时,背景场误差协方差就是预报场误差协方差,所以这里$\boldsymbol{B}=\boldsymbol{P}_{\mathrm{b}}$。

（3）　**KF同化方法的突出优点**

①由更新步骤的方程式（2.7.1a）和式（2.7.1b）可见，KF同化方法不仅得到大气状态的最优估计即分析场，还能给出**分析场的误差协方差**；②由预报步骤的方程式（2.7.1d）可知，KF同化方法的魅力就是显式地由它的（线性）预报模式及其伴随模式来预报**背景场误差协方差**，这使得背景场误差协方差**依赖于大气运动而动态演变的**（简称流依赖的）；③由预报步骤的方程式（2.7.1c）和式（2.7.1d）可知，更新步骤为预报步骤提供初值，这使得更新步骤和预报步骤成为紧密的一体，构成分析和预报的循环。

2.7.3　扩展卡尔曼滤波（分析）同化方法（ExKF：Extended Kalman Filter）

KF（分析）同化方法只适用于线性系统，即预报模式（系统状态方程）$\boldsymbol{M}$ 和观测算子（观测方程）$\boldsymbol{H}$ 都是线性的。ExKF同化方法是考虑非线性随机动态系统的KF同化方法的一种扩展，即其中系统状态方程和观测方程可以是非线性的。所以ExKF适用于非线性系统。

在方程的形式上，如果把KF更新步骤和预报步骤中的线性观测算子和预报模式改成非线性观测算子和预报模式，就是ExKF相应的方程，即：

对于ExKF的更新步骤：

$$\boldsymbol{x}_{\mathrm{a}}^{t}=\boldsymbol{x}_{\mathrm{b}}^{t}+\boldsymbol{K}(\boldsymbol{y}_{\mathrm{o}}^{t}-H(\boldsymbol{x}_{\mathrm{b}}^{t}))\text{；}\tag{2.7.2a}$$

对于ExKF的预报步骤：

$$\boldsymbol{x}_{\mathrm{b}}^{t+1}=M^{t\to t+1}(\boldsymbol{x}_{\mathrm{a}}^{t})\text{。}\tag{2.7.2b}$$

式中，H 和 M 分别表示非线性观测算子和非线性预报模式。

在具体实施上，（参照上述“附　KF同化方法中 $\boldsymbol{P}_{\mathrm{b}}$ 和 $\boldsymbol{P}_{\mathrm{a}}$ 以及增益矩阵 $\boldsymbol{K}$ 的求取”，）**假定预报误差的线性增长**，则有：

$\boldsymbol{\varepsilon}_{\mathrm{b}}^{t}=\boldsymbol{x}_{\mathrm{b}}^{t}-\boldsymbol{x}_{t}^{t}=M^{t-1\to t}(\boldsymbol{x}_{\mathrm{a}}^{t-1})-M^{t-1\to t}(\boldsymbol{x}_{t}^{t-1})+\boldsymbol{\varepsilon}_{M}^{t-1\to t}\approx\boldsymbol{M}^{t-1\to t}\boldsymbol{\varepsilon}_{\mathrm{a}}^{t-1}+\boldsymbol{\varepsilon}_{M}^{t-1\to t}$，式中的切线性预报方程 $\boldsymbol{M}=\dfrac{\partial M}{\partial x}$ 是 M 的雅可比矩阵。

并**假定模式误差与分析误差通过切线性预报方程的增长无关**，便得到与KF式（2.7.1d）相应的对于ExKF的预报步骤：

$$\boldsymbol{P}_{\mathrm{b}}^{t+1}=\boldsymbol{M}^{t\to t+1}\boldsymbol{P}_{\mathrm{a}}^{t}\boldsymbol{M}^{\mathrm{T}\,t\to t+1}+\boldsymbol{Q}^{t\to t+1}=\boldsymbol{M}^{t\to t+1}(\boldsymbol{M}^{t\to t+1}\boldsymbol{P}_{\mathrm{a}}^{t})^{\mathrm{T}}+\boldsymbol{Q}^{t\to t+1}\text{。}\tag{2.7.2c}$$

这里，$\boldsymbol{M}$ 常被称作 t 时刻和 $t+1$ 时刻之间的转移矩阵（transition matrix）；$\boldsymbol{M}^{\mathrm{T}}$ 是它的伴随。

又**假定观测算子的切线性近似**，由式（2.7.2a），则分析误差：$\boldsymbol{\varepsilon}_{\mathrm{a}}^{t}=\boldsymbol{\varepsilon}_{\mathrm{b}}^{t}+\boldsymbol{K}(\boldsymbol{\varepsilon}_{\mathrm{R}}^{t}-\boldsymbol{H}^{t}\boldsymbol{\varepsilon}_{\mathrm{b}}^{t})$，式中 $\boldsymbol{H}=\dfrac{\partial H}{\partial x}$；也和KF一样假定背景误差和观测误差无关，便得到与KF式（2.7.1d）相应的对于ExKF的更新步骤：

$$\boldsymbol{P}_{\mathrm{a}}^{t}=(\mathrm{I}-\boldsymbol{K}\boldsymbol{H}^{t})\boldsymbol{P}_{\mathrm{b}}^{t}\text{，}\tag{2.7.2d}$$

式中的增益矩阵 $\boldsymbol{K}=\boldsymbol{P}_{\mathrm{b}}^{t}\boldsymbol{H}^{t\,\mathrm{T}}(\boldsymbol{H}^{t}\boldsymbol{P}_{\mathrm{b}}^{t}\boldsymbol{H}^{t\,\mathrm{T}}+\boldsymbol{R}^{t})^{-1}$，也和KF一样是满足分析误差方差最小时得到的。

可以看到，ExKF的式（2.7.2c）和式（2.7.2b）与KF的式（2.7.1d）和式（2.7.1c）有着一样的公式形式。但是，在含义上，ExKF的式（2.7.2c）和（2.7.2b）包含了“非线性观测算子和非线性预报模式”的切线性近似，以及“模式误差与分析误差通过切线性预报动力方程的增长无关”的假定。

2.7.4 EnKF 的做法要点

对于 Nx 维的大气状态向量 $\boldsymbol{x}$，$\boldsymbol{P}_\mathrm{b}$ 和 $\boldsymbol{P}_\mathrm{a}$ 是 $Nx \times Nx$ 维矩阵；而且，由式(2.7.2c)可以知道，它要求 $2 \times Nx$ 次地应用矩阵 $\boldsymbol{M}$ 来预报误差协方差。因此，对于实际应用中的高维的状态向量 $\boldsymbol{x}$ 和复杂的预报模式 M，卡尔曼滤波或扩展卡尔曼滤波的数据存储量和计算量都是难以接受的巨大，这使得 KF 和 ExKF 难于实施。

Evensen(1994)提出集合卡尔曼滤波方法(EnKF：Ensemble Kalman Filter)；它在概念上源于卡尔曼滤波，使得背景场误差协方差是动态演变的；在技术上基于蒙特卡洛技术的随机变量的样本集合，使用短期预报集合来实施实现；不过，具体实施中并不是需要显式地存储访问和计算 $\boldsymbol{P}_\mathrm{b}$，而是使用短期预报集合分开计算增益矩阵 $\boldsymbol{K}$ 中的 $\boldsymbol{HP}_\mathrm{b}\boldsymbol{H}^\mathrm{T}$ 和 $\boldsymbol{P}_\mathrm{b}\boldsymbol{H}^\mathrm{T}$。具体地：

• EnKF **使用短期预报集合来估计背景场误差协方差**。假定有一组 t 时刻短期预报集合来进行模式预报场误差的随机取样。这组预报集合表示为 $\boldsymbol{X}_\mathrm{f}^t$，它是一个矩阵；矩阵的列是集合成员的状态向量，用 $\boldsymbol{x}_\mathrm{f}^t(k)$ 表示第 k 个集合成员($k=1,2,\cdots,N_E$)，N_E 为集合成员数；于是 $\boldsymbol{X}_\mathrm{f}^t=(\boldsymbol{x}_\mathrm{f}^t(1),\cdots,\boldsymbol{x}_\mathrm{f}^t(N_E))$。第 k 个成员对于集合平均的扰动是 $\boldsymbol{x}'^t_\mathrm{f}(k)=\boldsymbol{x}_\mathrm{f}^t(k)-\overline{\boldsymbol{x}_\mathrm{f}^t}$，其中集合平均 $\overline{\boldsymbol{x}_\mathrm{f}^t}$ 定义为 $\overline{\boldsymbol{x}_\mathrm{f}^t}=\dfrac{1}{N_E}\sum\limits_{k=1}^{N_E}\boldsymbol{x}_\mathrm{f}^t(k)$；把 $\boldsymbol{X}_f'$ 定义为一个由扰动集合形成的矩阵，$\boldsymbol{X}'^t_\mathrm{f}=(\boldsymbol{x}'^t_\mathrm{f}(1),\cdots,\boldsymbol{x}'^t_\mathrm{f}(N_E))$，则由非线性模式预报的一个有限集合估计的背景场误差协方差为：

$$\boldsymbol{P}_\mathrm{b}^t \approx \frac{1}{N_E-1}\sum_{k=1}^{N_E}(\boldsymbol{x}_\mathrm{f}^t(k)-\overline{\boldsymbol{x}_\mathrm{f}^t})(\boldsymbol{x}_\mathrm{f}^t(k)-\overline{\boldsymbol{x}_\mathrm{f}^t})^\mathrm{T}=\frac{1}{N_E-1}\boldsymbol{X}'^t_\mathrm{f}\boldsymbol{X}'^{t\,\mathrm{T}}_\mathrm{f}$$

• *EnKF* 的具体实施中并不是需要显式地计算和存储这个 $\boldsymbol{P}_\mathrm{b}^t$，**而是使用短期预报集合分开计算卡尔曼增益矩**阵 $\boldsymbol{K}$ 中的 $\boldsymbol{H}^t\boldsymbol{P}_\mathrm{b}^t\boldsymbol{H}^{t\,\mathrm{T}}$ 和 $\boldsymbol{P}_\mathrm{b}^t\boldsymbol{H}^{t\,\mathrm{T}}$。定义 $\overline{H(\boldsymbol{x}_\mathrm{f}^t)}=\dfrac{1}{N_E}\sum\limits_{\mathrm{k}=1}^{N_E}H(\boldsymbol{x}_\mathrm{f}^t(k))$，表示由作为背景场的预报场插值得到的模拟观测的平均值，这样，

$$\boldsymbol{H}^t\boldsymbol{P}_\mathrm{b}^t\boldsymbol{H}^{t\,\mathrm{T}}=\frac{1}{N_E-1}\sum_{k=1}^{N_E}(H(\boldsymbol{x}_\mathrm{f}^t(k))-\overline{H(\boldsymbol{x}_\mathrm{f}^t)})(H(\boldsymbol{x}_\mathrm{f}^t(k))-\overline{H(\boldsymbol{x}_\mathrm{f}^t)})^\mathrm{T} \tag{2.7.3}$$

$$\boldsymbol{P}_\mathrm{b}^t\boldsymbol{H}^{t\,\mathrm{T}}=\frac{1}{N_E-1}\sum_{k=1}^{N_E}(\boldsymbol{x}_\mathrm{f}^t(k)-\overline{\boldsymbol{x}_\mathrm{f}^t})(H(\boldsymbol{x}_\mathrm{f}^t(k))-\overline{H(\boldsymbol{x}_\mathrm{f}^t)})^\mathrm{T} \tag{2.7.4}$$

由此计算

$$\boldsymbol{K}=\boldsymbol{P}_\mathrm{b}^t\boldsymbol{H}^{t\,\mathrm{T}}(\boldsymbol{H}^t\boldsymbol{P}_\mathrm{b}^t\boldsymbol{H}^{t\,\mathrm{T}}+\boldsymbol{R}^t)^{-1}。$$

当然，如果观测个数和模式状态向量维数一样大，那么 $\boldsymbol{P}_\mathrm{b}^t\boldsymbol{H}^{t\,\mathrm{T}}$ 和 $\boldsymbol{H}^t\boldsymbol{P}_\mathrm{b}^t\boldsymbol{H}^{t\,\mathrm{T}}$ 就与 $\boldsymbol{P}_\mathrm{b}^t$ 一样大，式(2.7.3)和式(2.7.4)的优势失效。不过，一个可能的程序编码简化是序贯处理技术方法(serial processing)：如果观测误差独立不相关且与背景场误差无关，则同时地同化所有观测与各个或各组序贯地同化这些观测，能够产生同样的结果(Bishop et al.，2001)。

• 有了增益矩阵 $\boldsymbol{K}$，则 EnKF 的**分析场**为：

$$\boldsymbol{x}_\mathrm{a}^t(k)=\boldsymbol{x}_\mathrm{f}^t(k)+\boldsymbol{K}(\boldsymbol{y}_\mathrm{o}^t+\boldsymbol{y}'^t_\mathrm{o}(k)-H(\boldsymbol{x}_\mathrm{f}^t(k))) \tag{2.7.5}$$

式中，$\boldsymbol{y}'^t_\mathrm{o}(k)$ 代表 t 时刻的观测资料的集合扰动；$\boldsymbol{y}_\mathrm{o}^t+\boldsymbol{y}'^t_\mathrm{o}(k)$ 是“经过扰动后的观测”，满足 $\boldsymbol{y}'^t_\mathrm{o}(k)\sim N(0,\boldsymbol{R})$ 和 $\dfrac{1}{N_\mathrm{E}}\sum\limits_{k=1}^{N_E}\boldsymbol{y}'^t_\mathrm{o}(k)=0$。

• 由式(2.7.5)得到的是分析场集合 $\boldsymbol{X}_\mathrm{a}^t=(\boldsymbol{x}_\mathrm{a}^t(1),\cdots,\boldsymbol{x}_\mathrm{a}^t(N_\mathrm{E}))$，以此为初值积分预报模

式，得到下一个 $t+1$ 时刻预报场集合 $\boldsymbol{x}_{\mathrm{f}}^{t+1}$；再通过式(2.7.3)—(2.7.5)得到 $t+1$ 时刻分析场集合 $\boldsymbol{x}_{\mathrm{a}}^{t+1}$；如此，按照逐时次的序贯方式构成了 EnKF 的**分析更新和模式预报**的循环，而且将分析同化和集合预报自然地结合为一体。

2.8　分析同化基本方法之“基本”所在：开创性和奠基性

对于历史的这些基本方法，之所以可谓之基本，从功效和作用及意义而言，可以归纳和总结出它们在客观分析的发展中所起的开创性和奠基性作用。这里“奠基性”不仅包含着开创性，同时更欲突出它们所形成和奠定的客观分析自此以后、甚至之后始终不变的通用的概念、形式和内涵。表 2.8.1 归纳了各基本方法之“基本”所在的开创性和奠基性。

表 2.8.1　各基本方法之“基本”所在的开创性和奠基性

基本之所在 / 基本方法	**开创性** （首次）	**奠基性** （自此以后/始终）
多项式函数拟合方法 （首创性）	• 客观分析	• **“分析”**的含义
逐步订正方法 （**基础性**的成形及其最具**形式**上奠基性）	• **初猜场**的引入，以及迭代**逐步**订正	• 分析场的订正**“更新”**形式； • 初猜场和**可用信息的来源**扩展； • （相对初猜场）观测增量的使用方式； • 观测算子：不同**位置**的插值， 不同**变量**的变换（有关观测）； • 初猜场和“NWP 分析问题欠定性”； • **逐步**订正和“多尺度资料同化”
最优插值方法 （**根本性**的转变及其最具**内涵**上奠基性）	• 数据的**误差**信息的直接引入，以及分析误差方差最小的最优准则	• **统计最优的估计**； • **可用信息的内涵**扩展：输入数据的值＋误差统计特征； • 从初猜场到背景场； • 背景场来自预报场时，形成分析和预报的循环，明确了**“同化”**的含义； • 误差统计特征的定量使用，以及分析场成为背景场和观测的统计结合
变分方法 （**方法**上开创性及其**分析质量**上显著提高）	• 最大后验估计的最优准则； • **变分法**的引入和大量非常规资料的使用	• 最大后验估计和**先验**信息的引入； • 分析场的更新公式形式和分析场不确定性的**直接导出**
集合卡尔曼滤波方法 （**概念**上真实和完整）	• 构成了分析和预报结合为一体的循环； • ***B*** 矩阵在概念上更真实，流依赖地动态演变	• **集合方法**的引入和概念上真实表达随机变量的多个可能值及数据的不确定性； • （输入和**输出**）数据的值及其不确定性的完整表达和时间演变； • **集合方法**的引入和将分析同化和集合预报结合为一体

也就是：

1)多项式函数拟合方法：客观分析的首创性

多项式函数拟合方法是最早的客观分析方法，开创了从人工插值的“主观分析”到计算机按照算法程序完成的"客观分析"的新纪元。自此以后，客观"分析"就有了通用的明确含义，即：所有的客观分析方法都包含着实现"**由不规则分布的测站上气象观测值得到规则分布的空间格点上最可能的值**"这一"分析"功能。

2)逐步订正方法(SCM)：客观分析**基础性**的成形

逐步订正方法不仅是开创性的客观分析方法，而且是最具**形式上**奠基性的客观分析方法：它形成和奠定了自此以后客观分析的**基础性**的若干通用术语、概念和形式，诸如"可用信息"的来源扩展、"观测增量"的使用方式、"更新"及其公式形式和"观测算子"等；同时，隐含了客观分析的重要科学问题和未来发展，诸如"NWP 分析问题欠定性"和"多尺度资料同化"。

• SCM 的一个开创性是**初猜场**的引入；由此带来了客观分析在可用信息来源、观测信息使用方式和公式形式这三个方面的新突破，即：①SCM 的输入信息不仅有观测值 $\boldsymbol{y}_o$，还有初猜值 $\boldsymbol{x}_g$；②是以"**观测增量**" $\boldsymbol{d}=[\boldsymbol{y}_o-H(\boldsymbol{x}_g)]$的方式使用观测信息；③犹如一个天才性的想法，SCM 给出了"**格点分析值是格点周围观测增量对格点初猜值的加权订正**"这一分析场的订正"**更新**"公式形式：$\boldsymbol{x}_a=\boldsymbol{x}_g+\boldsymbol{W}\boldsymbol{d}$；这个公式形式在后来的变分方法中能得到数学的推导证明；④SCM 的观测信息使用方式中，还包含着"**观测算子**"的作用；这个作用不只是不同空间位置的插值，还有不同变量之间的转换(使得可使用的有关观测不只是与分析变量相同的观测要素量，也可以是与分析变量有确定映射关系的观测要素量，例如，对于位势高度分析，有关观测包括位势高度观测和风观测)；⑤此外，初猜值的引入原本是为了改善当时的分析质量，其实也隐含着解决 NWP **分析问题欠定性**的原初萌芽(参见 2.4.1 中 3)中有关的"初猜场的引入"和 4.1.2.1 节"逆问题求解的欠定性")。

• SCM 的另一个开创性是采用影响半径 N 逐轮减小的迭代**逐步**订正；其中的过程蕴含着**多尺度资料同化**的原初萌芽：对每一轮扫描，订正值 C 是影响半径 N 范围内的所有观测资料订正作用的平均，这意味着在该半径范围内的一种平滑；于是在使用大影响半径 N 的首次迭代之后的分析场反映大尺度特征，再经过若干 N 逐轮减少的迭代之后它收敛于较小的尺度。因此，使用半径 N 逐轮减小的序列扫描，这意味着以多次重复使用观测的方式从中逐轮提取不同尺度的信息，使得分析场包含不同的尺度谱；大的半径 N 能订正初猜场的大尺度误差，而最小的 N 值对应着能够分析的最小尺度下限。

3)最优插值方法(OI)：客观分析内涵上**根本性**的转变

最优插值方法不仅是开创性的，而且是最具**内涵上**奠基性的客观分析方法，它标志着：自此以后，客观分析有了它的数学理论基础和有了"同化"的内涵，成为基于估计理论的资料同化(参见 4.8 节"资料同化的综合概述")。

OI 的开创性是**误差信息的直接引入**和进而**误差统计特征的定量使用**；尽管数据的误差因素也用于多项式函数拟合方法和逐步订正方法中，但那些还是非显式和**定性**的考虑(例如，在多项式函数拟合方法中定性考虑误差因素来进行**观测的平滑**，在形成逐步订正方法的业务客观分析方案中要考虑误差因素来进行**观测资料的质量控制**)。

虽然 OI 与 SCM 有着直接的密切的上下承接(都属于"单点分析方案"，并有着相近的"更新"公式形式，以及这个更新公式中内含着同样的"观测增量"的使用方式和"观测算子"的作用等)，仅是在形式上 OI 不再使用经验给定权重，而是通过**误差**的引入、以分析误差方差最小为准则来确定统计最优权重，但是 OI 中**误差**信息的直接引入和误差统计特征的定量使用，给自此以后客观分析在内涵上带来了**根本性**的转变和崭新的意义。

• OI 中**误差**信息的直接引入奠定了自此以后客观分析在方法本身、分析场结果、可用信息的内涵、背景场的概念和“同化”的含义等这些方面的崭新的意义，即：①客观分析方法有了它的**数学理论基础**(估计理论：OI 和 EnKF 中是分析误差方差最小，Var 中是最大后验估计)；②分析场是**最优估计**(“最优”的准则：OI 和 EnKF 中是以分析误差方差最小为准则，Var 中是最大后验估计)；③**数据的内涵意义**有了根本性的转变：如果数据只有值，而没有不确定性以及和其他数据间的协方差(参见 3.1.3.2 节中有关的“资料同化中随机变量概念下的数据”)，就不再是分析同化所要求的可用信息；④可以区别**背景场**和**初猜场**的概念(参照下面文中“附 1　分析同化中“初猜场”“背景场”和“先验信息”的明确区分”)：**初猜场** $\boldsymbol{x}_g$ 是根源于计算数学意义下迭代算法的输入**值**，只是“数据的值”，没有使用其**误差**信息的要求；**背景场** $\boldsymbol{x}_b$ 是根植于客观分析的可用信息，随着误差的引入，“背景场”作为基于估计理论的分析同化方法中的可用信息，必须同时要有数据的值及其误差的信息；⑤**当背景场来自预报场时**，这有着形式和内涵两方面的意义：**在公式形式上**，当使用预报场提供初猜场/背景场时，OI 分析被称为在可获得观测资料的区域“**更新**(update)”预报场(Bergman，1979)。**在内涵上**，这形成了**预报和分析的循环**，即：前期的模式预报场用作分析某一时刻观测资料的背景场来得到分析场，之后以该分析场作为初始条件积分预报模式到下一个新时刻来得到预报场，再由这个预报场用作分析新时刻观测资料的背景场来得到新时刻的分析场，如此循环；从这个循环的**分析**角度看，这个循环中的分析场是利用时间序列的观测资料不断修正模式的预报所得到的，即这表示一个过程，在这个过程中不同时刻的观测资料和大气的动力数值模式这二者融合来尽可能精确地确定大气的状态，这就是“**同化**”的含义(Talagrand，1997)；此外，从这个循环的**预报**角度看，所得到的尽可能准确的分析场用作初始场会产生更准确的下一时刻的模式预报；由此清楚地看到或“你好我更好”的“良性循环”或“你坏我更坏”的“恶性循环”的预报和分析之间相互依赖关系。

• 自此以后的客观分析包含着**误差统计特征的定量使用**。在 OI 或 EnKF 中表现为它的最优权重矩阵或增益矩阵 $\boldsymbol{W}=\boldsymbol{K}=\boldsymbol{B}\boldsymbol{H}^{\mathrm{T}}(\boldsymbol{H}\boldsymbol{B}\boldsymbol{H}^{\mathrm{T}}+\boldsymbol{R})^{-1}$ 含有背景场误差协方差矩阵 $\boldsymbol{B}$ 和观测误差协方差矩阵 $\boldsymbol{R}$，在 Var 中是它的目标泛函含有 $\boldsymbol{B}$ 和 $\boldsymbol{R}$。在分析结果上，OI、EnKF 和 Var 的分析场都成为背景场和观测基于误差统计特征的统计最优结合，即 $\boldsymbol{x}_a=\boldsymbol{x}_b+\boldsymbol{W}[\boldsymbol{y}_o-H(\boldsymbol{x}_b)]$。

4)变分方法(Var)：**方法**上的开创性

可以认识 Var 的以下奠基性和开创性方面，特别是在方法上和应用意义上。

• 在名词概念上。变分方法中最大后验估计所用的贝叶斯定理引入“先验信息”这个术语(参见 3.5.1 节“贝叶斯定理”)；自此以后，在分析同化中(来自前期的 NWP 预报的)“背景场”和“先验信息”便不加区分地通用，或为“先验背景场”。

• 在方法上和应用意义上。尽管 Var 应用了和之前不一样的“最优”准则(它基于的估计理论是最大后验估计，不同于之前 OI 的分析误差方差最小)，但变分方法在客观分析的发展中最不一样的成就是**分析方法上的开创性**带来**分析质量和进而**NWP **预报质量的显著提高**，即：Var 通过变分法(求解泛函极值的数学方法)的引入，使之能够引入复杂的非线性观测算子和进行全局求解。这使得直接同化卫星、雷达等大量非常规、非模式变量的观测资料成为可能和不存在之前 OI 使用观测资料的区域选择问题；因此，变分同化方法开始了使用卫星、雷达等大量非常规遥感观测资料的新时代。由此，带来了全球数值预报质量(尤其是常规资料稀少的赤道、南半球地区的预报质量)的快速提高；如 Rabier(2005)指出，诸如“四维变分同化方法”和“误差参数指定的优化改进”这些主要科学进展，结合“可利用观测资料的大量增加”，真正带来了数值预报性能的显著提高。

• 在理论意义上。Var 在观测算子 H 于背景场 $\boldsymbol{x}_b$ 处的切线性近似下，能够直接导出资料同化结果即分析场的数学表示形式和分析场误差协方差（参见 5.3.1 中有关的“理论上目标泛函极小化的求解”）。在之前的逐步订正方法和最优插值方法中这个分析场的数学表示形式是经验给出的；至此，在变分同化方法中它能得到数学的推导证明。

5）集合卡尔曼滤波方法（EnKF）：**概念**上的真实和完整

• EnKF 的开创性及其奠基性首要是使得分析同化所有面对的对象（即分析场、背景场和观测这些变量）在概念上更真实：估计理论所处理的对象是随机变量，对于一个随机变量，它首先就是有多个可能值；EnKF 的分析场、背景场和观测这些变量是**通过集合的方法**有了多个可能值，这就有了这些变量在概念上真实的表达以及它们在随机变量意义下数据的不确定性（尽管 EnKF 中这些可能值在实际的实施中存在有限样本采样本身及其所包含的诸多问题，例如，样本的代表性和独立性，这些变量的实际巨大维数自由度和有限样本带来的不满秩问题及其局地化实施问题，等等）。

• EnKF 使得它的输出信息即分析场在概念上更完整：不仅能够得到大气状态的最优估计，还能给出该估计的误差协方差。在此之前的分析同化方法只能给出分析场的值；即使变分方法，虽然可以从数学上导出它的分析场误差协方差，但在实际的实施中这个分析场误差协方差是难于得到的。

• EnKF 正是基于 KF 的思想和**通过集合的方法**而有这样的真实和完整性，使得它有了不仅仅在于资料同化的更大意义，这就是：将资料同化和集合预报自然地结合为一体，揭示了这二者之间内在本质上的自然联系；其中，集合预报的目的是估计随天气形势演变的预报不确定性，而资料同化要求准确估计预报不确定性来最优地融合先验的预报和新的观测。于是，在实施上构成了这样的循环：预报的集合用来估计 EnKF 同化中作为背景场的预报误差统计；EnKF 同化的输出是一组分析场，用来提供集合预报的初值；积分这组初值，得到短期集合预报，又为下一次同化循环提供新的背景场误差统计。

• 此外，EnKF 在**方法上**基于 KF 的思想：①它**按照逐时次的序贯更新方式**构成了分析和预报结合为一体的循环。在此之前的分析同化方法，早在 SCM 和 OI 中，由于数值预报越来越好，便引入 NWP 的短期预报场用作分析的初猜场/背景场，但该做法还只在于因为初猜场/背景场的选用要求（要求“是尽可能准确的值”，来保障分析质量）；即使在 OI 中，当背景场来自预报场时已形成了预报和分析的循环，也更多是预报和分析二者在概念内涵上的密切联系，但在实施的方式上二者并不是一定分不开的；而对于 EnKF，就是在方法本身的实施上包含**结合为一体的更新步骤和预报步骤**。②它使用动态演变的 $\boldsymbol{B}$ 矩阵。这个“随天气形势演变”的 $\boldsymbol{B}$ 矩阵，相对于统计平均意义的静态 $\boldsymbol{B}$ 矩阵更真实，对于更佳地利用特别是局地性中小尺度特征的观测信息，改善特别是时空变化剧烈的要素场的分析质量，进而提高中小尺度天气系统所导致的灾害性天气的数值预报水平，带来了潜在的优势。

6）认识分析同化发展史中创新发展的内在原因：理解根本概念和掌握核心关键技术

大气资料同化的根本概念是随机变量（朱国富，2015a；参见 3.1 节）。随机变量概念下的数据可用信息不只是一个值，而是包含值及其误差的 PDF、不确定性和协方差。由此出发，①能够自然地认识 OI 中的可用信息增加了“误差协方差”；②以随机变量为对象的概率论与数理统计学得以成为大气资料同化的数学理论基础，进而基于估计理论(OI 和 EnKF 中是线性最小方差估计，Var 中是最大后验估计)就能够自然地认识 OI 和 EnKF 中**最优权重**和 Var 中**目标泛函**的由来和实质。

可以这样认识各基本方法的核心关键技术：①**使用观测增量的方式**是 SCM 的核心关键技术，由此 SCM 有了以观测增量对初猜值的订正和分析值的更新公式形式；②**应用**求泛函极值的**变分法**是 Var 的核心关键技术，由此 Var 能够引入复杂的非线性观测算子而使得 Var 的可用信息来源扩展到卫星、雷达等多种非常规观测，以及能够一次使用所有资料进行全局求解而不存在资料的区域选择问题；③**采用集合方法**是 EnKF 的核心关键技术，由此 EnKF 能考虑动态 $\boldsymbol{B}$ 矩阵和给出完整的输出信息(分析场及其误差协方差)。

由此可见，前述的各基本方法的开创性和奠基性直接联系着大气资料同化的根本概念和各基本方法的核心关键技术。

由此可揭示：理解根本概念和掌握核心关键技术是大气资料同化创新发展的基础和源泉。这对我国新一代 NWP 系统 GRAPES 的自主研发和科技创新有着现实的借鉴价值和启示意义。

♯附 1　分析同化中“初猜场”“背景场”和“先验信息”的明确区分

“初猜场”“背景场”和“先验信息”是分析同化中常用的基本术语。特别是“初猜场”/“背景场”，在客观分析的初期一段时间往往是混用的(直至 OI 的初期，如 Bergman(1979)还使用着“guess field”这个用词)，也因此是容易混淆的。二者混用和容易混淆的一个原因是二者会取值相同，即二者都通常选取 NWP 的预报场，因此二者在数值上相同；这也是因为：为了保障分析质量，初猜场和背景场的选用有着一个同样的要求，即“是尽可能准确的值”，而随着数值预报越来越好，NWP 的短期预报场用作分析的初猜场/背景场成为自然结果。但是“初猜场”“背景场”和“先验信息”这些术语随着客观分析的发展不仅**在概念上**是逐渐有明确区分的，而且**在实际的分析同化系统研发中**必须明确区分。

1)在概念上是可以明确区分的

• **初猜场** x_g 是根源于计算数学意义下迭代算法的输入**值**，只是“数据的值”，没有使用其**误差**信息的要求，只对**值**有要求，即第一次猜值的选用有两个要求：作为客观分析要“**尽可能准确**”而保障分析质量；作为迭代算法要“与最终分析值尽可能接近”而便于以最小的计算开销得到收敛。

• **背景场** x_b 是根植于客观分析的可用信息；随着分析同化方法的发展，分析同化的目的就是通过使用所有可用信息(available information，参见 4.2 节有关的“资料同化的输入是什么”)来尽可能准确地估计大气运动的状态(Talagrand，1997)，而可用信息一般显式表现为背景场和观测。在客观分析的初期，“初猜场”和“背景场”尚可混用，但随着误差的引入，“背景场”作为基于估计理论的分析同化方法中的可用信息，必须同时要有数据的值及其误差的信息，因此**在概念上**明确区分于“初猜场”。

• **先验信息**是缘起于变分方法中最大后验估计所用的贝叶斯定理(Bayes′ theorem)(参见 3.5.1 节)；自此以后，在分析同化中“背景场”(来自前期的 NWP 预报)和“先验信息”便不加区分地通用，或为“先验背景场”。

2)在实际的分析同化系统研发中是必需明确区分的

• 对于变分方法的**实际应用**，不明确理解“初猜场”和“背景场”二者在概念上根本含义的不同，是不可思议的：变分方法、特别是四维变分方法的实际应用通常采用内外循环的增量方法（5.3.3.1 节（2）“适用于内外循环的增量形式”），在增量方法的极小化迭代求解中能够明确地看到，目标泛函的观测项中 $\boldsymbol{x}_g$ 和背景项中 $\boldsymbol{x}_b$ 尽管第一次外循环迭代时二者在数值上相同，即此时 $\boldsymbol{x}_g$ 通常取 $\boldsymbol{x}_b$（一般地 $\boldsymbol{x}_b$ 来自 NPW 短期预报，目前还不易得到比 $\boldsymbol{x}_b$ 更准确的某一已知大气参考状态 $\boldsymbol{x}_g$；但其实好的集合预报的均值比控制预报更准确，如 ECMWF 把 $\boldsymbol{x}_g$ 取为它的集合预报的均值），但正是因为二者在概念上根本含义的不同，背景项中 $\boldsymbol{x}_b$，是对应着估计理论（最大后验估计）意义下作为先验信息的背景场，是**在整个内外循环的迭代中不变的**，而观测项中 $\boldsymbol{x}_g$，是对应着计算数学迭代算法意义下作为初次输入的初猜场，是**随外循环变化的**。

#附 2　观测资料的时间维信息在同化方法中的不同使用

1）OI 和三维 Var

使用一个同化时间窗内（通常 6 h 时间窗）的观测资料，但不考虑同化时间窗内这些观测的时间分布，而是时间维上近似地视为在同一个时间点，一般取在该同化时间窗的中间时刻；这个时间点就是分析时刻，也是 $\boldsymbol{x}_b$ 和 $\boldsymbol{B}$ 对应的有效时刻。不同的是：OI 由于受限于求解线性方程组的规模，存在观测资料的区域选择；而 Var 是通过泛函极小（变分法），进行全局求解。

2）四维 Var

使用一个同化时间窗内（通常 6 h 或 12 h 时间窗，表示为 T）的观测资料，利用 NWP 预报模式来考虑在同化时间窗内$[t_0, t_0+T]$各个观测的时间分布 t_i（第 i 个观测的时间）；分析时刻取在该同化时间窗的起始时刻 t_0；$\boldsymbol{x}_b$ 和 $\boldsymbol{B}$ 的有效时刻也取在 t_0。

3）KF（及同类的 EKF 和 EnKF）

使用每个时次的观测资料，逐时次、序贯地进行资料同化。

2.9　分析同化基本方法在认识上极其简单清晰的内在发展逻辑：上下承接和循序渐进

对于这些基本方法，从进程和内容及实质而言，可以梳理和总结出一个**在认识上极其简单清晰的**内在发展逻辑（朱国富，2015b），这就是沿着历史进程纵向过程的**上下承接**和展现知识扩展横向内容的**循序渐进**这两个基本特征；二者结合为一体，呈现为一个经典的**累积精进**的范例。

分析同化发展史中具体的“累积精进”集中地体现在两个方面：①可用信息的来源和内含的不断扩展；②经验局限性的不断减少和真实科学性的不断增加。表 2.9.1 梳理了分析同化中累积精进的发展进程。

表 2.9.1　分析同化中累积精进的发展进程：可用信息的不断扩展和经验局限性的不断减少等方面

横向内容 / 纵向进程	可用信息（来源和内涵）	观测信息使用方式	最优准则，求解方式	经验性和局限性	真实性和客观科学性
多项式拟合	只是观测的值 $\boldsymbol{y}_o$ ↓	观测值 ↓	最小二乘原则；求适当区域范围的拟合函数系数	拟合函数本身是经验给定的	客观的天气图分析

续表

横向内容 纵向进程	可用信息 （来源和内涵）	观测信息 使用方式	最优准则， 求解方式	经验性和 局限性	真实性和 客观科学性
SCM	**增加初猜场的值** $y_o + x_g$ ↓	观测增量 $y_o - H(x_g)$	周围观测的平均平滑； 单点分析的**逐步**迭代	观测增量的权重是经验给定的	观测增量作为订正的**新息**（新的信息）
OI	引入背景场 x_b，及**增加协方差**： y_o 和 x_b $+R$ 和 B ↓	资料的**区域选择** ↓	分析误差方差最小；解线性方程组求权重和单点分析的一次性计算	线性观测算子和资料的区域选择	权重是统计最优来确定的
Var	**增加更多种类观测**：如大量的非常规的卫星、雷达资料 ↓	同化时间窗的**所有资料**（时间维误差 *）	分析场后验概率最大； 泛函极小的全局求解	Var 和 OI 一样：静态 B 矩阵	复杂非线性观测算子和一次使用所有资料
EnKF	背景场误差协方差：**动态的 B 矩阵**	**逐时次**的所有资料	分析误差方差最小； 逐时次序贯的更新循环方式	有限取样	更接近真实的动态 B 矩阵

注：黑箭头“↓”表示扩展或进程。* Var 的观测信息使用方式中“时间维误差”是指：**三维变分在时间维上近似地**把同化时间窗内所有观测的时间分布**视为在**该时间窗的中间时刻即**同一个时间点**；**四维变分假设预报模式是完美的**，所以不考虑预报模式误差而对同化时间窗从起始时刻的观测到终止时刻的观测都给予同样的信任权重。

需要指出的是，由于模式状态变量的巨大维数和观测资料的巨大数目，加之对大气运动规律认识的有限性，分析同化中（所需参数的）经验性给定和（为了实施的）简化近似是不可避免的。

2.10　从客观分析到资料同化：资料同化的由来和含义

从客观分析到资料同化包含着从“分析”到“更新”到“同化”的渊源和演化过程。具体而言，在前述的分析同化发展历程中可以梳理出它们的出处和含义。

（1）“分析”的出处和含义

如前所述，“**分析**”源于 NWP 的初值形成，先后经历主观分析和客观分析。最早的客观分析由 Panofsky(1949)提出，称为“客观天气图分析(Objective Weather-Map Analysis)”；可见，分析这个字眼来源于天气预报员的天气图分析。“**分析**”的含义就是指这样的**功能：由不规则分布的测站上气象观测值**通过转换**得到规则分布的空间格点上**最可能的**值**(Cressman，1959)。

#附　“客观天气图分析”这个字眼的出处是 Panofsky(1949)的论文题目：

Panofsky H A，1949. Objective weather-map analysis [J]. Journal of Meteorology，6：386-392.

#附　“客观分析”这个字眼的出处和原文

出处：Cressman，1959. An operational objective analysis system [J]. Mon Wea Rev，87：

367-374.

原文:The process of transforming data from observations at irregularly spaced points into data at the points of a regularly arranged grid has often been referred to as "**objective analysis** ".

（2） **"更新"的出处和含义**

SCM 在引入**初猜场** x_g和以**观测增量**(新息)$\boldsymbol{d}=[\boldsymbol{y}_o-H(\boldsymbol{x}_g)]$使用观测的基础上,"天才地"给出了"格点分析值是影响半径内格点周围观测增量对格点初猜值的加权订正"这一"**更新**"公式形式,即:"***用观测增量的加权订正更新初猜值***来得到分析值",并通过使用更新的初猜值和逐步减小的影响半径而经过数轮"扫描"序列的**逐步订正**来完成分析。

随着 **OI** 中**误差**的引入,在此基础上,有了"从初猜场到背景场"的演变,并通过分析误差方差最小得到最优权重 $\boldsymbol{W}$ 而经过**仅仅一次的更新订正**来完成分析。从此有了之后分析方法通用的"***以背景场*** x_b ***表示的***、仅含一次更新"的分析场 $\boldsymbol{x}_a$ **更新**公式形式:$\boldsymbol{x}_a=\boldsymbol{x}_b+\boldsymbol{W}\boldsymbol{d}$,此时 $\boldsymbol{d}=[\boldsymbol{y}_o-H(\boldsymbol{x}_b)]$。

随着数值预报制作得越来越好,NWP 的短期预报场用作分析的初猜场/背景场成为自然结果。**当预报场作为背景场时**,$\boldsymbol{x}_a=\boldsymbol{x}_b+\boldsymbol{W}\boldsymbol{d}$ 有着形式和内涵两方面的深刻意义。**在公式形式上**,由此造出了一个确定的"**更新**"字眼:当使用预报场提供初猜场/背景场时,OI 分析被称为在可获得观测资料的区域"更新(update)"预报场(Bergman,1979)。

至此,尽管以后的分析方法有求解方式的不同,例如,OI 和 EnKF 中通过最优权重而直接利用更新公式来得到分析场,Var 中通过求泛函极值的变分法来得到分析场,作为结果的这个相同的**分析场**数学公式形式,因为 $\boldsymbol{W}$ 是最优权重,**表现为观测信息本身和 NWP 短期预报的统计最优结合**,即:$\boldsymbol{x}_a=\boldsymbol{x}_b+\mathbf{W}[\boldsymbol{y}_o-H(\boldsymbol{x}_b)]$。

 # 附 "更新"这个字眼的出处和原文

出处: Bergman K H,1979. Multivariate analysis oftemperature and winds using optimum inetrpolation[J]. Monthly Weather Review,107(11):1423-1444.

原文:When a forecast is used to provide the guess field,the optimum interpolation analysis is said to "**update**" the forecast field in those regions where current synoptic data are available.

（3） **"同化"的出处和含义**

当预报场作为背景场时,$\boldsymbol{x}_a=\boldsymbol{x}_b+\boldsymbol{W}\boldsymbol{d}$ 有着形式和内涵两方面的深刻意义。**在内涵上**,这形成了**预报和分析的循环**,即:前期的模式预报场用作分析某一时刻观测资料的背景场来得到分析场,之后以该分析场作为初始条件积分预报模式到下一个新时刻来得到预报场,再由这个预报场用作分析新时刻观测资料的背景场来得到新时刻的分析场,如此循环;从这个循环的**分析**角度,这个循环中的分析场是利用时间序列的观测资料不断修正模式的预报所得到的,即这表示一个过程,在这个过程中不同时刻的各种观测资料通过大气动力数值模式在一起进行融合来尽可能精确地确定大气的状态。正是为此造出了"**同化**"这个字眼(Talagrand,1997)。

由于预报也是由以前的分析场得到的,而之前的分析场又是同化了以前的观测,正是在

"预报和分析循环"这个内涵上，所以"同化"术语是指包含时间维的**四维分析**，即：不仅使用分析时的观测资料及气候资料，还利用由以前观测时间所得出的、在分析时仍然有效的这个预报场作为分析的背景场。因此，通过预报分析循环这样的分析被称为资料的**"四维同化"**，这也就是同化的含义：通过预报分析循环**将不同时刻的各种观测资料通过大气动力数值模式在一起进行融合**，来得到大气状态的最优估计(欧洲中期天气预报中心，1987)。

♯附 "同化"这个字眼的经典表述和原文

表述：Talagrand O，1997. Assimilation ofobservations：An introduction[J]. J Meteor Soc Japan，75：191-209.

原文：The word **assimilation** was coined at that time for denoting a process in which observations distributed in time are merged together with a dynamical numerical model of the flow in order to determine as accurately as possible the state of the atmosphere.

(4) **资料同化的含义和资料同化方法**

"分析""更新"和"同化"这些术语是经典术语；由前述可见，这些经典术语有着各自的**明确含义**和彼此间的**历史渊源**。

从客观分析发展到资料同化是一个累积精进的渐进过程。具体地，"分析""更新"和"同化"这些术语一经出现就有着各自的明确而不变的含义，(并因为这明确而不变的含义)它们不存在过不过时；而且因为它们彼此间的渊源，它们在一起呈现出分析同化的渐进演变和一个明晰的累积精进的历史发展脉络，表现出这样一条发展的路：从单一的分析，到订正以预报场为初猜场/背景场的分析，到构成预报分析循环(即不同时刻的各种观测资料通过大气动力数值模式在一起进行融合)的现代资料同化。因此，**它们在一起形成了**发展到今天的**大气资料同化的完整含义**，就是：**大气资料同化是"分析"功能、"更新"形式和"同化"内涵的统一体**。由此，也阐明了只有在分析同化的历史发展进程中才能清晰和准确地理解大气资料同化的来龙去脉和含义。

依据"分析""更新"和"同化"的含义和沿着这一历史脉络，可以认识：①前述的所有基本方法**都是客观分析方法**；②自 SCM 之后的客观分析方法在结果上所得到的分析场**有了订正更新的公式形式**；③从客观分析发展到资料同化是一个渐进演变过程(不便"一刀"截然划分)，当预报场用作初猜场/背景场时，并有着预报分析循环的客观分析方法就是**资料同化方法，如** Var 和 EnKF，以及**也应包括预报场用作初猜场/背景场时的**SCM 和 OI，其中 EnKF 是最直接显式表示(更新步骤和预报步骤结合为一体)的资料同化方法；④自 OI 引入误差信息和使用分析误差方差最小的最优准则，它标志着分析方法发展成为**以估计理论为基础的科学**，以及所得到的分析场是大气状态的最优估计；⑤大气资料同化有着自己的"同化"的内涵，由该"同化"内涵所得到的大气状态的最优估计有了诸多用处(除了用作 NWP 的初值之外，可用于天气系统结构和演变的诊断分析和监测气候变化的再分析等)，由该"同化"内涵所涉及的技术实现方法(伴随方法、集合方法)以及方法本身的发展开辟了新课题和新领域(如利用同化中伴随和集合方法的"集合预报的初始扰动""适应性观测的敏感区识别"和"观测对分析、预报的影响评估"等)，这些标志着大气资料同化**成为一门独立学科**。

从初期为实现 NWP 的"分析"功能的**一项经验工艺**到现在基于估计理论得到"四维同

化”内涵的大气状态最优估计的**一门独立科学学科**，这就有了从以前使用的术语“客观分析”到现在越来越普遍使用的术语“资料同化”，即资料的“**四维同化**”。

顺便指出，“资料融合”也是国内外学术界的一个通用词汇，在周诗健等(2007)所编的《英汉汉英大气科学词汇》中也有这个词，对应英文为“data fusion”。但“资料融合”不如“资料同化”有明确的科学学科内涵，不是专业术语，而被比较笼统地使用。在英文文献中类似用词还有“data merging”“data melting”。

参考文献

欧洲中期天气预报中心，1987. 中期天气预报科学基础[M]. 章基嘉等，译. 北京：气象出版社：43-44.

周诗健，等，2007. 英汉汉英大气科学词汇[M]. 北京：气象出版社：97.

朱国富，2015a. 理解大气资料同化的根本概念[J]. 气象，41(4)：456-463.

朱国富，2015b. 理解大气资料同化的内在逻辑和若干共性特征[J]. 气象，41(8)：997-1006.

Bergman K H. 1979. Multivariate analysis of temperature and winds using optimum inetrpolation[J]. Monthly Weather Review，107(11)：1423-1444.

Bergthorsson P，Döös，B，1955. Numerical weather map analysis[J]. Tellus，1：329-340.

Bishop C H，Etherton B J，Majumdar S J. 2001. Adaptive sampling with the ensemble transform Kalman filter. 1：Theoretical aspects[J]. Mon Weather Rev，129：420-436.

Courtier P，AnderssonE，Heckley W，et al，1998. The ECMWF implementation of three-dimensional variational assimilation(3D-Var). Part 1：formulation[J]. Quart J Roy Meteor Soc，124：1783-1807.

Cressman G P，1959. An operational objective analysis system[J]. Mon Wea Rev，87：367-374.

Evensen G，1994. Sequential data assimilation with a nonlinear quasi-geostrophic model using Monte Carlo methods to forecast error statistics[J]. J Geophys Res，99(C5)：10143-10162.

Gandin L S，1965. Objective Analysis of Meteorological Fields. Gidrometeorologicheskoe Izdatel'stro，Leningrad[M]. Translated from Russian，Israeli Program for Scientific Translations. Jerusalem.

Hamill T M，2006. Ensemble-based atmospheric data assimilation[M]//Predictability of Weather and Climate，Palmer T and Hagedorn R. Cambridge University Press：124-156.

Kalman R E，1960. A new approach to linear filtering and prediction problems[J]. T. ASME-J. Basic Eng.，82D：35-45.

Lorenc A C，1981. A global three-dimensional multivariate statistical analysis scheme[J]. Mon Wea Rev，109：701-721.

Lorenc A C，1986. Analysis methods for numerical weather prediction[J]. Quart J Roy Met Soc，112：1177-1194.

Panofsky H A，1949. Objective weather-map analysis[J]. Journal of Meteorology，6：386-392.

Parrish D F，Derber J C，1992. The National Meteorological Center's spectral statistical interpolation analysis system[J]. Mon Wea Rev，120：1747-1763

Rabier F，2005. Overview of global data assimilation developments in numerical weather prediction centres[J]. Q J R Meteorol Soc，131：3215-3233.

Talagrand O，1997. Assimilation of observations：An introduction[J]. J Meteor Soc Japan，75：191-209.

理论基础和一般原理：为什么说大气资料同化已发展成为一门独立的科学学科

在第 2 章，已经阐明：发展到今天的大气资料同化有了**自己"独立"的明确含义**，即实现"分析"功能、有着"更新"形式及资料"四维同化"内涵的统一体。

这一部分（第 3 章和第 4 章）将阐明资料同化有着**自己作为"科学"的数学理论基础**和阐述资料同化**作为"学科"的基本内容**。

第 3 章　大气资料同化科学的数学理论基础

本章是**直接连接估计理论和大气资料同化**的关于**大气的状态估计**的著述，比较完整地包括它的理论和应用，并试图**密切结合属于状态估计**的估计理论和对应**在分析同化基本方法中**的实际应用。将阐明：随机变量是大气资料同化成为一门科学的根本概念；大气状态的最优估计的**理想化方程**对应着最大后验估计方法和贝叶斯估计方法，而在**实际的**大气资料同化中大气状态估计的**两种代表性最优统计估计方法**是**最大后验估计方法和线性最小方差估计方法**。

因此，尽管在 4.7.1 节会总结资料同化从客观分析这个源头一开始就离不开数学，数学对于资料同化有着各个方面的至关重要作用，以及在 5.5.1 节我们还会发现"数学在应用变分同化方法中的份量"，但本章将聚焦在**应用于资料同化、使之成为科学的**相关概率论和估计理论。

本章涉及许多概率论与数理统计学内容，相关的详细知识和定理推导参见陈希孺（2009）《概率论与数理统计》；这里只是陈述其相关概念，并试图按照其**在同化应用中**的内在逻辑来连贯相关的预备知识。

3.1　随机变量是大气资料同化成为一门科学的根本概念

你知道和理解随机变量吗？

3.1.1　随机变量和随机向量

3.1.1.1　随机变量

（1）　随机变量及其简单而深刻的含义

数学上随机变量的概念是相当简单的。如果一个变量以**一定**的概率取各种**可能**值，则该变量称为随机变量（random variable）（陆果，1997）。

注：随机变量的最简单例子是投硬币的结果，若正面为 0，反面为 1，则投硬币的结果就是一个随机变量 X：它有 2 个**可能的**值 $x_i(i=1,2)$，即 $x_1=0$ 或是 $x_2=1$，而对于每一个可能值

x_i 的概率是**一定的**，即 $P(X=x_i)$（或简记为 $P(x_i)$）是一定的，这里 $P(x_1)$ 和 $P(x_2)$ 碰巧相同，都是 50%；这是**离散型随机变量**。

再如人的身高是一个随机变量 X：它的可能值 x 是 $[h_{\min}, h_{\max}]$ 区间的任何值，即 $h_{\min} \leqslant x \leqslant h_{\max}$（$h_{\min}$ 和 $h_{\max}$ 分别是世上最矮和最高的身高），而对于每一个可能值 x 的概率密度函数是一定的，即 $f(X=x)$ 或 $f(x)$ 是一定的，符合正态分布（参见 3.3 节"概率论：正态分布与中心极值定理"）；这是**连续型随机变量**。

随机变量有着简单而深刻的含义。随机变量是"各种可能值"的不确定性（可能性、偶然性、随机性）和"一定概率"的确定性这二者不可缺一的一体，是偶然性和必然性的一体，且偶然（存在各种可能值）中包含着某种必然（任一可能值其概率一定）；可能性和确定性是随机变量的一体二面：可能性是指存在多种可能的取值，确定性是指对于任一可能值其概率是一定的。在气象领域的实际应用中，**"各种可能值"的不确定性**涉及 NWP 的集合预报（参见 1.1.6.2"集合预报的意义和优点"）和天气预报的极端天气；**"一定概率"的确定性**涉及天气的概率预报和概率思维意识下天气灾害的风险评估；**"各种可能值"中最大概率的那个值**涉及资料同化的大气状态的最优估计。可以不夸张地说，从单一确定值到多个可能值，从确定的值到确定的概率，以及随机变量的一体二面，这样的随机变量的思维方式体现了更科学地正确认识和对待事物的科学素养。

设一个随机变量 X，则它的两个基本点是：①它的**取值**有多个可能值 $x_1, x_2, \cdots, x_n, \cdots$，每个可能值就称为随机"事件"，可表示为事件 $X=x_i$；②每个可能值的"**概率**"（离散型随机变量）/"**概率密度**"（连续型随机变量）是一定的，即事件有概率，且概率是事件的函数，故称作"概率函数"/"概率密度函数"，可表示为 $P(X=x_i)$ 或简记为 $P(x_i)/f(X=x)$ 或简记为 $f(x)$。

一个随机变量由它的**概率分布**（对于离散型是概率函数或对于连续型是概率密度函数）完整地描述，也就是说，随机变量的概率分布包含了这个随机变量的所有信息。离散型随机变量的**概率函数**是取各个可能值的概率；连续型随机变量的**概率密度函数**（PDF：Probability Density-Function）（或简称密度函数）反映概率在各个可能值上的"密集程度"，连续型随机变量落在某取值范围（如 $x_1 \leqslant x \leqslant x_2$ 之间）的概率是它的 PDF 在该取值区间的积分。

注：对于离散型随机变量 X 的概率函数 $P(X=x_i)$ 或 $P(x_i)$ 或 p_i，则 p_i 是非负实数，且满足 $\sum_i P(X=x_i)=\sum_i p_i=1$。即 X 的所有事件（即所有可能取值）的**概率和为 1**，也就是，X 全部概率的所有事件（即所有可能的情况）构成**必然事件**。

对于连续型随机变量 X 的概率密度函数 $f(X=x)$ 或 $f(x)$，则 $f(x)$ 是非负函数，且满足 $\int_{-\infty}^{\infty} f(x)\mathrm{d}x=1$。概率是指概率密度函数在区间上的积分面积；例如，我们要计算 x 落在区间 $[x_1, x_2]$ 上的概率，则 $P(x_1 \leqslant x \leqslant x_2)=\int_{x_1}^{x_2} f(x)\mathrm{d}x$。

为了进一步理解"概率函数"/"概率密度函数"，以及为了便于理解随机变量平均取值（除了均值）的另一个数字特征"中位数"，还需要知道概率**分布函数**的概念。

注：设 X 为一个随机变量，则函数 $P(X \leqslant x)=F(x)(-\infty<x<\infty)$，称为 X 的（概率）**分布函数**。对于离散型，有

$$F(x_n)=P(X \leqslant x_n)=\sum_{i=1}^{n} p_i，以及\ p_i=P(X=x_i)=F(x_i)-F(x_{i-1}),$$

即离散型随机变量 X 的概率**分布**函数 $F(x)$ 和它的概率函数 $P(x_i)$ 是求和和做差的关系。

对于连续型，有

$$F(x_2)-F(x_1)=P(x_1\leqslant x\leqslant x_2)=\int_{x_1}^{x_2}f(x)\mathrm{d}x\text{，以及 }f(x)=F'(x)\text{，}$$

即连续型随机变量 X 的概率**分布**函数和它的概率**密度**函数是积分和导数的关系。作为定义：设连续型随机变量 X 有概率分布函数 $F(x)$，则 $F(x)$ 的导数称为 X 的概率**密度**函数，或简称密度函数；因此，密度函数 $f(x)$ 是 $[F(x+\delta x)-F(x)]/\delta x$ 当 $\delta x\to 0$ 的极限，反映了概率在 x 点处的"密集程度"。

（2） **随机变量的数字特征：均值，方差，协方差和矩**

随机变量的**数字特征**是由概率函数或概率密度函数决定的常数，它描述了随机变量的某一方面的性质；如：随机变量的**均值**、**方差**和**协方差**，分别描述了随机变量的**中心位置**、**散布度**和**与其他随机变量之间的关系**（陈希孺，2009）。

随机变量的均值、方差和协方差在资料同化中常常用到，且是不可或缺的基本概念。为了便于查看它们的具体形式，下面列出它们的定义。这里**先考虑一个简单的情况**：只取**有限个**可能值的离散型随机变量。

设离散型随机变量 X（斜体大写字母表示），只取有限个可能值为 $x_1,x_2,\cdots,x_n$（斜体小写字母表示），其概率函数为 $P(X=x_i)=p_i(i=1,\cdots,n)$，则随机变量 X 的均值与中位数、方差与矩，以及它与离散型随机变量 Y 的协方差与相关系数，分别定义为：

• **均值**（mean），也常称为"数学期望"（expectation），一般表示为 $\overline{X}$，或 $E(X)$ 或 $\langle X\rangle$：

$$E(X)=p_1x_1+p_2x_2+\cdots+p_nx_n=\sum_{i=1}^{n}p_ix_i\text{；}\tag{3.1.1}$$

均值即"随机变量取值的平均"之意，这个平均是指以概率为权的加权平均（参见 3.2.3 节"概率的统计定义和伯努利大数定理的实际应用意义"）。

中位数（median），是刻画一个随机变量的平均取值（除了均值外）的另一个数字特征；这里用 x_m 表示。设随机变量 X 的分布函数 $F(x)$，则满足条件

$$P(X\leqslant x_m)=F(x_m)=0.5$$

的数 x_m 称为 X 或分布 F 的中位数。

中位数 x_m 是把一个随机变量的分布从概率上切分两半时的位置、使得两边概率正好相等即 0.5 所对应的取值，也就是随机变量取值的点**从概率上说**正好居于中央；这就是"中位数"得名的由来。

• **方差**（variance），一般表示为 σ_X^2，或 $\mathrm{Var}(X)$：

$$\mathrm{Var}(X)=\sum_{i=1}^{n}p_i[x_i-E(X)]^2=E\{[X-E(X)]^2\}\text{；}\tag{3.1.2}$$

方差是用来度量随机变量和其数学期望之间的**偏离程度**的量。它的算术平方根称为 X 的标准差（standard deviation），又常称均方差，只是由于方差出现了平方项而造成量纲的倍数变化，无法直观反映出偏离程度，于是出现了标准差，用 σ_X 表示。

矩（moment）。设 X 为随机变量，c 为常数，k 为正整数，则量 $E[(X-c)^k]$ 称为 X 关于 c 点的 k 阶矩。比较重要的有两种情况：

①$c=0$，这时 $\alpha_k=E(X^k)$ 称为 X 的 k 阶**原点矩**；

②$c=E(X)$，这时 $\mu_k=E\{[X-E(X)]^k\}$ 称为 X 的 k 阶**中心矩**。

由定义可知，一阶原点矩 $\alpha_1=E(X)$ 就是期望，二阶中心矩 $\mu_2=E\{[X-E(X)]^2\}$ 就是方差。在统计学上，三、四阶矩用得不很多，高于四阶的矩极少使用。

下文将看到，$E[(X-c)^2]$（X 关于 c 点的二阶矩）可以帮助理解资料同化中取均值 $E(X)$ 的大气状态最优估计的实质意义；此外，"矩估计法"（亦称数字特征法）也是由此得名。

• **协方差**（covariance），一般表示为 σ_{XY}^2，或 Cov(X,Y)：

$$\mathrm{Cov}(X,Y)=\sum_{i=1}^{n}p_{i,j}[x_i-E(X)][y_i-E(Y)]=E\{[X-E(X)][Y-E(Y)]\},\tag{3.1.3}$$

式中，$p_{i,j}=P(x_i,y_j)$ 是 X 和 Y 的**联合**概率密度函数（参见 3.1.1.2 节(2)"联合概率分布"）；进一步地：

①协方差是用来描述二个随机变量 X 和 Y 之间**相关程度**的量。

②但是，由于 X,Y 的协方差作为$[X-E(X)][Y-E(Y)]$的均值，依赖于 X,Y 的物理量及其度量单位，所以当 X 和 Y 是不同物理量时使用协方差不方便比较、或即使是同样的物理量采用不同的量纲使所得到的协方差在数值上表现出很大的差异。为此，由随机变量 X 和 Y 的协方差定义随机变量 X 和 Y 的"**相关系数**"（Correlation coefficient），一般表示为 ρ_{XY}：

$$\rho_{XY}=\mathrm{Cov}(X,Y)/(\sigma_X\sigma_Y);\tag{3.1.4}$$

在形式上，相关系数可视为"标准尺度下的协方差"，取值范围：$-1\leqslant\rho_{XY}\leqslant1$，即：以各自标准差对随机变量进行标准化和无量纲化，使之后 X,Y 的方差都为 1，则协方差就是相关系数。这样就能更好地反映 X,Y 之间的关系，便于不同物理量之间的相关性比较，也不受所用单位的影响。

③需要指出：相关系数也常称为"线性相关系数"。这是因为实际上相关系数并不是刻画了 X,Y 之间"一般"关系的程度，而只是"线性"关系的程度（陈希孺，2009）。

④相关系数是由协方差定义的。在此定义下，反过来，协方差可用相关系数表示为：

$$\mathrm{Cov}(X,Y)=\sigma_X\rho_{XY}\sigma_Y;\tag{3.1.5}$$

这个形式表示了协方差包含两个部分：其**标准差**部分表征 X,Y 各自的不确定性，其**相关**部分表征 X,Y 之间的关系。这是理解资料同化中"背景场误差协方差"及其作用和"变分同化系统的核心框架"所必需的基础知识。

⑤若 X,Y 独立，则 $\rho_{XY}=0$（或 Cov$(X,Y)=0$）；此时称 X,Y"不相关"；但反过来一般不成立：由 $\rho_{XY}=0$ 不一定有 X,Y 独立（参见 3.4.3 节"随机变量之间的独立与不相关"）。

上面是考虑"X 为只取有限个可能值的离散型随机变量"的简单情况。以均值为例，如果 X 为离散型随机变量，取**无穷个**可能值 $x_1,x_2,\cdots$，而概率分布为 $P(X=x_i)=p_i(i=1,2,\cdots)$，则 X 的数学期望定义为级数之和，即：

$$E(X)=\sum_{i=1}^{\infty}p_ix_i;\tag{3.1.6}$$

当然，要求这个级数绝对收敛才行：$\sum_{i=1}^{\infty}|x_i|p_i<\infty$（陈希孺，2009）。

对于**连续型**随机变量 X，以积分代替求和即可。用 x 表示其可能取值，其概率密度函数

为 $f(x)$，则 X 的数学期望定义为：

$$E(X)=\int f(x)x\mathrm{d}x; \tag{3.1.7}$$

要求该积分遍及 X 的取值范围$[x_1, x_n]$，且绝对可积：$\int |x| p(x)\mathrm{d}x < \infty$。

3.1.1.2　多维随机变量(随机向量)

（1）　**多维随机变量**

多维随机变量是若干个随机变量构成的一个整体(例如，用三个维度看一个学生，即如果身高、年龄、成绩这三个随机变量作为一个整体描述一个随机在校学生，则一个随机在校学生就是包含三个随机变量的一个三维随机变量)。一般地，设 N 个随机变量 $X_1, X_2, \cdots, X_N$，则称 $\boldsymbol{X}=(X_1, X_2, \cdots, X_N)^{\mathrm{T}}$ 为一个 N 维随机变量或一个 N 维随机向量，这里用黑体大写字母表示。

之所以或称为一个 N 维随机**向量**，是把这个 N 维随机变量看作 N 维空间的一个点，它就形成在这个 N 维空间的一个随机**向量**，通常表示为列向量；它的每个分量是一个随机变量。随机变量是随机向量的特例，是一维随机向量。

设一个 N 维随机向量$(X_1, X_2, \cdots, X_N)^{\mathrm{T}}$，则它的一个取值(即一个 N 维随机事件)可表示为$\{\boldsymbol{X}=\boldsymbol{x}_i\}=\{(X_1=x_{1i}, X_2=x_{2i}, \cdots, X_N=x_{Ni})^{\mathrm{T}}\}$。简单地，一个二维随机变量，可熟悉地表示为$(X, Y)$，它的一个取值及其概率分别表示为$(X=x_i, Y=y_j)$/简记为$(x_i, y_j)$，和 $P(X=x_i, Y=y_j)/P(x_i, y_j)/p_{i,j}$。

（2）　**联合概率分布**

为了强调**多维随机变量**$(X_1, X_2, \cdots, X_N)$**的概率分布**是把 $X_1, X_2, \cdots, X_N$ 作为一个有联系的整体来考虑的，有时把它称为 $X_1, X_2, \cdots, X_N$ 的"**联合**概率分布"(joint probability distribution)(联合概率函数或联合概率密度函数)。

（3）　**边缘概率分布**

对于一个 N 维随机向量 $\boldsymbol{X}=(X_1, X_2, \cdots, X_N)^{\mathrm{T}}$，因为**每一个分量**$X_i$ 都是一维随机变量，故它们都有**各自**的概率分布，称为 $\boldsymbol{X}$ 的"**边缘**概率分布"(marginal probability distribution)。它们都是一维概率分布，就是：只分别考虑单个变量 X_i 而与其他变量无关的概率分布；这个一维概率分布包含**此分量**X_i 的各随机事件(各个取值)的概率(或概率密度)。边缘概率分布也可以不只是一维的，而是 $X_1, X_2, \cdots, X_N$ 这 N 维随机变量中任一部分，例如其中(X_1, X_2)的二维分布，就是只包含**这些**分量、而与其他分量无关的概率分布。

这些各分量 X_i 的**边缘概率分布完全由原联合概率分布确定**。设一个 N 维连续型随机向量 $\boldsymbol{X}=(X_1, X_2, \cdots, X_N)^{\mathrm{T}}$ 有联合概率密度函数 $f(x_1, x_2, \cdots, x_n)$。为求某分量 X_i 的边缘概率密度函数，只需把 $f(x_1, x_2, \cdots, x_n)$中的 x_i 固定，然后对 $x_1, \cdots, x_{i-1}, x_{i+1}, \cdots, x_n$ 都分别在$-\infty$到∞之间(就是所有非 X_i 随机变量的所有取值区间，亦即它们的全部概率的所有事件)对联合概率密度函数**做定积分**即可。例如，X_1 的边缘概率密度函数为

$$f_1(x_1)=\int_{-\infty}^{\infty}\cdots\int_{-\infty}^{\infty} f(x_1, x_2, \cdots, x_n)\mathrm{d}x_2\cdots\mathrm{d}x_n$$

正是因为对所有非 X_1 随机变量在其所有取值区间做定积分，即非 X_1 随机变量的**任一分量** X_j **都已被考虑了其全部概率的所有事件**(即 $\int_{-\infty}^{\infty} f_j(x_j)\mathrm{d}x_j=1$) **而消失**，所以边缘概率密度函数 $f_1(x_1)$与非 X_1 的所有随机变量无关，是 X_1 的一维概率分布。

对于离散型，只需把已知的联合概率函数中的 X_i 固定，然后分别对于所有非 X_i 随机变量的所有取值所对应的联合概率函数**进行求和**即可。例如，二维离散型随机变量 (X,Y) 的联合概率函数 $P(X=x_i,Y=y_j)$，则 X 的边缘概率就是固定 X、对 Y 的所有取值进行求和，即

$$P(X=x_i)=\sum_j P(x_i,y_j),(i=1,2,\cdots);$$

正是因为对随机变量 Y 的所有取值所对应的联合概率函数进行求和，即 Y **都已被考虑了其全部概率的所有事件**（即 $\sum_j P(y_j)=1$）**而消失**，所以边缘概率函数 $P(X=x_i)$ 与 Y 无关，是 X 的各随机事件（各个取值 x_i）的概率。

对于一个二维离散型 (X_1,X_2) 的联合概率函数表，在求 X_1,X_2 各分量的边缘概率分布时，分别对非 X_i 的所有取值而求和（即行和列的和）；这样求和所得出的概率（即边缘概率）就都列布在原联合概率分布表的"边缘"位置上（表 3.1.1）。由此直观形象地得名"**边缘**"概率分布。

表 3.1.1　二维离散型 (X_1,X_2) 边缘概率分布的示例（引自陈希孺(2009)）

X_1 \ X_2	−1	0	5	行合计 $P(X_1=x_{1i})$
1	0.17	0.05	0.21	0.43：$P(X_1=1)$
3	0.04	0.28	0.25	0.57：$P(X_1=3)$
列合计 $P(X_2=x_{2j})$	0.21：$P(X_2=-1)$	0.33：$P(X_2=0)$	0.46：$P(X_2=5)$	1.00

理解随机变量之后有哪些了不起(的应用)?

3.1.2　两个视为随机变量的重要取值——**众数和均值**及其在资料同化中深刻的实质意义

3.1.2.1　二者的定义和求法不同

对于一个随机变量 X（以连续型为例，如气温），概率密度函数为 $f(X=x)$ 或 $f(x)$，则

- **众数**(mode)是概率密度函数最大时对应的随机变量的这个取值；这里用 x_{mode} 表示，即

$$f(X=x_{\text{mode}})=\max_x[f(X=x)]$$

所以，为了得到众数，只是简单地指向随机变量 X 的一个特定**取值**，即指向 X 的概率密度函数曲线达到最大的这个取值。

- **均值**(mean)是"随机变量取值的平均"，这里用 x_{mean} 表示，就是式(3.1.7)：

$$x_{\text{mean}}=E(X)=\int f(x)x\,\mathrm{d}x$$

可见，这个平均是以概率为权的加权平均。所以，为了得到随机变量 X 的均值，不只是涉及 X 的一个取值及其概率，而是需要涉及 X 的所有取值及其概率即它的整个概率分布，来按式(3.1.7)求 X 的所有取值及其概率乘积的积分。

必须指出，对于一个**离散型**随机变量 X，它的**所有可能取值**是 $x_1,x_2,\cdots,x_i$，则由定义可知，X 的众数必属于其中的一个取值，但 X 的**均值**可能不在其中（因为均值是 X 的所有取值以概率加权的平均，它可以碰巧在数值上与其中一个取值相同，但不必定）。考虑这个情形，表述为：众数和均值是两个"**视为或当作为**"随机变量的重要取值。

3.1.2.2　众数和均值的实质意义不同

众数和均值的不同，不只是它们的定义和求法不同，而且当它们视为随机变量 X 取值时的实质意义不同。

• 很直观，$f(X=x_{\text{mode}})=\max\limits_{x}[f(X=x)]$，就是：随机变量 X 取值为众数 x_{mode} 时，满足 $f(X=x)$ 最大。

• 可以这样来理解均值 x_{mean} 视为随机变量 X 取值时的实质意义：设任一随机变量 X，x_c 为常数，考虑 X 关于 x_c 点的二阶矩 $E[(X-x_c)^2]$；用 x 表示 X 的可能取值，X 的概率密度函数为 $f(x)$，则有

$$E[(X-x_c)^2]=\int f(x)(x-x_c)^2\mathrm{d}x=E(X^2)-2x_cE(X)+x_c^{\ 2};\qquad(3.1.8)$$

它是 x_c 的二次函数，在 $x_c=E(X)=x_{\text{mean}}$ 处到达最小，且这个最小值就是该随机变量的方差（陈希孺，2009）。可见：$x_c=x_{\text{mean}}$ 时，满足 X 关于 x_c 点的**二阶矩到达最小**。

更重要的，是在于实际应用：如果 X 是用来表示某物理对象**真值**（如未知和不可知的观测对象的真值/或大气状态的真值）的随机变量（参见 3.1.3 节"随机变量概念的实际应用意义"），同时，把 x_c 看作 X 的一个未知**估计**（**取值**），则 $(X-x_c)$ 也是一个随机变量，其取值为 $(x-x_c)$，且 $(x-x_c)$ 表示这个估计（值）x_c 与真值 x 的差亦即该估计（值）的**误差**（取了负号：$-(x_c-x)$）。所以，"$x_c=x_{\text{mean}}$ 时 X 关于 x_c 点的二阶矩到达最小"也就是"$x_c=x_{\text{mean}}$ 时 x_c 与真值的**误差均方最小**"。

进而，若（x_c 这个估计（值）的误差随机变量）$(X-x_c)$**无偏**，则 $E[(X-x_c)^2]$ 是该估计误差的**方差**；于是，"$x_c=x_{\text{mean}}$ 时 $E[(X-x_c)^2]$ 最小"亦即"$x_c=x_{\text{mean}}$ 时 x_c 与真值的**误差方差最小**"。也就是，从**误差均方最小**到**误差方差最小**，其中假设了该误差**无偏**。

又例如，若 X 表示大气状态真值随机变量，把"$x_c=x_{\text{mean}}$"作为分析（值），则此时"$x_c=x_{\text{mean}}$ 时 $E[(X-x_c)^2]$ 最小"，也就是"$x_c=x_{\text{mean}}$ 时**分析误差方差最小**"。

3.1.2.3　众数和均值与大气状态的最优估计

大气资料同化的目的旨在得到大气状态的最优估计（包含值及该值误差的统计特征，如不确定性和协方差）。众数和均值之所以是两个重要取值，是因为它们对应着最优地估计大气状态的**两个最优准则**和**两种代表性方法**。如上述，把大气状态（真值）视为一个随机变量 X，则：

因为众数和均值的**实质意义不同**，**在最优准则上**，取值为众数 x_{mode} 时，对应着以**概率最大**为准则的大气状态最优估计（值）即分析（值）；取值为均值 x_{mean} 时，对应着以**分析误差方差最小**为准则的大气状态最优估计。

因为众数和均值的**求法不同**，**在方法上**分别对应着两种代表性方法：① **最大后验估计方法**，只涉及 X 的一个特定取值及其概率；② **最小方差估计方法**（贝叶斯估计方法/贝叶斯推断），涉及 X 的整个概率分布。参见 3.6.3.2 节"面向随机变量并作为随机变量的一个最优取值的几种状态估计方法"。

3.1.3　随机变量概念的实际应用意义

3.1.3.1　物理测量和基于数理统计学的参数估计

(1)　为什么"为了得到尽可能准确的值，就进行多次测量"

一个基本的真实是：测量都有误差，真值永远不可知。所以，对于任一具体物理测量对象（如杯口直径，或某时某地的温度），我们不能够知道其测量值是否是真值。

为了得到尽可能准确的值，就进行多次测量。每次测量值都看作是**测量对象(真值)**的一个可能值，并假定各个可能值的概率是一定的。也就是，把测量对象(真值)视为一个**随机变量**X，每次测量值 x_i 看作是测量对象真值的一个**可能值**(即样本，或一次实现)；X 的任一可能值 x 的**概率密度函数**$f(X=x)$或 $f(x)$(物理测量对象的取值通常是连续型的)是假定它符合**正态分布**(这个正态分布假定的合理性参见 3.3.2 节"中心极限定理及其在资料同化中的实际应用")。

这样，利用有限次试验或有限样本(对应实际应用中，例如：重复若干次的杯口直径的物理测量试验；资料同化以及 NWP 集合预报中的有限样本的观测资料的集合扰动、预报场的集合和分析场的集合)，按照数理统计学的**参数估计**(参见 3.6.2 节)，就可以由多次测量的样本去对总体分布的参数做出估计。所假定的 X 的总体分布是正态分布，故有**两个参数**：随机变量 X 的**均值**μ 和**方差**σ^2；且均值和众数相同(参见 3.3.1 节(2)"正态分布及其一些特点")。所以由多次物理测量的样本按照参数估计便得到正态均值 μ(也是众数)。然后，把这个**由多次物理测量的样本**按照参数估计**所得到的正态均值**μ(也是众数)**作为**测量对象真值的**估计**(值)。依据 3.1.2 节中有关的"众数和均值及其在资料同化中深刻的实质意义"，对于测量对象(真值)这个随机变量 X，该估计是以**误差均方最小**和**概率最大**为准则的最优估计。

而且，根据**大数定理**，当测量次数趋于无穷大时，样本估计的均值必然地(依概率为 1)收敛于总体的均值；这就是"为了得到尽可能准确的值，就进行多次测量"的道理所在。

注：大数定理是描述**当试验次数很大时所呈现的概率性质**的一类极限定理。它是由**概率的统计定义**"频率收敛于概率"引申而来的(陈希孺，2009)；最早的一个大数定理是伯努利大数定理(参见 3.2.2 节)。大数定理一般表述为：

设 $X_1, X_2, \cdots, X_n, \cdots$ 是独立同分布的随机变量，记它们的公共均值为 μ，又设它们的方差存在并记为 σ^2。则对于任意给定的 $\varepsilon>0$，有

$$\lim_{n\to\infty} P\{|(X_1+X_2+\cdots+X_n)/n-\mu| \geqslant \varepsilon\}=0。$$

就是说：不论你给定怎样小的 $\varepsilon>0$，n 次独立试验的平均值与理论上的数学期望值的偏差是否有可能达到 ε 或更大呢？这是可能的，但当 n 很大时，出现这种较大偏差的可能性很小。

大数定理以定理形式数学上严格证明了我们泛泛谈论的"平均值的稳定性"(即稳定到理论上的数学期望值)。

(2) **数学上随机变量取值的最优的估计与物理上测量对象的准确的真值**

需要指出，对于数学上随机变量这个概念，真值、准确值是没有意义的，因为随机变量的"多个可能值"是该随机变量的随机性特征，并不含有哪个值是真值、准确值；只是这些多个可能值"地位"不等(即概率大小不同)。有意义的"真值"或"准确值"是在物理测量上，因为对于一个具体的物理测量对象，它的真值是宏观上客观存在的(没考虑微观体系同观察仪器相互作用即观察仪器本身会影响观测结果的微观粒子"测不准原理"的情形)；只是由于测量本身存在误差，这个准确的真值是不可知的。

正是因为物理测量中正态分布假定的合理性和根据大数定理，为了得到尽可能准确的值，就进行多次测量，使得**数学**上随机变量取值的最优估计(均值或众数)与**物理上**测量对象的准确的真值才对应起来；如果当测量次数趋于无穷大时，用**理论上**的数学期望值或众数作为这个数学上随机变量取值的最优估计，就是物理上测量对象的准确的真值。当然，由于在**实际中**不

可能进行无穷次测量，所以这个真值是得不到的和不可知的。

3.1.3.2　资料同化中随机变量概念下的数据和基于概率论的状态估计

从分析场更新公式形式：$\boldsymbol{x}_a=\boldsymbol{x}_b+\boldsymbol{W}[\boldsymbol{y}_o-H(\boldsymbol{x}_b)]$可知，大气资料同化是由**输入数据**的背景场 $\boldsymbol{x}_b$（通常来自 NWP 预报场）和观测 $\boldsymbol{y}_o$，得到**输出数据**的分析场 $\boldsymbol{x}_a$。

（1）　**随机变量概念下的数据/或信息：观测数据和背景场数据**

对某个观测值 y_o，如某个测站观测**测量**的温度，把测量对象（**真值**）视为一个随机变量 Y，用 y 表示 Y 的可能取值，则$(y-y_o)$是观测 y_o 的误差（取了负号：$-(y_o-y)$）；于是，观测误差就是一个随机变量，表示为 E_o 即$(Y-y_o)$，它的取值为 $\varepsilon_o=(y-y_o)$。

完全类似地，对某个背景场值 x_b，如在某个格点的 NWP **预报**的温度，把模式大气状态（**真值**）视为一个随机变量 X，用 x 表示 X 的可能取值，则$(x-x_b)$是 x_b 的误差（取了负号：$-(x_b-x)$）；于是，背景误差就是一个随机变量，表示为 $\boldsymbol{E}_b$ 即$(X-x_b)$，它的取值为 $\varepsilon_b=(x-x_b)$。

同样，对某个分析场值 x_a，如在某个格点的温度**分析**，把模式大气状态（**真值**）视为一个随机变量 X，用 x 表示 X 的可能取值，则$(x-x_a)$是 x_a 的误差；于是，分析误差就是一个随机变量，表示为 E_a 即$(X-x_a)$，它的取值为 $\varepsilon_a=(x-x_a)$。

这样，资料同化中的观测、背景场和分析场就成为**一个随机变量概念下的数据**，包括：①不再简单地只是一个**数据值**（y_o 和 x_b），②更有数据值的误差，且该误差是一个随机变量（如观测（值）误差随机变量 E_o、背景（场值）误差随机变量 E_b 和分析（场值）误差随机变量 E_a），因此有了**数据（值）误差随机变量**的概率函数和数字特征（准确度、精度与不确定性、协方差）。

也就是一个随机变量概念下的数据包含：

• 数据**值**（value）：y_o，x_b，x_a；

• 数据误差的**概率**（probability）密度函数：$f_o(E_o=(y-y_o))$或 $f_o(y-y_o)$，$f_b(E_b=(x-x_b))$或 $f_b(x-x_b)$，$f_a(E_a=(x-x_a))$或 $f_a(x-x_a)$。在资料同化中，作为已知的输入信息，通常假定**观测**误差和**预报**误差（背景场误差）满足正态分布（假定的合理性参见 3.3.2 节“中心极限定理及其在资料同化中的实际应用”）。

• 数据的**准确度**（accuracy）：$\overline{E}_o=E(E_o)$，$\overline{E}_b=E(E_b)$，$\overline{E}_a=E(E_a)$，表示数据值（y_o，x_b，x_a）与其真值（即分别与观测真值和大气状态真值）的接近程度，表征了数据的**系统误差**的无偏性和可靠性，一般地表示为偏差 b；对于输入数据，它在资料同化中直接联系着观测和背景场的**偏差订正**；如果 $\overline{E}_o=0$，$\overline{E}_b=0$，则表示观测和背景场无偏，无需偏差订正。

数据的**精度**（precision）：$Var(E_o)$，$Var(E_b)$，$Var(E_a)$，表示数据误差在本身均值（$\overline{E}_o$，$\overline{E}_b$，$\overline{E}_a$）附近的散布程度，表征了数据的**随机误差**的离散度，一般地表示为标准差 σ，它在资料同化中直接联系着观测和背景场的**方差指定**。

数据的**不确定性**（uncertainty）：是数据的系统误差和随机误差的综合表征，一般地用 u 表示，则有 $u=\sqrt{b^2+\sigma^2}$。

• **协方差**（covariance）：观测误差协方差矩阵 $\boldsymbol{O}=\langle \boldsymbol{E}_o\boldsymbol{E}_o^{\mathrm{T}}\rangle=\langle(\boldsymbol{y}_o-\boldsymbol{Y})(\boldsymbol{y}_o-\boldsymbol{Y})^{\mathrm{T}}\rangle$，背景场误差协方差矩阵 $\boldsymbol{B}=\langle \boldsymbol{E}_b\boldsymbol{E}_b^{\mathrm{T}}\rangle=\langle(\boldsymbol{x}_b-\boldsymbol{X})(\boldsymbol{x}_b-\boldsymbol{X})^{\mathrm{T}}\rangle$，分析误差协方差矩阵 $\boldsymbol{A}=\langle \boldsymbol{E}_a\boldsymbol{E}_a^{\mathrm{T}}\rangle=\langle(\boldsymbol{x}_a-\boldsymbol{X})(\boldsymbol{x}_a-\boldsymbol{X})^{\mathrm{T}}\rangle$，分别表征了不同**观测数据**之间、不同**背景场数据**之间和不同**分析场数据**之间的误差相关关系。

总之，**一个随机变量概念下的数据**包含数据值及其误差随机变量的概率分布。例如，随机变量概念下的观测数据包含 $\boldsymbol{y}_o$ 及 $\boldsymbol{y}_o$ 的误差的概率分布 $f_o(\boldsymbol{\varepsilon}_o)$ 即 $f_o(\boldsymbol{y}-\boldsymbol{y}_o)$，背景场数据包含 $\boldsymbol{x}_b$ 及 $\boldsymbol{x}_b$ 的误差的概率分布 $f_b(\boldsymbol{\varepsilon}_b)$ 即 $f_b(\boldsymbol{x}-\boldsymbol{x}_b)$。而数据的**准确度**和不同数据间的**协方差**等**数字特征**是由概率分布决定的常数；因为“一个随机变量由它的**概率分布**完整地描述，亦即随机变量的概率分布包含了这个随机变量的所有信息”。

（2） **随机变量概念下理解数据的深刻意义**

一个随机变量概念下的数据包含数据值及其误差随机变量的概率分布。

在认识上，由于任何一个测量值，包括观测 y_o 和背景场 x_b（把 NWP 预报看作是另一种物理测量方式），都有误差，且真值永远都不可知，所以随机变量概念下的数据，相比只是一个值的数据，在含义上更符合真实而**更科学**。

在应用上，这使得资料同化中的数据通过数据误差**能当作随机变量来处理**。也因此，作为随机变量概念下的数据，必须不仅有数据值，还要有数据的不确定性和它与其他数据之间的误差协方差，否则**就不是**“能当作为随机变量来处理的”可用数据了；更重要的，正是如此，**概率论**才能用作资料同化的数学理论基础（参见 3.6.3 节“与大气资料同化相关的状态估计”）。

（3） **随机变量概念下的数据同化/资料同化：基于概率论的状态估计**

因为 $\boldsymbol{\varepsilon}_b=(\boldsymbol{x}-\boldsymbol{x}_b)$，所以以**背景场数据误差** $\boldsymbol{\varepsilon}_b$ **形式**表示的概率密度函数 $f_b(\boldsymbol{\varepsilon}_b)$，也是**来自背景场**的**以大气状态** x **形式**表示的概率密度函数 $f_b(\boldsymbol{x}-\boldsymbol{x}_b)$（顺便指出，这里 $\boldsymbol{\varepsilon}_b=(\boldsymbol{x}-\boldsymbol{x}_b)$ 是随机向量 $\boldsymbol{E}_b=(\boldsymbol{X}-\boldsymbol{x}_b)$ 的取值，$\boldsymbol{x}$ 是随机向量 $\boldsymbol{X}$ 的取值；但 $\boldsymbol{x}_b$ 只是**一个数值**（向量），不是随机向量）。

同样，因为 $\boldsymbol{\varepsilon}_o=(\boldsymbol{y}-\boldsymbol{y}_o)$，所以以**观测数据误差** $\boldsymbol{\varepsilon}_o$ 形式表示的概率密度函数 $f_o(\boldsymbol{\varepsilon}_o)$，也是以观测物理量 $\boldsymbol{y}$ 形式表示的概率密度函数 $f_o(\boldsymbol{y}-\boldsymbol{y}_o)$。

从大气状态物理量 $\boldsymbol{x}$ 映射到观测物理量 $\boldsymbol{y}$ 的确定联系是 H，称作观测算子（也称为向前观测算子）（参见 4.3.1 节中有关的“观测算子”），即有 $\boldsymbol{y}=H(\boldsymbol{x})$。于是有**来自观测**以观测算子为桥梁（亦即此条件下）的大气状态 $\boldsymbol{x}$ 的条件概率密度函数 $f_{oc}(H(\boldsymbol{x})-\boldsymbol{y}_o)$。参见 3.4.2 节(1)“条件概率分布”。

这样，对于**大气状态**（真值）随机向量 $\boldsymbol{X}$，便有了**来自背景场**的先验概率 $f_b(\boldsymbol{x}-\boldsymbol{x}_b)$ 和**来自观测**的条件概率 $f_{oc}(H(\boldsymbol{x})-\boldsymbol{y}_o)$；于是，可以基于概率论的**贝叶斯定理**，推导出大气状态 $\boldsymbol{X}$ 的后验概率，进而由此得到 $\boldsymbol{X}$ 的最优取值，这就是“最优分析的理想化方程”，给出分别以该取值其概率最大和误差方差最小为准则的大气状态的最优估计（值）即分析场（值）。参见 3.7.4 节“最优分析的理想化方程和大气状态估计的两种代表性方法”。

这样的对于大气状态**随机向量** $\boldsymbol{X}$ 的**状态估计**，是基于概率论**估计**随机向量 $\boldsymbol{X}$ 的**最优取值** $\boldsymbol{x}_a$；所利用的是**一个随机变量概念下的**作为输入已知的向量**数据**（即背景场与观测的数值向量 $\boldsymbol{x}_b$、$\boldsymbol{y}_o$ 及它们的误差随机向量 $\boldsymbol{E}_b$、$\boldsymbol{E}_o$ 的概率分布）。这不同于**参数估计**：参数估计是数理统计学的基本内容，是**估计**某随机向量的总体的概率分布 $f(\boldsymbol{x};\theta_1,\theta_2,\cdots)$ 中的**参数** $\theta_1,\theta_2,\cdots$；所利用的是该随机向量 $\boldsymbol{X}$ 的**大量样本**（$\boldsymbol{x}_1,\boldsymbol{x}_2,\cdots,\boldsymbol{x}_i,\cdots$）。参见 3.6.2 节“参数估计”和 3.6.3 节“与大气资料同化相关的状态估计”。

3.1.4 理解随机变量是大气资料同化的根本概念

上面 3.1.2 节阐述了**众数**和**均值**二者不同的实质意义和求法，引出以概率最大和以误差均方最小（以分析误差方差最小）的两个最优准则，以及最大后验估计和最小方差估计的两个估计理论的统计最优估计方法等概念；3.1.3 节阐述了**随机变量概念下的数据**和**数据同化**，引出数据值及其误差随机变量的概率分布，以及关于大气状态（真值）的来自背景场的先验概率和来自观测的条件概率。这些都已经涉及随机变量概念应用于大气资料同化的基础作用和根本意义。在此基础上，本节将总结性地阐述：随机变量对于大气资料同化“**在原理上**使之成为科学”和“**在实施上**理解所用数据”的至关重要性，因此随机变量是大气资料同化的根本概念。

（1）　**资料同化的结果形式及其数学含义**

大气资料同化的目的就是通过使用所有可用信息得到大气状态的最优估计即分析场；一般这表示为通过**观测**和 NWP 短期**预报**的**统计最优结合**产生分析场。也就是说，同化所得到的结果是分析场，其公式形式：

$$\boldsymbol{x}_a=\boldsymbol{x}_b+\boldsymbol{W}[\boldsymbol{y}_o-H(\boldsymbol{x}_b)],$$

式中，$\boldsymbol{x}_a$ 表示分析场，$\boldsymbol{x}_b$ 表示背景场（一般由 NWP 短期预报场提供），$\boldsymbol{y}_o$ 表示观测；H 是观测算子，它给出大气状态物理量和观测物理量之间的具体确定联系；$\boldsymbol{W}$ 是**统计最优**权重。

从数学的角度，资料同化是研究（作为输入**数据**的）观测 $\boldsymbol{y}_o$ 和背景场 $\boldsymbol{x}_b$ 的**统计最优结合**；它的对象是**数据**，目的是**实现数据的统计最优结合**。由这两个方面，可以理解随机变量是大气资料同化的根本概念；其根本性在于：

（2）　**原理上大气资料同化的科学实质是基于“数据是什么”**

•“数据是**随机变量**概念下的数据”。这使得**资料同化的输入数据**（观测，背景场）通过其数据误差能当作随机变量来对待；于是，以随机变量为研究对象的**概率论**派上用场。因此，基于随机变量，概率论得以成为资料同化的**数学理论基础**（也就是，资料同化有了**基于随机变量和概率论的数学理论基础**）。

• 实现**统计最优结合**的数学原理是基于“**数据误差**是一个假定已知概率分布的随机变量”。具体而言，由**背景场**数据误差随机变量的概率密度函数而有了**来自背景场**的大气状态（真值）随机变量 $\boldsymbol{X}$ 的先验概率 $f_b(\boldsymbol{x}-\boldsymbol{x}_b)$，和由**观测数据误差**随机变量的概率密度函数和观测算子而有了**来自观测**的大气状态（真值）随机变量 $\boldsymbol{X}$ 的条件概率 $f_{oc}(H(\boldsymbol{x})-\boldsymbol{y}_o)$。于是，基于**概率论的贝叶斯定理**，推导出大气状态的后验概率，得到大气状态随机变量 $\boldsymbol{X}$ 的取值 $\boldsymbol{x}$ 为“**众数**”或“**均值**”的“最优分析的理想化方程”，也就是大气状态的最优估计即分析场（参见 3.7.3 节）。

“众数”或“均值”之所以是“**最优**”估计的最优准则分别是该估计的概率最大或误差方差最小（参见 3.1.2 中有关的“**众数**和**均值**及其在资料同化中深刻的实质意义”）。“众数”和“均值”作为最优估计（值）所对应的**估计理论**的统计最优估计分别是**最大后验估计**和**贝叶斯估计**（参见 3.6.3.2 节中有关的“面向随机变量的几种状态估计方法”）。因此，资料同化有了**估计理论的数学表述形式**。

由此可见，大气资料同化的**科学**实质是建立在随机变量这个概念上。也就是，大气资料同化，区别于一项经验工艺的早期客观分析，是建立在随机变量这个概念上才有了基于概率论的**数学理论基础**；进而，使得资料同化实现数据的统计最优结合，得到大气状态的最优估计，亦即有了它的估计理论的**数学表示形式**，包括“最优分析的理想化方程”及其“最优准则”。如柏拉图说：“数学是一切知识中的最高形式”。

（3）　**实施上基于“数据有什么”便能简明地理解资料同化的发展史及其内在发展逻辑**

“巧妇难为无米之炊”。在实施上，数据是资料同化的粮食；资料同化就是研究数据的最优融合。

•“**什么是可用数据**”关系**认识理解**资料同化中**所用数据本身**。随机变量概念下的数据，不仅有**值**，还要有其**误差的** PDF /或其**误差的数字特征**包括一阶矩、二阶矩等统计特征。自OI之后，如果数据只有值而没有其误差的统计特征（不准确度和精度），则该数据就不是“能当作为随机变量来处理的”资料同化的可用数据。

•“**所用数据有什么**”“**怎么能有了**”是简明地理解**分析同化发展史**的钥匙。

①由“**所用数据有什么**”（包括同化了什么观测），能够清晰地看到大气资料同化的历史进程中分析同化基本方法的可用信息在内涵和种类上的**不断扩展**和**累积精进**。由此，可以清晰地揭示出一个**上下承接**的同化发展史及其**循序渐进**的内在发展逻辑（参见 2.9 节中有关的“分析同化基本方法在认识上极其简单清晰的内在发展逻辑”），见表 3.1.2。

表 3.1.2　分析同化的发展进程中可用信息的不断扩展（黑箭头“→”表示扩展或进程）

内容＼进程	多项式拟合	SCM	OI	Var	EnKF
可用信息 （来源和内涵）	只是观测**值**：$\boldsymbol{y}_o$	→ 增加**初猜值**：$\boldsymbol{y}_o+\boldsymbol{x}_g$	→ 引入背景场 $\boldsymbol{x}_b$，及增加误差**协方差**：$\boldsymbol{y}_o$ 和 $\boldsymbol{x}_b+\boldsymbol{R}$ 和 $\boldsymbol{B}$	→ 增加**更多种类观测**：如大量的非常规的卫星、雷达资料	→ 背景场误差协方差：**动态的 $\boldsymbol{B}$ 矩阵**

其中，自 OI 之后背景场和观测的误差的无偏假定和协方差的引入，以及EnKF 中所用的背景误差协方差矩阵是动态的，这些基于随机变量概念下的数据，便容易理解“**所用数据有什么**”的**扩展**（从只是一个数的值到随机变量的一阶矩、二阶矩等数字特征）和**精进**（从静态到动态的 $\boldsymbol{B}$ 矩阵）。

②“**怎么能有了**”（包括为什么能够同化这些观测）涉及分析同化基本方法的核心关键技术。也就是：引入初猜场 x_g **和使用观测增量的方式**本身是 SCM 的核心关键技术；自 OI 之后通过**最优统计方法**才使可用信息（即背景场和观测）不仅是值、还包括其误差协方差；Var 中“通过求泛函极值的**变分法**而进行全局求解”才能够引入复杂的非线性观测算子，使得能够同化卫星、雷达等多种非常规**观测**；EnKF **采用集合方法**才能利用短期预报集合来考虑动态 $\boldsymbol{B}$ 矩阵。

其中，OI/EnKF 对应线性最小方差估计方法，是利用误差随机变量的数字特征（方差）；Var 对应最大后验估计方法，是利用误差随机变量的PDF；它们都是基于随机变量的统计最优估计方法。参见 3.7.5 节“大气状态估计的两种代表性方法与实际应用的大气资料同化方法”。

3.2　概率论：概率的统计定义与贝努利大数定理

随机变量是大气资料同化的根本概念；随机变量的一体二面是多种“**可能**”取值的随机性和对于任一可能值其概率“**一定**”的确定性；一个随机变量由它的概率分布（对于离散型的概率函数或对于连续型的概率密度函数）完整地描述，也就是说，随机变量的概率分布包含了这个随机变量的所有信息。这些都凸显**概率**在概念上的基础性和因此“**在实际应用中如何去估**

计地定出概率的方法”的重要性。这便是本节的意旨。

3.2.1　概率的统计定义

从实用的角度看，概率的统计定义无非是一种通过试验去估计事件概率的方法；它的直观背景很简单：一个事件出现的可能性大小，应由在**多次重复试验**中其出现的频繁程度（频率）去刻画；要点在于：试验必须能在同样条件下大量次数重复施行（陈希孺，2009）。延伸到一般意义而言，随机现象的规律性只有在相同的条件下进行大量重复试验时才会呈现出来，即：要从随机现象中去寻求必然的规律，应该研究大量重复的随机现象。

而且，“对于任一可能值其概率是**一定的**”，这要求所估计的概率（频率）应呈现几乎必然的统计特性，即在实际统计中频率的稳定性是概率统计定义的客观基础，而伯努利大数定理以严密的数学形式论证了频率的稳定性。

3.2.2　伯努利大数定理

大数定理是描述**当试验次数很多时所呈现的概率性质**（即在随机事件的大量重复出现中，往往呈现几乎**必然**的规律，表示为“**依概率为 1 收敛**”的性质）的**一类定理**；虽然通常最常见的称呼是大数“定律”，但它并不是经验规律，而是严格证明了的一种**极限**定理。“**大数**”的意思，就是指涉及大量数目的观察值，它表明这种定理中指出的现象只有在大量次数的试验和观察之下才能成立。最早的一个大数定理是伯努利大数定理，它是伯努利在 1713 年一本著作中证明的。

简单地说，伯努利大数定理就是“在同样条件下，当试验次数足够多时，随机事件出现的频率无穷接近于该事件发生的概率（即频率收敛于概率）”。设 n 次独立试验，随机事件 A（如投硬币的结果为正面）出现次数为 f_A，p 为随机事件 A 的发生概率，则对任意给定的实数 $\varepsilon>0$，有

$$\lim_{n\to\infty} P\left\{\left|\frac{f_A}{n}-p\right|<\varepsilon\right\}=1 \text{ 成立。} \tag{3.2.1}$$

即 n 趋向于∞时，随机事件 A 的出现频率 $\frac{f_A}{n}$ 收敛于随机事件 A 的发生概率 p；也就是，n 趋向于∞时，频率**必然地（依概率为 1）收敛**于概率。

对于“只取有限个可能值 $x_1,x_2,\cdots,x_n$ 的离散型随机变量 X”，上面“随机事件 A”就直接地对应着“随机变量 X 取值 x_i”即 $\{X=x_i\}$ 这个随机事件。对于一个连续性随机变量 X（如人的身高），可以剖分为一个个小区间，则上面“随机事件 A”就对应着“随机变量 X 取值在某个区间”这个随机事件。

3.2.3　概率的统计定义和伯努利大数定理的实际应用意义

在实际应用中需要“定出或检验（离散型的）概率或（连续型的）概率密度函数”的地方，就都需要利用概率的统计定义和伯努利大数定理。

利用概率的统计定义以及由此引申而来的大数定理，就容易给“**均值**”（参见 3.1.1.1 节“随机变量”中式（3.1.1））这个名词一个自然的解释（陈希孺，2009）。以一个只取有限个可能值 x_1，$x_2,\cdots,x_m$ 的离散型随机变量 X 为例，假定把试验重复 N 次，每次把 X 取的值记下来，设在这 N 次中，有 n_1 次取值 x_1，有 n_2 次取值 x_2，…，有 n_m 次取值 x_m，则这 N 次试验中 X 的取值总和为 $n_1x_1+n_2x_2+\cdots+n_mx_m$。而**平均每次**试验中 X 的值取，记为 $\overline{\mathrm{X}}$，等于

$$\overline{X}=(n_1x_1+n_2x_2+\cdots+n_mx_m)/N=(n_1/N)x_1+(n_2/N)x_2+\cdots+(n_m/N)x_m。$$

其中的(n_i/N)是随机事件$\{X=x_i\}$在这N次试验中的频率，根据伯努利大数定理，当N很大时，频率$f_i=n_i/N$应很接近概率$p_i=P(X=x_i)$；因此，$\overline{X}$应接近于$\sum_{i=1}^{m}p_ix_i$，即式(3.1.1)($E(X)=p_1x_1+p_2x_2+\cdots+p_mx_m$)右边的量。也就是说，$X$的数学期望$E(X)$不是别的，正是在大量次数试验之下，$X$在各次试验中取值的平均。

在资料同化中概率的统计定义和伯努利大数定理有着基础性的作用。例如，通常假定输入信息(背景场和观测)的误差满足正态分布，因此，不论是同化系统在**预先给定误差参数**(偏差、方差、相关特征尺度)方面所需要的相关统计环节，还是在执行资料同化过程中最前端的**观测资料的质量控制**环节、之后进入同化系统的关于作为新息即**观测增量**(观测空间下观测减背景(O—B))**的统计检验**环节，以及得到分析场之后的涉及(O—A)的**后验统计诊断**环节，都会涉及概率或概率密度函数，因此都需要利用概率的统计定义和伯努利大数定理。

还要强调的是，大数定理告诉我们，在实际应用中需要**多次**重复试验或**足够多**的独立和有代表性的样本。

3.3 概率论：正态分布与中心极值定理

在今天的资料同化中，通常是建立在“假定背景场误差和观测误差是满足**正态分布**”的基础上。还有，这个假定也是得到变分同化方法的目标泛函的前提条件。因此，正态分布假定对于资料同化有着重要的基础作用。

本节的目的是：了解正态分布本身和特点，以及由**中心极限定理**理解正态分布的**重要性**和在资料同化中“正态分布”假定的**合理性**。

3.3.1 正态分布及其应用于资料同化中的一些重要特点

(1) 正态分布及其一些特点

正态分布(Normal distribution)又名**高斯分布**(Gaussian distribution)，是一种概率分布，是有**两个参数**μ和σ^2的连续型随机变量的分布，第一参数μ是该随机变量的**均值**，第二个参数σ^2是该随机变量的**方差**；若随机变量X服从一个数学期望为μ、方差为σ^2的高斯分布，记为：$X\sim N(\mu,\sigma^2)$，则其概率密度函数为：

$$f(x)=\frac{1}{\sigma\sqrt{2\pi}}e^{-\frac{(x-\mu)^2}{2\sigma^2}} \tag{3.3.1}$$

参数μ为位置参数，决定了分布的位置；参数σ^2为尺度参数，决定了分布的幅度；取$x=\mu$的值的概率最大，取离μ越远的值的概率越小；标准差σ越小，分布越集中在μ附近，σ越大，分布越分散。由于正态分布的概率密度函数的形状是中间高两边低，即正态分布的概率密度函数的曲线呈钟形，因此人们又经常称之为**钟形曲线**(是一条位于x轴上方的钟形曲线)。

如果$\mu=0,\sigma^2=1$，则这个分布被称为**标准正态分布**，记为：$X\sim N(0,1)$，其概率密度函数为：

$$f(x)=\frac{1}{\sqrt{2\pi}}\exp\left(-\frac{x^2}{2}\right) \tag{3.3.2}$$

正态分布有以下一些特点：

• 它的概率密度函数关于 μ 对称；在 $x=\mu$ 处达到最大，在正（负）无穷远处取值为 0，在 $\mu\pm\sigma$ 处有拐点。标准差 σ 决定正态曲线的陡峭或扁平程度；σ 越小，曲线越陡峭、瘦高（对应数据分布越集中）；σ 越大，曲线越扁平（对应数据分布越分散）。

• 是只有两个参数的分布，所以一个服从正态分布的随机变量只要知道其均值与标准差就可根据公式即可估计任意取值范围内频数比例。

• 若随机变量 X 服从正态分布，则它的**均值**（mean）、**众数**（mode）和**中位数**（median）**相同**。

（2） **正态分布的一些特点在资料同化中的应用**

在资料同化中，通常假定背景场误差和观测误差满足正态分布，因此了解和理解正态分布的特点有着基础性的作用，例如：

• 由"它是**只有两个参数**的分布"，便很容易清晰地理解在实际研发中**同化系统"误差参数的预先给定"**所包含的内容，即：单个随机变量的偏差和方差，以及随机向量各分量之间的相关特征尺度。

• 服从正态分布的随机变量，它的**均值**和**众数**相同。这是在原理上理解"三维变分方法与最优插值方法**在解的形式上的等价性"**（参见 4.6.1 节"现有统计最优估计的资料同化方法在解的形式上的等价性"）的基础。

3.3.2 中心极限定理及其在资料同化中的实际应用

在很一般的情况下，**随机变量和**$(X_1+X_2+\cdots+X_n)$**的极限分布**就是正态分布。这一事实增加了正态分布的重要性。在概率论上，习惯于把**和的分布收敛于正态分布**的一类定理都叫做"中心极限定理"（陈希孺，2009）。

最简单又最常用的、然而也是最重要的一种情况是独立同分布的中心极限定理：设 X_1，X_2，…，X_n，…为独立同分布的随机变量，$E(X_i)=\mu$，$\mathrm{Var}(X_i)=\sigma^2(0<\sigma^2<\infty)$；则对于任何实数 x，分布函数 $F_n(x)=P\{\frac{1}{\sqrt{n}\sigma}(X_1+X_2+\cdots+X_n-n\mu)\leqslant x\}$满足"其 $n\to\infty$ 的极限是**标准正态分布**$N(0,1)$的分布函数"，即：

$$\lim_{n\to\infty}F_n(x)=\lim_{n\to\infty}\left\{\frac{\sum_{i=1}^{n}X_i-n\mu}{\sqrt{n}\sigma}\leqslant x\right\}\frac{1}{\sqrt{2\pi}}\int_{-\infty}^{x}\mathrm{e}^{\frac{t^2}{2}}\mathrm{d}t \tag{3.3.3}$$

注：随机变量 X 的**分布函数**F 是通过其概率函数 P 定义为 $P(X\leqslant x)=F(x)$；反过来，$F(x_i)-F(x_{i-1})=P(X=x_i)=p_i$；即知道其一即可决定另一个。

注意到"独立同分布"，有：$(X_1+X_2+\cdots+X_n)$的均值为 $n\mu$、方差是 $n\sigma^2$，故$(X_1+X_2+\cdots+X_n-n\mu)/(\sqrt{n}\sigma)$就是$(X_1+X_2+\cdots+X_n)$的标准化；**"标准化"**就是使原$(X_1+X_2+\cdots+X_n)$经标准化后其均值变为 0、方差变为 1，以与标准正态分布 $N(0,1)$的均值、方差符合。

（注：数学期望的性质：若干个随机变量之和的期望等于各变量的期望之和，即

$$E(X_1+X_2+\cdots+X_n)=E(X_1)+E(X_2)+\cdots+E(X_n)$$

方差的性质：**独立**随机变量之和的方差等于各变量的方差之和，即

$$\mathrm{Var}(X_1+X_2+\cdots+X_n)=\mathrm{Var}(X_1)+\mathrm{Var}(X_2)+\cdots+\mathrm{Var}(X_n)）$$

所以由式(3.3.3)可见,该定理也表明:当 n 很大时,随机变量 $\left(\sum_{i=1}^{n} X_i - n\mu\right)/(\sqrt{n}\sigma)$ 近似地服从标准正态分布 $N(0,1)$,和随机变量 $\sum_{i=1}^{n} X_i$ 近似地服从正态分布 $N(n\mu, n\sigma^2)$。

中心极限定理的研究曾是概率论的中心内容。至今其仍是一个活跃的方向,推广的方面如独立不同分布、乃至非独立的情形(陈希孺,2009)。例如,独立不同分布的中心极限定理:考虑"设 $X_1, X_2, \cdots, X_n, \cdots$ 是一列**独立**随机变量,有着**不同**的概率密度函数 $f_i(x)$,并有 $E(X_i) = \mu_i, Var(X_i) = \sigma_i^2$"的情形,在一定条件下(即各随机变量**没有太大可能**取偏离其均值较大的值),则对于任何实数 x,分布函数 $F_n(x) = P\left\{\left(\sum_{i=1}^{n} X_i - \sum_{i=1}^{n} \mu_i\right)/\left(\sqrt{\sum_{i=1}^{n} \sigma_i^2}\right) \leqslant x\right\}$ 满足"其 $n \to \infty$ 的极限是**标准正态分布** $N(0,1)$ 的分布函数"。该定理说明:所研究的随机变量如果是有大量**独立**的而且**均匀**的随机变量相加而成,那么它的分布将近似于正态分布。

中心极限定理有广泛的实际应用背景。在自然界与生产中,一些现象受到许多相互独立的随机因素的影响,当每个因素所产生的影响都很微小时,总的影响可以看作是服从正态分布的;也就是:一般来说,如果一个量是由许多**微小**的**独立**随机因素影响的结果,那么就可以认为这个量具有正态分布。

我们知道,所得到的气象**观测**数据从仪器、到测量、到采集包含诸多的各个环节;同样,所得到的 NWP 从观测资料预处理、到资料同化、到预报模式积分和预报产品生成也包含诸多的各个环节。它们都是一个**系统工程**,包含**诸多的各个环节**,且是接连相继的、串联性质的。所以,在资料同化中,背景场(来自 NWP 预报)误差和观测误差是**由诸多的各个因素形成的**;又因为这些各个环节有着接连相继的串联性质,所以**每种因素影响一般可以认为都不大**、否则会出现短板效应而被关注和解决;于是,按中心极限定理,**背景场误差和观测误差的分布近似于正态分布**。也就是,中心极限定理支撑着资料同化中"背景场误差和观测误差是满足正态分布"这个假定的一般合理性。由于这个假定在资料同化中的前提和基础性地位,因此中心极限定理对于资料同化有着重要的基础作用。

3.4 条件概率与不同随机变量的独立性以及不相关

在资料同化中,常会假定"背景场误差和观测误差是不相关的""不同时间的观测测量,以及同时间的不同观测测量的误差是不相关的"。除了前述"数据误差是一个随机变量"这个数据概念之外,这些假定直接涉及条件概率与随机变量的独立性等数学基础。

3.4.1 不同事件之间的关联

(1) 事件的条件概率和独立性

1)事件的条件概率

条件概率就是在附加一定的条件之下所计算的概率。设有两个事件 A 和 B,且 $P(B) \neq 0$,记 $P(AB)$ 为两个事件 A 和 B 都发生(两事件的**积**,或称**交**)的概率,则"在给定 B 发生的条件下 A 的**条件概率**",记为 $P(A|B)$,**定义为**

$$P(A|B) = P(AB)/P(B) \tag{3.4.1a}$$

它的改写形式为:$P(AB) = P(A|B) \cdot P(B)$。

2)事件的独立性和概率的乘法定理

事件 A 的无条件概率 $P(A)$ 与其在给定 B 发生之下的条件概率 $P(A|B)$，一般是有差异的。这反映了这两个事件之间存在着一些关联。

但是，如果 $P(A|B)$ 不依赖于 B，因而只是 A 的函数，则表示 B 的发生与否对 A 发生的可能性毫无影响，完全无关；这时就称 A，B 两事件(在概率论意义上)**独立**。也就是，

$$P(A)=P(A|B) \tag{3.4.2a}$$

即：A 的无条件概率 $P(A)$ 就等于其条件概率 $P(A|B)$，这也可取为独立性的定义。

再次，把 $P(A)=P(A|B)$ 代入式(3.4.1a)的改写形式，得

$$P(AB)=P(A)\cdot P(B) \tag{3.4.3a}$$

用此式来刻画独立性，比用 $P(A)=P(A|B)$ 更好，因为式(3.4.3a)不受式(3.4.1a)中 $P(B)\neq 0$ 的制约(当 $P(B)$ 为 0 时式(3.4.3a)必成立)。因此取如下**定义**：

两个事件 A，B 若满足 $P(AB)=P(A)\cdot P(B)$，则称 A，B 独立。多个事件独立性的定义是两个事件情况的直接推广。

由独立性定义即可得出**概率的乘法定理**：若干个独立事件 $A_1,A_2,\cdots,A_n$ 之积的概率，等于各事件概率的乘积，即：

$$P(A_1\cdots A_n)=P(A_1)\cdots P(A_n) \tag{3.4.4}$$

一些事件 $A_1,A_2,\cdots$，如果其中任意两个都独立，则称它们两两独立。由**相互独立**必推出**两两独立**，反过来不一定对。

3.4.2　条件概率分布与不同随机变量的独立性

由于大气状态变量都是取连续性的实数，下面以**连续型**随机变量为例，且简单起见，以两个随机变量说明。对于**离散型**随机变量，一般地，变动是："概率密度函数" $f(X=x)$ 或 $f(x)$ 的地方，要相应地改为"**概率函数**" $P(X=x_i)$ 或 $P(x_i)$；求边缘概率时"积分" 的地方要相应地改为"**求和**"。

(1)　**条件概率分布**

一个随机变量 X(或向量 $\boldsymbol{X}$)的条件概率分布，就是在某种给定的条件之下 X 的概率分布。

设二维随机向量 $\boldsymbol{X}=(X_1,X_2)$ 有(**联合**)概率密度函数 $f(X_1=x_1,X_2=x_2)=f(x_1,x_2)$。相应于事件的条件概率的公式 $P(A|B)=P(AB)/P(B)$，在给定 $X_2=x_2$ 的条件下 X_1 的**条件概率**密度函数为

$$f_1(X_1=x_1|X_2=x_2)=f_1(x_1|x_2)=f(x_1,x_2)/f_2(x_2) \tag{3.4.1b}$$

此式当然只有在 $f_2(x_2)>0$ 时(f_2 为 x_2 的**边缘**概率密度)才有意义。它的改写形式为：

$$f(x_1,x_2)=f_1(x_1|x_2)\cdot f_2(x_2)$$

就是说，两个随机变量 X_1 和 X_2 的联合概率密度，等于"其中一个变量" 的概率密度乘以在给定这一个变量之下另一个变量的条件概率密度。当然"其中一个变量" 可以是 X_1 和 X_2 的互换，即

$$f(x_1,x_2)=f_1(x_1|x_2)\cdot f_2(x_2)=f_2(x_2|x_1)\cdot f_1(x_1) \tag{3.4.5}$$

也就是，可以把一个联合概率密度分解成一个条件概率密度和一个非条件概率密度的乘积。

(2)　**不同随机变量的独立性**

一般地，$f_1(x_1|x_2)$ 是随 x_2 的变化而变化的，这反映了 X_1 与 X_2 在概率上有相依关系的

事实,即 X_1 的(条件)概率分布如何,取决于另一变量的值。

但是,如果 $f_1(x_1|x_2)$不依赖于 x_2,因而只是 x_1 的函数,则表示 X_1 的概率分布情况与 X_2 取什么值完全无关;这时就称 X_1,X_2 这两个随机变量(在概率论意义上)**独立**。也就是,

$$f_1(x_1)=f_1(x_1|x_2) \tag{3.4.2b}$$

即:X_1 的无条件概率密度 $f_1(x_1)$就等于其条件概率密度 $f_1(x_1|x_2)$,这也可取为独立性的定义。一句话,随机变量的独立性与事件独立的概念完全相似。

再次,把 $f_1(x_1|x_2)=f_1(x_1)$代入式(3.4.1b)的改写形式,得

$$f(x_1,x_2)=f_1(x_1)f_2(x_2) \tag{3.4.3b}$$

即(X_1,X_2)的联合概率密度等于其分量的概率密度之积;这也可取为 X_1,X_2 两个随机变量**独立**的定义(此式相对应于 A,B 两事件独立的式(3.4.3a):$P(AB)=P(A)\cdot P(B)$)。比之上述定义,它有其优越性:一是其形式关于两个变量对称;二是它总有意义,而在用条件概率密度去定义时,可能碰到条件概率密度在个别点无法定义的情况(当式(3.4.1b)中分母 $f_2(x_2)$为0时)。

此外,这个形式的另一个好处是:它可以直接推广到任意多个变量的情形:设一个 N 维随机向量(X_1,…,X_N)的联合概率密度函数为 $f(x_1,\cdots,x_N)$;如果

$$f(x_1,\cdots,x_N)=f_1(x_1)\cdots f_N(x_N)$$

就称随机变量 X_1,…,X_N 相互独立,或简称独立。

3.4.3 随机变量之间的独立与不相关

两个随机变量 X,Y 的协方差 Cov(X,Y)用来描述 X 和 Y 之间的**相关程度**(参见 3.1.1.1 节(2)中有关的“随机变量的数字特征”)。协方差可用相关系数表示为 $\mathrm{Cov}(X,Y)=\sigma_X\rho_{XY}\sigma_Y$,即表示协方差包含两个部分:其**标准差**部分(σ_X,σ_Y)表征 X,Y 各自的不确定性,其**相关**部分(ρ_{XY})表征 X,Y 之间的关系。相关系数只能刻画线性关系的程度,而不能刻画“一般”的函数相依关系的程度。

若 X,Y 独立,则 $\rho_{XY}=0$(或 $\mathrm{Cov}(X,Y)=0$);此时称 X,Y“**不相关**”。反过来一般不成立:由 $\rho_{XY}=0$ 不一定有 X,Y 独立。但当一个二维随机变量(X,Y)为**二维正态分布时**,由 $\rho_{XY}=0$ 能推出 X,Y 独立,即在这一特定场合,**独立与不相关是一回事**(陈希孺,2009)。

3.5 条件概率(分布)与贝叶斯定理

基于估计理论的资料同化的“最优分析的理想化方程”(参见 3.7.3 节),是由贝叶斯定理推导出的;贝叶斯定理直接来自条件概率。因此条件概率与贝叶斯定理是“最优分析的理想化方程”的预备知识。

3.5.1 贝叶斯定理(Bayes' theorem)

由条件概率可以直接得到贝叶斯定理。

设二维随机向量 $\mathbf{X}=(X_1,X_2)$,其概率密度函数为 $f(X_1=x_1,X_2=x_2)=f(x_1,x_2)$。如前述 3.4.2 节(1)“条件概率分布”,在给定 $X_2=x_2$ 的条件下 X_1 的**条件概率**密度函数为

$$f_1(X_1=x_1|X_2=x_2)=f_1(x_1|x_2)=f(x_1,x_2)/f_2(x_2)$$

可以互换为:在给定 $X_1=x_1$ 的条件下 X_2 的**条件概率**密度函数为

$$f_2(X_2=x_2|X_1=x_1)=f_2(x_2|x_1)=f(x_1,x_2)/f_1(x_1)$$

由它们的改写形式便得到：

$$f(x_1,x_2)=f_1(x_1|x_2)\cdot f_2(x_2)=f_2(x_2|x_1)\cdot f_1(x_1)$$

即式(3.4.5)。

于是，有：

$$f_1(x_1|x_2)=f_2(x_2|x_1)\cdot f_1(x_1)/f_2(x_2) \tag{3.5.1a}$$

这便是用随机变量的条件概率分布表示的贝叶斯定理。

用 A 表示事件 $X_1=x_1$，用 B 表示事件 $X_2=x_2$。由条件概率的定义(3.4.1a)，在给定 B 发生的条件下 A 的**条件概率**为 $P(A|B)=P(AB)/P(B)$。

与上述完全类似，通过事件 A，B 互换，由它们的改写形式便得到：

$$P(AB)=P(A|B)\cdot P(B)=P(B|A)\cdot P(A) \tag{3.5.2}$$

于是，有：

$$P(A|B)=P(B|A)\cdot P(A)/P(B) \tag{3.5.1b}$$

这便是用事件的条件概率表示的贝叶斯定理。其中，

- $P(A|B)$是已知 B 发生后 A 的条件概率，也因此称作已知 B 发生后的 A 的后验概率；
- $P(B|A)$是已知 A 发生后 B 的条件概率，也因此称作已知 A 发生后的 B 的后验概率；
- $P(A)$是 A 的先验概率或边缘概率，“先验”是指它不考虑任何其他因素即没有事先的其他信息；
- $P(B)$是 B 的先验概率或边缘概率。

对于所求概率函数的自变量 A（亦即式(3.5.1a)的 x_1），由于分母 $P(B)$（亦即式(3.5.1a)的 $f_2(x_2)$）与自变量无关，所以此时的 $P(B)$（和 $f_2(x_2)$）也称作标准化常量(normalized constant)。因此式(3.5.1b)也写为：

$$P(A|B)\propto P(B|A)\cdot P(A)。 \tag{3.5.1c}$$

3.5.2　贝叶斯定理的含义和应用价值

贝叶斯定理指出：随机事件 A 在随机事件 B 发生的条件下的后验概率，与事件 A 的先验概率和事件 B 在事件 A 发生的条件下的后验概率的乘积成正比。

贝叶斯定理不仅用来描述两个条件概率之间的关系，比如 $P(A|B)$和 $P(B|A)$；特别重要的是，事件 A，B 是互换的，这在应用中适用于**逆问题**。大气资料同化的分析问题正是“已知观测 $\boldsymbol{y}_o$ 和观测算子 $\boldsymbol{y}=H(\boldsymbol{x})$，求大气状态 $\boldsymbol{x}$”的一个逆问题。参见 4.1.2 节“逆问题求解的欠定性与先验背景信息的引入”。

3.5.3　条件概率与全概率公式

3.6.3.2 节(2)中有关的“贝叶斯估计”将涉及全概率公式。故在此做些介绍。

(1)　**事件的互斥和概率的加法定理**

设有两事件 A，B，定义一个新事件 $C=\{A$ 发生或 B 发生$\}=\{A,B$ 至少发生一个$\}$，则新事件 C 称为事件 A，B 的**和**，记为 $C=A+B$。

若两事件 A，B 不能在同一次试验中都发生(但可以都不发生)，则称它们是**互斥的**。如果一些事件中任意两个都互斥，则称这些事件是两两互斥的，或简称互斥的。

若干个互斥事件之和的概率，等于各事件的概率之和，即

$$P(A_1+A_2+\cdots)=P(A_1)+P(A_2)+\cdots$$

事件个数可以是有限的或无限的，这个定理就称为**概率的加法定理**。其重要条件是各事件必须为两两互斥。

(2) **全概率公式**

设 $B_1,B_2,\cdots$ 为有限或无限个事件，它们两两互斥且在每次试验中至少发生一个。用式表之，即

$$B_iB_j=\phi\ (i\neq j)(\text{不可能事件})\text{，且 } B_1+B_2+\cdots=\Omega\ (\text{必然事件})\text{。}$$

有时，把具有这些性质的一组事件称为一个"**完备事件群**"。

现考虑任一事件 A，因 Ω 为必然事件，有 $A\Omega=AB_1+AB_2+\cdots$。$B_1,B_2,\cdots$ 两两互斥，显然 $AB_1,AB_2,\cdots$ 也两两互斥。故依概率的加法定理，有

$$P(A)=P(AB_1)+P(AB_2)+\cdots$$

再由条件概率的定义，有 $P(AB_i)=P(A|B_i)\cdot P(B_i)$，代入上式，得

$$P(A)=P(A|B_1)\cdot P(B_1)+P(A|B_2)\cdot P(B_2)+\cdots \tag{3.5.3}$$

该式就称为"全概率公式"。这个名称的来由，从式(3.5.3)可以悟出："全"部概率 $P(A)$ 被分解成了许多部分之和。

全概率公式为概率论中的重要公式。它的理论和实用意义在于：在较复杂的情况下直接算 $P(A)$ 不易，但 A 总是随某个 B_i 伴出，适当去构造这一组 B_i 往往可以简化计算；也就是，它将对一复杂事件 A 的概率求解问题转化为在不同情况下发生的简单事件的概率的求和问题。

3.6 估计理论

3.6.1 相关概念

3.6.1.1 估计理论和最优估计的一般概念

估计理论是用受到随机干扰和随机测量误差作用的可用数据(或如信号处理中收信端接收到的混有噪声的信号)，估计实际**参数**或**随机变量**、随机过程或系统**某些特性**的理论。估计分为**参数估计**和**状态估计**两类(源自"估计理论_360 百科" https://baike.so.com/doc/6413087-6626756.html)。概率论是参数估计和状态估计的共同基础，参数估计和状态估计都是概率论的应用。

结合大气资料同化，本书中的估计理论主要限于估计总体分布所含**参数**的**参数估计**和估计随机变量其**最优取值**的**状态估计**。

"估计"的任务就是从带有随机误差的(观察/观测/试验)数据中推算/估计出某些**参数**或某些**状态**变量。这些被估参数或被估状态可统称为**被估量**。推算的方法称为估计方法，推算的结果称为**估计值**。

人们希望估计出来的参数和状态即估计值**越接近实际值越好**，因此提出了最优估计问题。所谓**最优估计**，是指在某一确定的**准则条件下**，从某种**统计意义上来说**，**达到最优的**估计值。显然，最优估计不是唯一的，它随着准则不同而不同，所以某一最优估计是对应某一最优准则的最优估计；也因此在估计时，要恰当选择估计的最优准则(源自"最优估计理论_豆丁网" http://

www.docin.com/p-487513743.html)。

为了正确地解决参数估计和状态估计问题，首先要研究估计方法。最早的估计方法是高斯于 1795 年提出的最小二乘法估计；但这种最小二乘法**没有考虑**被估量和观测数据的**统计特征**，因此它不是统计最优估计方法。

最早的客观分析方法，即 Panofsky(1949)提出的多项式函数拟合方法(参见 2.3 节)，就是根据最小二乘方法，通过拟合观测，得到大气状态的分析场；其中只是**定性考虑**了观测数据误差来考虑被估量的**平滑**，以及针对不同准确度观测考虑其被估量的不同**平滑程度**，而**没有定量考虑**被估量和观测数据的**统计特征**，因此最早的客观分析方法也不是统计最优估计方法。

3.6.1.2 参数估计和状态估计的一些不同

(1) **参数和状态的区别**

可以这样大体地理解**参数**和**状态**的区别：在物理上，一般地，**参数**随着时间保持不变或只缓慢变化，**状态**则随着时间连续变化；在概率论与数理统计中，对于一个随机变量 X 的概率分布 $f(x;\theta_1,\theta_2,\cdots)$，明确地，其中的$(\theta_1,\theta_2,\cdots)$为**参数**(例如正态分布 $f(x;\mu,\sigma)$，有两个参数：均值 μ 和标准差 σ)，其中的随机变量 X 可以表示一个状态变量(比如大气温度)，x 是它的取值。

(2) **参数估计和状态估计的一般意义**

• **参数估计**是根据从某**总体**中抽取的**一组样本**，估计总体分布 $f(x;\theta_1,\theta_2,\cdots)$中包含的**未知参数**$(\theta_1,\theta_2,\cdots)$的方法，分为点估计和区间估计两部分(参见 3.6.2.2 节“参数估计问题及其点估计和区间估计”)。参数估计是数学意义上明确、经典的**数理统计学**的基本内容，也就是，已经有一般性的理论和方法体系。参见 3.6.2 节“参数估计”。

• **状态估计**是根据可获取的**观测数据**，通过某动力系统状态变化的**动力模型**、观测物理量与动力系统状态变量的**观测模型**，估计动力系统的**状态变量**最优取值的方法。

尽管状态估计可以写成较为一般形式，例如，设动力系统，

动力方程：
$$\boldsymbol{X}(t)=M[\boldsymbol{X}(t-1)]+\boldsymbol{E}_{\mathrm{m}}(t), \tag{3.6.1a}$$
观测方程：
$$\boldsymbol{Y}(t)=H[\boldsymbol{X}(t)]+\boldsymbol{E}_{\mathrm{o}}(t); \tag{3.6.1b}$$
式中，t 为时间，M 表示动力模型(预报模式)，H 表示观测模型(观测算子)；

$\boldsymbol{X}$ 为动力系统的状态变量，$\boldsymbol{E}_{\mathrm{m}}$ 为动力模型从 $t-1$ 到 t 的过程噪声；

$\boldsymbol{Y}$ 为观测变量，$\boldsymbol{E}_{\mathrm{o}}$ 为观测模型的测量噪声；

$\boldsymbol{X}$，$\boldsymbol{E}_{\mathrm{m}}$，$\boldsymbol{Y}$ 和 $\boldsymbol{E}_{\mathrm{o}}$ 这些变量(向量)都是**随机向量**。

一般假设过程噪声和测量噪声为互不相关的，并且在各个时刻与自己也互不相关。

现在，已知过去的状态 $\boldsymbol{X}(t-1)$，给定观测对象 $\boldsymbol{Y}(t)$的一次实现(realization)即测量数据 $\tilde{\boldsymbol{y}}(t)$，假设一定的噪声分布(即 $\boldsymbol{E}_{\mathrm{m}}$ 和 $\boldsymbol{E}_{\mathrm{o}}$ 为已知)，来估计 t 时刻的状态变量 $\boldsymbol{X}(t)$的最优取值 $\hat{\boldsymbol{x}}(t)$，这就是**状态估计问题**。但是，由于“**状态**”通常指一个动力系统的状态，所以不同的动力系统，其状态变量不同(例如，对于机器人运动，它的状态变量是三维空间位置变量和平移及旋转运动变量(巴富特，2018)；对于大气运动，它的状态变量是流体连续介质假设下的三维风温压湿，用其模式大气则表示为规则网格上所有格点上的风温压湿)；自然，不同的动力系统，其动力模型、观测变量及其观测模型也都不同。当状态变量和观测变量是**多维、甚至是巨维**，动力模型和观测模型是**非线性、甚至是复杂非线性**时(这是实际应用中的通常情形：巨维的**状态变量**如全球模式变量和高分辨模式变量，巨维的**观测变量**如海量的观测数据；复杂非线性**动力模型**M 如大气运动的动力系统的数值模型(即控

制大气状态变化的大气运动基本方程组的 NWP 预报模式),复杂非线性**观测模型**H 如四维变分同化的观测算子),以通用的一般数学方法求解状态估计问题是不可思议的;因为求解状态估计问题涉及状态和观测随机变量的概率密度函数的巨维、复杂非线性变换(参见 3.6.3.2 节(1)中相关的“最大/极大后验估计”中的附“随机变量的函数的 PDF”)和积分运算(参见 3.6.3.2 节(2)中相关的“贝叶斯估计”),这通常是不切实际的。

状态估计,由于其在实际应用中的复杂性和具体性,因此**需要针对具体情况进行近似和简化**(参见 3.7.4 节中相关的“大气状态估计的两种代表性方法”)。正是如此,相较于参数估计,**状态估计**更偏于物理意义上具体的实际应用。

(3) **参数估计和状态估计的数据及其误差:随机干扰和随机测量误差作用的可用数据**

不论参数估计还是状态估计,其估计都是依据数据;数据一般总是带有随机性的误差。可以这样理解参数估计和状态估计的**数据**及其**误差**有所不同:

• 参数估计是数学意义上明确、经典的数理统计学的基本内容。参数估计的**样本数据**是被数学抽象的数据,是从某总体中抽取的(一般作为**独立同分布的**)一组样本。但这组样本只是总体的一部分,也就是换句话说,由于观察和试验所及(样本)一般只能是所研究的事物(总体)的一部分;而究竟是哪一部分则是随机的。例如,即使学生考试成绩本身可以没有误差,但你从一个学校万名学生(总体)中抽出 50 人(样本)来研究该校学生的学习情况,抽取的结果(样本)不同,所得的数据就不同;这完全凭机会定。参数估计中数据的随机误差主要是指这个;也就是,参数估计的数据(一组样本)带有这样的随机性,是受到**随机干扰**作用的可用数据。

• 状态估计更偏于物理意义上具体的实际应用。状态估计的**观测数据**一般是被视为随机变量的物理对象的(可以是**不同误差统计特征的**)测量数据,是该随机变量的一次实现,不是一组样本。因为测量都有误差,所以是带有测量误差的数据(或如信号处理中收信端接收到的混有噪声的信号);测量误差包括(测量仪器或量测行为的)系统误差和随机误差。对于系统误差,可作为均值非零(即有偏)的随机测量误差,或有专门的偏差订正等方法处理之;所以,状态估计的数据误差一般是指**随机测量误差**;例如,3.1.3.2 节中相关的“资料同化中随机变量概念下的数据”,就是把(背景场和观测)物理对象(**真值**)视为一个随机变量,(背景场和观测)数据(作为测量数据),是该随机变量的**一次实现**,该数据与该随机变量(真值)的差就是所考虑的测量数据误差。也因此,这个数据误差也是一个随机变量。

由上述参数估计和状态估计的数据和**数据误差**有所不同,也可以理解之前 3.6.1.1 节关于估计理论的一般概念中之“用受到**随机干扰和随机测量误差**作用的可用数据”这一表述。

3.6.2 参数估计

本书是关于大气的状态估计,但参数估计可以增加它们相互间的一些对比参照的理解(例如,状态估计的最大后验估计和参数估计的最大似然估计,参见 3.6.2.3 节中的“最大似然估计”和 3.6.3.2 节中的“最大后验估计”)。不过,本节的参数估计也因此仅限于概述点估计的几种常用方法:矩估计法,极大似然估计法,贝叶斯法;详细参见陈希孺(2009)。无需它们的对比参照,可跳过该节,直接到下一节。

3.6.2.1 总体、样本、统计量

(1) **总体**

总体是指与研究的问题有关的对象(个体)的全体所构成的集合。例如,要研究某学校学生的

学习情况，则该校的全体学生构成问题的总体，每个学生则是该总体中的一个个体；此时的总体是有限个。再如，对于一个物理测量对象（如杯口直径），每一个可能的量测结果都是一个个体，而总体是由“一切可能的量测结果”组成的；此时的总体是无限个（它是一个想象中存在的集合，因为不可能去进行无限次量测，把所有可能的量测结果一一列出来；而且是连续型的值，本身有无穷取值）。

总体不是形形色色（学生成绩、杯口直径）和杂乱无章（毫无意义）的数据集合。**它被数学抽象**，且其个体是带有**随机性**的数据；它**被赋有一定概率分布**（即设定的模型，称为**统计模型**，例如指数分布、正态分布）。在数理统计学中“总体”这个基本概念的要旨——**总体就是一个概率分布**（陈希孺，2009）。当总体分布为指数分布时，称为指数分布总体；当总体分布为正态分布时，称为正态分布，或简称正态总体，等等。

总体也常称为“母体”。

（2）　**样本**

样本是按一定的规定从总体中抽出的一部分个体。所谓“按一定的规定”，就是指总体中的每一个个体有同等的被抽出的机会。这一部分个体中的每一个也称为样本；为区别这种情况，把这一部分个体的全体称为**一“组”样本**，而某个样本称为其中的第 i 个样本。这一“组”样本的个数 n 称为“**样本大小**”或“样本容量”“样本量”。

实际操作中，样本是一个一个地抽出来的。第一次抽时，是从整个总体中抽一个；如果这一个不放回，到第二次抽时，总体中已少了一个个体，其概率分布有了变化，因此第二个样本对应的总体会与第一个略有差别。但是，如果总体中所包含的个体极多，或如理论上设想的，总体中包含无限多个个体，则抽掉一个或 n 个，对总体的分布影响极小或毫无影响。所以，在无限总体的情况下，或者是有限总体而抽样有放回的情况下，抽出的各个样本独立且有相同的分布，其公共分布即总体分布；也就是说，总体分布完全决定了样本的分布。这是在应用上最常见的情形和理论上研究得最深入的情形。在数理统计学上，称这种情况的各个样本是“**从某总体中抽出的独立同分布的**”**随机样本**，或简称为从某总体中抽出的样本。本节的概述中，不做特别说明时，参数估计方法中的样本都指这种情形。

（3）　**总体、样本及参数的数学表示**

对于一个**总体**即一个概率分布，可以用一个随机变量 X 的概率密度函数（或概率函数）表示，即 $f(x;\theta_1,\theta_2,\cdots)$。其中的 $\theta_1,\theta_2,\cdots$ 为该总体所含的**参数**（例如，正态分布 $f(x;\mu,\sigma)$，有两个参数：均值 μ 和标准差 σ）；参数（不论已知或未知）只是一个数值，这在根本上不同于随机变量。显然，$f(x;\theta_1,\theta_2,\cdots)$ 的值取决于**随机变量** X 的取值 x 和它所含**参数** $\theta_1,\theta_2,\cdots$ 的给值。

从该总体中抽出的 n 个**样本**表示为：$f(x_1;\theta_1,\theta_2,\cdots),f(x_2;\theta_1,\theta_2,\cdots),\cdots,f(x_n;\theta_1,\theta_2,\cdots)$，或简记为 $X_1,X_2,\cdots,X_n$。下文中，在已明确“**从某总体中抽出的**”而不至于混淆时，$f(x;\theta_1,\theta_2,\cdots)$ 的一组样本 $X_1,X_2,\cdots,X_n$ 或简记为一组样本 $x_1,x_2,\cdots,x_n$。

（4）　**统计量**

完全由样本所决定的量称作**统计量**。“完全”两字表明：统计量只依赖于样本，而不能依赖于任何其他未知的量；特别是它不能依赖于总体分布中所包含的未知参数。

例如，设 $X_1,X_2,\cdots,X_n$ 是从正态总体 $f(x;\mu,\sigma)$ 中抽出的样本，则 $\overline{X}=\sum_{i=1}^{n}x_i/n$ 是统计量；还有一类重要的统计量叫作样本矩，如 k 阶样本中心矩 $m_k=\sum_{i=1}^{n}(x_i-\overline{X})^k/n$；因为它们完

全由样本 $X_1,X_2,\cdots,X_n$ 决定。而 $\overline{X}-\mu$ 不是统计量，因为 μ 未知，$\overline{X}-\mu$ 并不完全由样本所决定。

3.6.2.2 参数估计问题及其点估计和区间估计

设有**一个统计总体** $f(x;\theta_1,\theta_2,\cdots,\theta_k)$，它包含 k 个**未知参数** $\theta_1,\theta_2,\cdots,\theta_k$。例如，对于正态总体 $N(\mu,\sigma^2)$，有 $\theta_1=\mu,\theta_2=\sigma^2$，而

$$f(x;\theta_1,\theta_2)=(\sqrt{2\pi\theta_2})^{-1}\exp(-\frac{1}{2\theta_2}(x-\theta_1)^2) \quad (-\infty<x<\infty)$$

于是，参数估计问题的一般**提法**是：从总体中抽出(**独立随机**)**样本** $x_1,x_2,\cdots,x_n$，要依据这些**样本**去对总体概率分布(统计模型)的**参数** $\theta_1,\theta_2,\cdots,\theta_k$ 的未知值**做出估计**。当然，可以只要求估计 $\theta_1,\theta_2,\cdots,\theta_k$ 中的一部分；亦或参数(部分参数)的函数。

做法：例如，为要估计 θ_1，首先需要构造出适当的**统计量** $\hat{\theta}_1=\hat{\theta}_1(x_1,x_2,\cdots,x_n)$，即它是样本的函数，然后由样本代入该函数算出一个值，用来作为 θ_1 的估计值。为着这样的特定目的而构造的统计量 $\hat{\theta}_1$ 叫做(θ_1 的)**估计量**。

如果估计量与样本数据是线性关系，则参数估计就是**线性估计**。

如果用估计量 $\hat{\theta}_1$ 的值去估计未知参数 θ_1 的值，这等于用一个数(**对应数轴上的一个点**)去估计另一个数，这样的估计叫做**点估计**。

区间估计就是用一个区间去估计总体的未知参数，即把未知参数值估计在某两个界限之间。设有从总体中抽出的样本 $x_1,x_2,\cdots,x_n$；所谓 θ 的区间估计，就是通过这些**样本**，根据一定的**可靠性**与**精度**的要求，构造出适当的区间 $[\hat{\theta}_a,\hat{\theta}_b]$，把 θ 估计在该**区间内**。其中，$\hat{\theta}_a,\hat{\theta}_b$ 是满足条件 $\hat{\theta}_a(x_1,x_2,\cdots,x_n)\leqslant\hat{\theta}_b(x_1,x_2,\cdots,x_n)$ 的两个统计量；可靠性的要求是：θ 要以很大的可能落在区间 $[\hat{\theta}_a,\hat{\theta}_b]$ 内；精度的要求是：估计的精确度要尽可能高，例如区间的长度 $(\hat{\theta}_a-\hat{\theta}_b)$ 尽可能小，或能体现这个要求的其他准则。详细参见陈希孺(2009)。

3.6.2.3 几种常用的点估计方法

(1) **矩估计法**

对能直接用**矩**表达出来的被估计参数，通过用**样本矩**估计**总体矩**建立关于这些参数的方程组，然后求解此方程组，就以所得其根作为这些参数的估计。最重要的例子是(如正态分布、指数分布的参数)均值和/或方差。

以原点矩为例，用样本矩 a_m 估计总体矩 α_m，建立一个方程组：

$$\sum_i x_i^m f(x_i;\theta_1,\theta_2,\cdots,\theta_k)=\alpha_m\approx a_m=\sum_i^n x_i^m/n;(m=1,\cdots,k)$$

得其根 $\hat{\theta}_i=\hat{\theta}_i(x_1,x_2,\cdots,x_n)(i=1,\cdots,k)$，就以 $\hat{\theta}_i$ 作为 θ_i 的估计 $(i=1,\cdots,k)$。

(2) **最大/极大似然估计法**(maximum likelihood estimation，MLE)

最大似然估计的思想是使得观测数据(样本)发生概率最大的参数就是最好的参数。

对于一个总体概率分布(概率密度函数或概率函数) $f(x;\theta_1,\theta_2,\cdots,\theta_k)$，它的值决定于**随机变量 X 的取值** x 和其**参数** $\theta_1,\theta_2,\cdots\theta_k$ 的值。设有从该总体中抽出的**独立同分布的**随机样本 $x_1,x_2,\cdots,x_n$，对于每个样本 x_i，则它的概率为 $f(x_i;\theta_1,\theta_2,\cdots,\theta_k)$。于是定义一个函数，记作 $L(x_1,x_2,\cdots,x_n;\theta_1,\theta_2,\cdots,\theta_k)$，为

$$L(x_1,x_2,\cdots,x_n;\theta_1,\theta_2,\cdots,\theta_k)=f(x_1;\theta_1,\theta_2,\cdots,\theta_k)\times f(x_2;\theta_1,\theta_2,\cdots,\theta_k)\times\cdots\times f(x_n;\theta_1,\theta_2,\cdots,\theta_k)$$
$$=\sum_{i=1}^{n} f(x_i;\theta_1,\theta_2,\cdots,\theta_k); \tag{3.6.2}$$

可以这样理解 $L(x_1,x_2,\cdots,x_n;\theta_1,\theta_2,\cdots,\theta_k)$ 函数：

①$L(x_1,x_2,\cdots,x_n;\theta_1,\theta_2,\cdots,\theta_k)$ 作为概率的乘积，显然，它是表示**概率大小**（可能性大小）的函数；

②对于已知的一定的一组样本 $x_1,x_2,\cdots,x_n$，$L(x_1,x_2,\cdots,x_n;\theta_1,\theta_2,\cdots,\theta_k)$ 是关于未知**参数**$\theta_1,\theta_2,\cdots,\theta_k$ 的函数，即参数 $\theta_1,\theta_2,\cdots,\theta_k$ 的值不同，L 的函数值不同。

③但是，对于总体分布 $f(x;\theta_1,\theta_2,\cdots,\theta_k)$，它是随机变量 X 的概率分布，而所含的 $\theta_1,\theta_2,\cdots,\theta_k$ 本身只是未知**参数**，不是随机变量，**无概率可言**。

因此，对于这个表示"概率" 大小的"未知参数" 的函数，改用"似然" 这个词，把 $L(x_1,x_2,\cdots,x_n;\theta_1,\theta_2,\cdots,\theta_k)$ 称为关于未知**参数**$\theta_1,\theta_2,\cdots,\theta_k$ 的**似然**函数。

求解$L(x_1,x_2,\cdots,x_n;\theta_1,\theta_2,\cdots,\theta_k)$ 这个似然函数最大/极大时**的极值**，则该极值就是 L 为最大可能性时所对应的 $\hat{\theta}_i=\hat{\theta}_i(x_1,x_2,\cdots,x_n)$ $(i=1,\cdots,k)$，把它作为 θ_i 的"最大/极大似然估计"$(i=1,\cdots,k)$。这种通过求解关于参数的似然函数最大来估计参数的方法叫做最大/极大似然估计法。

由上述可见，与矩估计法不同，极大似然估计法要求总体分布有参数的形式；如对总体分布毫无所知而要估计其均值、方差，极大似然法就无能为力。

（3）　**贝叶斯法**

在矩估计法或极大似然估计法中，未知参数 θ 就简单地是一个未知**数**；且在抽取样本之前，我们对 θ 没有任何了解，所有的信息来自样本。

贝叶斯法的两个**出发点**是：

①在进行抽样之前，我们已对 θ 有一定的知识（以往的先例和经验），叫做**先验知识**；

②且这个先验知识是 θ 的先验**概率**分布，即把 θ 这个未知参数不简单地看着只是一个未知数，而且是有着**先验概率分布**的未知参数。

于是，贝叶斯法的**做法**是：

①由 θ 的先验概率分布和总体概率分布（即统计模型）以及从总体抽取的样本，得到关于 θ 的**后验**（条件）**概率分布**。

具体地，θ 的**后验概率分布**是给定（从总体分布 $f(x;\theta)$ 抽出的）一组样本 $x_1,x_2,\cdots,x_n$ 的条件下 θ 的条件概率分布，为

$$h(\theta|x_1,x_2,\cdots,x_n)=h(\theta)\times f(x_1,x_2,\cdots,x_n|\theta)/p(x_1,x_2,\cdots,x_n) \tag{3.6.3}$$

其中，

• $h(\theta)$ 是已知的 θ 的先验概率分布；

• $f(x_1,x_2,\cdots,x_n|\theta)$ 可视为在给定 θ 值时 $(x_1,x_2,\cdots,x_n)$ 的条件概率分布，

又由于 $x_1,x_2,\cdots,x_n$ 是从**总体**$f(x;\theta)$ 抽出的**独立随机样本**，故 $f(x_1,x_2,\cdots,x_n|\theta)=f(x_1;\theta)\times\cdots\times f(x_n;\theta)$。

• $p(x_1,x_2,\cdots,x_n)$ 是 $x_1,x_2,\cdots,x_n$ 的边缘概率分布；

又因为 $(\theta,x_1,x_2,\cdots,x_n)$ 的联合概率分布为 $h(\theta)\times f(x_1;\theta)\times\cdots\times f(x_n;\theta)$，

故 $$p(x_1,x_2,\cdots,x_n)=\int h(\theta)\times f(x_1;\theta)\times\cdots\times f(x_n;\theta)\mathrm{d}\theta$$

②然后，基于这个**后验概率分布**$h(\theta|x_1,x_2,\cdots,x_n)$得到$\theta$的估计；一个常用的方法是：取**后验分布的均值**作为θ的估计。

也就是说，先给定参数θ的先验概率分布，再基于给定样本$x_1,x_2,\cdots,x_n$的条件下参数θ的后验概率分布，来估计参数θ的方法叫做贝叶斯估计法。

对于贝叶斯估计法，特别需要指出两点：

①贝叶斯估计法是基于参数θ的**整个**后验概率分布，不是θ的**某个特定值**的概率；因为求θ的**后验分布的均值**时，需要θ的整个后验概率分布。参见3.1.2节中相关的“众数和均值及其在资料同化中深刻的实质意义”，**均值**是以概率为权的加权平均，求取均值时需要它的整个概率分布。

②也因此，后验概率式(3.6.3)中$p(x_1,x_2,\cdots,x_n)$，尽管与θ无关，但不可省略。参见3.5.1节“贝叶斯定理”中的标准化常量。

3.6.2.4 点估计的优良性准则

对于同一个参数，由于**在方法上**往往有**不止一种**看来都合理的估计法，**在样本上**会用**不同的抽取样本**(样本大小或不同组的样本)，所以它的估计量会不同。因此，自然会提出**估计量的优劣比较**的问题。

由于参数θ本身未知(不知道其真值，不能简单地比较两个估计量哪个与真值的误差更小)，特别是，估计量$\hat{\theta}$的值与样本有关(如完全可能出现的情形：小样本的均值比大样本的均值更接近总体的均值)，所以在考虑估计量的优劣时，必须从某种**整体性能**去衡量它。所谓“整体性能”，有两种意义：一是指估计量的某种特性，具有这种特性就是好的，否则就是不好的，如“估计量的**无偏性**”；二是指某种具体的数量性指标，指标小者为优，如“估计量的**均方误差**”。

优良性准则和估计量的优劣比较是参数估计这个分支学科研究的中心问题，详细参见陈希孺(2009)的著作。为了点估计的框架性和较完整的了解，这里稍作提及。

3.6.3 与大气资料同化相关的状态估计

状态估计有着实际应用的具体性。结合当前大气资料同化，作为其数学理论基础，这里“**状态估计**”是指“根据**有随机误差**的可用数据(**输入**)，考虑某一动力系统的状态变量为**随机变量**(**被估量**)，估计其状态变量**最优取值**即估计值(**输出**)的方法”；它是统计最优估计方法。

对此，可以用3.6.3.1节中动力系统的较为一般形式：式(3.6.1a)和式(3.6.1b)，介绍几种考虑可用数据和被估量统计特征的状态估计方法，它们是面向随机变量、基于状态变量概率分布、并作为随机变量的**一个最优取值**的状态估计方法，包括**最大后验估计**、**贝叶斯估计**、**最小方差估计**以及**线性最小方差估计**。这些状态估计方法与最优插值、变分和卡尔曼滤波等同化方法相关。由于这些方法在实际应用中的复杂性和具体性，本节仅主要介绍其基本概念和想法思路；此外，在下一节也还会介绍它们在大气资料同化(大气的状态估计)中相关的具体实际应用。

这些统计最优估计方法没包括不用观测数据和被估量统计特征的最小二乘法之状态估计。但由于它与最早的客观分析方法相关(参见2.3节“多项式函数拟合方法”)，所以在这些方法之后本节还介绍**最小二乘法**。

3.6.3.1　状态估计的较为一般形式和已知条件

（1）　**较为一般形式**

状态估计可以写成较为一般形式，也就是式(3.6.1a)式和式(3.6.1b)。为了方便，重写在这里。设动力系统，

动力方程：　$\boldsymbol{X}(t)=M[\boldsymbol{X}(t-1)]+\boldsymbol{E}_{\mathrm{m}}(t)$，

观测方程：　$\boldsymbol{Y}(t)=H[\boldsymbol{X}(t)]+\boldsymbol{E}_{\mathrm{o}}(t)$；

式中，t 为时间，M 表示动力模型(预报模式)，H 表示观测模型(观测算子)；

$\boldsymbol{X}$ 为动力系统的状态变量，$\boldsymbol{E}_{\mathrm{m}}$ 为动力模型从 $t-1$ 到 t 的过程噪声；

$\boldsymbol{Y}$ 为观测变量，$\boldsymbol{E}_{\mathrm{o}}$ 为观测模型的测量噪声；

$\boldsymbol{X}$，$\boldsymbol{E}_{\mathrm{m}}$，$\boldsymbol{Y}$ 和 $\boldsymbol{E}_{\mathrm{o}}$ 这些变量(向量)都是**随机向量**。

一般假设过程噪声和测量噪声为互不相关的，并且在各个时刻与自己也互不相关。

现在，对于某一动力系统(即一定的动力模型 M 和观测模型 H)，如果过去的状态 $\boldsymbol{X}(t-1)$、噪声 $\boldsymbol{E}_{\mathrm{m}}$ 和 $\boldsymbol{E}_{\mathrm{o}}$ 这些随机向量为已知，并给定观测对象 $\boldsymbol{Y}(t)$ 的**一次实现**(realization)即测量数据 $\tilde{\boldsymbol{y}}(t)$，那么来估计 t 时刻的状态随机变量 $\boldsymbol{X}(t)$ 的最优取值 $\hat{\boldsymbol{x}}(t)$。

（2）　**已知条件在实际应用中的一些理解**

对于上述的已知条件，基于 3.1.3.2 节中相关的“资料同化中随机变量概念下的数据”，和为了面向 3.7.3 节“大气状态的最优分析的理想化方程”，这里为了上下承接来理解它们在实际应用中的内涵。

• 已知条件包含已知的模型、变量、数据、假定。

• 已知一个随机向量，就是已知其概率分布，以及其协方差矩阵，因为“一个随机变量由它的概率分布完整地描述” 以及“随机变量的数字特征是由概率分布决定的常数”。

• 已知过去的状态 $\boldsymbol{X}(t-1)$(连续型随机变量)就是已知 $\boldsymbol{X}(t-1)$ 的概率密度函数(PDF)；可以有这样的方式来得之：

①已知随机向量 $\boldsymbol{X}(t-1)$ 的**一次实现** $\tilde{\boldsymbol{x}}(t-1)$ 和假定该数据误差的 PDF(记为 $f_{Dx}(\boldsymbol{E}_{Dx}=\boldsymbol{\varepsilon}_{Dx})$，表示状态变量 $\boldsymbol{X}$ 数据的误差的 PDF，忽略了时间标记；类似地，下面 $\boldsymbol{E}_{Dy}$ 表示观测变量 $\boldsymbol{Y}$ 数据的误差)。

具体地，由于 $\boldsymbol{X}(t-1)$ 是随机向量，数据 $\tilde{\boldsymbol{x}}(t-1)$ 的误差 $\boldsymbol{E}_{Dx}=[\boldsymbol{X}(t-1)-\tilde{\boldsymbol{x}}(t-1)]$ 也是随机向量；于是，由该**数据误差形式**的 PDF 便得到 $\boldsymbol{X}(t-1)$ 的 PDF，即 $f_{Dx}(\boldsymbol{\varepsilon}_{Dx})=f_{Dx}[\boldsymbol{x}(t-1)-\tilde{\boldsymbol{x}}(t-1)]$(参见 3.1.3.2 节中相关的“资料同化中随机变量概念下的数据”)，或表示为 $f[\boldsymbol{x}(t-1)\,|\,\tilde{\boldsymbol{x}}(t-1)]$。

②已知初始状态 $\boldsymbol{X}(0)$ 的**一次实现** $\tilde{\boldsymbol{x}}(0)$ 和假定该数据误差的 PDF。

具体地，先由 $\tilde{\boldsymbol{x}}(0)$ 的**数据误差形式**得到 $\boldsymbol{X}(0)$ 的 PDF：$f_{Dx}[\boldsymbol{x}(0)-\tilde{\boldsymbol{x}}(0)]$，或表示为 $f[\boldsymbol{x}(0)\,|\,\tilde{\boldsymbol{x}}(0)]$；然后经过**动力方程**(包含 M 和 $\boldsymbol{E}_{\mathrm{m}}$)从 0 到 $t-1$ 在时间上向前**传递**，得到 $\boldsymbol{X}(t-1)$ 的 PDF(顺便指出，对于巨维 $\boldsymbol{x}(t)$ 和非线性 M 的情形，这是不可思议的，参见 3.6.3.2 节(1)中相关的“最大/极大后验估计” 中的附“随机向量的函数的 PDF”)，表示为 $f[\boldsymbol{x}(t-1)\,|\,\tilde{\boldsymbol{x}}(0)]$。

• 给定观测对象(真值)$\boldsymbol{Y}(t)$ 的**一次实现** $\tilde{\boldsymbol{y}}(t)$ 和假定测量模型噪声 $\boldsymbol{E}_{\mathrm{o}}(t)$ 的 PDF(记为 $f_{\mathrm{o}}(\boldsymbol{E}_{\mathrm{o}}=\boldsymbol{\varepsilon}_{\mathrm{o}})$，忽略了时间标记)，便可以得到**在给定 $\boldsymbol{X}(t)$ 的条件之下 $\boldsymbol{Y}(t)$ 的条件概率分布**，表示为 $f[\boldsymbol{y}(t)\,|\,\boldsymbol{x}(t)]$。

具体地，由于 $\boldsymbol{Y}(t)$ 是随机向量，所以数据 $\tilde{\boldsymbol{y}}(t)$ 的误差 $\boldsymbol{E}_{Dy}=[\boldsymbol{Y}(t)-\tilde{\boldsymbol{y}}(t)]$ 也是随机向量；又由于 $\boldsymbol{X}(t)$ 是状态(真值)随机变量，所以在给定 $\boldsymbol{X}(t)$ 的条件之下，有：观测对象(真值)$\boldsymbol{Y}(t)=H[\boldsymbol{X}(t)]$，由此，数据 $\tilde{\boldsymbol{y}}(t)$ 的误差随机向量 $\boldsymbol{E}_{Dy}=[\boldsymbol{Y}(t)-\tilde{\boldsymbol{y}}(t)]=\{H[\boldsymbol{X}(t)]-\tilde{\boldsymbol{y}}(t)]\}$，它也就是测量模型噪声 $\boldsymbol{E}_{\mathrm{o}}(t)$(且此时如果观测模

型 H 完全准确，则 $\boldsymbol{E}_o(t)$ 只是物理测量的误差，如果考虑观测模型 H 的误差，则 $\boldsymbol{E}_o(t)$ 包含物理测量的误差和由 H 带来的代表性误差）。于是，由 $\boldsymbol{E}_o(t)$ 形式的 PDF 便得到 $\boldsymbol{Y}(t)$ 的 PDF，即 $f_o[\boldsymbol{y}(t)-\tilde{\boldsymbol{y}}(t)]=f_o\{H[\boldsymbol{x}(t)]-\tilde{\boldsymbol{y}}(t)\}$，它也就是在给定 $\boldsymbol{X}(t)$ 的条件之下 $\boldsymbol{Y}(t)$ 的条件概率分布，表示为 $f[\boldsymbol{y}(t)\mid\boldsymbol{x}(t)]$。

3.6.3.2 面向随机变量并作为随机变量的一个最优取值的几种状态估计方法

(1) **最大/极大后验估计(maximun a posterior estimation，MAP)：估计值为众数**

最大后验估计就是从状态变量的**先验信息**出发，得到状态的先验概率密度函数；然后再用**观测数据**来改进先验信息，得到状态的后验概率密度函数；最后求解后验概率密度的**极值**即众数，把它作为系统状态的最优估计。

以上面的较为一般形式式(3.6.1)，也就是，最大后验估计的目标是求解这样一个问题：从过去状态的数据 $\tilde{\boldsymbol{x}}(t-1)$ 出发，用观测数据 $\tilde{\boldsymbol{y}}(t)$，求解：

$$\hat{\boldsymbol{x}}(t)=\boldsymbol{x}_{\mathrm{mode}}=\boldsymbol{x}(t)\text{，此时满足}\max_x f[\boldsymbol{X}(t)=\boldsymbol{x}(t)\mid\boldsymbol{Y}(t)=\boldsymbol{y}(t)]=\max_x f[\boldsymbol{x}(t)\mid\boldsymbol{y}(t)]。\tag{3.6.4a}$$

首先，根据贝叶斯定理(参见 3.5.1 节中式(3.5.1c))，可以把 MAP 估计的式(3.6.4a)写为：

$$\begin{aligned}\hat{\boldsymbol{x}}(t)&=\boldsymbol{x}(t)\text{，此时满足}\max_x f[\boldsymbol{x}(t)\mid\boldsymbol{y}(t)]\\&=\max_x\frac{f[\boldsymbol{y}(t)\mid\boldsymbol{x}(t)]f[\boldsymbol{x}(t)]}{f[\boldsymbol{y}(t)]}\propto\max_x f[\boldsymbol{y}(t)\mid\boldsymbol{x}(t)]f[\boldsymbol{x}(t)]。\end{aligned}\tag{3.6.4b}$$

其中，

• 等式右边的 $f[\boldsymbol{x}(t)]$ 是在还没有使用 t 时刻**现在观测数据**的情况下，只是由已知的 $t-1$ 时刻**过去状态**所得到的 t 时刻**现在状态** $X(t)$ 的PDF，称作为现在状态 $\boldsymbol{X}(t)$ 的**先验**PDF。它是从 $\tilde{\boldsymbol{x}}(t-1)$ 出发先得到 $\boldsymbol{X}(t-1)$ 的 PDF，即 $f[\boldsymbol{x}(t-1)\mid\tilde{\boldsymbol{x}}(t-1)]=f_{Dx}[\boldsymbol{x}(t-1)-\tilde{\boldsymbol{x}}(t-1)]$，然后经过**动力方程**(包含 M 和 $\boldsymbol{E}_m$)从 $t-1$ 到 t 在时间上向前**传递**，得到 $\boldsymbol{X}(t)$ 的 PDF，即 $f[\boldsymbol{x}(t)\mid\boldsymbol{x}(t-1)]$。

顺便指出，对于巨维 $\boldsymbol{x}(t)$ 和非线性 M 的情形，由 $\boldsymbol{X}(t-1)$ 的 PDF、经过**动力方程**(包含 M 和 $\boldsymbol{E}_m$)即 $\boldsymbol{X}(t)=M[\boldsymbol{X}(t-1)]+\boldsymbol{E}_m(t)$ 的变换来得到 $\boldsymbol{X}(t)$ 的 PDF，这是很困难的；参见下面的“附　随机向量的函数的 PDF”。

• $f[\boldsymbol{y}(t)\mid\boldsymbol{x}(t)]$ 是在给定 $\boldsymbol{X}(t)$ 的条件之下，由观测数据 $\tilde{\boldsymbol{y}}(t)$ 得到的观测变量 $\boldsymbol{Y}(t)$ 的条件概率分布，即

$$f[\boldsymbol{y}(t)\mid\boldsymbol{x}(t)]=f_o\{H[\boldsymbol{x}(t)]-\tilde{\boldsymbol{y}}(t)\}$$

• 等式左边的 $f[\boldsymbol{x}(t)\mid\boldsymbol{y}(t)]$ 是在用了现在观测数据的条件下**现在状态** $\boldsymbol{X}(t)$ 的后验PDF。

可见，从过去状态的数据 $\tilde{\boldsymbol{x}}(t-1)$ 出发和用观测数据 $\tilde{\boldsymbol{y}}(t)$，根据贝叶斯定理，便能得到 $\boldsymbol{X}(t)$ 的后验PDF：

$$f[\boldsymbol{x}(t)\mid\boldsymbol{y}(t)]\propto f[\boldsymbol{y}(t)\mid\boldsymbol{x}(t)]\times f[\boldsymbol{x}(t)]=f_o\{H[\boldsymbol{x}(t)]-\tilde{\boldsymbol{y}}(t)\}\times f[\boldsymbol{x}(t)\mid\boldsymbol{x}(t-1)]。\tag{3.6.4c}$$

最后，求解出它的极值 $\hat{\boldsymbol{x}}(t)$ 即众数，亦即对应着概率最大的**一个最优取值**。它就是状态 $\boldsymbol{X}(t)$ 取值的最大后验估计(值)

#附 随机向量的函数的 PDF(陈希孺,2009)

设随机向量 $\boldsymbol{X}$ 有概率密度函数 $f_x(\boldsymbol{x})$,而 $\boldsymbol{Y}=H(\boldsymbol{X})$ 构成一一对应变换;其逆变换为 $\boldsymbol{X}=G(\boldsymbol{Y})$,逆变换的雅可比行列式为

$$\boldsymbol{J}(y_1,\cdots,y_N)=\begin{vmatrix}\partial g_1/\partial y_1 & \cdots & \partial g_1/\partial y_N\\ \vdots & & \vdots\\ \partial g_N/\partial y_1 & \cdots & \partial g_N/\partial y_N\end{vmatrix},$$

则 $\boldsymbol{Y}$ 的概率密度函数为:$f_y(\boldsymbol{y})=f_x(G(\boldsymbol{y}))|\boldsymbol{J}|$。

可见,对于巨维 $\boldsymbol{x}$、$\boldsymbol{y}$ 和非线性 H 的情形,求随机变量的函数的 PDF 是很困难、甚至不可思议的。

(2) **贝叶斯估计(Bayes estimation):估计值为均值**

贝叶斯估计基于 $\boldsymbol{X}(t)$ 的后验PDF,可以看作是最大后验估计的进一步扩展:在想法上,它同样作为随机向量考虑状态 $\boldsymbol{X}(t)$ 和它的后验PDF:$f[\boldsymbol{x}(t)\mid\boldsymbol{y}(t)]=f[\boldsymbol{y}(t)\mid\boldsymbol{x}(t)]\times f[\boldsymbol{x}(t)]/f[\boldsymbol{y}(t)]$,但它不是直接估计 $\boldsymbol{X}(t)$ 的某个特定取值(众数),而是估计 $\boldsymbol{X}(t)$ 的整个概率分布,进而由这个 $\boldsymbol{X}(t)$ 的分布得到 $\boldsymbol{X}(t)$ 取值的估计,通常它是由这个分布计算出的**均值**。

因此,在实施上,贝叶斯估计比最大后验估计更复杂和困难:

• 正是由于需要 $\boldsymbol{X}(t)$ 的后验 PDF 整个分布,所以其分母 $f[\boldsymbol{y}(t)]$ 不能省掉(虽然它是与自变量 $\boldsymbol{x}(t)$ 无关的标准化常量)。

• 分母 $f[\boldsymbol{y}(t)]$ 的具体计算,根据全概公式(参见 3.5.3 节(2)"全概率公式"),需要积分:

$$f[\boldsymbol{y}(t)]=\int f[\boldsymbol{y}(t)\mid\boldsymbol{x}(t)]\mathrm{d}\boldsymbol{x}=\int f_o\{H[\boldsymbol{x}(t)]-\tilde{\boldsymbol{y}}(t)]\mathrm{d}\boldsymbol{x};$$

一般来说,对于巨维 $\boldsymbol{x}(t)$、$\boldsymbol{y}(t)$ 和非线性 H 的情形,计算这个积分是不可能的。

• 作为状态 $\boldsymbol{X}(t)$ 的估计,均值的计算需要积分 $\boldsymbol{X}(t)$ 的后验 PDF:

$$\hat{\boldsymbol{x}}(t)=\boldsymbol{x}_{\text{mean}}=\int f[\boldsymbol{x}(t)\mid\boldsymbol{y}(t)]\times\boldsymbol{x}(t)\mathrm{d}\boldsymbol{x}。\tag{3.6.5}$$

由 3.1.2.2 节**均值的实质意义**之式(3.1.6)可知:对于大气状态(真值)这个随机变量 $\boldsymbol{X}(t)$,$\hat{\boldsymbol{x}}(t)=\boldsymbol{x}_{\text{mean}}$ 是所有作为 $\boldsymbol{X}(t)$ 的估计(值)中估计**误差均方最小**的那个**最优**估计(值);且若该估计误差**无偏**,该估计误差的方差就等于 $\boldsymbol{X}(t)$ 的方差。

(3) **最小方差估计(minimum variance estimation):估计值为方差达到最小时的值,亦即均值**

最小方差估计就是寻求这样一个最优估计,使得**该估计(值)的误差的方差最小**。

1)基本想法

设被估量是大气状态(**真值**)随机向量 $\boldsymbol{X}$,其 PDF 是 $f(\boldsymbol{x})$。对于被估量 $\boldsymbol{X}$ 的一个估计亦即某个取值 $\boldsymbol{x}_c$,它的误差也是一个随机变量即$(\boldsymbol{X}-\boldsymbol{x}_c)$(取了负号),设该误差**无偏**即 $E(\boldsymbol{X}-\boldsymbol{x}_c)=0$,于是,取值 $\boldsymbol{x}_c$ 的误差的方差为:

$$\mathrm{Var}(\boldsymbol{X}-\boldsymbol{x}_c)=E[(\boldsymbol{X}-\boldsymbol{x}_c)^2]=\int f(\boldsymbol{x})\times(\boldsymbol{x}-\boldsymbol{x}_c)^2\mathrm{d}\boldsymbol{x}。$$

由此,得到最小方差估计(值),它就是 $\mathrm{Var}(\boldsymbol{X}-\boldsymbol{x}_c)$ 到达最小时的极值 $\boldsymbol{x}_c=\hat{\boldsymbol{x}}_c$,即:

$$\hat{\boldsymbol{x}}_c=\boldsymbol{x}_c,\text{此时满足}\min_{\boldsymbol{x}_c}[\mathrm{Var}(\boldsymbol{X}-\boldsymbol{x}_c)]=\min_{\boldsymbol{x}_c}[\int f(\boldsymbol{x})\times(\boldsymbol{x}-\boldsymbol{x}_c)^2\mathrm{d}\boldsymbol{x}],\tag{3.6.6a}$$

由 3.1.2.2 节**均值的实质意义**之式(3.1.6)可知，$\hat{\boldsymbol{x}}_c = E(\boldsymbol{X})$ 即 $\boldsymbol{X}$ 的**均值**；且此时 $\mathrm{Var}(\boldsymbol{X} - \boldsymbol{x}_c)$ 到达最小的这个最小值，即该估计(值)的误差的方差，也就是被估量 $\boldsymbol{X}$ 在其概率分布 $f(\boldsymbol{x})$ 下的方差。

2)应用实施

由于 $\boldsymbol{X}$ 的后验PDF是用观测数据改进先验信息后得到的，所以应用实施中，在能得到后验PDF情况下，最小方差估计也是基于 $\boldsymbol{X}(t)$ 的后验PDF。为简明起见，用 $f_a(\boldsymbol{x})$ 表示式(3.6.4b)中 $\boldsymbol{X}(t)$ 的后验PDF，即：$f_a(\boldsymbol{x}) = f[\boldsymbol{x}(t) \mid \boldsymbol{y}(t)]$。

于是，式(3.6.6a)的最小方差估计变成：

$$\hat{\boldsymbol{x}}_c = \boldsymbol{x}_c，\text{此时满足} \min_{\boldsymbol{x}_c}[\mathrm{Var}(\boldsymbol{X} - \boldsymbol{x}_c)] = \min_{\boldsymbol{x}_c}[\int f_a(\boldsymbol{x}) \times (\boldsymbol{x} - \boldsymbol{x}_c)^2 \mathrm{d}\boldsymbol{x}]。 \quad (3.6.6b)$$

且该估计值的误差的方差，就是随机变量 $\boldsymbol{X}$ 在其概率分布 $f_a(\boldsymbol{x})$ 下的方差。

(4) **线性最小方差估计**(linear minimum variance estimation)

上面的最小方差估计在实施中需要知道被估量 $\boldsymbol{X}(t)$ 的后验PDF即被估量关于观测的条件概率。而这个条件概率是通过 $\boldsymbol{Y} = H(\boldsymbol{X})$，用观测数据改进先验信息后得到的，这在实际中常常难以获得；因为：当观测模型/或观测算子 H 为非线性时，方法中所涉及的(状态向量 $\boldsymbol{X}$ 和观测向量 $\boldsymbol{Y}$ 之间的)随机向量的概率密度函数的非线性变换(参见上面的附"随机向量的函数的PDF")是很困难的。

如果 $\boldsymbol{X}$，$\boldsymbol{Y}$ 又是巨维的向量，最小方差估计还涉及求一阶矩、二阶矩时对后验PDF的积分运算，这种情况下求解状态估计问题通常是不切实际的。

1)线性最小方差估计的基本想法

线性最小方差估计，属于最小方差估计，也是寻求这样一个最优估计，使得该估计(值)的误差的方差最小。但是线性最小方差估计**所欲求的估计是量测量/或观测量的线性函数**。也就是，对于上面最小方差估计中被估量 $\boldsymbol{X}$ 的一个估计 $\boldsymbol{x}_c$(也当作一个随机变量 $\boldsymbol{X}_c$，因为量测量 $\boldsymbol{Y}$ 是一随机向量)，有：

$$\boldsymbol{X}_c = \boldsymbol{a} + \boldsymbol{B}\boldsymbol{Y}。$$

于是，$\boldsymbol{X}_c$ 的**误差的方差**：

$$\mathrm{Var}(\boldsymbol{X} - \boldsymbol{X}_c) = E[(\boldsymbol{X} - \boldsymbol{a} - \boldsymbol{B}\boldsymbol{Y})^2]$$

为简单明了起见，考虑 $\boldsymbol{X}_c$ 和 $\boldsymbol{Y}$ 只是零维的标量，即是随机变量，则 X_c 的误差的方差：

$$\mathrm{Var}(X - X_c) = E[(X - a - bY)^2] = E\{[X - E(X) + E(X)] - [Y - E(Y) + E(Y)]\}^2$$

即：

$$\mathrm{Var}(X - X_c) = J(a, b, \overline{X}, \sigma_X^2, \overline{Y}, \sigma_Y^2, \sigma_{XY}^2)$$

式中，$\overline{X} = E(X)$，$\sigma_X^2 = E[X - E(X)]^2$；$\overline{Y} = E(Y)$，$\sigma_Y^2 = E[Y - E(Y)]^2$；$\sigma_{XY}^2 = E\{[X - E(X)][Y - E(Y)]\}$。

可见，X_c 的误差的方差是关于线性函数系数 a，b 的函数。取 X_c 的误差的方差最小时的 $\hat{a}$ 和 $\hat{b}$，即：

$$\hat{a} = \min_a \mathrm{Var}(X - X_c) = \min_a J(a, b, \overline{X}, \overline{Y}, \sigma_X^2, \sigma_Y^2, \sigma_{XY}^2), \quad (3.6.7a)$$

$$\hat{b} = \min_b J(a, b, \overline{X}, \overline{Y}, \sigma_X^2, \sigma_Y^2, \sigma_{XY}^2)。 \quad (3.6.7b)$$

于是，

$$\hat{x}_c = \hat{a} + \hat{b}y。\tag{3.6.8}$$

也就是，通过求 X_c 的误差的方差的最小，确定线性函数系数的给值，进而得到被估量 X 的估计 X_c 的最优估计（值）$\hat{x}_c$。

2）应用实施

线性最小方差估计，限定被估量 $\boldsymbol{X}$ 的估计 $\boldsymbol{X}_c$ 是观测量 $\boldsymbol{Y}$ 的线性函数；在实际应用中，只需要知道被估量 $\boldsymbol{X}$ 和观测量 $\boldsymbol{Y}$ 的**一阶矩、二阶矩**，即 $\overline{\boldsymbol{X}}, \overline{\boldsymbol{Y}}, \sigma_{\boldsymbol{X}}^2, \sigma_{\boldsymbol{Y}}^2, \sigma_{\boldsymbol{XY}}^2$（从而无需知道 $\boldsymbol{X}$ 和 $\boldsymbol{Y}$ 的 PDF，及避免求PDF 的非线性变换和求一阶矩、二阶矩的积分运算等困难），通过估计的误差方差最小，确定线性函数系数的给值，进而由线性函数得到被估量 $\boldsymbol{X}$ 的最优估计（值）$\hat{\boldsymbol{x}}_c$。这样得到的最优估计（值）我们称为线性最小方差估计。

3.6.3.3 最小二乘法（又称最小平方法）

上述统计最优估计方法有着一定要求：需要知道被估随机向量 $\boldsymbol{X}$ 的（先验、条件）PDF（如最大后验估计、贝叶斯估计和最小方差估计），和/或是需要知道被估量的一阶矩（如贝叶斯估计、（线性）最小方差估计中，从**误差均方最小**到**误差方差最小**，其中假设了其误差无偏），以及量测量的一阶矩、二阶矩（如线性最小方差估计）等。这使得这些方法在应用中受到很大限制。

最小二乘法不需要这些条件要求，不必知道量测量及被估量有关的统计信息。

（1） **最小二乘法的基本想法**

对于一组数据对，考虑一设定（观测）模型，寻求一种方法来估计模型中的参数，使得**所有数据对**所表示的**点**在整体上与**确定了参数的模型**所表示的**曲线**最近（距离最小）。也就是，寻求所有**数据对**和所确定**模型**的**最佳匹配**。

设一组**数据对**为$[\boldsymbol{y}(i), \boldsymbol{x}(i); (i=1,\cdots,M)]$，一设定模型为 $\boldsymbol{y}=H(\boldsymbol{x}; \beta_1,\cdots,\beta_K)$；其中的模型参数$(\beta_1,\cdots,\beta_K)$依据**所有数据对**所得到的估计（值）是$(\hat{\beta}_1,\cdots,\hat{\beta}_K)$。进而，因为 $\boldsymbol{y}=H(\boldsymbol{x}; \hat{\beta}_1,\cdots,\hat{\beta}_K)$是 $\boldsymbol{x}$ 的连续函数，所以用（最佳匹配所有数据对）**确定了参数的**这个模型，便可以推算或重新估计关于任何模型自变量 $\boldsymbol{x}$ 的（包括未知的和已有观测的）因变量 $\boldsymbol{y}$。

其中，关于一设定（观测）模型 $\boldsymbol{y}=H(\boldsymbol{x}; \beta_1,\cdots,\beta_K)$：

- 自变量 $\boldsymbol{y}$，如温度；
- 因变量 $\boldsymbol{x}$，可以是多元的：$\boldsymbol{x}=(x_1,\cdots,x_N)$，如三维空间位置$(x_1,x_2,x_3)$；
- 模型 H，可以是某一基函数（如三角函数，多项式函数）的（部分）展开式，如二元三次多项式：

$$\boldsymbol{y}=H(\boldsymbol{x}; \beta_1,\cdots,\beta_K)=\beta_0+\beta_1 x_1+\beta_2 x_2+\beta_3 (x_1)^2+\beta_4 (x_2)^2+\beta_5 x_1 x_2+ \beta_6 (x_1)^3+\beta_7 (x_2)^3+\beta_8 x_1 (x_2)^2+\beta_9 (x_1)^2 x_2;$$

式中，$\beta_k (k=0,\cdots,9)$是系数**参量**。

最简单的模型是一元线性函数：$y=H(x; \beta_0, \beta_1)=\beta_0+\beta_1 x$。

（2） **面对的情形**

以数据对（简记为）$(y_i, x_i)(i=1,\cdots,M)$和最简单的线性模型$y=\beta_0+\beta_1 x$ 来说明。有三种情形：

①$M=1$，一个数据对，即一个点(y_1,x_1)。可以得到一个方程：$y_1=\beta_0+\beta_1 x_1$；一个方程有两个未知参数 β_0 和 β_1，所以有无穷多解，无法确定，即：一个点无法确定一条直线；这是欠定

方程的情形，数据对的个数 M 少于未知参数的个数 K：$M<K$。

②$M=2$，两个数据对，即不同的两个点(y_1,x_1)和(y_2,x_2)。可以得到两个方程，由此唯一确定两个未知参数 β_0 和 β_1，即：两点确定一条直线；这是适定方程的情形，$M=K$。

③$M>2$，两个以上数据对。通过（不共线的）两个以上的点的β_0 和 β_1 严格解不存在，即**必须**通过两个以上**每个点**的直线不可能；这是超定方程的情形，数据对的个数多于未知参数的个数：$M>K$。

对于第三种情形，如何最佳地求得未知参数 $\beta_k(k=1,\cdots,K)$，就引出了最小二乘法的原理。

（3） **基本原理**

最小二乘法，就是对于 $M>K$ 的情形，要**求得这样的参数**$\beta_k(k=1,\cdots,K)$，使得对于所有观测数据由该参数所确定了的模型的**推算值**即估计值与（因变量的）**实际测量数据**即观测值之差的平方和达到最小。"二乘"指的是用平方（而不是绝对值）来度量距离，"最小"指的是距离最小；最小二乘法得名于此。

设定线性模型，设：

- y_i 为实际观测数据，
- $\hat{y}_i$ 为设定**模型的推算值**：$\hat{y}_i=\beta_0+\beta_1 x_i$，
- J 为所有数据的 y_i 和 $\hat{y}_i$ 二者之差的平方和，即

$$J=\sum_{i=1}^{M}(y_i-\hat{y}_i)^2=\sum_{i=1}^{M}(y_i-\beta_0-\beta_1 x_i)^2=J(\beta_0,\beta_1);$$

于是，这样求得参数：$J(\beta_1,\cdots,\beta_K)$到达最小时的极值 $\beta_k(k=1,\cdots,K)=\hat{\beta}_k(k=1,\cdots,K)$，即

$$\hat{\beta}_k(k=1,\cdots,K)=(\beta_1,\cdots,\beta_K),$$

此时满足

$$\min_{\beta} J(\beta_1,\cdots,\beta_K)。$$

从而，确定设定模型 $\mathbf{y}=H(\mathbf{x};\hat{\beta}_1,\cdots,\hat{\beta}_K)$。

最小二乘法，简单地说，就是折衷所有观测值与估计值之差而达到整体上最小的方法；表现为：使得所有数据对所表示的**点**与所确定的 $\mathbf{y}=H(\mathbf{x};\hat{\beta}_1,\cdots,\hat{\beta}_K)$**模型曲线**在整体上距离最近。

最小二乘法还可以扩展，如"加权最小二乘法"，它可以考虑包含**观测**数据误差/设定**模型**误差/**自变量**给值不准等原因的各差值 $\varepsilon_i=(y_i-\hat{y}_i)$的不同权重 w_i，其平方和函数为 $J=\sum_{i=1}^{M}w_i(y_i-\hat{y}_i)^2$；如 y_i 的观测精度高时权重 w_i 大，反之权重小，这样可使所确定的模型曲线接近于测量精度高的数据点，从而保证所确定的模型曲线有较高的准确度。

（4） **方法特点和应用场景**

上述可以看到最小二乘法的特点是算法简单：只需要一设定观测**模型**$y=H(x;\beta_1,\cdots,\beta_K)$；没有要求模型中的 y、x 一定是随机变量，也不使用观测数据 y_i 和被估量β_k 或 y 的统计特征，因此不必知道量测量及被估量有关的统计信息。

对于设定模型 $y=H(x;\beta_1,\cdots,\beta_K)$，

• 当被估量是 β_k 时，最小二乘法也是**参数估计**的一种方法；

• 当被估量是 y 且 y 是状态变量(如 NWP 模式网格上的风、压、温、湿；这正是最早客观分析方法(Panofsky，1949)的情况)时，最小二乘法也是**状态估计**的一种方法；

• 如果把模型 $y=H(x;\beta_1,\cdots,\beta_K)$ 看作是要拟合的函数，则最小二乘法也是函数曲线的**数据拟合**的一种方法。

当然，由于最小二乘法的特点，它不同于上面作为数理统计学基本内容的参数估计方法和基于随机变量概念的状态估计方法。

此外，最小二乘法是通过**一个表示平方和的函数最小**来求解问题的方法，也广泛用于其他一些优化问题。

3.6.3.4 小结：估计方法之间的一些比较

(1) **作为状态估计，最大后验估计、贝叶斯估计和最小方差估计的比较**

1)不同之处

• 方法的本质不同，估计值的含义不同。用 $f_a(\boldsymbol{x})$ 表示 $\boldsymbol{X}(t)$ 的后验PDF，即：$f[\boldsymbol{x}(t)|\boldsymbol{y}(t)]=f_a(\boldsymbol{x})$，则

最大后验估计：$\hat{\boldsymbol{x}}(t)=\boldsymbol{x}_{\text{mode}}=\boldsymbol{x}$，此时满足 $\max\limits_{x} f_a(\boldsymbol{x})$，即式(3.6.4b)；

贝叶斯估计：$\hat{\boldsymbol{x}}(t)=\boldsymbol{x}_{\text{mean}}=\int f_a(\boldsymbol{x})\times\boldsymbol{x}(t)\mathrm{d}\boldsymbol{x}$，即式(3.6.5)；

最小方差估计：$\hat{\boldsymbol{x}}_c=\boldsymbol{x}_{\text{mean}}=\boldsymbol{x}_c$，此时满足 $\min\limits_{\boldsymbol{x}_c}\left[\int f_a(\boldsymbol{x})\times(\boldsymbol{x}-\boldsymbol{x}_c)^2\mathrm{d}\boldsymbol{x}\right]$，即式(3.6.6b)。

• 求估计值的条件要求不同。

最大后验估计：只关注 $\boldsymbol{X}(t)$ 后验PDF 的特定点上的特定取值，这个特定点就是 PDF 最大的那个点，这个取值就是众数。所以只需要保证PDF **曲线形状的正确**即可，因此后验概率公式中的分母 $f[\boldsymbol{y}(t)]$ 因为只是与自变量 $\boldsymbol{x}(t)$ 无关的标准化常量而可以省掉。

贝叶斯估计：是需要估计 $\boldsymbol{X}(t)$ 后验PDF 的整个概率分布，进而由这个分布得到估计值，通常它是由这个分布计算出的**均值**。也因此，尽管后验概率公式中的分母 $f[\boldsymbol{y}(t)]$ 是与自变量 $\boldsymbol{x}(t)$ 无关的标准化常量，但不能省掉。

最小方差估计：被估量 $\boldsymbol{X}(t)$ 的估计误差的方差的积分计算，需要 $\boldsymbol{X}(t)$ 后验PDF 的整个概率分布，还需知道被估量的误差均值(一阶矩)(如设其误差无偏，也就是知道误差均值为 0)。

• 线性最小方差估计的一点不同。

最大后验估计值、贝叶斯估计值和最小方差估计值都是作为随机向量的**取值 $\boldsymbol{x}$ /或估计值 $\boldsymbol{x}_c$ 的最优估计**。

线性最小方差估计中，因为量测量 $\boldsymbol{Y}$ 是一随机向量，**被估量 $\boldsymbol{X}$ 的估计值 $\boldsymbol{x}_c$** 本身也当作一个**随机向量 $\boldsymbol{X}_c$**，有：$\boldsymbol{X}_c=\boldsymbol{a}+\boldsymbol{BY}$。它的最优估计值是：$\hat{\boldsymbol{x}}_c=\hat{\boldsymbol{a}}+\hat{\boldsymbol{B}}\boldsymbol{y}$。

2)相同之处

• 贝叶斯估计是取值为**均值**，此时对应估计**误差方差最小**；且若该估计误差无偏，该估计误差的方差就等于 $\boldsymbol{X}(t)$ 的方差。最小方差估计是设估计误差无偏时的估计**误差方差达到最小**的估计，此时这个估计就是**均值**；且此时达到最小时的估计误差方差也就等于 $\boldsymbol{X}(t)$ 的方差。因此贝叶斯估计和最小方差估计实质上是相同的：都假定估计的误差**无偏**，所得到的估计值都是**均值**，该估计误差的方差都等于 $\boldsymbol{X}(t)$ 的方差。

• 当 $\boldsymbol{X}(t)$ 的后验PDF为**高斯分布时**均值和众数相等，即 $\boldsymbol{x}_{\text{mode}}=\boldsymbol{x}_{\text{mean}}$（参见3.3.1节(1)“正态分布及其一些特点”），此时最小方差估计值、贝叶斯估计值和最大后验估计值都相同，是均值或众数。

3)共同之处

• 被估量都是状态随机向量 $\boldsymbol{X}(t)$；估计值都是作为随机向量的**一个最优取值**。

• 都基于状态变量 $\boldsymbol{X}(t)$ 的概率分布；由于 $\boldsymbol{X}$ 的后验PDF是用观测数据改进先验信息后得到的，所以应用实施中都是基于 $\boldsymbol{X}(t)$ 的后验PDF。

(2) **状态估计的最大后验估计和参数估计的最大似然估计**

1)不同之处

对于一个随机变量 X 的概率密度函数 $f(x;\theta_1,\theta_2,\cdots,\theta_k)$：

• 最大**后验**估计的对象是 x，是一个随机变量的取值；不同的取值对应一定的概率。

而最大**似然**估计的对象是其**参数** $\theta_1,\theta_2,\cdots\theta_k$，可看作固定的值，只是其值未知；不是随机变量，**无概率可言**，也因此措词上用“**似然**”。

• 最大**后验**估计所用数据是**观测数据**，不同数据一般对应**不同误差统计特征**（如实测的观测数据和NWP“测”的背景场数据），它是该随机变量的一次实现，不是一组样本。

而最大**似然**估计所用数据是**样本数据**，对应 $f(x;\theta_1,\theta_2,\cdots,\theta_k)$ 中 x 的不同取值，它是从总体 $f(x;\theta_1,\theta_2,\cdots,\theta_k)$ 中抽出的**独立同分布的**一组随机样本。

2)共同之处

• 都是一个最优问题，和都求极值。

• 它们都是概率论的应用。

3.7 状态估计方法与大气的分析同化基本方法

状态估计方法是要得到状态变量的最优估计(值)。分析同化基本方法(包括多项式函数拟合方法、逐步订正方法(**SCM**)、最优插值方法(**OI**)、变分方法(**Var**)和集合卡尔曼滤波方法(**EnKF**)；参见2.3—2.7节)，是要得到规则格点上大气状态变量的尽可能准确值。分析同化的实际做法就是把大气状态变量的最优估计(值)作为其尽可能准确值，即，大气资料同化所要得到的结果即分析场就是大气状态的最优估计。

本节介绍上面的状态估计方法与大气的分析同化基本方法在概念和原理上的对应联系，将发现：分析同化基本方法就是上面状态估计方法的实际应用；由此来理解分析同化基本方法的数学理论基础。

3.7.1 最小二乘法与最早客观分析方法

对于一系列成对的数据 $(\boldsymbol{y}_i,\boldsymbol{x}_i)(i=1,\cdots,M)$，设定一(观测)模型 $\boldsymbol{y}=H(\boldsymbol{x};\beta_1,\cdots,\beta_K)$，当数据对的个数 M 多于模型中未知参数的个数 K 时，通过最小化实际观测值与模型推算值之差的平方和，来确定模型参数，从而寻找到数据对的**最佳模型函数匹配**(表现为：所有数据对的点在整体上距离模型函数曲线最近，即都集中在模型曲线附近)。这种方法就是最小二乘法。进而，用这个最佳模型函数便可以推算或重新估计关于任何模型自变量的模型推算值。参见3.6.3.3节“最小二乘法”。

Panofsky(1949)提出的最早客观分析方法，就是对于不同水平位置的状态变量(如风、压、温、湿)观测值(即一系列观测值和水平位置的**数据对**)，设定一个(状态变量关于水平位置的)二维三次多项式函数，**通过最小二乘法**，确定该函数的系数；进而，用这个确定了系数的多项式函数，计算出NWP 模式规则网格上的值，即这些状态变量的**分析场**。参见 2.3 节"多项式函数拟合方法"。

最小二乘法，只用到了**数据对**和**设定模型**，没要求数据对的物理量 $\boldsymbol{y}$、$\boldsymbol{x}$ 一定是随机变量，不用被估量和观测数据(或数据误差)的概率分布或一阶矩、二阶矩等统计特征。因此，最早客观分析方法不是基于随机变量的**统计最优估计方法**。

3.7.2 大气状态的统计最优估计方法之经典示范的简单例子

3.7.2.1 简单例子的问题提出

"考虑**零维**的大气状态变量，具体为某时刻某一网格**点**上的温度，它有两个量测值：该格点上 NWP 预报的温度为 t_f，和正好在格点上的测站观测温度为 t_o；这两个测量相应的误差标准差分别为 σ_f 和 σ_o。那么该时刻该格**点**上的温度是多少？"

尽管通常观测比数值预报更准确，即观测误差标准差更小($\sigma_o<\sigma_f$)，但误差标准差是误差的统计特征(事实上，测量都有误差，真值永远不可知，**每次**的测量误差不可知)，$\sigma_o<\sigma_f$ 并不表示具体**某次**观测值 t_o 就比预报值 t_f **更准**，所以不能简单以$\sigma_o<\sigma_f$ 就回答该格点上的温度是t_o。

况且，即使是预报误差标准差 σ_f 更大，NWP 预报值 t_f 也是一个有用信息；所以"如果简单地以 $\sigma_o<\sigma_f$ 就回答该格点上的温度是 t_o" 也意味着浪费了 t_f 这个有用信息。

要回答"该时刻该格**点**上的温度是多少" 涉及回答"**更准确**的温度是多少" 和"更准确的**准则**是什么"。

3.7.2.2 线性最小方差估计方法

(1) **线性最小方差估计与简单例子的问题求解**

3.6.3.2 节(4)"线性最小方差估计" 就是回答上面问题的一个方法。设定"**估计量是量测量的线性函数**""**估计量，和量测量一样，是一个随机变量**"。然后由估计量的误差方差最小，确定线性函数的系数参数，进而由这个确定了系数的线性函数，通过输入量测量的值，输出估计值。这个估计值就是一个最优估计(值)；它的最优准则就是估计的误差方差最小。下面还将看到，这个估计值是比(NWP 温度**预报**值 t_f 和测站温度**观测**值 t_o)两个量测值更准确的值；更准确的准则是这个估计值的误差方差都小于任一个量测的误差方差。

对于上述简单例子，"该时刻该格**点**上的温度" 为**待估计量**，设定它是量测量"NWP 预报温度" 和"测站观测温度" 的**线性函数**。设它们本身都是**随机变量**，分别表示为 T_a，T_f，T_o，于是：

$$T_a=a_fT_f+a_oT_o; \tag{3.7.1}$$

式中，a_f 和 a_o 是线性函数的系数参数。

通过"估计量的误差方差最小" 求出线性函数 $T_a=a_fT_f+a_oT_o$ 的系数的估计值 $\hat{a}_f$ 和 $\hat{a}_o$，进而得到估计量的线性最小方差估计(值)$\hat{t}_a=\hat{a}_ft_f+\hat{a}_ot_o$。

(2) **求解的过程和结果的理解**

用 t 表示"该时刻该格**点**上的温度" 这个状态变量的"**真值**"(这里 t 是一个未知数值，不是随机变量)(注意：在前面的最大后验估计和贝叶斯估计中，状态向量 $\boldsymbol{X}$ 是随机向量，它的估计(量)$\boldsymbol{x}$/或 $\boldsymbol{x}_c$

是随机向量 **X** 的一个取值)，于是(T_a-t)、(T_f-t)、(T_o-t)就分别表示待**估计量**T_a、NWP 温度**预报量**T_f、测站温度**观测量**T_o 的误差，它们也是随机变量。

虽然具体一次量测的误差 $\varepsilon_f=(t_f-t)$、$\varepsilon_o=(t_o-t)$都是不可知和未知的，但**假定量测误差的统计特征已知**，即：

①量测误差 ε_f 和 ε_o 都是无偏的，即 $E(T_f-t)=E(T_o-t)=0$；

②量测误差 ε_f 和 ε_o 的方差是：$E[(T_f-t)^2]=\sigma_f^2$，$E[(T_o-t)^2]=\sigma_o^2$；

③量测误差 ε_f 和 ε_o 不相关，即：$E[(T_f-t)(T_o-t)]=0$。

现在，由这些已知条件，通过"估计量的误差方差最小"，就可求出线性函数系数的估计值 $\hat{a}_f$ 和 $\hat{a}_o$，进而得到线性最小方差估计(值)$\hat{t}_a$：

• 首先，由于假定 ε_f 和 ε_o 无偏，估计量的误差(T_a-t)也无偏，即 $E(T_a-t)=0$，可得到：$a_f+a_o=1$。

注：由线性函数，有：$(T_a-t+t)=a_f(T_f-t+t)+a_o(T_o-t+t)$，

即：$(T_a-t)+t=a_f(T_f-t)+a_f t+a_o(T_o-t)+a_o t$，

两边取数学期望，便得到：$a_f+a_o=1$。

• 由上述误差无偏和不相关等已知统计特征的假定，可得到"估计量的误差方差到达最小"时的 $\hat{a}_f$ 和 $\hat{a}_o$：

$$\hat{a}_f=\sigma_o^2/(\sigma_f^2+\sigma_o^2),\quad \hat{a}_o=\sigma_f^2/(\sigma_f^2+\sigma_o^2);\tag{3.7.2}$$

注：由线性函数，有：$(T_a-t+t)^2=[a_f(T_f-t+t)+a_o(T_o-t+t)]^2$，展开，两边取数学期望，并利用已知统计特征的假定，可得到(T_a-t)的方差：

$$E[(T_a-t)^2]=a_f^2\sigma_f^2+a_o^2\sigma_o^2;$$

再利用 $a_f+a_o=1$，便得到关于 a_f/或 a_o 的二次函数，求 $\min\limits_{a_f/a_o}E[(T_a-t)^2]$的极值即可得 $\hat{a}_f$/或 $\hat{a}_o$。

• 进而，由线性函数得到"该时刻该格点上的温度"的线性最小方差估计(值)$\hat{t}_a$：

$$\hat{t}_a=\hat{a}_f t_f+\hat{a}_o t_o=\frac{\sigma_o^2}{\sigma_f^2+\sigma_o^2}t_f+\frac{\sigma_f^2}{\sigma_f^2+\sigma_o^2}t_o。\tag{3.7.3a}$$

由此可见：这个最优估计值 $\hat{t}_a$ 是(NWP 温度**预报**值 t_f 和测站温度**观测**值t_o)两个量测值的加权求和；$\hat{a}_f$ 和 $\hat{a}_o$ 是**最优权重**，与量测的误差方差成反比例(**观测**误差方差越大，**预报值**的权重越大；预报误差方差越大，观测值的权重越大)。

• 并可得到 $\hat{t}_a$ 的误差方差 σ_a^2：$1/\sigma_a^2=1/\sigma_f^2+1/\sigma_o^2$。 (3.7.3b)

由此可知：$\sigma_a^2<\sigma_f^2$ 和 $\sigma_a^2<\sigma_o^2$；也就是，这个估计的误差方差都小于任一个量测的误差方差。由此回答了这个最小方差**估计值**比任一个量测值更准确。

3.7.2.3 目标函数方法

(1) 目标函数方法与简单例子的问题求解

3.6.3.2 节(1)中有关的"最大后验估计"也是回答上面简单例子的另一个方法。也就是，把状态变量视为随机变量，从状态变量的**先验信息**出发，得到状态变量的先验概率密度函数；然后再用**观测数据**来改进先验信息，得到状态变量的后验概率密度函数；最后求解后验概率密度的**极值即众数**，把它作为状态变量的最优估计(值)；它的最优准则就是状态变量的后验概率最大。下面还将看到，这个最优估计值和上面"线性最小方差估计"的结果相同。

对于上述简单例子，把“该时刻该格点上的温度”这个状态变量的“**真值**”视为随机变量，用 T_x 表示；把量测**值**“NWP 预报的温度 t_f”作为状态变量 T_x 的先验信息，由此得到 T_x 的先验 PDF；然后再用量测**值**“测站观测温度 t_o”来改进先验信息，得到 T_x 的后验 PDF；最后把求解这个“**后验PDF 最大**”的极值转变为求解一个“**目标函数最小**”的极值，来得到**众数**。

(2)　**求解的过程和对目标函数的理解**

因为随机变量 T_x 表示“该时刻该格点上的温度”这个状态变量的“**真值**”，于是，对于先验信息的“NWP 预报的温度 t_f”，它的误差就是 $E_f=(T_x-t_f)$；对于“测站观测温度 t_o”，它的误差就是 $E_o=(T_x-t_o)$。自然，E_f 和 E_o 是随机变量。对于随机变量 E_f 和 E_o，**假定**：

①E_f 和 E_o 是无偏的，且为正态分布，即 $E_f \sim N(0,\sigma_f^2)$，$E_o \sim N(0,\sigma_o^2)$；

②E_f 和 E_o 不相关，即：$E[E_f E_o]=0$。该假定的要求和内在关联，可参见 3.7.3 节之附“大气状态后验 PDF 的另一个导出方法”。

现在，由这些已知条件，通过贝叶斯定理，就可得到随机变量 T_x 的后验 PDF，最后将求解这个“**后验PDF 最大**”的极值转变为求解一个“**目标函数最小**”的极值：

• 首先，由“NWP 预报的温度**值** t_f”的 E_f **误差形式**表示的 PDF(高斯分布)得到状态变量 T_x 的先验 PDF：$f_f(T_x=t_x)$。具体地，$f_f(E_f=\varepsilon_f)=f_f(\varepsilon_f)=f_f(t_x-t_f)=N(0,\sigma_f^2)$，即：

$$f_f(T_x=t_x)=f_f(\varepsilon_f)=f_f(t_x-t_f)=(1/\sqrt{2\pi}\sigma_f)\mathrm{e}^{-(t_x-t_f)^2/2\sigma_f^2}。\tag{3.7.4}$$

• 之后，考虑新的信息，即由另一个量测“测站观测温度值 t_o”包含的观测信息。把量测**值** t_o 所对应的量测**量**(真值)“测站观测温度量 T_y”视为一随机变量，它和状态变量 T_x 的关系为：$T_y=H(T_x)$。于是：

①类似地，由 t_o 的 E_o **误差形式**表示的 PDF 先得到观测温度量 T_y 的 PDF，即 $f_o(T_y=t_y)$：

$$f_o(T_y=t_y)=f_o(\varepsilon_o)=f_o(t_y-t_o)=(1/\sqrt{2\pi}\sigma_o)\mathrm{e}^{-(t_y-t_o)^2/2\sigma_o^2}。\tag{3.7.5a}$$

②再考虑到 $T_y=H(T_x)$，便得到在知道 T_x 条件下 t_o 的**误差** $E_o=(T_y-t_o)=[H(T_x)-t_o]$；于是，

$$f_o(\varepsilon_o)=f_o[H(t_x)-t_o]=(1/\sqrt{2\pi}\sigma_o)\mathrm{e}^{-[H(t_x)-t_o]^2/2\sigma_o^2}。\tag{3.7.5b}$$

它就是在知道 T_x 条件下的 T_y 的条件 PDF，表示为 $f_{oc}(T_y=t_y|T_x=t_x)$，即：$f_{oc}(T_y=t_y|T_x=t_x)=f_o[H(t_x)-t_o]$。

③由于简单例子中测站和格点位置重合，量测量和状态变量相同(都是温度)，所以，$H(t_x)=t_x$，于是，上式为：

$$f_{oc}(T_y=t_y|T_x=t_x)=f_{oc}[H(t_x)-t_o]=(1/\sqrt{2\pi}\sigma_o)\mathrm{e}^{-(t_x-t_o)^2/2\sigma_o^2}。\tag{3.7.5c}$$

• 根据贝叶斯定理(3.5.1 节式(3.5.1c)：$P(A|B)\propto P(B|A)\cdot P(A)$)，考虑新的信息条件下、状态变量 T_x 的后验 PDF 为：$f_f(T_x=t_x|T_y=t_y)\propto f_{oc}(T_y=t_y|T_x=t_x)\cdot f_f(T_x=t_x)$。由式(3.7.4)和式(3.7.5c)，得到：

$$f_f(T_x=t_x|T_y=t_y)\propto(1/\sqrt{2\pi}\sigma_o)\mathrm{e}^{-(t_x-t_o)^2/2\sigma_o^2}(1/\sqrt{2\pi}\sigma_f)\mathrm{e}^{-(t_x-t_f)^2/2\sigma_f^2}。\tag{3.7.6}$$

• 因此，$\max\limits_{t_x} f_f(T_x=t_x|T_y=t_y)$ 等价于 $\min\limits_{t_x} J(t_x)$，其中目标函数 $J(t_x)$ 为：

$$J(t_x)=\frac{1}{2}[(t_x-t_f)^2/\sigma_f^2+(t_x-t_o)^2/\sigma_o^2]。\tag{3.7.7}$$

可以这样理解这个关于 t_x 的目标函数：

①它是(该时刻该格点上的温度"**真值**"这个状态随机变量的)待估计值t_x与两个**量测值**t_f,t_o的**离差**/或距离的平方和,并以其量测值相应的精度(方差的倒数)来考虑不同量测值的**权重**;

②是欲求这个函数达到最小作为**目标**来得到解,故叫**目标函数**;

③这种权重包含了对不同数据重要性的**处置**,故该函数又叫**罚函数**或**代价函数**。

• 求 $\min_{t_x} J(t_x)$,得到:

$$\hat{t}_x = \frac{\sigma_o^2}{\sigma_f^2+\sigma_o^2}t_f + \frac{\sigma_f^2}{\sigma_f^2+\sigma_o^2}t_o。\tag{3.7.8}$$

这个目标函数方法的解与上面线性最小方差估计方法的解,即式(3.7.3a),相同。

3.7.2.4 线性最小方差估计方法和目标函数方法两种解法的比较

(1) **相同之处**

• 都是基于**误差**和把量测**值**的**误差作为随机变量**;都假定误差是无偏的,和不同量测的误差不相关。

• 得到同样的最优估计值,即式(3.7.3a)和式(3.7.8)。

(2) **不同之处**

• 对于状态变量的**假定**和数据**误差的形式**。

线性最小方差估计方法:把状态变量的"**真值**"作为一个数t,不是随机变量,而把量测量T_f、T_o和被估量T_a作为随机变量;量测**值**t_f、t_o和被估计值的误差形式为(T_f-t)、(T_o-t)和(T_a-t)。

目标函数方法:状态变量的"**真值**"是被估量,和作为一个随机变量T_x,而欲估计的是该随机变量的一个取值t_x;量测**值**t_f,t_o的误差形式为(T_x-t_f)、(T_x-t_o)。

这二者不同是初学者容易混淆而懵懂之处!

• 线性最小方差估计方法基于被估量和量测量的**线性关系**的假定和基于误差的方差及其最小的准则(而无需误差的PDF)。目标函数方法基于误差的PDF及其**正态分布**假定,以及最大概率的准则。

• **在最优化中欲求的控制变量**,线性最小方差估计方法是那个使得方差最小的**权重**,然后由此进而得到被估计值;而目标函数方法是状态变量**被估计值**本身。

• 线性最小方差估计方法不仅得到被估计值,还能方便得到它的方差。目标函数方法通常只得到被估计值(即众数,PDF的一个最优值);欲得到其方差,需较复杂的另外专门求解。

3.7.2.5 简单例子中的一般意义

作为经典示范,简单例子虽然是简单,但包含了大气资料同化的诸多简单而深刻的一般意义。

(1) **作为科学的数学理论基础方面**

大气资料同化的目的就是得到大气状态的最优估计。上述**简单例子中**线性最小方差估计方法和目标函数方法这**两种解法**简明地诠释了大气状态最优估计的**两个基本的最优准则**和**两种代表性方法**。

• 实际的资料同化方法,尽管相比简单例子的两种解法,形式上有些不同和更复杂,但两个基本的最优准则就是简单例子中的估计值的误差"**方差最小**"和后验"**概率最大**"。

• 由于实际问题中被估量和量测量是巨维的,且涉及复杂非线性关系,所以3.6.3.2节中(2)"贝叶斯估计"和(3)"最小方差估计"在理论上严格意义的实际应用难以实现(其中需要

PDF 及其非线性变换，和需要用到 PDF 的一阶矩及二阶矩的积分运算）。对于实际的资料同化，其统计估计方法的两种代表性方法是：

①基于误差的统计特征即**方差最小、取均值**的方法，如 OI 和 EnKF。无需任何 PDF，仅基于被估量和量测量的误差统计特征（均值和方差）。

②基于 PDF 的特定点即**概率最大点、取众数**的方法，如 Var。需要求被估量的后验 PDF，但仅考虑 PDF 的特定点上的特定取值。

上面简单例子中的线性最小方差估计方法和目标函数方法是这两种代表性方法的简化版。

（2）　**作为学科的基本内容上**

• 上述线性最小方差估计方法中与量测误差方差成反比的**最优权重**，和目标函数方法中以量测精度加权的**目标函数**，都是资料同化中的常用概念。

• 两种方法所输出的解相同；这个解是一个**最优估计**值，比任一个输入值**更准确**，其误差方差小于任一个输入量测误差方差。这诠释了资料同化的**一般性方式和目的**：有**误差**的各种输入资料（如 NWP 模式预报和观测两个量测值及其精度），通过**最优权重**的融合，产生比输入的任一资料**更准确**的状态变量的最优估计（作为输出结果）。

#附　两个趣味且完全贴切的对比和理解：资料同化与美好婚姻家庭建设

能够发现：**资料同化与生活很近**；知识的背后是道理或生活现象。

资料同化：有**误差**的各种资料（**模式预报＋观测**）**融合在一起**，产生大气状态的最佳估计即**分析场**。所得到的分析场之所以能冠之“**最佳**”，其**特征**在于作为结果的分析场比同化前原来的任一资料，其误差**方差更小**；其**前提**在于：**要知道误差**统计特征（否则就不是有用的资料），有了误差统计特征才知道它的贡献作用有多大，才能通过各自的贡献和最优加权的组合，得到大气状态的最优估计。

美好婚姻：有**缺点**的两个人（**男生＋女生**）**结合在一起**，建立美好的**家庭**。所建立的家庭要能冠之“**美好**”，其**特征**在于家庭作为一个整体，比结婚前原来的任一个体，其缺点**更少**；其**前提**在于：**要有承认缺点**的习惯（否则就什么都是我对，成了有恶习的个体），这样才**有**平等、善意和有益的沟通，才能看到对方的优点，通过彼此的学习和对彼此的互补优化，成就作为一个整体的美好家庭。

• 简单例子中“测站正好和格点位置重合，量测量和状态变量相同（都是温度）”。由此可顺理成章地延伸到资料同化中的**观测算子**，即：当测站位置不在格点上时，便涉及观测算子中的**空间插值**；当量测量不是状态变量（如卫星辐射率）时，便涉及观测算子中的**变量变换**（如辐射传输方程）。参见 4.3.1 节中有关的“观测信息的引入”。

• 简单例子中“测站正好和格点位置重合，量测量和状态变量相同”。还可延伸到资料同化中的背景场误差协方差矩阵即 $\boldsymbol{B}$ 矩阵，即：当测站位置不在格点上时，便涉及 $\boldsymbol{B}$ 矩阵中**空间变换**（体现了不同位置之间的空间相关），通过它实现观测信息**在三维空间的传播和平滑**；当量测量不是状态变量（如风**观测**对高度场**状态变量**的影响）时，便涉及 $\boldsymbol{B}$ 矩阵中物理参量**变换**（体现了不同状态变量之间的物理相关），通过它实现观测信息**在不同状态变量之间的传播**。参见 4.3.2.1 节“$\boldsymbol{B}$ 矩阵对分析的至关重要作用”。

• 简单例子中“考虑**零维**即某一物理空间点的单个变量 T_x（即温度）”。如果是考虑**多维/或多元**的向量 $\boldsymbol{X}$（如水平二维温度场/或空间三维的所有状态变量），则简单例子“目标函数方法”中目标**函数**$J(t_x)$就变成目标**泛函**$J(\boldsymbol{x})$,(通过微分求函数极小的)目标函数方法就变成(通过变分求泛函极小的)变分同化方法。参见2.6节和第5章。

3.7.3 大气状态的最优分析的理想化方程

实际的大气状态是流体连续介质假设下的某时刻三维连续大气流体,表示为压、温、风、湿等连续的大气状态变量。实际应用中,模式大气代表大气状态,表示为规则网格上所有格点上的所有大气状态变量,符号记为一个 N_x 维空间向量 $\boldsymbol{x}$,称为模式大气状态空间变量。参见1.1.3.1节(3)"大气状态和模式大气"。

大气的状态估计就是"由大气状态的(先验)背景场信息和大气观测信息,得到大气状态的最优估计"。大气状态的最优估计就是大气资料同化所要得到的结果即分析场。

3.7.3.1 大气状态估计的已知条件

• 背景场信息:背景场 $\boldsymbol{x}_b$ 和假定其误差 $\boldsymbol{\varepsilon}_b$ 的一定的概率分布 $f_b(\boldsymbol{\varepsilon}_b)$。

• 观测信息:已有观测数据 $\boldsymbol{y}_o$ 和假定其误差 $\boldsymbol{\varepsilon}_o$ 的一定的概率分布 $f_o(\boldsymbol{\varepsilon}_o)$。

• 观测方程,亦即观测算子:从大气状态物理量 $\boldsymbol{x}$ 映射到观测物理量 $\boldsymbol{y}$ 的确定联系是 $\boldsymbol{y}=H(\boldsymbol{x})$。

• 其他一些假定:不同时刻的观测误差 $\boldsymbol{\varepsilon}_o(t-1)$ 和 $\boldsymbol{\varepsilon}_o(t)$ 不相关;以及由此可推出"同时刻的背景场误差 $\boldsymbol{\varepsilon}_b(t)$ 和观测误差 $\boldsymbol{\varepsilon}_o(t)$ 不相关"(参见3.7.3.4节之附"大气状态后验PDF的另一个导出方法")。

3.7.3.2 背景场信息与大气状态的先验PDF即 $f(\boldsymbol{X}=\boldsymbol{x})$ 及其理解

把大气状态(**真值**)视为一个随机向量 $\boldsymbol{X}$,它的可能取值用 $\boldsymbol{x}$ 表示,则 $\boldsymbol{x}_b$ 的误差是 $\boldsymbol{E}_b=(\boldsymbol{X}-\boldsymbol{x}_b)$,它也是一个随机向量,取值为 $\boldsymbol{\varepsilon}_b=(\boldsymbol{x}-\boldsymbol{x}_b)$。(顺便指出,$\boldsymbol{x}_b$ 只是**一个数值**(向量),不是随机向量。)

于是,由**误差 $\boldsymbol{\varepsilon}_b$ 形式**表示的概率密度函数 $f_b(\boldsymbol{\varepsilon}_b)$,便得到来自**背景场**信息的**以 x 形式**表示的**大气状态变量**随机向量 $\boldsymbol{X}$ 的概率密度函数 $f_b(\boldsymbol{x}-\boldsymbol{x}_b)$(参见3.1.3.2节中有关的"资料同化中**随机变量概念下的数据**")。在还没有某时刻新的大气观测(用作估计该时刻大气状态的**新信息**)情形下的这个关于 $\boldsymbol{x}$ 的函数 $f_b(\boldsymbol{x}-\boldsymbol{x}_b)$ 就作为大气状态的先验PDF,用 $f(\boldsymbol{X}=\boldsymbol{x})$ 表示,即:

$$f(\boldsymbol{X}=\boldsymbol{x})=f_b(\boldsymbol{\varepsilon}_b)=f_b(\boldsymbol{x}-\boldsymbol{x}_b)。\tag{3.7.9}$$

对于这个先验PDF,可以这样理解:

• 它是"状态估计的较为一般形式"中 $\boldsymbol{X}(t)$ 的**先验**PDF即 $f[\boldsymbol{x}(t)|\boldsymbol{x}(t-1)]$ 的简化。

在状态估计的较为一般形式中,$\boldsymbol{X}(t)$ 的**先验**PDF是由它过去的状态 $\boldsymbol{X}(t-1)$ 的PDF即 $f[\boldsymbol{X}(t-1)=\boldsymbol{x}(t-1)]=f[\boldsymbol{x}(t-1)]$,经过式(3.6.1a)的动力方程 $\boldsymbol{X}(t)=M[\boldsymbol{X}(t-1)]+\boldsymbol{E}_m(t)$ 在时间上向前传递(包含 M 和 $\boldsymbol{E}_m$ 的PDF随机变量的变换)来得到的 $f[\boldsymbol{x}(t)|\boldsymbol{x}(t-1)]$(参见3.6.3.1节"状态估计的较为一般形式和已知条件")。对于实际的大气资料同化,$\boldsymbol{X}$ 是巨维的、动力模型 M 是非线性的,这个变换是不现实的。

在大气资料同化中,直接用**动力方程的预报场**作为**背景场**,即:

$$\boldsymbol{x}_b(t)=M[\boldsymbol{x}(t-1)]。\tag{3.7.10a}$$

且因为动力方程中 $\boldsymbol{E}_m$ 为动力模型 M 从 $t-1$ 到 t 的过程噪声,因此 $\boldsymbol{E}_m$ 正是 $\boldsymbol{x}_b(t)$ 的误差,即:

$$\boldsymbol{\varepsilon}_b(t)=\boldsymbol{E}_m。\tag{3.7.10b}$$

这样，由假定的误差形式 $\boldsymbol{\varepsilon}_b$ 亦即模型预报误差 $\boldsymbol{E}_m$ 的概率分布 $f_b(\boldsymbol{\varepsilon}_b)$，也就得到了 $\boldsymbol{X}(t)$ 的**先验**PDF。由此简化了“状态估计的较为一般形式”中由 $f[\boldsymbol{x}(t-1)]$ 经过动力方程求 $f[\boldsymbol{x}(t)|\boldsymbol{x}(t-1)]$ 的这一过程。

这个简单明了的做法使得状态估计的一般形式能实际应用于大气资料同化，也使得资料同化中 $\boldsymbol{\varepsilon}_b(t)$ 的意义清晰：例如，$\boldsymbol{\varepsilon}_b(t)$ 的协方差矩阵就是预报模型误差 $\boldsymbol{E}_m$ 的协方差矩阵，称作预报误差协方差矩阵，常表示为 $\boldsymbol{P}$。

3.7.3.3　观测信息和观测方程与观测物理量的条件 PDF 即 $f(\boldsymbol{Y}=\boldsymbol{y}|\boldsymbol{X}=\boldsymbol{x})$

完全类似地，把观测物理量(**真值**)视为一个随机向量 $\boldsymbol{Y}$，它的可能取值用 $\boldsymbol{y}$ 表示，则 $\boldsymbol{y}_o$ 的误差是 $\boldsymbol{E}_o=(\boldsymbol{Y}-\boldsymbol{y}_o)$，它也是一个随机向量，取值为 $\boldsymbol{\varepsilon}_o=(\boldsymbol{y}-\boldsymbol{y}_o)$。于是，由**误差 $\boldsymbol{\varepsilon}_o$ 形式**表示的概率密度函数 $f_o(\boldsymbol{\varepsilon}_o)$，便得到**以 $\boldsymbol{y}$ 形式**表示的观测物理量(**真值**)随机向量 $\boldsymbol{Y}$ 的 PDF 即 $f(\boldsymbol{Y}=\boldsymbol{y})=f_o(\boldsymbol{\varepsilon}_o)=f_o(\boldsymbol{y}-\boldsymbol{y}_o)$。

利用观测方程 $\boldsymbol{y}=H(\boldsymbol{x})$，可把 $f(\boldsymbol{Y}=\boldsymbol{y})=f_o(\boldsymbol{y}-\boldsymbol{y}_o)$ 变为 $f(\boldsymbol{Y}=H(\boldsymbol{x}))=f_{oc}(H(\boldsymbol{x})-\boldsymbol{y}_o)$(这里，没考虑观测算子 H 的误差；也没考虑 $f_o(\boldsymbol{\varepsilon}_o)=f_o(\boldsymbol{y}-\boldsymbol{y}_o)$ 与 $\boldsymbol{x}_b$ 有任何关系，因此已经预设了背景场误差和观测误差彼此是**无关**的)。$f_{oc}(H(\boldsymbol{x})-\boldsymbol{y}_o)$ 就是在给定大气状态变量(**真值**)$\boldsymbol{X}$ 的条件之下观测物理量(**真值**)$\boldsymbol{Y}$ 的条件PDF，用 $f(\boldsymbol{Y}=\boldsymbol{y}|\boldsymbol{X}=\boldsymbol{x})$ 表示，即：

$$f(\boldsymbol{Y}=\boldsymbol{y}|\boldsymbol{X}=\boldsymbol{x})=f_{oc}(H(\boldsymbol{x})-\boldsymbol{y}_o)。\tag{3.7.11}$$

可见，它虽是 $\boldsymbol{Y}$ 的条件PDF，却是 $\boldsymbol{x}$ 的函数；也就是，$\boldsymbol{Y}$ 的条件PDF 是来自**观测**信息、以观测方程为桥梁(亦即此条件下)的关于**大气状态变量** $\boldsymbol{x}$ 的一个 PDF。

3.7.3.4　贝叶斯定理与大气状态的后验 PDF 即 $f(\boldsymbol{X}=\boldsymbol{x}|\boldsymbol{Y}=\boldsymbol{y})$

依据贝叶斯定理(3.5 节“条件概率(分布)与贝叶斯定理”的式(3.5.1b)和式(3.5.1c))：

$$P(A|B)=P(B|A)\cdot P(A)/P(B)\propto P(B|A)\cdot P(A)\tag{3.7.12a}$$

即：随机事件 A 在随机事件 B 发生的条件下的后验概率，与事件 A 的先验概率和事件 B 在事件 A 发生的条件下的后验概率的乘积成正比。

把 $\boldsymbol{X}=\boldsymbol{x}$ 作为随机事件 A，把 $\boldsymbol{Y}=\boldsymbol{y}$ 作为随机事件 B；于是，在有了观测信息(用作**新信息**)情形下的大气状态 $\boldsymbol{x}$ 的**后验**PDF 就是 $f(\boldsymbol{X}=\boldsymbol{x}|\boldsymbol{Y}=\boldsymbol{y})$。

根据贝叶斯定理，则有：

$$f(\boldsymbol{X}=\boldsymbol{x}|\boldsymbol{Y}=\boldsymbol{y})\propto f(\boldsymbol{Y}=\boldsymbol{y}|\boldsymbol{X}=\boldsymbol{x})\cdot f(\boldsymbol{X}=\boldsymbol{x})=f_{oc}(H(\boldsymbol{x})-\boldsymbol{y}_o)\cdot f_b(\boldsymbol{x}-\boldsymbol{x}_b)\tag{3.7.12b}$$

注：贝叶斯定理中右端项分母 $P(B)$/或为 $f(\boldsymbol{Y}=\boldsymbol{y})$**与自变量** A 或为 $\boldsymbol{X}=\boldsymbol{x}$ **无关**，是一个标准化常数(normalized constant)，常省去；特别是在只需要利用 PDF 曲线形状时，可不考虑这个常数。但是，在需要利用 PDF 积分时(如求均值和方差)，$P(B)$ 这个标准化常数不能省，要确保 $P(A|B)$(作为概率密度函数)的积分等于1。

#附　大气状态后验 PDF 的另一个导出方法

上面直接由作为**先验信息**的背景场**和**作为**新增信息**的观测导出大气状态的后验 PDF。这里将由**当前和过去的所有观测**导出大气状态的后验 PDF；还将发现：由此，可以更好地理解背景场的源出，以及理解“不同时刻的观测误差 $\boldsymbol{\varepsilon}_o(t-1)$ 和 $\boldsymbol{\varepsilon}_o(t)$ 不相关”这个假定及其作用，包括由该假定就可导出假定“同时刻的背景场误差 $\boldsymbol{\varepsilon}_b(t)$ 和观测误差 $\boldsymbol{\varepsilon}_o(t)$ 不相关”，进而更好地理解这些假定及其存在的内在要求和关联。

由当前和过去的所有观测导出大气状态的后验 PDF 分两个步骤：

1)已知**当前和过去所有观测**的条件下的后验 PDF

在 NWP 的分析和预报循环里，**上个循环**的 NWP **预报场**提供当前时刻分析的背景场，通过该背景场和**当前时刻观测**的统计最优结合，得到当前时刻分析场；该分析场提供 NWP 模式的初始场，通过预报模式的积分，得到**下个循环**的 NWP 预报场；如此循环。

不妨假定：最初的背景场是通过观测平均或是基于观测的气候值给定；那么可以理解：前期的模式预报场是来自前期之前的所有观测，于是分析场是来自当前和过去的所有观测。

设当前时刻表示为 t，大气状态随机向量 $\boldsymbol{X}(t)$ 的一个可能取值表示为 $\boldsymbol{x}(t)$；用 $\boldsymbol{X}(t)=\boldsymbol{x}(t)$ 代表随机事件 A。当前时刻的观测（真值）表示为 $\boldsymbol{Y}_o(t)$，**当前和过去的所有观测**（真值）表示为 $\boldsymbol{Z}(t)$，即 $\boldsymbol{Z}(t)=[\boldsymbol{Y}_o(t),\boldsymbol{Z}(t-1)]$（其中 $\boldsymbol{Z}(t-1)=[\boldsymbol{Y}_o(t-1),\cdots,\boldsymbol{Y}_o(0)]$），它们都视为随机向量，$\boldsymbol{z}(t)=[\boldsymbol{y}_o(t),\boldsymbol{z}(t-1)]$ 是已知的观测值；用 $\boldsymbol{Z}(t)=\boldsymbol{z}(t)$ 代表随机事件 B。根据贝叶斯定理，则有：

$$f[\boldsymbol{X}(t)=\boldsymbol{x}(t)\mid\boldsymbol{Z}(t)=\boldsymbol{z}(t)]\propto f[\boldsymbol{Z}(t)=\boldsymbol{z}(t)\mid\boldsymbol{X}(t)=\boldsymbol{x}(t)]\cdot f[\boldsymbol{X}(t)=\boldsymbol{x}(t)] \tag{3.7.12c}$$

左端的 $f[\boldsymbol{X}(t)=\boldsymbol{x}(t)\mid\boldsymbol{Z}(t)=\boldsymbol{z}(t)]$ 就是已知当前和过去的所有观测的条件下的待估计的大气状态随机向量 $\boldsymbol{X}(t)$ 的后验 PDF。这在含义上对应着：（由该 PDF 得到的最优估计）分析场是来自当前和过去的所有观测。

2)已知**先验背景场和当前观测**的条件下的后验 PDF

式(3.7.12c)右端的后一项 $f[\boldsymbol{X}(t)=\boldsymbol{x}(t)]$ 表示无条件下的当前时刻真实大气状态的 PDF；如果完全无条件下（包括无背景场），至少由于物理测量的误差，真实大气状态是不可知的，所以它实际上是不可能知道的，因此需要对上式做进一步地推导。

假定不同时刻的观测误差是独立的（这是实际应用中对于独立观测的通常做法，但可能不符合卫星观测，其仪器偏差可能很难去除；此外，观测的代表性误差(Daley，1993)可能是依赖于天气演变的，在时间上相关），式(3.7.12c)右端的前一项有：

$$f[\boldsymbol{Z}(t)=\boldsymbol{z}(t)\mid\boldsymbol{X}(t)=\boldsymbol{x}(t)]=f[\boldsymbol{Y}_o(t)=\boldsymbol{y}_o(t)\mid\boldsymbol{X}(t)=\boldsymbol{x}(t)]\cdot f[\boldsymbol{Z}(t-1)=\boldsymbol{z}(t-1)\mid\boldsymbol{X}(t)=\boldsymbol{x}(t)];$$

代入式(3.7.12c)，则成为：

$$f[\boldsymbol{X}(t)=\boldsymbol{x}(t)\mid\boldsymbol{Z}(t)=\boldsymbol{z}(t)]\propto f[\boldsymbol{Y}_o(t)=\boldsymbol{y}_o(t)\mid\boldsymbol{X}(t)=\boldsymbol{x}(t)]\cdot f[\boldsymbol{Z}(t-1)=\boldsymbol{z}(t-1)\mid\boldsymbol{X}(t)=\boldsymbol{x}(t)]\cdot f[\boldsymbol{X}(t)=\boldsymbol{x}(t)] \tag{3.7.12d}$$

而该式右端的后两项乘积，再次根据贝叶斯定理，可合并写为：

$f[\boldsymbol{Z}(t-1)=\boldsymbol{z}(t-1)\mid\boldsymbol{X}(t)=\boldsymbol{x}(t)]\cdot f[\boldsymbol{X}(t)=\boldsymbol{x}(t)]\propto f[\boldsymbol{X}(t)=\boldsymbol{x}(t)\mid\boldsymbol{Z}(t-1)=\boldsymbol{z}(t-1)]$（也在这个合并中使 $f[\boldsymbol{X}(t)=\boldsymbol{x}(t)]$ 这一项消失）。

最后，式(3.7.12d)成为：

$$\begin{aligned}&f[\boldsymbol{X}(t)=\boldsymbol{x}(t)\mid\boldsymbol{Z}(t)=\boldsymbol{z}(t)]\\ \propto\ &f[\boldsymbol{Y}_o(t)=\boldsymbol{y}_o(t)\mid\boldsymbol{X}(t)=\boldsymbol{x}(t)]\cdot f[\boldsymbol{X}(t)=\boldsymbol{x}(t)\mid\boldsymbol{Z}(t-1)=\boldsymbol{z}(t-1)]\end{aligned} \tag{3.7.12e}$$

至此，这个 3.7.3.4 节的式(3.7.12e)等同于式(3.7.12b)；其中：

• 右端的第一项 $f[\boldsymbol{Y}_o(t)=\boldsymbol{y}_o(t)\mid\boldsymbol{X}(t)=\boldsymbol{x}(t)]$ 就是式(3.7.12b)中的 $f_{oc}(H(\boldsymbol{x})-\boldsymbol{y}_o)$，它是由**当前观测**误差 $\boldsymbol{\varepsilon}_o(t)$ 的 PDF 即 $f_o[\boldsymbol{\varepsilon}_o(t)]$，通过观测方程来得到。可参见 3.7.3.3 节的式(3.7.11)。

• 右端的第二项 $f[\boldsymbol{X}(t)=\boldsymbol{x}(t)|\boldsymbol{Z}(t-1)=\boldsymbol{z}(t-1)]$ 称作 $\boldsymbol{X}(t)$ 的“先验” PDF，即把 $\boldsymbol{X}(t)$ 的“先验” PDF 表述为给定直至 $t-1$ 时刻**所有过去观测**的条件下的大气状态在 t 时刻的 PDF（它对应 3.7.3.2 节的式(3.7.9)中 $f_b(\boldsymbol{\varepsilon}_b)$ 即 $f_b(\boldsymbol{x}-\boldsymbol{x}_b)$）。这在含义上对应着：分析时刻 t 的**先验背景场**（即前期的模式预报场）是来自之前的所有观测；而且，由于不同时刻观测误差是独立的，即“$\boldsymbol{Y}_o(t)=\boldsymbol{y}_o(t)$ 和 $\boldsymbol{Z}(t-1)=\boldsymbol{z}(t-1)$ 是独立的”，这意味着“当前时刻观测误差和先验背景场误差是不相关的”，也由此可见：由假定“不同时刻的观测误差不相关” 可导出假定“同时刻的背景场误差和观测误差不相关” 。

还可以看到：在一般意义上，上面式(3.7.12e)**简单而优美**。它表达了一个**递归关系**：来自**当前和过去所有观测**的后验 PDF 即 $f[\boldsymbol{X}(t)=\boldsymbol{x}(t)|\boldsymbol{Z}(t)=\boldsymbol{z}(t)]$ 是来自**过去所有观测**的先验 PDF 即 $f[\boldsymbol{X}(t)=\boldsymbol{x}(t)|\boldsymbol{Z}(t-1)=\boldsymbol{z}(t-1)]$ 和来自**当前观测**的 PDF 即 $f[\boldsymbol{Y}_o(t)=\boldsymbol{y}_o(t)|\boldsymbol{X}(t)=\boldsymbol{x}(t)]$ 的乘积。

3.7.3.5　大气状态的后验 PDF 与大气状态的最优估计的理想化方程

大气状态 $\boldsymbol{X}$ 的**后验**PDF，即式(3.7.12b)的 $f(\boldsymbol{X}=\boldsymbol{x}|\boldsymbol{Y}=\boldsymbol{y})$/或式(3.7.12e)的 $f[\boldsymbol{X}(t)=\boldsymbol{x}(t)|\boldsymbol{Z}(t)=\boldsymbol{z}(t)]$，是关于大气状态 $\boldsymbol{X}$ 的概率密度函数（简记为 $=f_a(\boldsymbol{x})$），包含了待估计的大气状态随机向量 $\boldsymbol{X}$ 的所有信息。于是，“如何考虑随机向量 $\boldsymbol{X}$ 的**最优取值**”，这样判定：大气状态随机向量 $\boldsymbol{X}$ 的最优估计（值）$\boldsymbol{x}_a$ 是随机向量 $\boldsymbol{X}$ 的**均值**，即：

$$\boldsymbol{x}_a=\int f(\boldsymbol{X}=\boldsymbol{x}|\boldsymbol{Y}=\boldsymbol{y})\cdot\boldsymbol{x}\,\mathrm{d}\boldsymbol{x}\,; \tag{3.7.13a}$$

或是 $\boldsymbol{X}$ 的**众数**，即：

$$\boldsymbol{x}_a=\boldsymbol{x}\text{，此时满足 } f(\boldsymbol{X}=\boldsymbol{x}|\boldsymbol{Y}=\boldsymbol{y})\text{ 最大。} \tag{3.7.13b}$$

由此得到的 $\boldsymbol{x}_a$ 就是**分析场**（值）；因为它是大气状态随机向量 $\boldsymbol{X}$ 的最优估计（值）亦即**最优取值**，因此也叫作“最佳分析”。

式(3.7.13a)或式(3.7.13b)就是大气状态的**最优估计**/或最佳分析/分析场的理想化方程。特做一个说明，在本书中一般地统一称作“**最优分析的理想化方程**”；其中“最优分析” 不仅是指“最佳的分析（结果）”，也是表达“大气状态的**最优**估计（值）作为**分析场**” 之意。

顺便指出，如 3.3.1 节(1)中有关的“正态分布及其一些特点” 所述，如果 PDF 是正态分布的，这时均值和众数是相等的。

3.7.4　最优分析的理想化方程和大气状态估计的两种代表性方法

上节中式(3.7.13a)和式(3.7.13b)分别对应 3.6.3.2 节中“最大后验估计”和“贝叶斯估计” 这两种方法。**最大后验估计方法**取众数为状态的最优估计（值），它的最优准则是“概率最大”。**贝叶斯估计方法**取均值为状态的最优估计（值），它的最优准则是“误差方差最小”（由 3.1.2.2 节中有关的“均值的实质意义” 之式(3.1.6)可知，$\boldsymbol{X}$ 的估计 $\boldsymbol{x}_c$ 取 $\boldsymbol{E}(\boldsymbol{X})$ 时对应着 $\boldsymbol{X}$ 关于 $\boldsymbol{x}_c$ 的**二阶矩**到达最小。对于大气状态**真值**随机向量 $\boldsymbol{X}$，则是对应着该估计 $\boldsymbol{x}_c$ 的**误差均方**到达最小；若该估计 $\boldsymbol{x}_c$ 的误差随机变量$(\boldsymbol{X}-\boldsymbol{x}_c)$**无偏**，则是对应着该估计 $\boldsymbol{x}_c$ 的**误差方差**到达最小；参见 3.1.2.2 节中有关的“均值的实质意义”）。

但是，求均值/一阶矩需要随机变量的完整 PDF 和对整个 PDF 的积分（参见 3.1.1.1 节“随机变量” 中均值定义式(3.1.1c)）。这对于大气状态随机向量 $\boldsymbol{X}$ 的**后验**PDF 即 $f(\boldsymbol{X}=\boldsymbol{x}|\boldsymbol{Y}=\boldsymbol{y})$，这时是要计算 $f(\boldsymbol{X}=\boldsymbol{x}|\boldsymbol{Y}=\boldsymbol{y})$ 的积分，且其分母 $f(\boldsymbol{Y}=\boldsymbol{y})$（标准化常数）不可省去；实际应用中，大气状态变量 $\boldsymbol{x}$ 和观测变量 $\boldsymbol{y}$ 是**巨维**的，观测方程 $\boldsymbol{y}=H(\boldsymbol{x})$ 是**非线性**的，这个积分通常是

不现实的，且标准化常数 $f(\boldsymbol{Y}=\boldsymbol{y})$ 如何较准确合理给定也是个问题。所以**贝叶斯估计方法**不能用于实际的大气状态估计。顺便说明，3.6.3.2 节(3)的**最小方差估计方法**需要用到 PDF 的一阶矩及二阶矩的积分运算，自然也不能用于实际的大气状态估计。

由于实际应用中大气状态变量 $\boldsymbol{x}$ 和观测变量 $\boldsymbol{y}$ 是**巨维**的、观测方程 $\boldsymbol{y}=H(\boldsymbol{x})$ 是**非线性**的，大气状态估计的两种代表性方法是**最大后验估计方法**和**线性最小方差估计方法**。

3.7.5 大气状态估计的两种代表性方法与实际应用的大气资料同化方法

3.7.5.1 最大后验估计方法与变分同化方法

大气状态估计的**最大后验估计方法**，**基于**大气状态随机向量 $\boldsymbol{X}$ 的 PDF **分布**，但不需 PDF 的具体准确值和无需 PWD 的整个积分，只关注 PDF 曲线**形状**达到最大这个特定点上 $\boldsymbol{X}$ 的特定取值即众数。

而且，在背景场误差 $\boldsymbol{\varepsilon}_b$ 和观测误差 $\boldsymbol{\varepsilon}_o$ **无偏**且**为正态分布**的假定下，求解这个 PDF 极大可以转化为等价于求解一个关于(大气状态随机向量 $\boldsymbol{X}$ 的取值) $\boldsymbol{x}$ 的目标泛函极小；这就是大气资料同化的**变分同化方法**。参见 2.6 节"变分方法"。

也就是，如果 $f_b(\boldsymbol{\varepsilon}_b)\sim N(0,\boldsymbol{B})$，$f_o(\boldsymbol{\varepsilon}_o)\sim N(0,\boldsymbol{R})$，其中 $\boldsymbol{B},\boldsymbol{R}$ 分别是 $\boldsymbol{\varepsilon}_b,\boldsymbol{\varepsilon}_o$ 的协方差矩阵，则式(3.7.9)、式(3.7.11)和式(3.7.12b)为：

$$f(\boldsymbol{X}=\boldsymbol{x})=f_b(\boldsymbol{\varepsilon}_b)=f_b(\boldsymbol{x}-\boldsymbol{x}_b)\propto \mathrm{e}^{-\frac{1}{2}(\boldsymbol{x}-\boldsymbol{x}_b)^{\mathrm{T}}\boldsymbol{B}^{-1}(\boldsymbol{x}-\boldsymbol{x}_b)} \tag{3.7.14a}$$

$$f(\boldsymbol{Y}=\boldsymbol{y}\mid\boldsymbol{X}=\boldsymbol{x})=f_o(\boldsymbol{\varepsilon}_o)=f_{oc}(H(\boldsymbol{x})-\boldsymbol{y}_o)\propto \mathrm{e}^{-\frac{1}{2}[H(\boldsymbol{x})-\boldsymbol{y}_o]^{\mathrm{T}}\boldsymbol{R}^{-1}[H(\boldsymbol{x})-\boldsymbol{y}_o]} \tag{3.7.14b}$$

$$f(\boldsymbol{X}=\boldsymbol{x}\mid\boldsymbol{Y}=\boldsymbol{y})=f_a(\boldsymbol{x})\propto f_{oc}(H(\boldsymbol{x})-\boldsymbol{y}_o)\cdot f_b(\boldsymbol{x}-\boldsymbol{x}_b)\propto \mathrm{e}^{-\frac{1}{2}\{(\boldsymbol{x}-\boldsymbol{x}_b)^{\mathrm{T}}\boldsymbol{B}^{-1}(\boldsymbol{x}-\boldsymbol{x}_b)+[H(\boldsymbol{x})-\boldsymbol{y}_o]^{\mathrm{T}}\boldsymbol{R}^{-1}[H(\boldsymbol{x})-\boldsymbol{y}_o]\}}$$

因此，$\max\limits_{x} f_a(\boldsymbol{x})$ 等价于 $\min\limits_{x} J(\boldsymbol{x})$，其中目标泛数 $J(\boldsymbol{x})$ 为：

$$J(\boldsymbol{x})=\frac{1}{2}\{(\boldsymbol{x}-\boldsymbol{x}_b)^{\mathrm{T}}\boldsymbol{B}^{-1}(\boldsymbol{x}-\boldsymbol{x}_b)+[H(\boldsymbol{x})-\boldsymbol{y}_o]^{\mathrm{T}}\boldsymbol{R}^{-1}[H(\boldsymbol{x})-\boldsymbol{y}_o]\} \tag{3.7.15}$$

这就是 2.6 节"变分方法" 的式(2.6.1a)。

3.7.5.2 线性最小方差估计方法与最优插值同化方法/卡尔曼滤波同化方法

大气状态估计的**线性最小方差估计方法**，**不涉及**任何随机变量的PDF，而是把(**待估量**大气状态随机向量 $\boldsymbol{X}$ 的)估计值 $\boldsymbol{x}_a$ 和已知的数据(背景场值 $\boldsymbol{x}_b$、观测值 $\boldsymbol{y}_o$)都分别对应一个随机向量 $\boldsymbol{X}_a,\boldsymbol{X}_b,\boldsymbol{Y}_o$，假定估计值对应的随机向量和已知数据所对应随机向量是线性关系：$\boldsymbol{X}_a=\boldsymbol{A}\boldsymbol{X}_b+\boldsymbol{B}\boldsymbol{Y}_o$；**基于**它们的**误差的统计特征**，包括误差**一阶矩**(均值)和**二阶矩**(协方差和方差)的特征，包括：

- 假定它们**误差** $\boldsymbol{E}_a,\boldsymbol{E}_b,\boldsymbol{E}_o$ 都**无偏**/一阶矩为零；
- 由线性关系，在 $\boldsymbol{E}_b,\boldsymbol{E}_o$ **不相关**的假定下，得到由已知数据 $\boldsymbol{X}_b,\boldsymbol{Y}_o$ 的误差协方差表示 $\boldsymbol{X}_a$ 的误差协方差；

再通过 $\boldsymbol{X}_a$ **的误差协方差最小**来确定线性关系中的最优权重矩阵 $\hat{\boldsymbol{A}},\hat{\boldsymbol{B}}$；进而，由已知数据 $\boldsymbol{x}_b,\boldsymbol{y}_o$，通过最优权重矩阵的线性关系来得到最优估计(值) $\hat{\boldsymbol{x}}_a$。

在实际的大气资料同化中，这就是最优插值方法和卡尔曼滤波方法的**共同部分**，即它们的数学理论基础，只是：

①(尽管形式上也可以写为 $\boldsymbol{x}_a=\boldsymbol{W}\boldsymbol{y}_o+(\boldsymbol{I}-\boldsymbol{W}\boldsymbol{H})\boldsymbol{x}_b$；其中考虑了 H 是线性算子。)观测信息是直接表

现为通过观测增量即**新息**形式$[\boldsymbol{y}_o-H(\boldsymbol{x}_b)]$引入的，所以线性关系是以新息形式表示为$\boldsymbol{x}_a=\boldsymbol{x}_b+\boldsymbol{K}[\boldsymbol{y}_o-H(\boldsymbol{x}_b)]$；

②在表示方式上，资料同化文献中通常没表示为随机向量$\boldsymbol{X}_a,\boldsymbol{X}_b,\boldsymbol{Y}_o$，而直接用其数值$\boldsymbol{x}_a,\boldsymbol{x}_b,\boldsymbol{y}_o$(不是随机变量)；其"随机变量"的特征是**通过直接引入**随机向量$\boldsymbol{X}_a,\boldsymbol{X}_b,\boldsymbol{Y}_o$的**误差取值**$\boldsymbol{\varepsilon}_a,\boldsymbol{\varepsilon}_b,\boldsymbol{\varepsilon}_o$来表示。用$\boldsymbol{x}_t$记大气状态的真值(是一个未知数值，不是随机变量)，则有：$\boldsymbol{x}_a=\boldsymbol{x}_t+\boldsymbol{\varepsilon}_a$和$\boldsymbol{x}_b=\boldsymbol{x}_t+\boldsymbol{\varepsilon}_b,\boldsymbol{y}_o=H(\boldsymbol{x}_t)+\boldsymbol{\varepsilon}_o$。其实，$\boldsymbol{\varepsilon}_a$和$\boldsymbol{\varepsilon}_b,\boldsymbol{\varepsilon}_o$对应的误差随机向量应表示为$\boldsymbol{E}_a=(\boldsymbol{X}_a-\boldsymbol{x}_t)$和$\boldsymbol{E}_b=(\boldsymbol{X}_b-\boldsymbol{x}_t),\boldsymbol{E}_o=[\boldsymbol{Y}_o-H(\boldsymbol{x}_t)]$，但在资料同化文献中通常没有做$\boldsymbol{E}_a,\boldsymbol{E}_b,\boldsymbol{E}_o$与其取值$\boldsymbol{\varepsilon}_a,\boldsymbol{\varepsilon}_b,\boldsymbol{\varepsilon}_o$的显式区分表示。这些是初学者在对照数学书籍和同化文献学习时容易混淆而懵懂之处！

于是，对于大气资料同化的**最优插值方法**和**卡尔曼滤波方法**，就是用：

$$\boldsymbol{x}_a=\boldsymbol{x}_t+\boldsymbol{\varepsilon}_a \text{ 和 } \boldsymbol{x}_b=\boldsymbol{x}_t+\boldsymbol{\varepsilon}_b,\boldsymbol{y}_o=H(\boldsymbol{x}_t)+\boldsymbol{\varepsilon}_o, \tag{3.7.16}$$

代入线性关系式：

$$\boldsymbol{x}_a=\boldsymbol{x}_b+\boldsymbol{K}[\boldsymbol{y}_o-H(\boldsymbol{x}_b)]; \tag{3.7.17}$$

又，考虑观测算子H在$\boldsymbol{x}_b$附近的**切线性近似**，以$\boldsymbol{H}$表示H的切线性算子，可以有：

$$\boldsymbol{y}_o=H(\boldsymbol{x}_t)+\boldsymbol{\varepsilon}_o=H(\boldsymbol{x}_b-\boldsymbol{\varepsilon}_b)+\boldsymbol{\varepsilon}_o=H(\boldsymbol{x}_b)-\boldsymbol{H}\boldsymbol{\varepsilon}_b+\boldsymbol{\varepsilon}_o;$$

由此得到：

$$[\boldsymbol{y}_o-H(\boldsymbol{x}_b)]=(\boldsymbol{\varepsilon}_o-\boldsymbol{H}\boldsymbol{\varepsilon}_b);$$

进而便得到：

$$\boldsymbol{\varepsilon}_a=\boldsymbol{\varepsilon}_b+\boldsymbol{K}(\boldsymbol{\varepsilon}_o-\boldsymbol{H}\boldsymbol{\varepsilon}_b); \tag{3.7.18a}$$

考虑到$\boldsymbol{\varepsilon}_a$和$\boldsymbol{\varepsilon}_b,\boldsymbol{\varepsilon}_o$对应误差随机向量$\boldsymbol{E}_a$和$\boldsymbol{E}_b,\boldsymbol{E}_o$，就是：

$$\boldsymbol{E}_a=\boldsymbol{E}_b+\boldsymbol{K}(\boldsymbol{E}_o-\boldsymbol{H}\boldsymbol{E}_b)。 \tag{3.7.18b}$$

由此，基于已知数据$\boldsymbol{x}_b,\boldsymbol{y}_o$的误差的统计特征，即：

- 假定**误差**$\boldsymbol{E}_b,\boldsymbol{E}_o$都**无偏**：$E(\boldsymbol{E}_b)=0,E(\boldsymbol{E}_o)=0$，
- 假定$\boldsymbol{E}_b,\boldsymbol{E}_o$**不相关**：$E(\boldsymbol{E}_b\boldsymbol{E}_o^{\mathrm{T}})=0$，
- 以及$\boldsymbol{E}_b,\boldsymbol{E}_o$的误差协方差为：$E(\boldsymbol{E}_b\boldsymbol{E}_b^{\mathrm{T}})=\boldsymbol{B}$，　　$E(\boldsymbol{E}_o\boldsymbol{E}_o^{\mathrm{T}})=\boldsymbol{R}$，

就能得到以$\boldsymbol{x}_b,\boldsymbol{y}_o$的误差的统计特征$B,\boldsymbol{R}$表示的$\boldsymbol{X}_a$的误差协方差：

$$E(\boldsymbol{E}_a\boldsymbol{E}_a^{\mathrm{T}})=E\{[\boldsymbol{E}_b+\boldsymbol{K}(\boldsymbol{E}_o-\boldsymbol{H}\boldsymbol{E}_b)][\boldsymbol{E}_b+\boldsymbol{K}(\boldsymbol{E}_o-\boldsymbol{H}\boldsymbol{E}_b)]^{\mathrm{T}}\} \tag{3.7.18c}$$

最后，通过$\boldsymbol{X}_a$的**误差协方差最小**即$\min\limits_{K}\{E(\boldsymbol{E}_a\boldsymbol{E}_a^{\mathrm{T}})\}$，来确定线性关系中的最优权重矩阵即增益矩阵$\hat{\boldsymbol{K}}$：

$$\hat{\boldsymbol{K}}=\boldsymbol{B}\boldsymbol{H}^{\mathrm{T}}(\boldsymbol{H}\boldsymbol{B}\boldsymbol{H}^{\mathrm{T}}+\boldsymbol{R})^{-1} \tag{3.7.19}$$

进而，由这个最优权重矩阵的线性关系式(3.7.17)得到最优估计(值)$\hat{\boldsymbol{x}}_a$：

$$\hat{\boldsymbol{x}}_a=\boldsymbol{x}_b+\hat{\boldsymbol{K}}[\boldsymbol{y}_o-H(\boldsymbol{x}_b)] \tag{3.7.20}$$

参见 2.5 节"最优插值方法"和 2.7.2 节"卡尔曼滤波(分析)同化方法"。

3.7.6　小结：状态估计方法与实际的大气资料同化

至此，由上述可见，**状态估计方法**是大气的状态估计的基础。事实上，除了"逐步订正方法(SCM)"，所有其他分析同化基本方法都可以在状态估计方法中找到它的数学理论基础：最小二乘方法对应"多项式函数拟合方法"，最大后验估计方法对应"变分同化方法(Var)"；线性最小方差估计方法对应"最优插值方法(OI)"和"卡尔曼滤波同化方法(KF)"。由此可以理解这

样的分类：SCM是经验分析方法，多项式函数拟合方法是基于最小二乘的**最优估计方法**，而OI、Var、KF（及以KF为理论基础的EKF、EnKF）是基于随机变量的**统计最优估计方法**。

得到大气状态的最优估计（值）即分析场是大气资料同化的目的。**大气状态的最优估计**（最优分析）**的理想化方程**是基于估计理论，其根本的基础是从随机变量的概念出发和根据概率论的贝叶斯定理；以此利用大气状态作为先验信息的背景场数据和作为新增信息的观测数据，导出大气状态随机向量的后验PDF；由此得到这个PDF的**众数**/或**均值**作为大气状态的最优估计，使这个估计对应着**概率最大**/或使该估计的**误差方差最小**；这两个最优估计分别对应着最大后验估计方法和贝叶斯估计方法。

与大气资料同化相关的状态估计方法包括最大后验估计、贝叶斯估计、最小方差估计及线性最小方差估计、最小二乘法。但是，在实际的大气资料同化中，大气状态变量 $\boldsymbol{x}$ 和观测量 $\boldsymbol{y}$ 是巨维的，二者间关系的观测方程 $\boldsymbol{y}=H(\boldsymbol{x})$ 是非线性的；由于贝叶斯估计方法和最小方差估计方法需要用到PDF的一阶矩及二阶矩的**积分运算**，所以在大气状态估计的实际应用中难以实现；即使是最大后验估计方法也需要简化做法以避免“状态估计的较为一般形式”中PDF的**非线性变换**来提供大气状态的先验PDF。

对于实际业务资料同化，**大气状态估计的两种代表性方法**是最大后验估计方法和线性最小方差估计方法；前者对应着变分同化方法，后者对应着最优插值方法和集合卡尔曼滤波方法。**最大后验估计方法**和**线性最小方差估计方法**都是统计最优估计方法：最大后验估计方法基于PDF曲线形状，只关注PDF达到最大这个特定点上随机变量的特定取值即众数；线性最小方差估计方法基于已知数据的**误差的统计特征**，包括误差**一阶矩**（均值）和**二阶矩**（协方差和方差）。

大气状态后验PDF的另一个导出方法能给出诸多理解：不仅陈述了从预报和同化循环的角度“**分析场**是来自**当前和过去**的所有观测”，而且说明了由NWP提供的“**背景场**是来自**过去**的所有观测”，并表明了由假定“不同时刻的观测误差 $\boldsymbol{\varepsilon}_{\mathrm{o}}(t-1)$ 和 $\boldsymbol{\varepsilon}_{\mathrm{o}}(t)$ 不相关”就可导出假定“同时刻的背景场误差 $\boldsymbol{\varepsilon}_{\mathrm{b}}(t)$ 和观测误差 $\boldsymbol{\varepsilon}_{\mathrm{o}}(t)$ 不相关”，进而知道这些假定的作用和内在关联。

参考文献

陈希孺，2009. 概率论与数理统计[M]. 合肥：中国科学技术大学出版社：42，48，102，260.

陆果，1997. 基础物理学：下卷[M]. 北京：高等教育出版社：651.

[加]蒂莫西·D. 巴富特，2018. 机器人学的状态估计：State Estimation for Robotics[M]. 高翔，谢晓佳，等，译. 西安：西安交通大学出版社.

Daley R，1993. Estimating observation error statistics for atmospheric data assimilation[J]. Ann Geophys，11：634-647.

Hamill T M，2006. Ensemble-based atmospheric data assimilation[M]//Palmer T，Hagedorn R. Predictability of Weather and Climate. Cambridge University Press：124-156.

Lorenc A C，1986. Analysis methods for numerical weather prediction[J]. Quart J Roy Met Soc，112：1177-1194.

Panofsky H A，1949. Objective Weather-Map Analysis[J]. Journal of Meteorology，6：386-392.

第4章　大气资料同化学科的基本内容

除了发展史、数学理论基础之外，这里“基本”内容是指发展到今天的资料同化不限于某种具体同化方法的**一般内容**，和分析同化方法的**共性特征**以及彼此间的**等价性特征**。

对于一般内容，它包含着资料同化的这样的条理脉络和内在关联：

• **性质上**“分析同化**问题是什么**/问题提出”，这关联着“**逆问题**及其求解的欠定性与先验背景信息的引入”；

• **输入上**“**可用信息包含哪些**”，这关联着“**可用信息**的来源与其内涵”；

• **过程上**“分析同化**如何实施**”，这关联着“**观测信息**的引入与观测算子，和观测信息的权重及传播平滑与背景场误差协方差矩阵”；

• **输出上**“分析场**有着什么内在要求**”，这关联着“**分析场**本身的准确性和它用作初值时与预报模式的协调性”；

• **优化上**“作为已知给定的误差统计特征即误差参数**如何改进**”，这关联着“**同化**(算法)**系统**中误差参数的预先给定与后验诊断和调谐”。

这些一般内容有着逻辑清晰和自身完备的条理脉络，可以形成对“资料同化是怎么一回事”的一个大体理解。

之后，阐述一些**具体的**等价性特征和共性特征。其中的共性特征是对实践应用中同化方法及同化系统研发的一般意义的理解和思考，对于自主研发资料同化系统有着直接的启发和借鉴的作用。

在之前所有内容的基础上，本章最后将试图综合阐述大气资料同化作为一门**独立的科学学科**的总体内容。

4.1　分析同化问题是什么？逆问题及其求解的欠定性与先验背景信息的引入

4.1.1　NWP分析问题的提出和逆问题

大气资料同化源自NWP初值形成的客观分析。对于NWP，模式大气代表大气状态(参见1.1.3.1节(3)“大气状态和模式大气”)；NWP初值就是某时刻某一预定的规则网格点上模式大气状态变量的值。**分析问题**从一开始就是：如何利用不规则分布的已有观测，得到某时刻某一预定的规则网格点上最可能的值？数学上，这个分析问题可以表述为：

给定实际观测向量 $\boldsymbol{y}_o$，已知观测物理量 $\boldsymbol{y}$ 与模式大气状态物理量 $\boldsymbol{x}$ 之间确定的具体映射关系 H(观测算子)：

$$\boldsymbol{y}=H(\boldsymbol{x});\qquad(4.1.1)$$

则分析问题就是：由式(4.1.1)反过来求得最佳的 $\boldsymbol{x}$(被称为分析场 $\boldsymbol{x}_a$)，来提供NWP预报模式的初值条件。可见,“已知观测 $\boldsymbol{y}_o$ 由式(4.1.1)求解模式大气状态变量 $\boldsymbol{x}$”,这是一个逆问题。

4.1.2 逆问题求解的欠定性与先验背景信息的引入

4.1.2.1 逆问题求解的欠定性

Bergthorsson 等(1955)对早期 NWP 分析问题的调查研究所得出的结论是:仅仅通过天气观测资料的插值来得到合理的分析场常常是不可能的。

只有观测信息来求解这个逆问题一般是欠定的,这被称为分析问题的欠定性(Underdeterminacy)。它源于观测的不完整性。在实际的实施中,模式状态变量 $\boldsymbol{x}$ 有着很大的维数 N_x;对于一个格点模式,N_x 等于所有三维物理空间的格点数与每个格点上模式变量个数的乘积。随着计算机能力的持续增长,NWP 模式的复杂性和分辨率大小也相应地增长。为了很好地预报如锋面和强风暴的重要天气现象,需要有很高的分辨率。于是,$\boldsymbol{x}$ 的维数大小 N_x 未来还将按照计算能力许可的速度持续增长。这样,尽管遥感技术和其他自动观测系统的进展增加了 $\boldsymbol{y}_o$ 的观测数 N_y,分析问题还是可能保持欠定的:$N_x > N_y$。事实上,我们永远不会有每个格点上的每个模式变量值对应的观测值,由此分析问题至少会是部分欠定的(Lorenc,1986)。因此要求解这个欠定性的分析逆问题,需要引入其他信息。

4.1.2.2 大气状态的先验背景信息的引入

(1) **用 PDF 表示的广义逆的求解:引入先验背景信息**

数学上,贝叶斯定理恰好适用于分析逆问题的求解。贝叶斯定理指出:随机事件 A 在随机事件 B 发生的条件下的后验概率,与事件 A 的先验概率和事件 B 在事件 A 发生的条件下的后验概率的乘积成正比:$P(A|B) \propto P(B|A) \cdot P(A)$(参见 3.5.1 节“贝叶斯定理”中式(3.5.1c))。可见,其中的 $P(A|B)$ 和 $P(B|A)$ 的关系对应着逆问题求解。

依据贝叶斯定理,由已知的(原则上可以估计的)各信息的 PDFs,能够导出用 PDF 表示的 $\boldsymbol{y}=H(\boldsymbol{x})$ 的一个广义逆(Lorenc,1986)。这就是:

- 把大气状态变量(**真值**)和观测物理量(**真值**)都作为某一随机向量(分别用 $\boldsymbol{X}$ 和 $\boldsymbol{Y}$ 表示),其随机变量的某一取值都便是真值的一个可能(分别用 $\boldsymbol{x}$ 和 $\boldsymbol{y}$ 表示)。用 A 表示“$\boldsymbol{X}$ 取某一可能值 $\boldsymbol{x}$” 这一随机事件 $\boldsymbol{X}=\boldsymbol{x}$,用 B 表示“$\boldsymbol{Y}$ 取某一可能值 $\boldsymbol{y}$” 这一随机事件 $\boldsymbol{Y}_t=\boldsymbol{y}$。
- 那么由贝叶斯定理有:

$$f(\boldsymbol{X}=\boldsymbol{x}|\boldsymbol{Y}=\boldsymbol{y}) \propto f(\boldsymbol{Y}=\boldsymbol{y}|\boldsymbol{X}=\boldsymbol{x}) \cdot f(\boldsymbol{X}=\boldsymbol{x}); \tag{4.1.2a}$$

$f(\boldsymbol{X}=\boldsymbol{x}|\boldsymbol{Y}=\boldsymbol{y})$ 是有了观测信息之后(已知观测信息 $\boldsymbol{Y}=\boldsymbol{y}$ 的条件下)的关于 $\boldsymbol{X}$ 的后验(条件)概率,简记为 $f_a(\boldsymbol{x})$,这就是用 PDF 表示的式(4.1.1) $\boldsymbol{y}=H(\boldsymbol{x})$ 的一个广义逆。其中,右端的 $f(\boldsymbol{Y}=\boldsymbol{y}|\boldsymbol{X}=\boldsymbol{x})$ 和 $f(\boldsymbol{X}=\boldsymbol{x})$ 就是原则上可以估计的各信息的 PDFs:①$f(\boldsymbol{X}=\boldsymbol{x})$ 是来自**背景场**信息、可以通过**背景场误差** $\boldsymbol{\varepsilon}_b$ 的 PDF 得到的大气状态先验 PDF 即 $f_b(\boldsymbol{x}-\boldsymbol{x}_b)$(参见 3.7.3.2 节中相关的“背景场信息与大气状态的先验 PDF”,式(3.7.9));它就是所引入的先验背景信息(来自 NWP **前期**预报);②$f(\boldsymbol{Y}=\boldsymbol{y}|\boldsymbol{X}=\boldsymbol{x})$ 是来自**观测**信息、可以通过**观测误差** $\boldsymbol{\varepsilon}_o$ 的 PDF 和利用观测方程 $\boldsymbol{y}=\mathbf{H}(\boldsymbol{x})$ 条件下得到的关于**大气状态变量** x 的一个 PDF 即 $f_{oc}(H(\boldsymbol{x})-\boldsymbol{y}_o)$(参见 3.7.3.3 节中相关的“观测信息和观测方程与观测物理量的条件 PDF”,式(3.7.11));它就是新增的观测信息(来自**当前**时刻的观测)。

这样由(原则上可以估计的)各信息的 PDFs 就能导出用 PDF 表示的这个广义逆:

$$f(\boldsymbol{X}=\boldsymbol{x}|\boldsymbol{Y}=\boldsymbol{y})=f_a(\boldsymbol{x}) \propto f_{oc}(H(\boldsymbol{x})-\boldsymbol{y}_o) \cdot f_b(\boldsymbol{x}-\boldsymbol{x}_b); \tag{4.1.2b}$$

这就是引入大气状态的先验背景信息、在有了新的观测信息条件下的大气状态的后验(条件)PDF。

由此就得到这个广义逆的解 $\boldsymbol{x}_a$,它就是:

$f(\boldsymbol{X}=\boldsymbol{x}\,|\,\boldsymbol{Y}=\boldsymbol{y})$ 即 $f_a(\boldsymbol{x})$ 的众数(对应后验概率最大)或均值(对应误差方差最小)。也就是:3.7.3 节“大气状态的最优分析的理想化方程”中的式(3.7.13a)和式(3.7.13b)。

这样,大气状态随机变量 $\boldsymbol{X}$ 的最优估计(值)$\boldsymbol{x}_a$ 就是分析问题所欲求的最可能值即分析值。

(2)　**用先验背景信息表示的一个分析解具体形式:理解解决分析逆问题的欠定性**

上面是用PDF 表示的广义逆及其求解,引入了先验背景信息。下面用解的具体形式,更直观理解先验背景信息的引入,和理解由此解决分析逆问题求解的欠定性。

由上述用 PDF 表示的广义逆的众数解(即 3.7.3.5 节中的式(3.7.13a)),可以得到一个分析解具体形式。具体地:

①在背景场误差 $\boldsymbol{\varepsilon}_b$ 和观测误差 $\boldsymbol{\varepsilon}_o$ **无偏且为正态分布**的假定下,求上述广义逆的众数解(亦即后验概率 $f_a(\boldsymbol{x})$ 极大的解),等价于求一个目标泛函 $J(\boldsymbol{x})$ 极小的解:$\max\limits_{x} f_a(\boldsymbol{x})$ 等价于 $\min\limits_{x} J(\boldsymbol{x})$,其中 $J(\boldsymbol{x})$ 为:

$$J(\boldsymbol{x})=\frac{1}{2}\{(\boldsymbol{x}-\boldsymbol{x}_b)^{\mathrm{T}}\boldsymbol{B}^{-1}(\boldsymbol{x}-\boldsymbol{x}_b)+[H(\boldsymbol{x})-\boldsymbol{y}_o]^{\mathrm{T}}\boldsymbol{R}^{-1}[H(\boldsymbol{x})-\boldsymbol{y}_o]\}$$

参见 3.7.5.1 节“最大后验估计方法与变分同化方法”的式(3.7.15)。

②假定观测算子 H 在 $\boldsymbol{x}_b$ 处的切线性近似,通过 $\nabla_x J(\boldsymbol{x}_a)=0$,便直接导出一个显式的**分析解具体形式**:

$$\boldsymbol{x}_a=\boldsymbol{x}_b+\boldsymbol{W}[\boldsymbol{y}_o-H(\boldsymbol{x}_b)];\tag{4.1.3}$$

式中,$\boldsymbol{W}=\boldsymbol{B}\boldsymbol{H}^{\mathrm{T}}(\boldsymbol{H}\boldsymbol{B}\boldsymbol{H}^{\mathrm{T}}+\boldsymbol{R})^{-1}$,$\boldsymbol{H}\approx\left.\dfrac{\partial H(\boldsymbol{x})}{\partial \boldsymbol{x}}\right|_{\boldsymbol{x}=\boldsymbol{x}_b}$($H$ 的切线性算子)。

参见 2.6 节“变分方法”中式(2.6.2)。

由这个用 $\boldsymbol{x}_b$ 表示的分析**解具体形式**可知:因为 $\boldsymbol{x}_b$ 和待求解的大气状态变量 $\boldsymbol{x}$ 是相同**向量空间**的变量(维数相同、位置相同),所以引入 $\boldsymbol{x}_b$ 之后,$\boldsymbol{x}$ 至少可以取值为 $\boldsymbol{x}_b$;也就是,先验背景信息的引入解决了分析逆问题的欠定性。

而且,有了当前时刻的观测(向量)$\boldsymbol{y}_o$(维数为 N_y),又引入先验背景场(向量)$\boldsymbol{x}_b$(维数为 N_x),使得求解大气状态变量 $\boldsymbol{x}$(维数为 N_x)的分析逆问题是已知量个数大于未知量个数,即 $(N_x+N_y)>N_x$,因此是超定的,可以通过最优问题的求解方法,求由个数为 (N_x+N_y) 的 $\boldsymbol{y}_o$,$\boldsymbol{x}_b$ 得到个数为 N_x 的 $\boldsymbol{x}$ 的最优解。

(3)　**小结:先验背景信息的引入形式和求 $\boldsymbol{x}$ 最优解的作用**

在上面(1)“用 PDF 表示的广义逆的求解:引入先验背景信息”中,先验背景信息是以**背景场误差** $\boldsymbol{\varepsilon}_b$ 形式的 PDF 引入的,表示为:$f_b(\boldsymbol{\varepsilon}_b)=f_b(\boldsymbol{x}-\boldsymbol{x}_b)=f(\boldsymbol{X}=\boldsymbol{x})$。

在上面(2)中,先验背景信息是通过背景场误差 $\boldsymbol{\varepsilon}_b$ **无偏**且**为正态分布**的假定,表示为:$f(\boldsymbol{X}=\boldsymbol{x})=f_b(\boldsymbol{x}-\boldsymbol{x}_b)\propto e^{-\frac{1}{2}(\boldsymbol{x}-\boldsymbol{x}_b)^{\mathrm{T}}\boldsymbol{B}^{-1}(\boldsymbol{x}-\boldsymbol{x}_b)}$。参见 3.7.5.1 节的式(3.7.14a)。

由个数为 (N_x+N_y) 的 $\boldsymbol{y}_o$,$\boldsymbol{x}_b$ 求个数为 N_x 的 $\boldsymbol{x}$ 的最优解,此时所引入的先验背景场 $\boldsymbol{x}_b$ 的作用:

• 形式上,$\boldsymbol{x}_b$ 合理地约束大气状态变量 $\boldsymbol{x}$ 在 N_x 维空间的一个面(或点)上或是附近。

• 理论上，如果将先验背景场 $\boldsymbol{x}_b$ 和观测 $\boldsymbol{y}_o$ 合在一起视为输入信息向量 $\boldsymbol{z}$，那么根据线性统计估计理论（theory of statistical linear estimation），当且仅当满足可观测性条件（observability condition）时，由向量 $\boldsymbol{z}$ 可以得到完全确定的最优线性无偏估计 $\boldsymbol{x}_a$（Talagrand，1999）。可观测性条件表示：向量 $\boldsymbol{z}$ 包含了大气状态向量 $\boldsymbol{x}$ 的每个分量的（直接或是间接的）信息；这意味着向量 $\boldsymbol{z}$ 的维数不小于向量 $\boldsymbol{x}$ 的维数。这个 $\boldsymbol{x}_a$ 表示为：$\boldsymbol{x}_a=\boldsymbol{x}_b+\boldsymbol{W}[\boldsymbol{y}_o-H(\boldsymbol{x}_b)]$，亦即式(4.1.3)。

• 事实上，实际应用的资料同化就是利用 $\boldsymbol{y}_o$，$\boldsymbol{x}_b$ 通过统计最优估计方法得到 $\boldsymbol{x}$ 的最优估计，来作为分析场 $\boldsymbol{x}_a$，如：基于最大后验估计取众数的变分同化方法，基于线性最小方差估计对应均值的最优插值方法和集合卡尔曼滤波同化方法。

4.1.3 能用于处理分析逆问题欠定性的途径：先验知识和四维变分的同化时间窗

上面 4.1.2 节主要是从**数学形式**上认识和理解“逆问题求解的欠定性与先验背景信息的引入”。这里试图从**物理意义**上认识和理解“能用于处理分析逆问题欠定性的一些途径”。

4.1.3.1 先验知识

可以有许多有用的先验知识，通过减小状态变量 $\boldsymbol{x}$ 的有效自由度和增加输入信息的实际维数，来处理 NWP 分析问题的欠定性。Lorenc(1986)指出，先验知识有诸多的物理根源和来源，如：

1)时间序列的观测资料来增加 N_y 维数，加之用 NWP 模式方程约束的模式状态时间演变使得利用四维观测资料求解三维分析问题成为可能，由此有助于解决分析问题的欠定性，这构成了四维资料同化；

2)大气是缓慢变化的，隐含着作用于大气的各种力之间的平衡，如地转平衡约束，这能用来减少欠定性；

3)大气的不同尺度运动和参数之间存在着相互作用，这意味着一些尺度运动和参数是不完全独立的，如 Lorenc 等(1980)表明真实的锋区湿度场能够从高度和风资料得到。

上面 2)和 3)中内含的物理变量之间关系将状态变量 $\boldsymbol{x}$ 的有效自由度减少到小于 N_x。

4.1.3.2 四维变分的同化时间窗

四维变分方法是以强约束的方式在观测算子中引入 NWP 模式，来利用在同化时间窗内各个观测的时间分布信息。由 4.1.3.1 中 1)，延长四维变分的同化时间窗的长度，能增加时间序列的观测资料量，增加观测 $\boldsymbol{y}_o$ 的维数，由此有助于解决欠定性。

但是，另一方面，实际应用的四维变分方案都假定预报模式是完美的，这使得它无法考虑预报模式误差对分析的影响。这是一个缺陷，因为这意味着：同化时间窗之初始时刻的较前观测和终时刻的较后观测被不合理地给予了同样的信度。因此，如果不能考虑预报模式的误差，便不能过分延长同化时间窗的长度。

所以，增加同化时间窗的长度，和为此在目标泛函中包含模式误差的描述，还是四维变分同化技术的一个未来发展(ECMWF，2011)。这需要在四维变分中引入一个弱约束公式表示，考虑模式误差，由此同化时间窗的长度可以延长至数天。

可见，即使是一个认识上早已清晰的“增加同化时间窗长度” 这一方案，由于现实存在的模式误差的实际限制，它只能在未来若干年之后有能力处理这个误差或随 NWP 发展这个误差已足够减少的情况下得以考虑。它以一个具体实例揭示了：发展同化技术需要在**理解**基础上从实际**现状**出发;不可简单盲从地拿来。特别是对于我国 NWP 的自主研发,这有着现实的借鉴价值和启示意义。

4.2　资料同化的输入是什么?资料同化的可用信息

气象/或海洋资料同化发展到今天,其目的被 Talagrand(1997)定义为“使用所有**可用的信息**(输入),尽可能准确地估计大气运动的状态(输出)”。

4.2.1　形式上,可用信息的来源和种类

我们知道,一般地,现在的大气资料同化方法所得到的分析场 $\mathbf{x}_a$,其数学形式表现为**观测本身** $\mathbf{y}_o$ 和**先验背景场** $\mathbf{x}_b$ 的统计最优结合(参见式(2.5.1b)和式(2.6.2)),即:

$$\mathbf{x}_a = \mathbf{x}_b + \mathbf{W}[\mathbf{y}_o - H(\mathbf{x}_b)]。\tag{4.2.1}$$

也就是,**资料同化的输入**一般显式地表现为**观测**信息本身和先验**背景**信息。

• **各类观测资料** y_o 来自地基、空基、天基的全球观测系统,例如:**地基**的地面观测、船舶报,**空基**的无线电探空资料、飞机报、风廓线仪观测,**天基**的卫星云导风、辐射率、洋面风等资料以及导航卫星掩星探测资料,地基/机载/星载的雷达遥感探测资料,等。其中,常规观测如每天 00 时、06 时、12 时、18 时(UTC)的地面和探空观测,非常规观测如卫星和雷达观测;主动探测如发射电磁波的雷达观测和卫星掩星探测,被动探测如接受辐射能量的卫星遥测。

• **先验背景场** x_b 一般地来自 NWP 短期预报。

4.2.2　内涵上,可用信息的数学和物理意义

首先,**数学上**,不论 $\mathbf{y}_o$ 和 $\mathbf{x}_b$,自 OI 之后,都是随机变量概念下的数据:不仅有**值**,还要有其**误差的**PDF /或其**误差的数字特征**包括一阶矩、二阶矩等统计特征。如果只有值,该数据就不能用于统计最优估计方法,就不再是当今资料同化的可用信息。

物理上,$\mathbf{y}_o$ 和 $\mathbf{x}_b$ 的一些含义:

• 不同种类(探测对象、探测仪器)的观测 $\mathbf{y}_o$ 有着不同时空尺度的特征。不同**探测对象**如高空自由大气的测风和边界层的地面风观测;不同**探测仪器**如探空的测风和风廓线仪的测风。这个含义十分重要,意味着这要求多尺度的资料同化。

• $\mathbf{x}_b$ 来自 NWP 短期预报,意味着 $\mathbf{x}_b$ 源自大气运动演变的物理规律。

4.2.3　实施中的其他可用信息及其内涵

在实际的资料同化实施中,除了 $\mathbf{y}_o$ 和 $\mathbf{x}_b$ 及其误差的 PDF 或统计特征,还需要许多其他可用信息,如:

• 迭代算法的**初猜值** x_g。①观测算子切线性近似时的初猜值,如四维变分同化的外循环初猜值,可以是由 NWP 或是集合预报的平均提供;②逐步订正方法的初猜值,由 NWP 预报场、气候场,或是二者混合提供。初猜值 $\mathbf{x}_g$ 的选用有两个要求:要“尽可能准确”以保障分析质量,要“与最终分析值尽可能接近”以便于以最小的计算开销得到收敛。如果初猜值 $\mathbf{x}_g$ 来自 NWP 预报/或集合预报平均,这也意味着它源自大气运动演变的物理规律;如果初猜值 $\mathbf{x}_g$ 来自气候平均,这意味着它源自大气运动之统计性质的信息。

• 观测资料的**气候廓线**。往往用于观测资料的质量控制，以及卫星（大气垂直探测）辐射率（特别是高层通道）的资料同化。

• **变量的变换**关系，包括：①**观测算子**中涉及的变量变换（如辐射率资料同化），以及②处理 $\boldsymbol{B}$ 矩阵中多变量相关时的变量变换。最常用到的**变量间的约束关系**是静力平衡（温度和气压的质量场本身之间平衡）和地转平衡（质量场气压或位势高度和动量场风之间的平衡）；它们意味着大气运动的统计动力性质（大气运动基本方程组的零级近似），亦即大气运动平均状态的准平衡特征。

• **时间的变换**关系。最常见的是四维变分同化的观测算子中所包含的 NWP 的预报模式。

4.2.4 小结：资料同化的可用信息

由上述可以总结：资料同化的可用信息是**观测资料**本身和支配**大气运动的物理规律**。

对于观测资料，需要突出的是：不同种类的观测 $\boldsymbol{y}_o$ 有着**不同时空尺度**的特征。这就要求多尺度的资料同化。像显式地、定量地利用观测的误差统计特征那样，**“显式地、定量地利用**观测的**时空尺度特征”**的多尺度的资料同化应该是资料同化基于科学认识的有效改进途径和未来发展方向。

对于大气运动的物理规律，可以归纳为以下两种通常情形的含义、表现形式和作用：

①大气运动演变的物理定律，表现形式为 NWP **预报模式**，用于提供大气状态的**背景场** $\boldsymbol{x}_b$ 或初猜值，和四维变分观测算子中的**时间变换**；

②大气运动的准平衡特征，表现形式为大气运动的**统计性质**或**统计动力性质**，用于提供变量间的约束关系和气候廓线。

4.3 资料同化如何得以实施？观测算子 H 和背景场误差协方差矩阵 $\boldsymbol{B}$

资料同化发展到今天，所得到的结果即分析场有着统一的数学形式（参见式(2.4.1b)、式(2.5.1b)和式(2.6.2)），即式(4.2.1)：

$$\boldsymbol{x}_a = \boldsymbol{x}_b + \boldsymbol{W}[\boldsymbol{y}_o - H(\boldsymbol{x}_b)],$$

式中，最优权重矩阵 $\boldsymbol{W}=\boldsymbol{B}\boldsymbol{H}^{\mathrm{T}}(\boldsymbol{H}\boldsymbol{B}\boldsymbol{H}^{\mathrm{T}}+\boldsymbol{R})^{-1}$。这个数学形式表现为“以先验背景场 $\boldsymbol{x}_b$ 为平台，统计最优地（如统计最优估计方法，统计最优权重）融合观测 $\boldsymbol{y}_o$，得到分析场 $\boldsymbol{x}_a$”。

在一般意义上，资料同化如何实施涉及两个基本方面：

①观测信息的**引入**：观测增量（或称新息）$[\boldsymbol{y}_o - H(\boldsymbol{x}_b)]$；

②观测信息的**权重**与**传播平滑**：权重函数矩阵 $\boldsymbol{W}=\boldsymbol{B}\boldsymbol{H}^{\mathrm{T}}(\boldsymbol{H}\boldsymbol{B}\boldsymbol{H}^{\mathrm{T}}+\boldsymbol{R})^{-1}$。

而且，还将会看到，这两个方面对应着各自的基本要求和实施实现；认识、理解二者对应的不同要求，对于同化系统的自主研发有实际指导意义。

所有具体资料同化方法都包含这两个基本方面；所不同的是各自有具体的处理和求解的技术方法，例如：变分同化中，用变量变换方法处理 $\boldsymbol{B}$ 矩阵，和用变分方法一次性对同化**时间窗**所有观测进行全局求解；集合卡尔曼滤波同化中，用集合方法统计误差协方差，和用更新—预报两个彼此相接步骤**有序连续地**循环同化**各个时间序列**的观测资料。这两个基本方面分别具体地表现为：

①能被引入的任何一份观测都需要有一个对应的**观测算子**。

②散布观测信息(权重与传播平滑)的基本因素是 $\boldsymbol{B}$ 矩阵,它(出现在权重矩阵的最左边)作用于所引入的每一份观测。

实际上,观测算子 H 和 $\boldsymbol{B}$ 矩阵是实施资料同化方法的两个主体要素,也就是:首先,任何一观测都需要一个对应的**观测算子**才能够得以引入;之后,所引入的观测信息在分析场中能得到的权重与传播平滑基本地由 $\boldsymbol{B}$ 矩阵决定。

4.3.1　观测信息的引入:观测算子 H

自逐步订正方法(SCM)之后,资料同化是以"**观测增量**"的方式引入和使用观测 $\boldsymbol{y}_o$。观测增量表示为 $\boldsymbol{d}=[\boldsymbol{y}_o-H(\boldsymbol{x}_b)]$,其中:

• H 是观测算子(也称为向前观测算子),它给出了从大气状态物理量映射到观测物理量在变量转换、空间位置和时间位置上的具体确定联系。为了从观测量获取大气状态的信息,必须告诉资料同化系统观测量与大气状态变量之间的具体联系,因此,**每一种被同化的观测资料都需要有对应的观测算子**。

• $H(\boldsymbol{x}_b)$是由背景场**模拟的观测值**,也称 $\boldsymbol{y}_o$ 的**观测相当量**或 $\boldsymbol{y}_o$ 的**观测空间背景场**。

观测增量又称作新息(innovation),常表示为(o－b)/(O－B)(观测减背景)。"新息"准确地表达了:所引入的"新的信息"不是观测值本身或背景值本身,而是测站位置上观测值和由背景值模拟的观测相当量这二者之差。$[\boldsymbol{y}_o-H(\boldsymbol{x}_b)]$作为输入信息,所对应的基本要求是它的**数量**和**准确性**。在观测 $\boldsymbol{y}_o$ 一定的情况下,新息的数量和准确性取决于观测算子 H。

一般地,在概念上观测算子 H 实现三个基本功能,可表示为 $H=H_pH_sH_t$,即:

①观测算子中的**变量变换**(H_p),由模式变量到观测量的变量间的变换,如同化卫星辐射率资料的辐射传输模式,它从输入的温度和湿度垂直廓线计算出"对应观测的"卫星辐射率;

②**空间插值**(H_s),包括水平和垂直插值(或模式谱空间到物理空间的变换),把格点上的模式变量插值到观测所在位置;

③**时间演变**(H_t),把已知的某一时刻模式状态(如背景场)积分到观测所在的时刻,如四维变分的 NWP 预报模式。

它们分别解决规则网格点上状态物理量 $\boldsymbol{x}$ 和不规则分布的观测物理量 $\boldsymbol{y}$ 这二者在**物理变量上**、**空间位置**上和**时间点**上的不同。当观测物理量就是大气状态变量时观测算子中无需变量变换;当测站位置就在格点上时无需空间插值;当观测时刻就是分析时刻时无需时间演变。例如:当待分析的大气状态是风,位于某一格点上的一测站,在三维变分同化系统中,对于这种情形下的该测站**观测风**,其观测算子就是一个单位矩阵,即 $H(\boldsymbol{x})=\boldsymbol{x}$。

不过,通常在四维变分中观测算子分开地表示为 $H[M_{ti\leftarrow t0}(\boldsymbol{x}(t_0))]$;这是为了**显式地**表示出预报模式$M$(亦即 $H_t=M$);此时 H 只包含空间插值和变量变换,没有包括时间演变;其中的 $M_{ti\leftarrow t0}[\boldsymbol{x}(t_0)]=\boldsymbol{x}(t_i)$,它表示:利用预报模式 M 将起始时刻 t_0 的状态向量 $\boldsymbol{x}(t_0)$显式地预报到各个观测所在时刻 t_i,即包含了观测算子的时间演变。

此外,实际应用中,$H=H_{sc}H_{bc}H_{qc}H_pH_sH_t$,也就是,观测信息的引入还包括观测资料的质量控制(quality control)、偏差订正(bias correction)和稀疏化(screening)。

①**质量控制**(H_{qc})的目的主要是实现三个功能:(a)剔除错误的不正常观测资料;(b)消除资料中非正态分布的误差;(c)剔除正常的但与背景场不协调而不能消化吸收的观测(即$[\boldsymbol{y}_o-$

$H(\boldsymbol{x}_b)$]过大的观测)。

②**偏差订正**(H_{bc})的功能是处理观测资料的系统性误差。

③**稀疏化**(H_{sc})的功能是处理观测资料中难以确定的相关性。

上述质量控制的功能(a)和(c)是避免分析结果收敛于有问题的观测资料(错误的资料,或不能消化吸收的资料);质量控制的功能(b),以及偏差订正和稀疏化的功能是为了满足"背景场误差和观测误差都无偏和满足正态分布"和"观测资料不相关"等目前资料同化方法及其实际应用中通常用到的假定。

输入信息所对应的基本要求是它的**数量**和**准确性**,这对于同化系统的自主研发和实际应用有着**现实意义**:

• 理解**四维变分同化**比三维变分同化的一个优点是:四维变分同化中观测信息的时间维更准确。由此,可增加理解:在同化系统的自主研发中,四维变分同化的实施实现**应带来**比三维变分同化更好的分析效果。

• 在资料同化的实际应用中,要尽可能多地利用观测资料。事实上,正是如此,变分同化方法一开始应用,由于能够同时直接同化大量卫星辐射率资料,就有了全球数值预报质量的显著提高;Rabier(2005)指出,诸如"四维变分同化方法"和"误差参数给定(或设定/指定/规定)(specifications)的优化改进"这些主要科学进展,结合"可利用观测资料的大量增加",真正带来了数值预报性能的显著提高。

4.3.2 观测信息的权重与传播平滑:背景场误差协方差矩阵 $\boldsymbol{B}$ 和观测误差协方差矩阵 $\boldsymbol{R}$

4.3.2.1 $\boldsymbol{B}$ 矩阵对分析的至关重要作用

以"新息或观测增量"方式引入的观测 $\boldsymbol{y}_o$。对背景场 $\boldsymbol{x}_b$ 的订正,即分析增量为:

$$\delta\boldsymbol{x}_a = (\boldsymbol{x}_a - \boldsymbol{x}_b) = \boldsymbol{Wd} = \boldsymbol{BH}^T(\boldsymbol{HBH}^T + \boldsymbol{R})^{-1}[\boldsymbol{y}_o - H(\boldsymbol{x}_b)]; \tag{4.3.1a}$$

也就是,分析场:$\boldsymbol{x}_a = \boldsymbol{x}_b + \delta\boldsymbol{x}_a$。

可见,权重函数矩阵 $\boldsymbol{W}=\boldsymbol{BH}^T(\boldsymbol{HBH}^T+\boldsymbol{R})^{-1}$ 决定了观测信息的**权重**与**传播平滑**。而其中的 $\boldsymbol{B}$ 矩阵有着至关重要作用;由(4.3.1a)可以阐明:$\boldsymbol{B}$ 矩阵对分析场有着根本的影响。$\boldsymbol{B}$ 矩阵对分析的主要作用包括:

• $\boldsymbol{B}$ 矩阵作用于所引入的每一份观测(在权重矩阵的最左边),是散布观测信息的**基本因素**。其方差部分(参见4.3.2.2节(1)中有关的"数学上认识 $\boldsymbol{B}$ 矩阵")和观测误差的方差一起决定了观测信息的**权重**;其相关部分是决定观测信息的(水平、垂直)空间**传播**与平均**平滑**的基本因素。

• $\boldsymbol{B}$ 矩阵在不同变量间**传播**信息并施加变量间的**平衡**约束。

• $\boldsymbol{B}$ 矩阵规定了分析增量只存在于 $\boldsymbol{B}$ 张成的子空间。

• $\boldsymbol{B}$ 矩阵给予了各个观测能够以协同增效的方式(in synergy)起作用。也就是,同时同化不同观测时所减小分析误差的程度大于各个观测分开独立地同化的合计效果(Lorenc,1981;Bannister,2008)。

以下来说明和理解。最后一个比较复杂,鉴于本书是面向学生和新人的,这里不做介绍,感兴趣的可以阅读有关文献。

1)特殊情形下的简单例子:$\boldsymbol{B}$ 是散布观测信息的**基本因素**

对于 $\delta\boldsymbol{x}_a=\boldsymbol{BH}^T(\boldsymbol{HBH}^T+\boldsymbol{R})^{-1}[\boldsymbol{y}_o-H(\boldsymbol{x}_b)]$,为了突出 $\boldsymbol{B}$ 矩阵对同化观测的重要作用,

不妨考虑 $H=\boldsymbol{I}$(单位矩阵)的简单情形。

也就是说,对于一维(如 x 轴方向)u 风场的分析,考虑单点观测,该观测是与格点 k 重合的观测站 k 上的一个纬向风观测 u_o,此时 $H=\boldsymbol{H}^{\mathrm{T}}=1$(无需变量变换和空间插值,没考虑四维同化),由该观测传播到任一格点 i 上的分析增量是:

$$\delta u_a(i)=w(i,k)\cdot[u_o(k)-u_b(k)]。\tag{4.3.1b}$$

式中,$w(i,k)=b(i,k)/[b(k,k)+o(k,k)]$是 k 观测位置的观测对 i 格点位置的分析的权重;这里,$b(x_1,x_2)$和 $o(x_1,x_2)$分别表示 x 轴上不同位置(x_1,x_2)的背景场误差和观测误差的协方差,当 $x_1=x_2$ 时为该位置的方差。这个权重 $w(i,k)$包含了背景场误差协方差对于散布观测信息 u_o 的**权重**、**传播**、**平滑**作用:

①在格点与测站重合的 k 点上,容易看到 $w(k,k)=b(k,k)/[b(k,k)+o(k,k)]$;它是新息$[u_o(k)-u_b(k)]$的**权重**。而该位置上 $u_b(k)$的误差方差即 $b(k,k)$和 $u_o(k)$的误差方差即 $o(k,k)$一起决定了这个权重。

②对于其他任一格点 i,$w(i,k)$表达了测站 k 上观测信息向其他格点 i 的空间传播和权重,而空间**传播**的功能完全决定于背景场误差协方差矩阵的元素 $b(i,k)$;换句话说,是通过背景场误差协方差将某测站观测信息传播到周围格点上。

③类似地,再考虑有多个测站的观测信息对格点 i 的作用,则有$\sum_k\{w(i,k)\cdot[u_o(k)-u_b(k)]\}$,这包含了观测信息的平均**平滑**。

$H\neq\boldsymbol{I}$ 时观测算子是否有散布观测信息的作用,需要视情况而言;当它包含空间差分时(如四维变分中的 NWP 模式),它可以把观测信息(如通过 NWP 模式)散布到周围格点。上述的 $\boldsymbol{B}$ 矩阵在散布观测信息的作用,不需要视情况而言,它是散布观测信息的**基本因素**。

2)$\boldsymbol{B}$ 矩阵在不同变量间**传播**信息并施加变量间的**平衡**约束

和包含误差**空间相关**一样,$\boldsymbol{B}$ 矩阵包含误差**不同变量间相关**;$\boldsymbol{B}$ 矩阵在不同变量间传播信息是它在空间传播信息的**扩展**。

而且,$\boldsymbol{B}$ 矩阵在不同变量之间传播信息时施加变量间的**平衡**约束。这可以由两个方面来理解 $\boldsymbol{B}$ 矩阵包含的平衡信息:

• $\boldsymbol{B}$ 矩阵是背景场 $\boldsymbol{x}_b$ 的误差协方差,$\boldsymbol{x}_b$ 来自 NWP 模式,因此大气运动方程深刻地影响 $\boldsymbol{B}$ 矩阵包含的误差相关方式。真实大气是缓慢变化的,其实质是作用于大气运动的各个力近似地处于平衡。所以 $\boldsymbol{B}$ 矩阵中不同变量间相关部分**在统计形式上包含平衡信息**,即由下面 3)中的 $\boldsymbol{B}=\langle\boldsymbol{E}_b\boldsymbol{E}_b{}^{\mathrm{T}}\rangle$计算大气状态的 $\boldsymbol{B}$ 矩阵时自动出现。

• 实际应用中,$\boldsymbol{B}$ 矩阵维数巨大,无法显式地存储。这种平衡关系可通过控制变量变换方法用于构造模拟 $\boldsymbol{B}$ 矩阵。参见 6.2.3.1 节"物理参量变换的构造设计及其理解"。

3)分析增量只存在于 $\boldsymbol{B}$ 矩阵所张成的子空间

对于 $\delta\boldsymbol{x}_a=\boldsymbol{BH}^{\mathrm{T}}(\boldsymbol{HBH}^{\mathrm{T}}+\boldsymbol{R})^{-1}[\boldsymbol{y}_o-H(\boldsymbol{x}_b)]$,在计算分析增量 $\delta\boldsymbol{x}_a$ 时,$\boldsymbol{B}$ 矩阵是出现在最左边的最后一个算子,它限定了分析增量在状态空间所能取的"方向" 指到 $\boldsymbol{B}$ 所张成的空间。可以分以下两步来理解:

①理解 $\boldsymbol{B}=1/(N-1)\boldsymbol{X}'\boldsymbol{X}'^{\mathrm{T}}$ 的表示形式。背景场误差是一个 N 维随机向量,表示为 $\boldsymbol{E}_b$;它的可能取值表示为 $\boldsymbol{\varepsilon}=(\boldsymbol{x}_b-\boldsymbol{x}_t)$。考虑随机变量 $\boldsymbol{E}_b$ 的一个总体,包含 N 个独立有代表性的预报误差 $\boldsymbol{\varepsilon}_i(i=1,\cdots,N)$,表示为一个 $N\times N$ 矩阵 $\boldsymbol{X}'=[\boldsymbol{\varepsilon}_1,\boldsymbol{\varepsilon}_2,\cdots,\boldsymbol{\varepsilon}_N]$,则此时随机变量

$\boldsymbol{E}_{\mathrm{b}}$ 的协方差(假定 $\boldsymbol{E}_{\mathrm{b}}$ 无偏):

$$\boldsymbol{B}=\langle\boldsymbol{E}_{\mathrm{b}}\boldsymbol{E}_{\mathrm{b}}^{\mathrm{T}}\rangle=\frac{1}{N-1}\boldsymbol{X}'\boldsymbol{X}'^{\mathrm{T}}=\frac{1}{N-1}[\boldsymbol{\varepsilon}_1,\boldsymbol{\varepsilon}_2,\cdots,\boldsymbol{\varepsilon}_N][\boldsymbol{\varepsilon}_1,\boldsymbol{\varepsilon}_2,\cdots,\boldsymbol{\varepsilon}_N]^{\mathrm{T}} \qquad (4.3.2a)$$

②用 $\delta\boldsymbol{x}_{\mathrm{o}}$ 表示 $\boldsymbol{H}^{\mathrm{T}}(\boldsymbol{HBH}^{\mathrm{T}}+\boldsymbol{R})^{-1}[\boldsymbol{y}_{\mathrm{o}}-H(\boldsymbol{x}_{\mathrm{b}})]$;它是观测增量 $\delta\boldsymbol{y}_{\mathrm{o}}$ 通过 $\boldsymbol{H}^{\mathrm{T}}$ 从观测空间转到状态空间所对应的增量。这样,$\delta\boldsymbol{x}_{\mathrm{a}}=\boldsymbol{BH}^{\mathrm{T}}(\boldsymbol{HBH}^{\mathrm{T}}+\boldsymbol{R})^{-1}[\boldsymbol{y}_{\mathrm{o}}-H(\boldsymbol{x}_{\mathrm{b}})]$就变成以下形式:

$$\delta\boldsymbol{x}_{\mathrm{a}}=\boldsymbol{B}\delta\boldsymbol{x}_{\mathrm{o}}=\frac{1}{N-1}[\boldsymbol{\varepsilon}_1,\boldsymbol{\varepsilon}_2,\cdots,\boldsymbol{\varepsilon}_N][\boldsymbol{\varepsilon}_1,\boldsymbol{\varepsilon}_2,\cdots,\boldsymbol{\varepsilon}_N]^{\mathrm{T}}\delta\boldsymbol{x}_{\mathrm{o}} \qquad (4.3.1c)$$

这显示了:$\boldsymbol{B}\delta\boldsymbol{x}_{\mathrm{o}}$ 的计算结果是$[\boldsymbol{\varepsilon}_1,\boldsymbol{\varepsilon}_2,\cdots,\boldsymbol{\varepsilon}_N]$的线性组合,权重为$[\boldsymbol{\varepsilon}_1,\boldsymbol{\varepsilon}_2,\cdots,\boldsymbol{\varepsilon}_N]^{\mathrm{T}}\delta\boldsymbol{x}_{\mathrm{o}}$。因此,分析增量 $\delta\boldsymbol{x}_{\mathrm{a}}=\boldsymbol{B}\delta\boldsymbol{x}_{\mathrm{o}}$ 只会包含来自 $\boldsymbol{\varepsilon}_i(i=1,\cdots,N)$这些方向的贡献,这些方向也就是$[\boldsymbol{\varepsilon}_1,\boldsymbol{\varepsilon}_2,\cdots,\boldsymbol{\varepsilon}_N]$所张成的状态空间中的方向。不是$[\boldsymbol{\varepsilon}_1,\boldsymbol{\varepsilon}_2,\cdots,\boldsymbol{\varepsilon}_N]$所张成的方向被称为 $\boldsymbol{B}$ 的零空间(Lorenc,2003)。如果预报误差的样本不足,其结果将人为地降低了 $\boldsymbol{B}$ 的秩;这是实际应用中用集合方法估测 $\boldsymbol{B}$ 矩阵的情形,参见 4.3.2.3 节(1)“测定和处理 $\boldsymbol{B}$ 矩阵的实际困难”。

$\boldsymbol{B}$ 矩阵特征值的谱也能给出 $\boldsymbol{B}$ 所起作用的深刻理解。用 $\boldsymbol{B}$ 的特征向量表示形式:

$\boldsymbol{B}=\boldsymbol{E\Lambda E}^{\mathrm{T}}$;(参见 4.3.2.2 节中的式(4.3.2d))

其中,$\boldsymbol{E}$ 的各列是 $\boldsymbol{B}$ 的**特征向量**(相互正交),$\boldsymbol{\Lambda}$ 是由 $\boldsymbol{B}$ 的**特征值**构成的对角矩阵。依照式(4.3.1c),分析增量:

$$\delta\boldsymbol{x}_{\mathrm{a}}=\boldsymbol{B}\delta\boldsymbol{x}_{\mathrm{o}}=\boldsymbol{E\Lambda E}^{\mathrm{T}}\delta\boldsymbol{x}_{\mathrm{o}} \qquad (4.3.1d)$$

这显示了:一套正交的非零特征值的特征向量存在于 $\boldsymbol{B}$ 所张成的子空间,分析增量 $\delta\boldsymbol{x}_{\mathrm{a}}$ 是被投影在 $\boldsymbol{B}$ 的**特征向量**上,而这个投影是以**特征值**为权重。

这在物理意义上显示:特征值大的那些特征向量是类似 Rossby 波的模态(即大气运动的“慢的”准平衡结构,主导着天气),被给予大的权重;而特征值小的那些特征向量是类似惯性重力波的模态,被给予小的权重。对于分析增量,**更大的权重**给予了大气运动的准平衡模态;这个理解与上面 2)中 $\boldsymbol{B}$ 矩阵在不同变量间传播信息时施加变量间的**平衡约束**,**在定性上是一致的**。

4)认识 $\boldsymbol{B}$ 矩阵至关重要作用的**现实意义**

业务应用的变分同化系统尤为突出地表现为两个主体部分:处理 $\boldsymbol{B}$ 矩阵的核心框架(参见 5.3.3.3 节“实际应用中的一系列变量变换”和第 6 章)和引入观测的观测算子(参见 4.3.1 节中有关的“观测信息的引入”)。在研发中,往往会胜于核心框架而过多注重观测资料的工作。一方面,不注重理解地把资料放进去,是相对容易的,且有了被同化观测数量增加的业绩;另一方面,由于被同化观测数量的增加,往往能直接有较快速地兑现效果,让分析结果变好。而核心框架包含许多近似、涉及许多数学和物理知识,核心框架的工作中所做近似及对近似的一点点改进都非理解而无法前进半步。

然而,由 $\delta\boldsymbol{x}_{\mathrm{a}}=\boldsymbol{BH}^{\mathrm{T}}(\boldsymbol{HBH}^{\mathrm{T}}+\boldsymbol{R})^{-1}[\boldsymbol{y}_{\mathrm{o}}-H(\boldsymbol{x}_{\mathrm{b}})]$可见,$\boldsymbol{B}$ 矩阵是出现在最左边的最后一个算子,它作用于所引入的**每一份**被同化的观测。从观测算子的角度,要尽可能多地引入观测资料;而观测一定时,所引入的观测被同化后是否有正效果?和理解这个效果有多大以及怎样使之有更好的效果?$\boldsymbol{B}$ 矩阵是基本和根本的因素。此外,离开对核心框架的理解,和不注重理解地增加观测资料,即使带来同化结果变好,也可能隐藏“负负得正”的危机!这会阻碍后续正确方式的准入,有害于可持续发展。

因为核心框架是基本和根本的,所以理解它和做实它才能有利于同化系统自主研发的良性和可持续发展。

4.3.2.2 认识 B 矩阵:B 矩阵的数学和物理意义

(1) **数学上认识 B 矩阵以及在实际应用中的意义**

背景场 $\boldsymbol{x}_b$ 是(离散化的)模式大气状态空间的一个向量,它的误差协方差是一个实对称矩阵,通常用 **B** 表示,称作 **B** 矩阵;数学表示上,可以写为它的列向量 $\boldsymbol{b}_j$ 形式或元素 $b(i,j)$(以下或简记为 b_{ij})形式:

$$\boldsymbol{B}=[\boldsymbol{b}_1,\cdots,\boldsymbol{b}_j,\cdots,\boldsymbol{b}_N]=\begin{bmatrix} b_{11} & b_{12} & \cdots & b_{1N} \\ b_{21} & b_{22} & \cdots & b_{2N} \\ \vdots & \vdots & \ddots & \vdots \\ b_{N1} & b_{N2} & \cdots & b_{NN} \end{bmatrix}, \tag{4.3.2b}$$

其中矩阵的列向量 $\boldsymbol{b}_j=(b_{1j},\cdots,b_{ij},\cdots,b_{Nj})^{\mathrm{T}}$,矩阵的元素 $b_{ij}=b_{ji}$。

可以从数学意义上认识 **B** 矩阵的以下重要且实用方面:

• **B** 矩阵,作为一个协方差矩阵,可以表示为:

$$\boldsymbol{B}=\boldsymbol{\Sigma C \Sigma}, \tag{4.3.2c}$$

其中,$\boldsymbol{\Sigma}=\begin{bmatrix} \sigma_1 & 0 & \cdots & 0 \\ 0 & \sigma_2 & \cdots & 0 \\ \vdots & \vdots & \ddots & \vdots \\ 0 & 0 & \cdots & \sigma_N \end{bmatrix}$,$\boldsymbol{C}=\begin{bmatrix} 1 & \rho_{12} & \cdots & \rho_{1N} \\ \rho_{21} & 1 & \cdots & \rho_{2N} \\ \vdots & \vdots & \ddots & \vdots \\ \rho_{N1} & \rho_{N2} & \cdots & \rho_{NN} \end{bmatrix}$,

$\sigma_i=[b(i,i)]^{1/2}$,$\rho_{i,j}=b(i,j)/(\sigma_i\sigma_j)$,

亦即 $\boldsymbol{\Sigma}$ 是**标准差**的对角矩阵(对应 **B** 矩阵对角线元素 b_{ii} 的算术平方根),**C** 是一个**相关**矩阵(其对角线元素等于 1);其标准差部分表征背景场向量各分量的不确定性,其相关部分表征背景场向量各分量之间的联系。

由 4.3.2.1 节 1)中的简单例子 $w(i,k)=b(i,k)/[b(k,k)+o(k,k)]$ 可知:**B** 的标准差部分和各观测的方差共同决定了用来订正背景场的新息的适当权重;**B** 的相关部分,在 $H\neq \boldsymbol{I}$ 的情形下,完全地决定了新息的传播和平滑。

• 协方差矩阵是**半正定的**。所以,**B** 的所有特征值大于等于零(尽管单个非对角矩阵元素不必要是正的),**B** 矩阵对应的行列式非负。

这个半正定的必要条件形成了协方差矩阵定义的不可缺的部分(Gaspari et al.,1999)。这是很重要的,因为它意味着变分同化代价函数的背景项即 $(\boldsymbol{x}-\boldsymbol{x}_b)^{\mathrm{T}}\boldsymbol{B}^{-1}(\boldsymbol{x}-\boldsymbol{x}_b)$ 在状态空间的所有方向上是凸性的(意味着存在极小值)还是平坦的。一个负的特征值会意味着:代价函数的背景项是部分凹的,这时整个代价函数的极小值可能不存在(Bannister,2008)。

• **B** 矩阵可以写成**一种新的表示**。因为它是一个实对称矩阵,实对称矩阵是 Hermitian 矩阵(它的共轭转置矩阵等于它本身的矩阵)的特例,而 Hermitian 矩阵能够进行特征值分解(张贤达,2004)。一般地,作为一个协方差矩阵,**B** 能够写成:

$$\boldsymbol{B}=\boldsymbol{E\Lambda E}^{\mathrm{T}}=\boldsymbol{E\Lambda}^{1/2}\boldsymbol{Q}^{\mathrm{T}}\boldsymbol{Q\Lambda}^{1/2}\boldsymbol{E}^{\mathrm{T}}=\boldsymbol{UU}^{\mathrm{T}}, \tag{4.3.2d}$$

也就是,据此 **B** 能够分解成它的平方根形式:

$$\boldsymbol{B}=\boldsymbol{UU}^{\mathrm{T}}=\boldsymbol{B}^{1/2}(\boldsymbol{B}^{1/2})^{\mathrm{T}};$$

式中,$\boldsymbol{U}=\boldsymbol{B}^{1/2}=\boldsymbol{E\Lambda}^{1/2}\boldsymbol{Q}^{\mathrm{T}}$,$\boldsymbol{E}$ 的各列是 **B** 的**特征向量**,特征向量之间是正交的,它们彼此线性

无关,没有协方差;$\boldsymbol{\Lambda}$ 是由 $\boldsymbol{B}$ 的**特征值**构成的对角矩阵。$\boldsymbol{U}=\boldsymbol{E}\boldsymbol{\Lambda}^{1/2}$;$\boldsymbol{Q}$ 是满足 $\boldsymbol{Q}^{\mathrm{T}}\boldsymbol{Q}=\boldsymbol{I}$ 的任意正交旋转。由于 $\boldsymbol{B}$ 是协方差矩阵,它的**特征值**之和反映 $\boldsymbol{B}$ 对角元素表示的**误差方差**之和(信号能量之和)(张贤达,2004)。

由 $\boldsymbol{Q}$ 的任意性可知,形如式(4.3.2d)中的平方根算子 $\boldsymbol{B}^{1/2}$ 有无穷多个;每个都能够由一个不同的 $\boldsymbol{Q}$ 矩阵表示,如可能的选择是 $\boldsymbol{Q}=\boldsymbol{I}$ 和 $\boldsymbol{Q}=\boldsymbol{E}$。

尽管在实际应用中由于 $\boldsymbol{B}$ 矩阵维数巨大和近于"病态",进行特征值分解(来对角化 $\boldsymbol{B}$ 矩阵:$\boldsymbol{E}^{\mathrm{T}}\boldsymbol{B}\boldsymbol{E}=\boldsymbol{\Lambda}$)是不可能的,因此 $\boldsymbol{U}=\boldsymbol{B}^{1/2}$ 实际上是得不到的,但 $\boldsymbol{B}=\boldsymbol{U}\boldsymbol{U}^{\mathrm{T}}$ 这种表示形式是很有用的,它提供了一个概念框架;事实上,它是变分方法在实际应用中处理 $\boldsymbol{B}$ 矩阵所采用的控制变量变换方法的数学基础(参见5.3.3.2节"一系列变量变换的数学基础和目标泛函的简化优化")。

(2) **物理上认识 B 矩阵以及在实际应用中的意义**

背景场 $\boldsymbol{x}_{\mathrm{b}}$ 是由离散化的**所有网格点上所有大气状态变量**构成的向量。它的误差协方差矩阵对应物理意义写为:

$$\boldsymbol{B}=\langle\boldsymbol{\varepsilon}_{\mathrm{b}}\boldsymbol{\varepsilon}_{\mathrm{b}}^{\mathrm{T}}\rangle=\langle(\boldsymbol{x}_{\mathrm{b}}-\boldsymbol{x}_{\mathrm{t}})(\boldsymbol{x}_{\mathrm{b}}-\boldsymbol{x}_{\mathrm{t}})^{\mathrm{T}}\rangle; \qquad (4.3.2\mathrm{e})$$

式中,$\boldsymbol{x}_{\mathrm{t}}$ 表示大气状态的真值,$(\boldsymbol{x}_{\mathrm{b}}-\boldsymbol{x}_{\mathrm{t}})=\boldsymbol{\varepsilon}_{\mathrm{b}}$ 是背景场误差。

注:可以参见3.1.3.2节(3)中有关的"随机变量概念下的资料同化":把大气状态真值 $\boldsymbol{X}_{\mathrm{t}}$ 视为随机向量,其取值表示为 $\boldsymbol{x}_{\mathrm{t}}$,则背景场误差是一个随机向量,表示为 $\boldsymbol{E}_{\mathrm{b}}=(\boldsymbol{x}_{\mathrm{b}}-\boldsymbol{X}_{\mathrm{t}})$,其取值表示为 $\boldsymbol{\varepsilon}_{\mathrm{b}}=(\boldsymbol{x}_{\mathrm{b}}-\boldsymbol{x}_{\mathrm{t}})$。抑或,把背景场 $\boldsymbol{X}_{\mathrm{b}}$ 视为随机向量,其取值表示为 $\boldsymbol{x}_{\mathrm{b}}$,用 $\boldsymbol{x}_{\mathrm{t}}$ 表示大气状态真值,则背景场误差是一个随机变量,表示为 $\boldsymbol{E}_{\mathrm{b}}=(\boldsymbol{X}_{\mathrm{b}}-\boldsymbol{x}_{\mathrm{t}})$,其取值表示为 $\boldsymbol{\varepsilon}_{\mathrm{b}}=(\boldsymbol{x}_{\mathrm{b}}-\boldsymbol{x}_{\mathrm{t}})$。这里采用了资料同化有关文献常用表示,没有做随机向量 $\boldsymbol{X}$ 和其取值 $\boldsymbol{x}$ 的表示符号区分,以便保持与文献的常用符号表示一致,免添混淆。

可以从物理意义上认识 $\boldsymbol{B}$ 矩阵的以下重要和实用方面:

• 背景场 $\boldsymbol{x}_{\mathrm{b}}$ 一般来自 NWP 模式的短期预报场;也就是用**动力方程的预报场**作为**背景场**:$\boldsymbol{x}_{\mathrm{b}}(t)=M[\boldsymbol{x}(t-1)]$。由式(3.6.1a)的动力方程(对应随机变量的取值 x 表示形式)$\boldsymbol{x}(t)=M[\boldsymbol{x}(t-1)]+\boldsymbol{e}_{\mathrm{m}}(t)$)可知,这里 $\boldsymbol{e}_{\mathrm{m}}$(动力模型 M 从 $t-1$ 到 t 的过程噪声),正是 $\boldsymbol{x}_{\mathrm{b}}(t)$ 的误差,即:$\boldsymbol{\varepsilon}_{\mathrm{b}}(t)=\boldsymbol{e}_{\mathrm{m}}(t)$。$\boldsymbol{\varepsilon}_{\mathrm{b}}$ 的协方差矩阵就是预报模型误差 $\boldsymbol{e}_{\mathrm{m}}$ 的协方差矩阵,称作**预报误差协方差矩阵**,常表示为 $\boldsymbol{P}$,写为:

$$\boldsymbol{B}=\langle\boldsymbol{\varepsilon}_{\mathrm{b}}\boldsymbol{\varepsilon}_{\mathrm{b}}^{\mathrm{T}}\rangle=\langle\boldsymbol{e}_{\mathrm{m}}\boldsymbol{e}_{\mathrm{m}}^{\mathrm{T}}\rangle=\boldsymbol{P}\ 。\qquad (4.3.2\mathrm{f})$$

由于 $\boldsymbol{x}_{\mathrm{b}}(t)=M[\boldsymbol{x}(t-1)]$,也因此它的 $\boldsymbol{B}$ 矩阵,其相关部分即 $\boldsymbol{B}=\Sigma\boldsymbol{C}\Sigma$ 中 $\boldsymbol{C}$ 这个**相关**矩阵,存在**多变量**之间的物理相关和(三维物理空间的)**不同位置**之间的空间相关,且真实的 $\boldsymbol{B}$ 是随天气流型而**动态演变**的。

$\boldsymbol{B}$ 矩阵包含多变量相关和三维空间相关;这正是变分方法在实际应用中采用控制变量变换方法处理 $\boldsymbol{B}$ 矩阵所面对的问题(参见5.3.3.3节"实际应用中的一系列变量变换")。

• 正是由于 $\boldsymbol{x}_{\mathrm{b}}$ 和 $\boldsymbol{B}$ 来自 NWP 预报模式,因此大气运动方程深刻地影响 $\boldsymbol{B}$ 包含的误差相关方式。作为大气运动的已知重要特征,真实大气是缓慢变化的(其实质是作用于大气运动的各个力近似地处于平衡),所以可以相信,全球模式所分辨的大多数运动尺度主要是处于静力和地转平衡的状态,$\boldsymbol{B}$ 矩阵应当含有这样近于平衡性质的**结构函数**($\boldsymbol{B}$ 矩阵的一列所呈现的分布特征被称为结构函数)。

这正是最优插值方法和变分方法在实际应用中"一般假定 $\boldsymbol{B}$ 不随时间变化"(即:$\boldsymbol{B}$ 被视为

一个**静态**(或是准静态,如按季节统计)的矩阵)的依据。静态 $\boldsymbol{B}$ 的实质是真实 $\boldsymbol{B}$ 在时间平均意义上的近似,在结构函数上包含了平均意义上的一些非常重要的动力和统计性质,如多变量间的准平衡动力特征(如对应零级近似的静力和地转平衡)和单变量在空间相关特征长度尺度上的时间平均统计特征。

• 对应 $\boldsymbol{B}=\boldsymbol{E\Lambda E}^{\mathrm{T}}$ 这个特征向量和特征值表示形式,可以有一些关联性的物理认识和理解:涉及动力变量的特征向量有时和物理模态相联系(Phillips,1986),其中方差大的那些特征向量是类似 Rossby 波的模态(即大气运动的"慢的"结构,它主导着天气),方差小的那些特征向量是类似惯性重力波的模态。

4.3.2.3　认识 $\boldsymbol{B}$ 矩阵:实际应用中 $\boldsymbol{B}$ 矩阵的估测和模拟

(1)　**测定和处理 $\boldsymbol{B}$ 矩阵的实际困难**

$\boldsymbol{B}$ 矩阵,作为背景场 $\boldsymbol{x}_{\mathrm{b}}$ 的误差协方差,是资料同化的一个关键因素和必需**预先给定**的一个基本**参数**。然而,测定和处理 $\boldsymbol{B}$ 矩阵时会出现许多实际困难:

①"真实状态" $\boldsymbol{x}_{\mathrm{t}}$ 未知,也不可知;而误差需要以真实状态为参照标准,自然,$\boldsymbol{x}_{\mathrm{b}}$ 的**误差** $\boldsymbol{\varepsilon}_{\mathrm{b}}=(\boldsymbol{x}_{\mathrm{b}}-\boldsymbol{x}_{\mathrm{t}})$**未知**。这是最基本的困难,但有许多代用品能够用来模拟预报误差。这些代用品包括使用**预报差**而不是预报误差(见下文的 NMC 方法),或用**集合平均**代替"真实"状态作为参照标准来测量误差(如集合卡尔曼滤波)。

②在实际应用中,$\boldsymbol{B}$ 矩阵**维数规模巨大**而难以实施,且是稀疏矩阵而近于"病态"。这是实际应用中 $\boldsymbol{B}$ 矩阵的难于处理问题。这能够通过控制变量变换方法得到处理;这个处理构成了**变分同化**系统的核心框架(参见 5.3.3.3 节"实际应用中的一系列变量变换"和第 6 章)。

③对于基于集合方法的实用资料同化(如**集合卡尔曼滤波**),缺乏可用来**满秩地计算** $\boldsymbol{B}$ 矩阵的一个足够大总体的误差(或代用品)。如果状态向量 $\boldsymbol{x}_{\mathrm{b}}$ 有 n 个分量元素,那么要满秩地计算 $\boldsymbol{B}$ 矩阵至少需要 n 个相互独立的误差估计值。然而,由于实际应用中的 $\boldsymbol{x}_{\mathrm{b}}$ 维数巨大,通常可用的误差估计值数量远少于 n。使用降秩的 $\boldsymbol{B}$ 矩阵存在若干众所周知的后果。首先,这使得所得到的分析增量在这样一个子空间(参见 4.3.2.1 节 3)"分析增量只存在于 $\boldsymbol{B}$ 矩阵所张成的子空间"),它相比使用满秩 $\boldsymbol{B}$ 矩阵时所得到的分析增量所在的空间要**降秩了很多**;其次,会出现**虚假的远距离的相关**(Hamill et al.,2001; Bannister,2008)。通常通过局地化的协方差的模型来部分地减缓了这个问题,因为协方差的模型(如通过强加均匀性、接近平衡等)弥补那些丢失的信息。

(2)　**估测 $\boldsymbol{B}$ 矩阵的主要方法**

$\boldsymbol{B}$ 矩阵是实用资料同化必需**预先给定**的一个基本**参数**。在一个资料同化系统中,确定 $\boldsymbol{B}$ 矩阵的过程有时被称作**标定步骤**(calibration step)。如何克服上述①未知的"真实状态"来估测 $\boldsymbol{B}$ 矩阵的一些重要属性,大多数的方法做了**各态历经**(ergodicity)的假定;以下是在不要求知道"真值"情况下来**估测 B 的主要方法**(Bannister,2008):

①基于观测空间,以"新息"来做估测的"**观测法**"(或称为 Hollingworth-Lonnberg 方法)。新息 $\boldsymbol{d}=[\boldsymbol{y}_{\mathrm{o}}-H(\boldsymbol{x}_{\mathrm{b}})]$就是观测空间下观测和背景场的差值(观测减背景场:(o−b)/(O−B))。以 $\boldsymbol{\varepsilon}_{\mathrm{o}}$,$\boldsymbol{\varepsilon}_{\mathrm{b}}$ 来表示 $\boldsymbol{y}_{\mathrm{o}}$,$\boldsymbol{x}_{\mathrm{b}}$ 的误差,则有:$\boldsymbol{y}_{\mathrm{o}}=H(\boldsymbol{x}_{\mathrm{t}})+\boldsymbol{\varepsilon}_{\mathrm{o}}$,$\boldsymbol{x}_{\mathrm{b}}=\boldsymbol{x}_{\mathrm{t}}+\boldsymbol{\varepsilon}_{\mathrm{b}}$。考虑观测算子 H 在 $\boldsymbol{x}_{\mathrm{b}}$ 附近的切线性近似,可以有:$\boldsymbol{y}_{\mathrm{o}}=H(\boldsymbol{x}_{\mathrm{t}})+\boldsymbol{\varepsilon}_{\mathrm{o}}=H(\boldsymbol{x}_{\mathrm{b}}-\boldsymbol{\varepsilon}_{\mathrm{b}})+\boldsymbol{\varepsilon}_{\mathrm{o}}\approx H(\boldsymbol{x}_{\mathrm{b}})-\boldsymbol{H}\boldsymbol{\varepsilon}_{\mathrm{b}}+\boldsymbol{\varepsilon}_{\mathrm{o}}$;由此得到:

$\boldsymbol{d}=[\boldsymbol{y}_{\mathrm{o}}-H(\boldsymbol{x}_{\mathrm{b}})]\approx(\boldsymbol{\varepsilon}_{\mathrm{o}}-\boldsymbol{H}\boldsymbol{\varepsilon}_{\mathrm{b}})$;参见 3.7.5.2 节中的式(3.7.16)、式(3.7.18a)。

这就将新息 $\boldsymbol{d}$ 和观测误差 $\boldsymbol{\varepsilon}_{\mathrm{o}}$ 及背景场误差 $\boldsymbol{\varepsilon}_{\mathrm{b}}$ 联系起来,让我们能通过新息 $\boldsymbol{d}$ 来研究那

些直接被观测的模式变量(及变量之间)的背景场误差 $\boldsymbol{\varepsilon}_b$。这就是:对于有着很好观测的量,其预报误差的可靠估计能够通过分析“新息”来得到(Rutherford,1972)。具体地:

考虑两个(不同位置的)观测点 i 和 j,这两个观测点新息的协方差 $c(i,j)$(这里假定 $\boldsymbol{\varepsilon}_o$,$\boldsymbol{\varepsilon}_b$ 无偏,进而 $\boldsymbol{d}=(\boldsymbol{\varepsilon}_o-\boldsymbol{H}\boldsymbol{\varepsilon}_b)$ 无偏)等于:

$$
\begin{aligned}
c(i,j) &= \langle \boldsymbol{d}^i \boldsymbol{d}^{j\mathrm{T}} \rangle \approx \langle (\boldsymbol{\varepsilon}_o^i - \boldsymbol{H}^i \boldsymbol{\varepsilon}_b)(\boldsymbol{\varepsilon}_o^j - \boldsymbol{H}^j \boldsymbol{\varepsilon}_b)^{\mathrm{T}} \rangle \\
&= \langle \boldsymbol{\varepsilon}_o^i \boldsymbol{\varepsilon}_o^{j\mathrm{T}} \rangle + \langle \boldsymbol{H}^i \boldsymbol{\varepsilon}_b \boldsymbol{\varepsilon}_b^{\mathrm{T}} \boldsymbol{H}^{j\mathrm{T}} \rangle + \langle \boldsymbol{\varepsilon}_o^i \boldsymbol{\varepsilon}_b^{\mathrm{T}} \boldsymbol{H}^{j\mathrm{T}} \rangle + \langle \boldsymbol{H}^i \boldsymbol{\varepsilon}_b \boldsymbol{\varepsilon}_o^{j\mathrm{T}} \rangle \\
&= \boldsymbol{R}^{ij} + \boldsymbol{H}^i \boldsymbol{B} \boldsymbol{H}^{j\mathrm{T}} + 0 + 0。
\end{aligned}
$$

也就是右端的第一项是两个观测点 i 和 j 之间的**观测**误差协方差,第两项是插值到这两个观测点 i 和 j 之间的(观测空间下的)**背景场**误差协方差;因为假定观测误差和背景场误差不相关,所以第三项和第四项为零。

总之,$c(i,j)=\langle \boldsymbol{d}^i \boldsymbol{d}^{j\mathrm{T}} \rangle = \boldsymbol{R}^{ij} + \boldsymbol{H}^i \boldsymbol{B} \boldsymbol{H}^{j\mathrm{T}}$。由此得到(Bouttier et al.,1999):

• 当 $i=j$ 时,$c(i,i)=\sigma_o^2(i)+\sigma_b{}^2(i)$,即新息的方差是观测和背景场误差方差之和;

• 当 $i\neq j$ 时,因为不同位置的观测误差被假定为无关的(如对于直接观测,所做的观测是彼此独立进行的),这样对应第一项的 $\boldsymbol{R}^{ij}$ 为零,所以 $c(i,j)=\boldsymbol{H}^i \boldsymbol{B} \boldsymbol{H}^{j\mathrm{T}}=\mathrm{Cov}_b(i,j)$,即此时新息的协方差就是观测空间下背景场误差协方差(如果不同位置的观测误差相关,那么在没有其他附加资料情况下欲将 $\boldsymbol{R}$ 和 $\boldsymbol{B}$ 这样解开是不可能的);

• 对于 $c(i,j)$ 表示的关于距离的曲线 $c(\Delta r)$(不同位置的距离 $\Delta r=r^i-r^j$),考虑观测点 i 和 j 很接近时,但毕竟不是同位置($i\neq j$),故 $\lim_{i\to j} c(i,j)=\sigma_b{}^2(i)$;这样通过 $c(\Delta r)$ 的截距 $c(0)$,便能确定 $\sigma_b{}^2(i)$;

• 确定了 $\sigma_b^2(i)$ 之后,进而便得到:**观测**误差的**方差** $\sigma_o^2(i)=c(i,i)-\sigma_b{}^2(i)$,及**背景场**误差的**相关** $\rho_b(i,j)=c(i,j)/\sigma_b{}^2(i)$(这里已经假定背景场的误差方差在所考虑的资料集地区是**均匀的**,故 $\sigma_b(i)=\sigma_b(j)$)。

据此,能够对不同的时间(假定**各态历经**(ergodicity))和对不同的观测位置(假定所统计平均区域上的**均匀性**(homogeneity))的新息资料进行平均(用尖括号所示),来得到背景场 $\boldsymbol{x}_b$ 的误差统计,以及观测误差的方差;由于存在误差统计特征的纬度差异,空间的平均可以被限制在某一纬度带内。这就是基于观测空间以“新息”来估测 $\boldsymbol{B}$ 中方差和相关的**观测法**。这个方法曾用于诊断 ECMWF 的 OI 系统的背景场误差统计,如 Hollingsworth 和 Lönnberg(1986),Lönnberg 和 Hollingsworth(1986)利用无线电探空观测的(o-b)资料所做的工作。

需要指出:这种估测背景场(预报)误差统计的方法是合理和成功的,但有着自身局限。这种方法依赖于背景场状态的所有量有**足够多**数量的独立现场观测。这个方法可能对于有较好探空观测的那些区域(也就是,北半球大陆的对流层)是适合的,但其他地区不适合。这个方法也依赖于需要得到**无偏的**预报和观测。

②基于状态空间,以多个(如典型地 1 个月,或 50 个)“不同时长预报的差”来做估测的“NMC 方法”(NMC method)。不同时长预报的差通常取为($\boldsymbol{x}^{48}-\boldsymbol{x}^{24}$)或($\boldsymbol{x}^{36}-\boldsymbol{x}^{12}$),这里 $\boldsymbol{x}^{48}$ 和 $\boldsymbol{x}^{24}$ 分别表示在同一有效时刻(at the same valid time)的 48 h 和 24 h 预报,$\boldsymbol{x}^{36}$ 和 $\boldsymbol{x}^{12}$ 有相同意思的表示;一般是相隔 24 h 的预报差,是为了消减日变化的干扰影响。用预报**差**作为预报**误差**的代用品(也就是,假定它包含类似预报误差的单变量和多变量的结构),Parrish 和 Derber(1992)考虑下面的式子:

$$\boldsymbol{B}=\langle \boldsymbol{e}_{\mathrm{m}}\boldsymbol{e}_{\mathrm{m}}^{\mathrm{T}}\rangle \approx \frac{1}{2}\langle (\boldsymbol{x}^{48}-\boldsymbol{x}^{24})(\boldsymbol{x}^{48}-\boldsymbol{x}^{24})^{\mathrm{T}}\rangle。\tag{4.3.2g}$$

尖括号表示对时间(典型地对一个月时段)上不同个例情况的平均。这个方法现在称为“NMC”或“NCEP”方法,以 National Meteorological Center(现在的 National Center for Environmental Prediction)命名。

注:式(4.3.2g)中1/2这个因子可以这样理解:

用 $\boldsymbol{x}_{\mathrm{t}}$ 表示所在有效时刻的大气状态真值,则有:

$$\boldsymbol{x}^{48}=\boldsymbol{x}_{\mathrm{t}}+\boldsymbol{\varepsilon}^{48}+b^{48},\boldsymbol{x}^{24}=\boldsymbol{x}_{\mathrm{t}}+\boldsymbol{\varepsilon}^{24}+b^{24},$$

式中,$\boldsymbol{\varepsilon}$,b 分别是预报存在的随机误差和系统偏差。

假定 $b^{48}=b^{24}$(在所考虑时长内预报的系统偏差是不变的),则预报差:

$$(\boldsymbol{x}^{48}-\boldsymbol{x}^{24})=(\boldsymbol{\varepsilon}^{48}-\boldsymbol{\varepsilon}^{24})$$

假定 $\boldsymbol{\varepsilon}^{48}$,$\boldsymbol{\varepsilon}^{24}$ 是无关的,而且它们每个都有和 $\boldsymbol{\varepsilon}$ 相同的误差协方差,则有:

$$\begin{aligned}\langle (\boldsymbol{x}^{48}-\boldsymbol{x}^{24})(\boldsymbol{x}^{48}-\boldsymbol{x}^{24})^{\mathrm{T}}\rangle &=\langle (\boldsymbol{\varepsilon}^{48}-\boldsymbol{\varepsilon}^{24})(\boldsymbol{\varepsilon}^{48}-\boldsymbol{\varepsilon}^{24})^{\mathrm{T}}\rangle \\ &=\langle \boldsymbol{\varepsilon}^{48}\boldsymbol{\varepsilon}^{48\,\mathrm{T}}\rangle+\langle \boldsymbol{\varepsilon}^{24}\boldsymbol{\varepsilon}^{24\,\mathrm{T}}\rangle \approx 2\langle \boldsymbol{\varepsilon}\boldsymbol{\varepsilon}^{\mathrm{T}}\rangle=2\boldsymbol{B};\end{aligned}$$

故

$$\boldsymbol{B}\approx \frac{1}{2}\langle (\boldsymbol{x}^{48}-\boldsymbol{x}^{24})(\boldsymbol{x}^{48}-\boldsymbol{x}^{24})^{\mathrm{T}}\rangle。$$

NMC 方法提供了一个**多元、全球**预报差的协方差;通过假定预报差是预报误差的代用品,把这个预报差的协方差作为预报误差协方差的估测。尽管对此代用品假定的理论上合理性并不严格,NMC 方法的理论基础目前相当不清楚,然而这个方法的结果比原来用观测和预报差(o−b)来估测 $\boldsymbol{B}$ 的观测法更好。带来这个改进的一个重要的原因是无线电探空站网没有足够的密度来合理地估测全球的结构,而式(4.3.2g)却提供了一个具有全球代表性的预报误差结构。因此,NMC 方法已经被国际上大多数 NWP 预报中心使用。

需要指出,NMC 方法,除了矩阵 $\langle (\boldsymbol{x}^{48}-\boldsymbol{x}^{24})(\boldsymbol{x}^{48}-\boldsymbol{x}^{24})^{\mathrm{T}}\rangle$ 的**不满秩**之外(参见下面④的“集合方法”),存在大家知道的困难(Bannister,2008):

- 背景场通常是 6 h 预报,而 NMC 方法使用更长时长(48 h 和 24 h)的预报差。过长时长的要求是不必要的;后来也有使用 **30** h 和 **6** h 预报的差或 **36** h 和 **12** h 预报的差。
- NMC 方法在**观测稀少**的地区和对于**大尺度**有问题。在**观测稀少**的地区,预报之间可能只是很小的差,因此此时我们可以预料这个方法**低估方差**。对于**大尺度**,发现 NMC 方法**高估方差**。这不仅因为该方法使用的预报(48 h 和 24 h)在时间上比用作背景场 $\boldsymbol{x}_{\mathrm{b}}$ 所用的预报(6 h)更长,而且是因为该方法本身的固有性质,即使系统是静态的,这会显示出来。一般地,NMC 统计经常需要调节来抵消这些问题和其他问题,如 ECMWF 的工作(Derber et al.,1999)和 Met Office 的工作(Ingleby,2001)。NMC 方法也经常**高估垂直**相关特征长度尺度(Fisher,2003)。
- 预报差通常对一个合理长度的时段(如一个月或一个季节)来统计计算。而具体天气个例的变化源于预报模式的自然演变。这使得 NMC 方法**只适合于气候协方差**的估计。

③针对有限区模式,为消减侧边界条件误差的“滞后 NMC 方法”(The lagged NMC

method)。有限区模式(limited area models:LAMs)的预报有一个**附加的误差源**,它**来自**为有限区模式提供侧边界条件(lateral boundary conditions:LBCs)的**更大尺度预报模式**。用于LAMs的滞后NMC方法(Širok'a et al.,2003;Berre et al.,2006)是对标准NMC方法的一个修改,目的是消除这个误差源。

(a)对于有限区模式,在**标准**NMC方法中,$\boldsymbol{x}^{48}$,$\boldsymbol{x}^{24}$是从(间隔24 h的)不同的分析场启动的预报,即如下方式:

$$\boldsymbol{x}^{48}=M_{48\leftarrow 0}\,\boldsymbol{x}_{\mathrm{a}}(t=0),$$
$$\boldsymbol{x}^{24}=M_{48\leftarrow 24}\,\boldsymbol{x}_{\mathrm{a}}(t=24);$$

它使用了来自更大尺度预报模式提供的侧边界条件LBCs,而更大尺度预报模式是以同样方式和该有限区模式平行运行。在这个方式中,$\boldsymbol{x}_{\mathrm{a}}(t=0)$和$\boldsymbol{x}_{\mathrm{a}}(t=24)$是两个不同的分析场。

(b)在**滞后**NMC方法中,基本的想法是:**使得**较短时长预报$\boldsymbol{x}^{24}$所使用的侧边界条件和较长时长预报$\boldsymbol{x}^{48}$所使用的**侧边界条件**在时间上叠合部分**相同**。为此的做法是如下方式:

$$\boldsymbol{x}^{48}=M_{48\leftarrow 0}^{\mathrm{LBC}}\,\boldsymbol{x}_{\mathrm{a}}(t=0),$$
$$\boldsymbol{x}^{24}=M_{48\leftarrow 24}^{\mathrm{LBC}}\,\boldsymbol{x}^{1}(t=24),$$

其中,
$$\boldsymbol{x}^{1}(t=24)=DR\hat{M}_{24\leftarrow 0}\,\hat{\boldsymbol{x}}^{\mathrm{a}}(t=0)。$$

这里,$\hat{\boldsymbol{x}}^{\mathrm{a}}(t=0)$是更大尺度预报模式$\hat{M}$的$t=0$时刻分析场,$R$是从更大尺度网格到该有限区网格的重新配置,$D$时是通过数字滤波的初始化(Lynch et al.,1992),下标"$t_2\leftarrow t_1$"表示从t_1到t_2的模式积分,上标"LBC"表示对于两个LAM的积分($\boldsymbol{x}^{48}$和$\boldsymbol{x}^{24}$),使用了相同的LBCs。这个做法的要点有两个:

- (有限区LAM的两个积分)$\boldsymbol{x}^{48}$和$\boldsymbol{x}^{24}$所使用的**侧边界条件**LBCs都来自更大尺度预报模式的同一个分析场$\hat{\boldsymbol{x}}^{\mathrm{a}}(t=0)$(即更大尺度预报模式的$t=0$时刻分析场)启动的预报。由此实现了LAM的$\boldsymbol{x}^{24}$和$\boldsymbol{x}^{48}$在时间上叠合部分(即$M_{48\leftarrow 24}^{\mathrm{LBC}}$)使用了**相同的侧边界条件**。而且,$\boldsymbol{x}^{24}$和$\boldsymbol{x}^{48}$的**叠合部分**($t=24\sim48$ h)是预报积分时段$t=0\sim48$ h的**后期时段**,其边界条件的干扰影响较大;在$\boldsymbol{x}^{48}$中**非叠合部分**($t=0\sim24$ h)是在预报积分时段的**前期时段**,边界条件的影响较小;也因此,**滞后NMC方法**,通过叠合部分使用了相同的侧边界条件,尽可能大限度地消减了有限区模式的($\boldsymbol{x}^{48}-\boldsymbol{x}^{24}$)包含的侧边界条件这个误差源。

- LAM的较短时长预报$\boldsymbol{x}^{24}$的**初值**也来自更大尺度预报模式的那个分析场$\hat{\boldsymbol{x}}^{\mathrm{a}}(t=0)$(即$DR\hat{M}_{24\leftarrow 0}\hat{\boldsymbol{x}}^{\mathrm{a}}(t=0)$)。由此保持它的**初始条件和**它的LBCs**的一致性**。

(c)在实际应用中,**用于**LAM**统计**的预报提前时间(如$\boldsymbol{x}^{36}$**和**$\boldsymbol{x}^{12}$)通常**短**于用于**全球模式**的预报提前时间($\boldsymbol{x}^{48}$和$\boldsymbol{x}^{24}$),例如Berre等(2006)使用($\boldsymbol{x}^{36}-\boldsymbol{x}^{12}$),通过"滞后NMC方法"估测有限区模式的$\boldsymbol{B}$矩阵。可以这样理解:这对应着区域模式的可用预报时效较短,而且使用$\boldsymbol{x}^{36}$,$\boldsymbol{x}^{12}$)比使用$\boldsymbol{x}^{48}$,$\boldsymbol{x}^{24}$(因为其预报积分时段较短而)减少了侧边界的影响。

相比原来的标准NMC方法,**滞后**NMC方法中新的预报差的**方差**对于大尺度,按道理应该有更小的值。Berre等(2006)使用Aladin LAM作为有限区模式M,Arp̀ege global model作为全球模式$\hat{M}$,用36 h和12 h预报替代48 h和24 h预报,比较了标准NMC和滞后NMC方法,发现:按照滞后NMC方法得到的**长度尺度**确实**短**于标准NMC方法得到的长度尺度。Sirok'a等(2003)也发现:滞后NMC方法导出的**垂直相关长度尺度**比标准NMC方法导出的更**宽**。

④基于状态空间，以“一组预报集合”来做估测的集合（蒙特卡洛）方法（The ensemble (Monte Carlo) method）。把背景场（先验大气状态）视为一个随机向量 $\boldsymbol{X}_{\mathrm{b}}$，则它（作为随机向量）有若干可能的取值 $\boldsymbol{x}_{\mathrm{b}}(k)(k=1,\cdots,K)$；考虑这些可能取值来自集合预报（集合成员数为 K）的**一组预报集合** $\boldsymbol{x}_{\mathrm{f}}(k)(k=1,\cdots,K)$，并用**集合平均** $\overline{\boldsymbol{x}}_{\mathrm{f}}$ 作为“**真实**”状态 $\boldsymbol{x}_{\mathrm{t}}$ 的代用品，也就是对于集合平均的**扰动** $\boldsymbol{x}'_{\mathrm{f}}(k)=\boldsymbol{x}_{\mathrm{f}}(k)-\overline{\boldsymbol{x}}_{\mathrm{f}}$ 作为**预报误差** $\boldsymbol{\varepsilon}_{\mathrm{f}}(k)=\boldsymbol{x}_{\mathrm{f}}(k)-\boldsymbol{x}_{\mathrm{t}}$ 的代用品；于是，用这一组预报集合就可以估测预报误差协方差。这种利用“一组预报集合”来估测误差协方差的方法叫做集合方法。可以这样写出该方法的表示形式：

$\boldsymbol{x}'_{\mathrm{f}}(k)$ 是大气状态空间（维数 N）的一个列向量，用 $\boldsymbol{X}'$ 表示由 K 个扰动集合构成的矩阵：

$$\boldsymbol{X}'=[\boldsymbol{x}'_{\mathrm{f}}(1),\boldsymbol{x}'_{\mathrm{f}}(2),\cdots,\boldsymbol{x}'_{\mathrm{f}}(K)],$$

则用集合方法估测的 $\boldsymbol{B}$ 矩阵表示为：

$$\begin{aligned}\boldsymbol{P}&=\langle\boldsymbol{\varepsilon}_{\mathrm{f}}\boldsymbol{\varepsilon}_{\mathrm{f}}{}^{\mathrm{T}}\rangle=\langle\boldsymbol{\varepsilon}_{\mathrm{b}}\boldsymbol{\varepsilon}_{\mathrm{b}}{}^{\mathrm{T}}\rangle=\boldsymbol{B}\approx\frac{1}{K-1}X'X'^{\mathrm{T}}\\&=\frac{1}{K-1}\sum_{k=1}^{K}(\boldsymbol{x}_{\mathrm{f}}(k)-\overline{\boldsymbol{x}}_{f})(\boldsymbol{x}_{\mathrm{f}}(k)-\overline{\boldsymbol{x}}_{\mathrm{f}})^{\mathrm{T}}\end{aligned}\tag{4.3.2h}$$

参见 4.3.2.1 节 3）“分析增量只存在于 $\boldsymbol{B}$ 矩阵所张成的子空间”中的式（4.3.2a），集合方法潜在地提供了最真实的预报误差的模拟（不用不同时间取样的各态历经（ergodicity）假定和不同位置取样的均匀性（homogeneity）假定），正开始被一些业务中心使用，但是使用的开销昂贵。

对于用集合方法估测的 $\boldsymbol{B}$ 矩阵，有两点必需指出：

• 它在数学意义上是**不满秩**的。$\boldsymbol{X}'=[\boldsymbol{x}'_{\mathrm{f}}(1),\boldsymbol{x}'_{\mathrm{f}}(2),\cdots,\boldsymbol{x}'_{\mathrm{f}}(K)]$ 是由 K 个成员的状态空间向量（维数 N）组成的一个 $N\times K$ 矩阵，所以尽管 $\boldsymbol{X}'\boldsymbol{X}'^{\mathrm{T}}$ 是一个 $N\times N$ 矩阵，但 $\boldsymbol{X}'\boldsymbol{X}'^{\mathrm{T}}$ 矩阵的秩不超过 K,N 中的最小的那个数；由于 K 作为集合成员数（一般为几十到百），$K\ll N$，所以 $\boldsymbol{X}'\boldsymbol{X}'^{\mathrm{T}}$ 的秩不超过 K，是一个不满秩的矩阵。

同样，很容易理解“NMC 方法”中 $\boldsymbol{B}\approx\frac{1}{2}\langle(\boldsymbol{x}^{48}-\boldsymbol{x}^{24})(\boldsymbol{x}^{48}-\boldsymbol{x}^{24})^{\mathrm{T}}\rangle$ 也是一个不满秩的矩阵；因为其中的 $\langle(\boldsymbol{x}^{48}-\boldsymbol{x}^{24})(\boldsymbol{x}^{48}-\boldsymbol{x}^{24})^{\mathrm{T}}\rangle$ 可以类似地写为 $\frac{1}{K-1}\boldsymbol{X}'\boldsymbol{X}'^{\mathrm{T}}$，只是这时 $\boldsymbol{X}'=[\boldsymbol{x}(1)^{48}-\boldsymbol{x}(1)^{24},\boldsymbol{x}(2)^{48}-\boldsymbol{x}(2)^{24},\cdots,\boldsymbol{x}(K)^{48}-\boldsymbol{x}(K)^{24}]$，其中的 K 是在各态历经假定下不同时间的样本数，而不是集合预报的同一时间的集合成员数。

• 它在物理意义上是随天气流型演变的（flow-dependent），即具有流依赖特征。因为集合方法是利用集合预报的一组预报集合 $\boldsymbol{x}_{\mathrm{f}}(k)$，而集合预报来自（非线性的）NWP 预报模式，所以包含着大气运动演变的信息。

⑤模拟 $\boldsymbol{B}$ 矩阵的控制变量变换方法（Control Variable Transforms，CVTs）。实际应用中的 $\boldsymbol{B}$ 矩阵是一个**维数巨大**的矩阵和是一个**稀疏**（而近于病态的条件数很大的）矩阵。在变分同化方法中，$\boldsymbol{B}$ 矩阵的维数巨大使得巨维 $\boldsymbol{B}$ 矩阵无法存贮、更无法求目标泛函中 $\boldsymbol{B}$ 的逆，因而使得目标泛函极小化更**无法数值求解**；$\boldsymbol{B}$ 矩阵的近于病态使得目标泛函极小化的**数值求解难于收敛**，以及使得解对输入数据的微小误差很敏感，导致**解不可靠**。

CVTs 的目的是通过**隐式地模拟** $\boldsymbol{B}$ 矩阵而去掉目标泛函中 $\boldsymbol{B}$ 的逆（**不是显式地估测** $\boldsymbol{B}$ 矩阵），来简化和优化其目标泛函；“**简化**目标泛函”表现为使得目标泛函极小化能够数值求解，“**优化**目标泛函”表现为使得目标泛函极小化的数值求解过程易于收敛并能得到可靠的解。CVTs 包含两个基本步骤：物理参量变换来处理 $\boldsymbol{B}$ 矩阵中多变量之间的物理相关，和向量空间变换来处

理 **B** 矩阵中单变量的三维空间相关。参见 5.3.3.3 节“实际应用中的一系列变量变换”和第 6 章。

不过，需要指出，CVTs 中所用到的统计特征，如单变量的空间（包括水平和垂直）相关特征长度尺度，一般通过 NMC 方法统计得到。

4.3.2.4 认识 B 矩阵：B 矩阵所对应的基本要求

B 矩阵作为观测信息的权重与传播平滑的基本因素，所对应的基本要求是 **B** 矩阵包含**合理的天气流型的尺度特征**，而不是苛刻的准确性。这因为：

• **B** 矩阵本身是统计意义的；同时，在实际业务实施中，不论是 NMC 方法（使用**预报差**代替预报误差），还是集合方法（用**集合平均**代替“真实”状态），还是其他误差代用品方法的统计，都难以得到它在某一时刻的真实统计。

• 作为大气运动的一个基本物理特征，真实大气是缓慢变化的，这隐含着作用于大气的各种力之间的平衡，因此能符合这个特征的分析场应当是平滑的，这要求：“权重与传播平滑是否合适”是首要地表示天气流型的大尺度特征；

由上述 4.3.2.1 节 3)“分析增量只存在于 **B** 矩阵所张成的子空间”中的式(4.3.1d)：$\delta\boldsymbol{x}_a=\boldsymbol{B}\delta\boldsymbol{x}_o=\boldsymbol{E\Lambda E}^T\delta\boldsymbol{x}_o$，以及 $\boldsymbol{B}=\boldsymbol{E\Lambda E}^T$ 的表示形式，可以知道：对于分析增量，**更大的权重**给予了大气运动的准平衡模态；

同时，由于格点值只是格体平均意义上的值，不能分辨次网格部分，由此产生观测的代表性误差，它表现为背景场误差作用于观测算子的误差，因此只有被模式网格分辨的尺度应该被包括在背景误差协方差函数中（Lorenc，1986）。

• 事实上，实际应用中 OI 方法和三维变分方法都只是采用了**静态的 B** 矩阵，就都得到合理的结果，取得比它们之前方法的进步。

B 矩阵所对应的基本要求是首要地包含**合理的天气流型的尺度特征**，而不是苛刻的准确性，这对于同化系统的自主研发和实际应用有着**现实意义**：

• 需要理解大气运动的主要矛盾和主要方面来**做近似**，用于 **B** 矩阵的估测和模拟构造中。

• 在**四维变分同化**中，**B** 矩阵的表现形式是 $\boldsymbol{MBM}^T$（参见 4.6.3.1 节“四维变分方法的基本优点”）。因此在四维变分同化中，需要首要地识认和抓住大气运动方程中的**主要项**来开发切线性模式及其伴随模式，和按照物理过程的**重要性**、依次地开发包含物理过程的切线性模式及其伴随模式；或可选择：考虑大气运动方程中的大项进行简化来建立**扰动模式**及其伴随模式。

• 对于中尺度天气系统，特别是局地特征强、发展快的时空变化剧烈的强对流天气系统，进行资料同化时，关联到 **B** 矩阵的方面，必须意识到全球大尺度资料同化通常处理 **B** 矩阵的局限性，选择更小相关特征尺度，选择其他合适的同化方法，如集合卡尔曼滤波同化方法，等等。

4.3.2.5 观测误差协方差矩阵(R)

由 4.3.2.1 节中的式(4.3.1a)：$\delta\boldsymbol{x}_a=\boldsymbol{W}[\boldsymbol{y}_o-H(\boldsymbol{x}_b)]$知道，观测误差协方差矩阵 **R** 是权重函数矩阵 $\boldsymbol{W}=\boldsymbol{BH}^T(\boldsymbol{HBH}^T+\boldsymbol{R})^{-1}$ 中的另一个基本参数。它的误差方差和背景场的误差方差一起决定了观测信息的权重。

(1) **物理上认识观测误差协方差矩阵：资料同化中观测误差的复杂性**

用 $\boldsymbol{x}_t$ 表示大气状态的真值，观测误差协方差矩阵：

$$\boldsymbol{R}=\langle\boldsymbol{\varepsilon}_o\boldsymbol{\varepsilon}_o^T\rangle=\langle[\boldsymbol{y}_o-H(\boldsymbol{x}_t)][\boldsymbol{y}_o-H(\boldsymbol{x}_t)]^T\rangle \tag{4.3.3}$$

（这里采用了资料同化有关文献常用表示，没有做随机向量 $\boldsymbol{E}_o$ 和及其取值 $\boldsymbol{\varepsilon}_o$ 的表示符号区分。）

观测误差 $\boldsymbol{\varepsilon}_o$ 一般写为：

$$\boldsymbol{\varepsilon}_{\mathrm{o}}=[\boldsymbol{y}_{\mathrm{o}}-H(\boldsymbol{x}_{\mathrm{t}})]=\boldsymbol{y}_{\mathrm{t}}+\boldsymbol{\varepsilon}_{\mathrm{ins}}-(H_{\mathrm{t}}-\boldsymbol{\varepsilon}_{\mathrm{H}})(\boldsymbol{x}_{\mathrm{t}})=\boldsymbol{\varepsilon}_{\mathrm{ins}}+\boldsymbol{\varepsilon}_{\mathrm{H}}(\boldsymbol{x}_{\mathrm{t}});$$

式中，$\boldsymbol{y}_{\mathrm{t}}$ 表示观测量的真值，考虑了 $H_{\mathrm{t}}(\boldsymbol{x}_{\mathrm{t}})=\boldsymbol{y}_{\mathrm{t}}$；由此看到，观测误差 $\boldsymbol{\varepsilon}_{\mathrm{o}}$ 包含了：

①**观测仪器误差**$\boldsymbol{\varepsilon}_{\mathrm{ins}}$；

②**观测算子误差**$\boldsymbol{\varepsilon}_{\mathrm{H}}(\boldsymbol{x}_{\mathrm{t}})=-\boldsymbol{\varepsilon}_{\mathrm{H}}(\boldsymbol{x}_{\mathrm{t}})$(这里选择负号，是形式上方便起见，为了结果都是一致正号)。

此外，对于 NWP 模式，模式状态变量代表大气状态变量；但由于离散化，“模式状态变量真值” $\tilde{\boldsymbol{x}}_{\mathrm{t}}$ 不是格点上的严格真实值 $\boldsymbol{x}_{\mathrm{t}}$，只是格体平均意义上的值，不能分辨次网格部分(参见 1.1.3.1 中(3)“大气状态和模式大气”)。这种由于模式状态变量不能表现次网格部分，当它作用于观测算子时，$\boldsymbol{\varepsilon}_{\mathrm{o}}=[\boldsymbol{y}_{\mathrm{o}}-H(\tilde{\boldsymbol{x}}_{\mathrm{t}})]=[\boldsymbol{y}_{\mathrm{o}}-H(\boldsymbol{x}_{\mathrm{t}}+\tilde{\boldsymbol{\varepsilon}})]=[\boldsymbol{y}_{\mathrm{o}}-H(\boldsymbol{x}_{\mathrm{t}})]-H(\tilde{\boldsymbol{\varepsilon}})$，即 $\boldsymbol{\varepsilon}_{\mathrm{o}}$ 还包含：

③**观测的代表性误差**$\boldsymbol{\varepsilon}_{\mathrm{rep}}=-H(\tilde{\boldsymbol{\varepsilon}})$。它表示了“观测中包含的次网格信息没有在模式/分析的格点值(即格体平均值)中表现出来”。

(2)　**实际应用中观测误差协方差矩阵的设定：对角矩阵**

对于现场观测，由于测量都是独立进行的，所以可认为不同时刻、不同地点的观测误差是不相关的。但可能不符合卫星观测，其仪器偏差可能很难去除；此外，观测的代表性误差(Daley，1993)可能是依赖于天气演变，在时间上相关。

对于卫星垂直探测的辐射率资料，由于所遥感的辐射信息来自气柱(不是单纯某一层)，同一卫星探测仪的不同通道辐射率资料之间的相关性难于确定。对于观测反演资料，由于反演时需要利用其他信息(如来自 NWP 的参考廓线)，也存在反演资料误差相关性难以确定的问题。

总之，由于现场观测不同气象测量的独立性，还有一些观测(不同通道间辐射率、反演资料)的相关性难以确定，加之资料同化中观测误差的复杂性(即上述 $\boldsymbol{\varepsilon}_{\mathrm{o}}=[\boldsymbol{y}_{\mathrm{o}}-H(\boldsymbol{x}_{t})]$包含观测仪器误差、观测算子误差和观测的代表性误差等)，所以实际应用中的观测资料，通过其稀疏化处理，通常考虑为不相关的，即把观测误差协方差矩阵设定为一个对角矩阵。

此外，如 4.3.2.3 节(2)“估测 $\boldsymbol{B}$ 矩阵的主要方法” 所述，基于观测空间、利用新息资料的“观测法”，在估测背景场误差方差之后，还可以得到**观测**误差方差的估测，即：$\sigma_{\mathrm{o}}^{2}(i)=c(i,i)-{\sigma_{\mathrm{b}}}^{2}(i)$。

4.3.3　具体的实际应用：分析同化基本方法中的观测信息的引入和权重与传播平滑

Panofsky(1949)的多项式函数拟合方法**没有显式的观测算子和权重函数**，只是在分析区域中使用观测来确定拟合函数多项式的待定系数；为了得到可信的分析场，通过使用多于待定系数个数的观测，按照**最小二乘方法**来考虑平滑问题。

Cressman(1959)的 SCM 是等压面二维分析，**观测算子**只包含水平方向的空间插值。SCM 的**权重函数**是经验给定的，随距离的平方而减小；通过影响半径范围内所有观测资料订正作用的**平均**来考虑平滑和使用影响半径逐步减少的**序列扫描**使得分析场包含不同的尺度谱。

OI 的**观测算子**是三维的空间插值，包含水平和垂直方向的空间插值，不过是简单线性的(水平方向的双线性插值和垂直方向的线性插值)。Var 的**观测算子**不仅有三维的空间插值，还有可以是复杂非线性的变量变换，如对于卫星辐射率资料的直接同化，这个变量变换是辐射传输方程；**对于四维变分**，观测算子还包含时间演变，即 NWP 预报模式，能在同化时间窗内考虑比三维变分在时间上更准确的观测信息。

OI、Var 和 EnKF 的**权重和传播平滑**是由统计最优(方差最小或概率最大)所确定的增益矩阵 $\boldsymbol{K}$。但 OI 中(限于求解权重的线性方程组的规模和实质上的单点分析方式)只是粗略地估计 $\boldsymbol{B}$,而且是定义在局地的近似,如空间相关分解为水平和垂直高斯相关的积;Var 中 $\boldsymbol{B}$ 可以是定义在全局的和更一般的方式,如水平和垂直相关的不可分离。在实际的业务实施中,由于 $\boldsymbol{B}$ 矩阵通常维数巨大和条件数很大而近于病态,导致 OI 和 Var 同化方案的数值求解困难,所以它们把 $\boldsymbol{B}$ 当作不随时间变化的**静态**常量。在 EnKF 中使用短期预报集合来估计**动态**演变的 $\boldsymbol{B}$。

4.4 对资料同化输出结果有着什么内在要求?准确性和协调性

对资料同化结果即分析场,有着两个内在要求:1)作为资料同化的结果,它是大气状态的尽可能准确的值,这是它的准确性要求;2)作为提供给 NWP 预报模式的初值,它需要与预报模式的协调,这是它的协调性要求。

4.4.1 准确性要求

同化结果的准确性要求体现为分析场是大气状态的**最优估计**;这个最优估计是以最大后验估计为标准的众数或以最小方差估计为标准的均值,也就是该估计对应着**概率最大**或该估计的**误差方差最小**。参见 3.7 节“状态估计方法与大气的分析同化基本方法”。

同化结果的准确性是资料同化方法本身的不断追求(参见第 2 章“从‘客观分析’到‘资料同化’”),这在过程上体现为资料同化**累积精进**的历史发展进程及其内在发展逻辑。这也使得资料同化成为一门独立学科,并有着诸多用途(分析场作为大气状态的最优估计,不只是为**数值预报**提供初值,还用于天气系统结构和演变的**天气动力学诊断分析**和**气候变化的监测**等方面),以及开辟了新的领域(资料同化方法本身的发展,如同化中的伴随方法和集合方法被用于“**集合预报**的初始扰动”“适应性观测的**敏感区识别**”和“观测对分析、预报的**影响评估**”等方面)。

4.4.2 协调性要求

同化结果的协调性要求源于两个方面。一方面,科学认识和工程技术的**客观局限性**,包括大气运动的多尺度特征、NWP 预报模式对真实大气的近似(如数值模式的离散化和参数化)、观测的代表性误差与观测误差和资料同化方法的假定条件等,使得**预报模式和初始条件都存在误差**,由此带来了实际上不完全真实的预报模式和不完全准确的初始条件。另一方面,作为观测事实的**大气运动的特征**,大气物理量场通常缓慢地变化,其实质是作用于大气运动的各个力近似地处于平衡,使得在客观上要求考虑预报模式和初值之间的协调。这两个客观方面导致同化结果的协调性要求。

4.4.2.1 初始化技术的引入和理解

资料同化结果的协调性是资料同化应用于 NWP 的要求,这表现为分析同化中“**初始化技术**”的引入和研发。为了减小初始条件中不平衡的初始化技术是在分析同化之后和积分模式预报之前所实施的一个技术步骤,来得到符合大气运动平衡性质的初始条件,作为所需要的积分初值。

早在 1922 年 Richardson 应用原始大气运动方程组所做的先驱性的数值天气预报试验(产

生出6 h地面气压倾向为146 hPa而实际上地面气压无大变化的失败结果；参见1.1.4.2节"首次尝试"），就突出了分析场的协调性问题：由于资料噪声和当时匮乏稀疏的观测资料，不能得到平衡的初始场；对于原始方程模式，它的解中包含快速惯性重力波，因此**初始状态的不平衡**能产生快速移动的重力波，而虚假的不平衡将产生虚假的重力波，其初始时刻导数的数量级很大，导致了6 h预报的地面气压倾向的错误估计。这是因为：如果一个模式的初始条件不是处于准地转平衡，那么初始场的平衡部分将表现为慢的准地转模态，其不平衡部分将表现为快的惯性重力波；对于原始方程模式，快波和慢波都同时存在于其模式解中，此时除非快波的振幅很小，要不然快波将在初始的模式变量时间倾向中占主导（Kalnay，2005）。因此需要从初值中滤掉由于不平衡产生的虚假惯性重力波，否则将会产生非常有干扰的预报。

4.4.2.2 资料同化发展历程中的初始化技术

在OI中对分析增量强制地附加地转约束只保证分析场中的一种近似平衡；这样一个简单的地转平衡不足以保证平衡的初始条件。OI的实践中发现，在OI分析之后进行非线性正规模初值化（NLNMI）（Machenhauer，1977；Baer et al.，1977）是必要的。因此非线性正规模初始化，作为一个单独步骤，曾被广泛用于许多业务资料同化系统，因为它可以比简单的地转平衡更有效地大大减小初始条件中的惯性重力波的振幅。此外，Lynch 等（1992）和Lynch（1997）引入的基于数字滤波的动力初始化是一种非常简单、有效的动力初始化，实质上消除了对NLNMI的需要。

Parrish 等（1992）在**三维变分方法中**考虑目标泛函中加入一个"惩罚项"，把全球平衡方程作为弱约束加到目标泛函，之后NCEP全球模式的spin up现象（例如以初始12 h积分的降水量变化为指标）与OI相比减小了一个量级以上。换句话说，有了三维变分方法之后，分析循环中对初始时刻做单独的初始化步骤将不再必要。这是三维变分与标准的OI步骤加之随后的NLNMI相比的一个主要优势。它消除了人为地将分析分为两步：①分析步，所产生的分析场接近观测但不平衡；②初始化步，产生平衡场但与观测更加分离。

从初始化技术的演变可以看到：理想的分析同化方法应该使用所有的先验信息，使得所得到的分析场符合观测的同时也符合物理量场之间平衡关系；例如，在变分同化方法中（Lorenc，1986），实现这一平衡的初始化技术是内含于分析同化过程之中的部分。只是对于不能很好利用变量间平衡关系的先验信息的同化方法，在同化分析之后需要单独的初始化步骤，有助于得到符合变量间平衡关系的分析场。

4.4.2.3 牛顿连续松驰逼近技术（常称作Nudging技术）

牛顿连续松驰逼近技术（常称作Nudging技术）（Anthes，1974；Kistler，1975；Hoke et al.，1976；朱国富，1999）是一个基于**协调性**和**动力初值化**想法的四维资料同化技术。正是这个特点，这个方法现在仍有时用于需要考虑和处理分析场和预报模式存在较突出协调性问题的情形，例如：**快速更新**的同化和预报，**局地性强的资料**（如雷达资料）的同化和预报，甚至**气候模式预测**的资料同化。

（1） **Nudging技术的数学形式和基本想法**

Nudging技术的要点是在预报前模式积分的同化时段（$t_0-\Delta t, t_0$），在一个或几个模式预报方程中增加一个人为强迫项；该强迫项与方程中模式预报变量的观测实况值和模式值之差成正比，其作用是在同化时段的积分中使模式状态逐渐逼近观测状态。具体表述如下。

设某一模式预报变量为α，其预报方程是：

$$\frac{\partial\alpha}{\partial t}=\sum F_i$$

其中，$\sum F_i$ 代表模式中的所有物理作用。加入一个线性强迫项，即松弛逼近项，得到：

$$\frac{\partial\alpha}{\partial t}=\sum F_i+G_\alpha\times(\alpha_0-\alpha)$$

式中，$G_\alpha>0$，为松弛逼近系数；α_0 为 α 对应时刻的实况值（一般取为格点上的分析场，或站点的观测值），可以由 $t_0-\Delta t$ 和时刻分析值或观测值的线性内插给定。

由于 $G_\alpha>0$，松弛逼近项中 α 前面是负号，（假定 α_0 不随时间变化）容易知道该项的作用是使 α 随时间逐渐逼近 α_0。这是 Nudging 技术的基本想法。

（2） **做法要点**

实施 Nudging 技术的做法要点是松弛逼近系数 G_α 的取值：它不能过大，也不能过小。G_α 控制逼近快慢和程度。如果 G_α 过大，则逼近项为主要项，$\sum F_i$ 相对较小，可忽略，因此使每一时间步长模式变量 α 过分接近 α_0，其效果等同于 t_0时刻观测值直接替换模式预报值，而没有 $t_0-\Delta t$ 时刻的资料被同化，这样不仅引入观测误差，而且由于逼近项为大项，导致在 Nudging 停止时其预报方程动力不平衡；另一方面，如果 G_α 过小，则逼近项太弱，可略去，这样 t_0时刻观测值对模式态的影响很小，其效果相当于 t_0时刻资料没有被同化。

（3） **松驰逼近系数的适当选取**

适当地选取 G_α，可以使观测资料连续地、实时地与模式结合，得到的同化资料用作初值时它与模式的内在协调性强。G_α 是观测误差 ε、测站在网格中的空间分布状态 δr、观测值的时间间隔 δt、所要松驰逼近的预报变量 α、其预报方程中其他项 F_i 的特征大小的函数。

一般来说，G_α 随 ε，δr，δt 增大而减小，因为此时代表 t_0时刻观测分析值的准确性差，所以 G_α 不能太大以致过分逼近不准确的 α_0；此外，G_α 的选取使得逼近项的特征小于其他项 F_i 的特征大小，如大约小一个量级或稍大，以保证虚假的人为附加项不对真实的物理作用项 F_i 反客为主了。而且，G_α 通常线性增加地渐进取值，以避免附加项的插入振荡。

4.5 资料同化算法系统为什么要精雕细刻和如何精雕细刻？

依据某一同化方法/方案（如 OI，Var，EnKF），研发、建立一个同化系统之后，需要对该系统进行精雕细刻或优化改进。为什么要精雕细刻、精雕细刻什么、怎样精雕细刻，包括诸多内容；特别是“怎样精雕细刻”，对于不同的同化系统，还会有各自技术细节的不断优化改进，例如 ECMWF 集成预报系统（IFS：Integrated Forecasting System）之四维变分同化系统 4D-VAR 中 ***B*** 矩阵设定和处理的不断改进，诸如：**非线性平衡**的（多变量间相关）改进（Fisher，2003），**小波**的（单变量空间相关模型）改进（Fisher，2006），背景场误差统计的**标定**（calibration）由（1999 年 10 月）基于三维变分同化的集合升级为（2003 年 1 月）基于四维变分同化的集合（Fisher，2003），以及同化的集合（EDA：Ensemble of data assimilations）（Isaksen et al.，2010）于 2011 年 5 月被用来提供涡度的流依赖的背景场误差**标准差**（Bonavita et al.，2012），EDA 于 2013 年 11 月（ECMWF 的 IFS 文档 Cy40r1）也用来计算背景场误差**相关**模型（小波）的在线估计，等等。

本节关于同化系统的“精雕细刻”是指不限于某种具体同化方法的**一般内容**，是作为同化系统自主研发的**固有步骤和必备环节**所涉及的以下**基本**方面。

4.5.1　资料同化算法系统为什么要精雕细刻和精雕细刻什么？资料同化系统中的误差参数

4.5.1.1　从"可用信息的统计最优结合"角度(即资料同化的做法)

（1）　**各数据的误差统计量是资料同化必需的预先给定的参量**

资料同化是通过所有**可用信息**的**统计最优结合**，来得到尽可能准确的大气状态即分析场。

这些**可用信息**(4.2 节中有关的"资料同化的输入是什么")，除了观测资料本身，实质上还包括大气运动状态的先验背景估计、支配大气运动演变的物理定律(实际上用的是 NWP 预报模式的形式，提供背景场和四维变分观测算子的时间变换)、大气运动的统计或动力性质(如准平衡特征和空间相关特征长度尺度，用于气候廓线和 $\boldsymbol{B}$ 矩阵的处理等)。这些**可用信息**显式地表现为**观测**信息本身和先验**背景**信息。

观测和背景信息的**统计最优结合**得到分析场，其数学形式表现为：

$$\boldsymbol{x}_{\mathrm{a}}=\boldsymbol{x}_{\mathrm{b}}+\boldsymbol{W}[\boldsymbol{y}_{\mathrm{o}}-H(\boldsymbol{x}_{\mathrm{b}})],$$

其中的最优权重矩阵 $\boldsymbol{W}=\boldsymbol{B}\boldsymbol{H}^{\mathrm{T}}(\boldsymbol{H}\boldsymbol{B}\boldsymbol{H}^{\mathrm{T}}+\boldsymbol{R})^{-1}$。不妨考虑 H 是线性算子，便得到：

$$\boldsymbol{x}_{\mathrm{a}}=\boldsymbol{W}\boldsymbol{y}_{\mathrm{o}}+[\boldsymbol{x}_{\mathrm{b}}-\boldsymbol{W}H(\boldsymbol{x}_{\mathrm{b}})]=\boldsymbol{W}\boldsymbol{y}_{\mathrm{o}}+(\boldsymbol{I}-\boldsymbol{W}\boldsymbol{H})\boldsymbol{x}_{\mathrm{b}}$$

也可参见 3.7.2 节中的"经典示范的简单例子"之线性最小方差估计方法中的式(3.7.3a)。这就直观地看到：分析同化是把各个数据(观测和背景场)组合在一起，组合方式是各个数据给定一个权重，该权重决定于各数据的**误差协方差**(包括方差部分和相关部分)，权重大小反映给予该数据的精度(误差方差的倒数)。可用信息的统计最优结合在变分同化方法中表现为求一个目标函数或泛函达到最小的解，而这个目标函数更是直接表示为**以数据精度为权重**的待求大气状态与各数据的**离差**/或距离的平方和。可参见 3.7.2 节中的"经典示范的简单例子"之目标函数方法的式(3.7.7)。

可见，各数据的**误差协方差**(包含方差和相关)是资料同化必须**预先给定**的一个基本**参数**(用于权重)；自然，最后得到的分析场非常依赖于数据误差的适当统计以及误差协方差的**合理给定**。

（2）　**这些数据误差统计量的估测和给定本身是同化系统中的一个主要挑战**

然而，另一方面，不幸的是，无论是观测还是背景场(可被视作另一个源的观测)，数据误差统计量是不完全已知的，其估测和给定存在困难和不确定性(可参见 4.3.2.3 节中有关的"实际应用中 $\boldsymbol{B}$ 矩阵的估测和模拟"和 4.3.2.5 节"观测误差协方差矩阵($\boldsymbol{R}$)")，例如：

• 其对应的真值不可知，而误差需要以真实状态为参照标准，自然，这些数据的误差不可知。这是最基本的困难。

• 甚至这些误差是什么，许多不确定性仍然存在，如：提供背景场的 NWP 预报模式的误差，定量上知之甚少。

• 观测的代表性误差、一些观测算子误差(包含 NWP 预报模式时、包含经验关系和近似关系时)、一些观测相关性(不同通道间辐射率、反演资料)等，难以确定。

（3）　**必须对预先给定的数据误差统计量进行诊断和调谐**

正是由于这些数据误差统计量的估测和给定存在不确定性，因此：

• 它们的预先给定是否**合理**需要诊断；

• 潜在地存在大量改进空间：对同化系统中这些预先给定的参量，简单地通过更好的给定，就可能优化改进分析同化、提升其质量和效果。

总之，这些数据的误差统计量是否**合理给定**需要诊断；为了分析同化的优化改进，需要对这些数据误差统计量的精雕细刻，而对这些数据误差统计量的**精雕细刻**需要进行诊断和调谐。

上述(1)、(2)和(3)从“资料同化的做法”角度回答了资料同化算法系统为什么要精雕细刻和精雕细刻什么。

4.5.1.2　从“所基于的最优统计估计理论”角度：资料同化的属性/数学理论基础

参见 3.7.6 节“小结：状态估计方法与实际的大气资料同化”。状态估计方法是大气的状态估计的基础。**现行的同化方法**是基于随机变量的**统计最优估计方法**，以分析场的后验概率最大或分析场的误差方差最小为最优准则来得到大气状态的最优估计。大气状态估计的**两种代表性统计最优估计方法**是最大后验估计方法和线性最小方差估计方法；最大后验估计方法对应“变分同化方法(Var)”；线性最小方差估计方法对应“最优插值方法(OI)”和基于集合的同化方法(“KF、ExKF 和 EnKF”)。

大气状态估计的**最大后验估计方法**基于大气状态随机向量 $\boldsymbol{X}$ 的 PDF 分布，其对应的**变分同化方法**一般地假定观测误差和背景场误差都**无偏**、二者之间**不相关且为正态分布**，而正态分布包含**两个参数**：随机向量 $\boldsymbol{X}$ 的均值 μ 和方差 σ^2。因此变分同化方法需要观测和背景场的误差的**均值**(用于偏差订正)和**协方差**(为一阶和二阶统计矩)的先验给定。

线性最小方差估计方法，限定被估量 $\boldsymbol{X}$ 的估计 $\boldsymbol{X}_c$ 是观测量 $\boldsymbol{Y}$ 的线性函数，通过该估计 $\boldsymbol{X}_c$ 的误差方差最小，确定线性函数的系数，进而由确定了系数的线性函数得到被估量 $\boldsymbol{X}$ 的最优估计(值)$\hat{\boldsymbol{x}}_c$；在实际应用中，只需要知道被估量 $\boldsymbol{X}$ 和观测量 $\boldsymbol{Y}$ 的**一阶矩**、**二阶矩**，即 $\overline{\boldsymbol{X}}$，$\overline{\boldsymbol{Y}}$，$\sigma_X^2$，$\sigma_Y^2$，$\sigma_{XY}^2$；参见 3.6.3.2 节(4)“线性最小方差估计”。用于大气状态的估计，假定观测误差和背景场误差都**无偏**、二者之间**不相关**，需要数据的误差的统计特征包括误差**一阶矩**(均值)和**二阶矩**(协方差和方差)的先验给定。

上述就从“资料同化的属性”角度也回答了资料同化算法系统要精雕细刻什么；这就是：观测误差和背景场误差的均值(用于偏差订正)和协方差(包含方差和相关)。

4.5.1.3　从“实际应用中的重要性”角度

由上面 4.5.1.1 节和 4.5.1.2 节可知：在实际应用中，资料同化系统中预先给定的误差参数(均值和协方差)的**诊断和调谐**，作为资料同化系统精雕细刻的一般内容，其必要性首先是资料同化方法的**本身性质**(做法和属性)决定的。

除此本身性质的层面之外，其必要性还可以从同化系统**实际研发的一般过程**和同化方法的**应用新领域**来理解。在这个更高层面上，可以看到这样的**循序渐进**的步骤和**良性**的闭环：

- 步骤一：首先建立一个同化算法系统；
- 步骤二：再评估这个同化系统，看同化系统中误差参数的预先给定**是否合适**和不合适时进行**调谐**；
- 步骤三：最后是观测影响评估和适应性观测。

步骤一和步骤二是**循序渐进**的一般过程，即：做好步骤二(做细做实“误差参数的**诊断和调谐**”)，才可能得到资料同化系统中误差参数的**合适给定**，从而改进步骤一所建立的同化系统，提高其“分析”质量。

步骤三包含着一个**良性**闭环(参见 1.1.6.3 节“NWP 的适应性(或目标)观测和交互式预报”)，即：观测影响评估和适应性观测与 NWP(同化＋预报)系统形成主动交互、划算有效的(观测与预报)二者互为促进的一体化和一个良性闭环。而**步骤二**,不仅因为附属于 NWP 系统而包含于这个闭环里,更是**步骤三的前提基础**,因为"观测影响评估"和"适应性观测"的结果可靠性都是基于同化系统中误差参数的合适给定;事实上,不仅同化方法本身发展了"观测影响评估"和"适应性观测"这样的**应用新领域**,而且同化中的系统误差参数诊断和调谐又保障了它们的**结果可靠性和进一步改进**。

这些揭示了:资料同化系统中误差参数的**诊断和调谐**,①是同化系统自主研发本身循序渐进过程中改进同化系统、提高分析质量的**固有步骤**;②是"观测影响评估和适应性观测"与"观测—预报交互式良性闭环系统"的**前提基础**;③因而是不可逾越和上下承接的**必备环节**。

此外,资料同化系统中误差参数的**诊断和调谐**,其重要性已经被 NWP 全球资料同化发展历程的**事实所证实和揭示**。如 Rabier(2005)指出,诸如四维变分同化方法和误差参数给定的优化改进这些主要科学进展,结合可利用观测资料的大量增加,真正带来了数值预报性能的显著提高。

4.5.2　资料同化算法系统如何精雕细刻?资料同化系统的诊断和调谐

首先是同化算法系统中误差参数的预先给定/设定是否合适,这需要进行**诊断**;之后是给定不合适时(或要更合适的指定)怎么办,这需要进行**调谐**。

同化系统中误差参数诊断和调谐的理论基础和实际做法都需要比较多和繁杂的数学知识,本节只为相关了解试图介绍一些解释性的一般内容和简单易懂的示范做法。

4.5.2.1　解释性的概念:资料同化系统的内部诊断/后验验证

同化算法系统中(背景场和观测)误差参数的预先给定是否合适涉及同化算法系统的评估/评价(evaluation)或验证/确认(validation)。

至少有以下两类方法可以用来验证同化算法(Talagrand et al.,2000):

• 客观评估(objective assessment)。该类方法将分析场和无偏的独立资料做比较;所说的独立资料不仅是同化过程中没有被使用的资料,而且作用于该资料的误差和作用于同化中所使用资料的误差在统计上是无关的。这是客观地评估一个同化算法质量的唯一方法,特别是客观地比较两个不同同化算法的性能表现。

• **内部诊断**(internal diagnostics)/**后验验证**(a posteriori verification)。该类方法瞄向资料减去分析(DmA:data-minus-analysis)之差;这个 DmA 之差就是同化中所使用资料和分析场本身之间的差。这里,"资料" z_o 包含背景场 $\boldsymbol{x}_b$ 和观测 $\boldsymbol{y}_o$,即 $\boldsymbol{z}_o=(\boldsymbol{x}_b^{\mathrm{T}},\boldsymbol{y}_o^{\mathrm{T}})^{\mathrm{T}}$,所以 DmA 之差包含($\boldsymbol{x}_b-\boldsymbol{x}_a$)和[$\boldsymbol{y}_o-H(\boldsymbol{x}_a)$]。线性统计估计理论,除了提供了分析场,还能基于 DmA 之差得到同化系统资料误差的一阶和二阶统计矩(参见 4.5.2.2 节)。这个**理论上**得到的统计矩与(利用分析结果 $\boldsymbol{x}_a$)**后验计算**得到的统计矩之间的任何不一致(disagreement)是同化系统资料(观测和背景)误差参数的某一先验给定不当(some a priorimis specification)的迹象。一旦这样的不当给定被识别,那么对其订正、进而提高同化质量是可能的。

在同化系统的自主研发中,后者一般需要被用来验证和改进同化算法系统。这个方法,由于只用到同化中所使用的资料,而没有未被使用的其他独立资料,所以被称为内部诊断;由于 DmA 之差是同化系统的结果(分析场)与输入资料(先验背景场和观测)的比较,要用到分析结果,所以又被称为后验验证。

DmA 之差是新息向量的一个可逆线性变换(因为 $\boldsymbol{d}=\boldsymbol{y}_o-\boldsymbol{H}\boldsymbol{x}_b=\boldsymbol{y}_o-\boldsymbol{H}\boldsymbol{x}_a+\boldsymbol{H}(\boldsymbol{x}_a-\boldsymbol{x}_b)$,考虑 $\delta\boldsymbol{x}_a=\boldsymbol{K}\boldsymbol{d}$,可以得到:$[\boldsymbol{y}_o-H(\boldsymbol{x}_a)]=(\boldsymbol{I}-\boldsymbol{H}\boldsymbol{K})\boldsymbol{d}$),所以对这两组值的任一组所做的统计诊断能够

是等价的。根据被评估的具体同化算法和更感兴趣研究的具体方面，来选择(是对 DmA 之差做诊断，还是对新息向量做诊断)哪个可能是更方便的。

需要指出，如 Talagrand 和 Bouttier(2000)提及，对内部诊断结果的解释理解需要非常小心。从一个严格的数学的观点来看，理论得到的统计量和后验计算的统计量之间的一致性对于同化算法的最优性既不是必要的、也不是充分的条件(Talagrand，1999)。而且，对于(至少是基于新息或是 DmA 之差向量的)内部诊断，总是需要其他一些独立的假设，而这些独立假设本身不能客观地验证。尽管有这些需要注意的地方，内部诊断可能是非常有益和启发性的；对 ECMW 的变分同化系统在 1999 年 3—5 月时段已经进行过这样的内部诊断(Talagrand et al.，2000)。Talagrand(1999)还介绍了基于 DmA 之差所进行的许多诊断。

4.5.2.2 示例做法：观测空间下的误差参数的诊断和调谐

(1) **线性最优分析中误差参数的一致性诊断关系**

Desroziers 等(2005)提出观测空间下的观测、背景场、分析场等误差统计的一套诊断；它们也提供了额外的关于同化算法的一种一致性检验。

这一套诊断基于**观测空间下的**观测减背景即新息(O－B)、观测减分析(O－A)和背景减分析(B－A)，在线性统计估计理论中(参见式(4.2.1a)和式(4.2.1b))它们分别是：

$$\boldsymbol{d}_{\mathrm{b}}^{\mathrm{o}}=\boldsymbol{y}_{\mathrm{o}}-H(\boldsymbol{x}_{\mathrm{b}})=\boldsymbol{y}_{\mathrm{o}}-H(\boldsymbol{x}_{\mathrm{t}}+\boldsymbol{\varepsilon}_{\mathrm{b}})\approx(\boldsymbol{\varepsilon}_{\mathrm{o}}-\boldsymbol{H}\boldsymbol{\varepsilon}_{\mathrm{b}}), \tag{4.5.1a}$$

$$\boldsymbol{d}_{\mathrm{b}}^{\mathrm{a}}=H(\boldsymbol{x}_{\mathrm{a}})-H(\boldsymbol{x}_{\mathrm{b}})\approx\boldsymbol{H}\delta\boldsymbol{x}_{\mathrm{a}}=\boldsymbol{H}\boldsymbol{K}\boldsymbol{d}_{\mathrm{b}}^{\mathrm{o}}, \tag{4.5.1b}$$

$$\boldsymbol{d}_{\mathrm{a}}^{\mathrm{o}}=\boldsymbol{y}_{\mathrm{o}}-H(\boldsymbol{x}_{\mathrm{a}})\approx\boldsymbol{y}_{\mathrm{o}}-\boldsymbol{H}(\boldsymbol{x}_{\mathrm{b}})-\boldsymbol{H}\delta\boldsymbol{x}_{\mathrm{a}}=(\boldsymbol{I}-\boldsymbol{H}\boldsymbol{K})\boldsymbol{d}_{\mathrm{b}}^{\mathrm{o}}=\boldsymbol{R}(\boldsymbol{H}\boldsymbol{B}\boldsymbol{H}^{\mathrm{T}}+\boldsymbol{R})^{-1}\boldsymbol{d}_{\mathrm{b}}^{\mathrm{o}} \tag{4.5.1c}$$

由于观测值 $\boldsymbol{y}_{\mathrm{o}}$ 及其观测空间下的背景场和分析场的观测相当量 $H(\boldsymbol{x}_{\mathrm{b}})$ 和 $H(\boldsymbol{x}_{\mathrm{a}})$ 都是同化系统中可轻易获得的量，所以这些量的数据资料是几乎免费的，并且能够应用于任何分析方案(参见 4.6.2.2 节“统计最优估计的资料同化方法”)。

基于这些量，能够比较简单清晰地导出关于新息、背景场误差、观测误差、分析误差的一套一致性诊断。这一套一致性诊断已应用于法国全球谱模式业务系统 ARPEGE(Action Recherche Petite Echelle Grande Echelle)的 4D-Var 同化系统。这套一致性诊断包括：

①关于**新息**的一致性诊断(Consistency diagnostic on innovations)。

由新息的 $\boldsymbol{d}_{\mathrm{b}}^{\mathrm{o}}$ 式(4.5.1a)，可以导出(可参见 4.3.2.3 节(2)①中的“以新息来做估测 **B** 矩阵的**观测法**”)：

$$\langle\boldsymbol{d}_{\mathrm{b}}^{\mathrm{o}}(\boldsymbol{d}_{\mathrm{b}}^{\mathrm{o}})^{\mathrm{T}}\rangle\approx\langle(\boldsymbol{\varepsilon}_{\mathrm{o}}-\boldsymbol{H}\boldsymbol{\varepsilon}_{\mathrm{b}})(\boldsymbol{\varepsilon}_{\mathrm{o}}-\boldsymbol{H}\boldsymbol{\varepsilon}_{\mathrm{b}})^{\mathrm{T}}\rangle=\langle\boldsymbol{\varepsilon}_{\mathrm{o}}(\boldsymbol{\varepsilon}_{\mathrm{o}})^{\mathrm{T}}\rangle+\boldsymbol{H}\langle\boldsymbol{\varepsilon}_{\mathrm{b}}(\boldsymbol{\varepsilon}_{\mathrm{b}})^{\mathrm{T}}\rangle\boldsymbol{H}^{\mathrm{T}},$$

即

$$\langle\boldsymbol{d}_{\mathrm{b}}^{\mathrm{o}}(\boldsymbol{d}_{\mathrm{b}}^{\mathrm{o}})^{\mathrm{T}}\rangle\approx\boldsymbol{R}+\boldsymbol{H}\boldsymbol{B}\boldsymbol{H}^{\mathrm{T}} \tag{4.5.2a}$$

这就是新息的协方差；其中使用了统计期望算子〈·〉的线性性质，并假设观测误差 $\boldsymbol{\varepsilon}_{\mathrm{o}}$ 和背景场误差 $\boldsymbol{\varepsilon}_{\mathrm{b}}$ 是无偏且彼此间不相关的。

因此，很容易检查，如果分析中正确给定了观测误差协方差 $\boldsymbol{R}$ 和观测空间表示的背景误差协方差 $\boldsymbol{H}\boldsymbol{B}\boldsymbol{H}^{\mathrm{T}}$，那么应该满足上面式(4.5.2a)的关系。

这是一个经典结果，该结果提供了对 $\boldsymbol{R}$ 和 $\boldsymbol{H}\boldsymbol{B}\boldsymbol{H}^{\mathrm{T}}$ 这些协方差给定的一个全球检查(Andersson，2003)。

②关于**背景误差**的一致性诊断(Consistency diagnostic on background errors)

同样，假设观测误差 $\boldsymbol{\varepsilon}_{\mathrm{o}}$ 和背景场误差 $\boldsymbol{\varepsilon}_{\mathrm{b}}$ 是无偏且彼此间不相关的，由 $\boldsymbol{d}_{\mathrm{b}}^{\mathrm{o}}$ 的式(4.5.1a)和 $\boldsymbol{d}_{\mathrm{b}}^{\mathrm{a}}$ 的式(4.5.1b)，有：

$$\langle \boldsymbol{d}_b^a(\boldsymbol{d}_b^o)^T\rangle \approx \boldsymbol{HK}\langle \boldsymbol{d}_b^o(\boldsymbol{d}_b^o)^T\rangle = \boldsymbol{HBH}^T(\boldsymbol{HBH}^T+\boldsymbol{R})^{-1}(\boldsymbol{HBH}^T+\boldsymbol{R}),$$

即

$$\langle \boldsymbol{d}_b^a(\boldsymbol{d}_b^o)^T\rangle \approx \boldsymbol{HBH}^T \tag{4.5.2b}$$

因此，如果矩阵 $\boldsymbol{HK}=\boldsymbol{HBH}^T(\boldsymbol{HBH}^T+\boldsymbol{R})^{-1}$ 是与背景误差和观测误差的真实协方差一致的，那么就能得到式(4.5.2b)。它提供了基于观测空间表示的**背景误差协方差**的一个独立的一致性检查。

③关于**观测误差**的一致性诊断(Consistency diagnostic on observation errors)

类似地，由 $\boldsymbol{d}_b^o$ 的式(4.5.1a)和 $\boldsymbol{d}_a^o$ 的式(4.5.1c)，有：

$$\langle \boldsymbol{d}_a^o(\boldsymbol{d}_b^o)^T\rangle \approx \boldsymbol{R}(\boldsymbol{HBH}^T+\boldsymbol{R})^{-1}\langle \boldsymbol{d}_b^o(\boldsymbol{d}_b^o)^T\rangle = \boldsymbol{R}(\boldsymbol{HBH}^T+\boldsymbol{R})^{-1}(\boldsymbol{HBH}^T+\boldsymbol{R}),$$

即

$$\langle \boldsymbol{d}_a^o(\boldsymbol{d}_b^o)^T\rangle \approx \boldsymbol{R} \tag{4.5.2c}$$

因此，如果矩阵 $\boldsymbol{HK}=\boldsymbol{HBH}^T(\boldsymbol{HBH}^T+\boldsymbol{R})^{-1}$ 是与背景误差和观测误差的真实协方差一致的，那么就能得到式(4.5.2c)。它提供了**观测误差协方差**的一个独立的一致性检查。

④关于**分析误差**的诊断(Diagnostic of analysis errors)

类似地，由 $\boldsymbol{d}_b^a$ 的式(4.5.1b)和 $\boldsymbol{d}_a^o$ 的式(4.5.1c)，有：

$$\langle \boldsymbol{d}_b^a(\boldsymbol{d}_a^o)^T\rangle \approx \boldsymbol{HK}\langle \boldsymbol{d}_b^o(\boldsymbol{d}_b^o)^T\rangle(\boldsymbol{I}-\boldsymbol{HK})^T = \boldsymbol{HBH}^T(\boldsymbol{HBH}^T+\boldsymbol{R})^{-1}\langle \boldsymbol{d}_b^o(\boldsymbol{d}_b^o)^T\rangle(\boldsymbol{HBH}^T+\boldsymbol{R})^{-1}\boldsymbol{R}$$

如果矩阵 $\boldsymbol{HK}=\boldsymbol{HBH}^T(\boldsymbol{HBH}^T+\boldsymbol{R})^{-1}$ 是与背景误差和观测误差的真实协方差一致的，那么就能得到：

$$\langle \boldsymbol{d}_b^a(\boldsymbol{d}_a^o)^T\rangle \approx \boldsymbol{HBH}^T(\boldsymbol{HBH}^T+\boldsymbol{R})^{-1}\boldsymbol{R}$$

对于上式的右端，如果 $\boldsymbol{HBH}^T$ 和 $\boldsymbol{R}$ 在分析中正确给定，那么它是 $\boldsymbol{HAH}^T$ 的表达式($\boldsymbol{A}$ 是模式状态空间表示的分析误差协方差矩阵：$\boldsymbol{A}=(\boldsymbol{I}-\boldsymbol{KH})\boldsymbol{B}$)。于是，在这种情况下，下面的关系式应该成立：

$$\langle \boldsymbol{d}_b^a(\boldsymbol{d}_a^o)^T\rangle \approx \boldsymbol{HAH}^T \tag{4.5.2d}$$

它提供了关于分析误差的信息，即观测空间表示的**分析场误差协方差**。

(2)　**应用于误差参数的诊断和调谐**

式(4.5.2a)—(4.5.2d)这些关系式在包含观测算子线性化的线性最优分析中应该满足。可以汇总如下：

$$\langle \boldsymbol{d}_b^o(\boldsymbol{d}_b^o)^T\rangle \approx \boldsymbol{R}+\boldsymbol{HBH}^T;\ \langle \boldsymbol{d}_b^a(\boldsymbol{d}_b^o)^T\rangle \approx \boldsymbol{HBH}^T;$$

$$\langle \boldsymbol{d}_a^o(\boldsymbol{d}_b^o)^T\rangle \approx \boldsymbol{R};\ \langle \boldsymbol{d}_b^a(\boldsymbol{d}_a^o)^T\rangle \approx \boldsymbol{HAH}^T。$$

本节的下面内容能看到它们可以有以下用途：

• 用作为后验诊断的一种关系式。也就是，通过由关系式左端计算的**后验诊断值**与同化系统中的**预先给定值**的比较，用来**诊断**误差参数是否正确给定。

• 用作为调谐的一种一致性准则(a consistency criterion)。也就是，如果同化系统中误差参数被诊断出不正确的给定，可以把这些一致性关系式作为准则要求来进行**调谐**。

需要补充说明，还有其他的后验诊断关系式和一致性准则，例如 Talagrand(1999)定义的“目标泛数达到最小时**目标泛函及其子部分**(目标泛函的背景项或观测项，或它们的子集)的**数学期望**”。

此外，上面关系式中的 $\boldsymbol{d}_b^o$、$\boldsymbol{d}_b^a$ 和 $\boldsymbol{d}_a^o$ 都是向量，也就是说，对于**不同观测相联系的部分**，即包含于 $\boldsymbol{d}_b^o$、$\boldsymbol{d}_b^a$ 和 $\boldsymbol{d}_a^o$ 之中的**观测子集**(如所关心的某区域探空资料，或某颗卫星某探测仪某通道的辐射

率资料），这些关系式也应该符合。

①观测和背景场的误差方差诊断，以及新息和分析场的误差方差诊断

上述一致性诊断关系式潜在地提供了**观测空间**（包括所关心观测子集空间）表示的观测、背景场、分析场的误差协方差以及新息的协方差等这一整套的信息。第一个应用是诊断观测和背景的误差方差。具体地：

对于任何一个观测子集 i（如北半球无线电探空的风观测），它有 N_i 个观测；容易计算这些量：

$$(\tilde{\sigma}_i{}^{b})^2 = (\boldsymbol{d}_b^a)_i{}^{T}(\boldsymbol{d}_b^o)_i/N_i \approx \sum_{k=1}^{N_i}(y_k^a - y_k^b)(y_k^o - y_k^b)/N_i, \tag{4.5.3}$$

$$(\tilde{\sigma}_i{}^{o})^2 = (\boldsymbol{d}_a^o)_i{}^{T}(\boldsymbol{d}_b^o)_i/N_i \approx \sum_{k=1}^{N_i}(y_k^o - y_k^a)(y_k^o - y_k^b)/N_i; \tag{4.5.4}$$

式中，y_k^o 是某观测 k 的值，y_k^b、y_k^a 分别是该观测的背景场和分析场的相当量，亦即：$y_k^b = H_k(\boldsymbol{x}^b)$，$y_k^a = H_k(\boldsymbol{x}^a)$；它们几乎是免费得到。分别使用式(4.5.2b)和式(4.5.2c)，由同化系统的输入和输出数据，计算背景场和观测的误差协方差矩阵的(平均的)对角元素即*方差*；它们就是背景场和观测的误差方差的诊断值(the diagnosed values)：$(\tilde{\sigma}_i{}^{b})^2$ 和$(\tilde{\sigma}_i{}^{o})^2$；因为其中利用了同化的输出结果 $\boldsymbol{x}^a$，所以是**后验**诊断值。

后验诊断值可能不同于在同化系统中的预先给定值。如果预先给定值大于后验诊断值，则同化系统中的给定值高估了；这也是 Desroziers 等(2005)针对北半球无线电探空的风观测进行上述后验诊断所得到的结果；它们表明，ARPEGE 的 4D-Var 同化系统中背景场和观测这两个误差都似乎高估了。

此外，新息的协方差式(4.5.2a)和分析场的误差协方差式(4.5.2d)，即：

$$\langle \boldsymbol{d}_b^o(\boldsymbol{d}_b^o)^T\rangle \approx \boldsymbol{R} + \boldsymbol{HBH}^T, \langle \boldsymbol{d}_b^a(\boldsymbol{d}_a^o)^T\rangle \approx \boldsymbol{HAH}^T,$$

能用来诊断和发现同化系统中的其他一些问题。因为新息协方差中的方差应大于观测和背景场二者中的任一误差方差(新息协方差中的方差是观测和背景场的误差方差之和)，而分析误差方差应小于观测和背景场二者中任一误差方差($\boldsymbol{A} = (\boldsymbol{I} - \boldsymbol{KH})\boldsymbol{B}$；也可参见 3.7.2.2 节(1)“线性最小方差估计与简单例子的问题求解”中的式(3.7.3b))，所以如果后验诊断值不是这样，这便会是同化系统存在一些问题的迹象。例如，对于某一观测子集 i，如果新息协方差中的方差小于观测或背景场的误差方差，则该观测子集或对应状态变量其背景场的误差可能存在较大偏差，而非无偏；因为若设偏差为 b，此时：$\langle(\boldsymbol{d}_b^o - b)(\boldsymbol{d}_b^o - b)^T\rangle = \langle \boldsymbol{d}_b^o(\boldsymbol{d}_b^o)^T\rangle - b^2$。也就是，如果出现这种情况($\langle \boldsymbol{d}_b^o(\boldsymbol{d}_b^o)^T\rangle$小于 $\boldsymbol{R} + \boldsymbol{HBH}^T$)，则通过 $\boldsymbol{d}_b^o$ 的一阶矩统计来验证它是否有偏；进而，如果是 $\boldsymbol{d}_b^o$ 有偏，则需要进一步利用其他信息判断是观测存在偏差还是背景场存在偏差；进而，若观测存在偏差则需要对该观测子集进行偏差订正，若背景场存在偏差则需要考虑背景场有偏差情况下的资料同化方案(Dee et al.，1998；Dee，2005)。

②观测和背景场的误差方差调谐

业务同化系统中的观测和背景场的误差参数被发现不正确的给定，能够设想一种方法来调谐它们。

Desroziers 等(2005)使用上述式(4.5.2b)和式(4.5.2c)作为一致性准则，进行调谐。也就是，其做法的基本原理是：对于不同的观测子集 i，找到 σ_i^b 和 σ_i^o 的值，满足关系式：$(\sigma_i^b)^2 = (\boldsymbol{d}_b^a)_i{}^T(\boldsymbol{d}_b^o)_i/N_i$ 和$(\sigma_i^o)^2 = (\boldsymbol{d}_a^o)_i{}^T(\boldsymbol{d}_b^o)_i/N_i$。由于$(\boldsymbol{d}_b^a)_i$ 和$(\boldsymbol{d}_a^o)_i$ 本身包含分析结果 $\boldsymbol{x}^a$，所以依赖于同化系统中 σ_i^b 和σ_i^o 的给定值，因此这是一个非线性问题。Desroziers 等(2005)采用了

一种定点迭代方法(Desroziers et al.,2001)来**求解**这个调谐问题。

补充说明,但是 Desroziers 等(2001)的同化系统误差参数诊断和调谐使用 Talagrand (1999)定义的**一致性准则**(目标泛数达到最小时目标泛函及其子部分的数学期望);其**计算方案**使用基于观测或背景场扰动的一种随机化技术。Chapnik 等(2006)应用 Desroziers 等(2001)的同样方法(同样的一致性准则和求解方法)在资料同化的准业务环境下调谐观测误差方差;但提出(对于大型矩阵的迹的)计算上一个新的随机化方案。

简言之,这样的后验诊断和调谐方法是具体的,所使用的一致性准则、计算方案和求解方法会各有不同,不关乎资料同化的一般内容,并涉及较复杂的数学知识,这里不做深入的阐述。

4.6 分析同化方法中彼此间的一些等价性特征

4.6.1 现有统计最优估计的资料同化方法在解的形式上的等价性

4.6.1.1 在解的形式上

OI/KF(及同类的 ExKF 和 EnKF)由背景场和观测(增量)形成的线性组合,得到的分析方程为(参见 2.5 节“最优插值方法”中的式(2.5.1b),2.7 节“集合卡尔曼滤波方法”中的式(2.7.1a)):

$$\boldsymbol{x}_a=\boldsymbol{x}_b+\boldsymbol{W}[\boldsymbol{y}_o-H(\boldsymbol{x}_b)]$$

式中,$\boldsymbol{W}=\boldsymbol{B}\boldsymbol{H}^T(\boldsymbol{H}\boldsymbol{B}\boldsymbol{H}^T+\boldsymbol{R})^{-1}$ 是通过分析方差最小所确定的最优权重矩阵或增益矩阵,其中考虑了观测算子 H 在 $\boldsymbol{x}_b$ 处的切线性近似假定。

Var 由先验背景场和新观测信息产生的大气状态后验 PDF,得到的目标泛函为(参见 2.6 节“变分方法”的式(2.6.1a)):

$$J(\boldsymbol{x})=\frac{1}{2}\{(\boldsymbol{x}-\boldsymbol{x}_b)^T\boldsymbol{B}^{-1}(\boldsymbol{x}-\boldsymbol{x}_b)+[H(\boldsymbol{x})-\boldsymbol{y}_o]^T\boldsymbol{R}^{-1}[H(\boldsymbol{x})-\boldsymbol{y}_o]\}$$

假定 H 在 $\boldsymbol{x}_b$ 处的切线性近似,通过可直接导出 Var 的一个显式分析解即式(2.6.2),为:

$$\boldsymbol{x}_a=\boldsymbol{x}_b+\boldsymbol{W}[\boldsymbol{y}_o-H(\boldsymbol{x}_b)];$$

也就是可以导出:OI/KF 的分析方程式(2.5.1b)和 Var 的显式解式(2.6.2)有着相同的公式形式。这便是现有统计最优估计的资料同化方法在解的形式上的等价性,常被称作三维 Var 与 OI **在解的形式上**的等价性。

4.6.1.2 在数学理论基础和一般假定上

由这些资料同化方法的数学理论基础和一般假定,可以理解它们在解的形式上的等价性:

• 在我们现有统计最优估计的资料同化方法中,OI/KF(及同类的 ExKF 和 EnKF)基于线性最小方差估计(参见 3.7.5.2 节),Var 基于最大后验估计(参见 3.7.5.1 节);它们所得到的分析场 $\boldsymbol{x}_a$,都是大气状态的最优估计,分别为大气状态后验 PDF 的均值和众数(参见 3.6.3 节“与大气资料同化相关的状态估计”,3.7.3 节“大气状态的最优分析的理想化方程”和 3.7.5 节“大气状态估计的两种代表性方法与实际应用的大气资料同化方法”)。

• 对于这些同化方法,通常使用的一般假定都是“观测和背景场的误差无偏且彼此无关、**为正态分布**”。而对于 PDF 为正态分布的随机变量,其均值、众数和中位数相同(参见 3.3.1 节(1)“正态分布及其一些特点”)。

因此,OI/KF 以(分析)方差最小得到的**均值**和 Var 以(后验)概率最大得到的**众数**是相等的。

4.6.2 二次函数极值问题等价于解线性代数方程组问题

本节不仅涉及与上述“解的形式上的等价性”相关的理解，更是阐释“大多数现代资料同化方法（统计最优估计的资料同化方法：OI/Var/KF）基本上依靠线性统计估计理论，或是这个理论的扩展”（Talagrand，1999；Desroziers et al.，2001）。

4.6.2.1 定理形式

对于一个 N 维向量 $\boldsymbol{x}$，定义 $\boldsymbol{x}$ 的二次函数 J，也是 $\boldsymbol{x}$ 的泛函：

$$J(\boldsymbol{x})=\frac{1}{2}\boldsymbol{x}^{\mathrm{T}}\boldsymbol{A}\boldsymbol{x}-\boldsymbol{b}\boldsymbol{x}\ , \tag{4.6.1}$$

式中，$\boldsymbol{A}$ 是 $N\times N$ 对称矩阵，$\boldsymbol{b}$ 是 N 维向量。对于二次函数 $J(\boldsymbol{x})$ 极值问题来说，关心的是极值点的求解，而有无常数项对极值点并无影响，因此上述 $J(\boldsymbol{x})$ 的形式是具有一般性的。

根据二次函数 J 在点 $\boldsymbol{x}_0$ 取极值的必要条件：$\nabla_x J(\boldsymbol{x}_0)=0$，由 $\boldsymbol{A}$ 的对称性，我们有：$\boldsymbol{A}\boldsymbol{x}_0=\boldsymbol{b}$。这就是说，二次函数 J 在点 $\boldsymbol{x}_0$ 取极值的必要条件是 $\boldsymbol{x}_0$ 为线性方程组

$$\boldsymbol{A}\boldsymbol{x}=\boldsymbol{b}$$

的解。

事实上，可以推证关于二次函数 $J(\boldsymbol{x})=\frac{1}{2}\boldsymbol{x}^{\mathrm{T}}\boldsymbol{A}\boldsymbol{x}-\boldsymbol{b}\boldsymbol{x}$ 取极小值的一个充分必要条件（《现代应用数学手册》编委会，1998），也就是下面的定理：

设 $\boldsymbol{A}$ 是对称矩阵，则下列两个条件等价：

1）有唯一的 $\boldsymbol{x}_0$，使 $J(\boldsymbol{x}_0)=\min\limits_{x}J(\boldsymbol{x})$；

2）$\boldsymbol{A}$ 正定，$\boldsymbol{x}_0$ 是方程 $\boldsymbol{A}\boldsymbol{x}=\boldsymbol{b}$ 的解。

这个定理告诉我们，在矩阵 $\boldsymbol{A}$ 对称正定的条件下，二次函数极值问题等价于解线性代数方程组问题。这时，我们可以随意地将两个问题中的一个问题化为另一个问题。

4.6.2.2 统计最优估计的资料同化方法（OI/Var/KF）

Var 的目标泛函（参见 2.6 节“变分方法”的式（2.6.1a））：

$$J(\boldsymbol{x})=J_{\mathrm{b}}(\boldsymbol{x})+J_{\mathrm{o}}(\boldsymbol{x})=\frac{1}{2}\{(\boldsymbol{x}-\boldsymbol{x}_{\mathrm{b}})^{\mathrm{T}}\boldsymbol{B}^{-1}(\boldsymbol{x}-\boldsymbol{x}_{\mathrm{b}})+[H(\boldsymbol{x})-\boldsymbol{y}_{\mathrm{o}}]^{\mathrm{T}}\boldsymbol{R}^{-1}[H(\boldsymbol{x})-\boldsymbol{y}_{\mathrm{o}}]\},$$

对于其右端 $J_{\mathrm{b}}(\boldsymbol{x})$ 项，考虑到 $\boldsymbol{x}_{\mathrm{b}}$ 为常数，不影响求泛函极值，所以 $J_{\mathrm{b}}(\boldsymbol{x})$ 项是符合上节定义的一般性的二次函数即式（4.6.1）；对于 $J_{\mathrm{o}}(\boldsymbol{x})$ 项，考虑到 $\boldsymbol{y}_{\mathrm{o}}$ 为常数和在观测算子 H 切线性近似条件下，$J_{\mathrm{o}}(\boldsymbol{x})$ 项也是符合上节定义的一般性的二次函数。可见，依据上节的定理，求目标泛函 $J(\boldsymbol{x})=J_{\mathrm{b}}(\boldsymbol{x})+J_{\mathrm{o}}(\boldsymbol{x})$ 的变分同化方法在观测算子切线性近似条件下等价于解线性代数方程组问题。

OI/KF（及同类的 ExKF 和 EnKF）本身，在数学形式上表现为背景场和观测（增量）的线性组合（$\boldsymbol{x}_{\mathrm{a}}=\boldsymbol{x}_{\mathrm{b}}+\boldsymbol{W}[\boldsymbol{y}_{\mathrm{o}}-H(\boldsymbol{x}_{\mathrm{b}})]$），在数学理论基础上基于线性最小方差估计（参见 3.7.5.2 节“线性最小方差估计方法与最优插值同化方法/卡尔曼滤波同化方法”）。

因此，现有统计最优估计的资料同化方法都是在线性统计估计理论的框架下，或是这个理论的扩展。具体如下所述：

- KF 本身就是只适用于线性系统（即预报模式（系统状态方程）$\boldsymbol{M}$ 和观测算子（观测方程）$\boldsymbol{H}$ 都是

线性的)的同化方法(参见 2.7.2 节“卡尔曼滤波(分析)同化方法”)；

• 而对于 ExKF,其扩展表现为：通过预报模式 M 和观测算子 H 的切线性近似适用于非线性系统(参见 2.7.3 节“扩展卡尔曼滤波(分析)同化方法”)；

• 对于 OI/Var,其扩展表现为：假定观测算子 H 的切线性近似；

• 对于 EnKF,其扩展表现为：基于蒙特卡洛技术,利用非线性 NWP 预报模式 M 的短期预报集合,在概念上考虑动态演变的背景场误差协方差,在实施上计算(包含切线化的预报模式 $\boldsymbol{M}$ 和观测算子 $\boldsymbol{H}$ 的)卡尔曼增益矩阵(参见 2.7.4 节“EnKF 的做法要点”)。

4.6.3　四维变分方法(4DVar)与扩展卡尔曼滤波方法(ExKF)的等价性

4DVar 使用一个同化时间窗内(通常 6 h 或 12 h 时间窗)的观测资料,利用 NWP 预报模式来考虑在同化时间窗内各个观测的时间分布 t_i(第 i 个观测的时间)；分析时刻取在该同化时间窗的起始时刻 t_0；$\boldsymbol{x}_b$ 和 $\boldsymbol{B}$ 的有效时刻也取在 t_0。

ExKF 使用每个时次的观测资料,逐时次、序贯地进行资料同化；自然,ExKF 使用了观测的真实时间信息；当然,ExKF 源自 KF,它的魅力就是显式地由它的预报模式的切线性模式及其伴随模式来预报背景场误差协方差,这使得背景场误差协方差依赖于大气运动而动态演变的(参见 2.7.2 节“卡尔曼滤波(分析)同化方法”和 2.7.3 节“扩展卡尔曼滤波(分析)同化方法”)。

4.6.3.1　四维变分方法的基本优点

(1)　**显式地利用观测资料的真实时间维分布信息**(相比三维变分)

对应 4DVar,它的目标泛函写为(参见 2.6 节“变分方法”的式(2.6.1a))：

$$J[\boldsymbol{x}(t_0)]=J_b[\boldsymbol{x}(t_0)]+J_o[\boldsymbol{x}(t_i)]=\frac{1}{2}[\boldsymbol{x}(t_0)-\boldsymbol{x}_b(t_0)]^{\mathrm{T}}\boldsymbol{B}_{t0}^{-1}[\boldsymbol{x}(t_0)-\boldsymbol{x}_b(t_0)]+\frac{1}{2}\sum_{t_i}\{H[\boldsymbol{x}(t_i)]-\boldsymbol{y}_o(t_i)\}^{\mathrm{T}}\boldsymbol{R}_{t_i}^{-1}\{H[\boldsymbol{x}(t_i)]-\boldsymbol{y}_o(t_i)\},\quad(4.6.2)$$

式中,$\boldsymbol{x}(t_i)=M_{ti\leftarrow t0}[\boldsymbol{x}(t_0)]$,也就是：利用预报模式 M(实质是 M 作为观测算子的一部分),将起始时刻的状态向量 $\boldsymbol{x}(t_0)$ 显式地预报到各个观测的时刻 t_i。因此,通过用预报模式作为一个强约束(即所要得到的分析场必须满足模式方程),当目标泛函中观测项份额是主导(足够多的观测)时,四维变分是寻找这样一个初始条件,使得其预报最佳地拟合该同化时间窗内的那些观测。所以,**四维变分**的一个优点是通过预报模式能够**显式地利用**观测资料的**真实**时间维分布信息,而不是如三维变分把同化时间窗内的观测资料近似地视为在同一个时间点、取在同化时间窗的中间时刻。

顺便指出,由此带来四维变分的又一个优点：4DVar 可使用观测资料的增加,因为：①可使用同一时间窗、但**不同时次**(实际实施中的不同时间槽)的高频观测资料,由此带来特别是(非固定 00、06、12、18 UTC 时次)非常规观测的资料(如卫星辐射率)的大量增加(三维变分把同一时间窗内观测近似地视为在同一个时间点,所以一个时间窗内只能取**一个时次**)；②因为时间信息(比三维变分)更准确,则观测增量 $\boldsymbol{d}=[\boldsymbol{y}_o-H(\boldsymbol{x}_b)]$中的二者之差更小,因而能通过相关环节质量控制的观测增加。

(2)　**隐式地使预报误差协方差从 $\boldsymbol{x}_b$ 所在时刻 $\boldsymbol{B}_{t0}$ 演变到各个观测所在时刻 $\boldsymbol{M}\boldsymbol{B}_{t0}\boldsymbol{M}^{\mathrm{T}}$**

更重要的优点是,4DVar 能够隐式地使背景场误差协方差矩阵 $\boldsymbol{B}_{t0}$ 也通过预报模式从背景状态的有效时刻(t_0)传播到各个观测的时刻(t_i)(Fisher,2001)。这可以用公式形式更清晰地说明(Bannister,2008)：对 4DVar 的目标泛函即上面式(4.6.2),将观测算子 H 在 $\boldsymbol{x}_b$ 附近做线性化近似,通过 $\nabla_{x(t0)}J[\boldsymbol{x}_a(t_0)]=0$,能得到四维变分同化的显式解,再由矩阵恒等式

$\boldsymbol{BH}^{\mathrm{T}}(\boldsymbol{HBH}^{\mathrm{T}}+\boldsymbol{R})^{-1}=(\boldsymbol{B}^{-1}+\boldsymbol{H}^{\mathrm{T}}\boldsymbol{R}^{-1}\boldsymbol{H})^{-1}\boldsymbol{H}^{\mathrm{T}}\boldsymbol{R}^{-1}$,便得到:

$$(\boldsymbol{I}+\boldsymbol{MBM}^{\mathrm{T}}\boldsymbol{H}^{\mathrm{T}}\boldsymbol{R}^{-1}\boldsymbol{H})\boldsymbol{M}(\boldsymbol{x}_{\mathrm{a}}-\boldsymbol{x}_{\mathrm{b}})=\boldsymbol{MBM}^{\mathrm{T}}\boldsymbol{H}^{\mathrm{T}}\boldsymbol{R}^{-1}[\boldsymbol{y}_{\mathrm{o}}-HM(\boldsymbol{x}_{\mathrm{b}})], \quad (4.6.3)$$

式中,省略时间标识,$\boldsymbol{B}$ 即 $\boldsymbol{B}_{t0}$,观测算子 H 及其切线性 $\boldsymbol{H}$ 是对应观测所在时间 t_i,预报模式 M 及其切线性 $\boldsymbol{M}$ 对应着 $M_{ti\leftarrow t0}$ 和 $\boldsymbol{M}_{ti\leftarrow t0}$ 的积分,而切线性的伴随 $\boldsymbol{M}^{\mathrm{T}}$ 对应着 $\boldsymbol{M}^{\mathrm{T}}_{t0\leftarrow ti}$ 的反向积分。

可见,式(4.6.3)中所有的 $\boldsymbol{B}$ 都以 $\boldsymbol{MBM}^{\mathrm{T}}$ 出现,表示 $\boldsymbol{B}$(即 $\boldsymbol{B}_{t0}$,本身的有效时刻是在 t_0 时刻)通过线性化的预报模式传播到观测所在时刻 t_i。

4.6.3.2 4DVar 与 ExKF 的等价性

正是上面式(4.6.3)中“所有的 $\boldsymbol{B}$ 都以 $\boldsymbol{MBM}^{\mathrm{T}}$ 出现”这个性质,如果假定:①预报模式是完美的,②初始时刻的背景误差协方差 $\boldsymbol{B}_{t0}$ 是正确的,可以证明:四维变分在同化时间窗最终时刻的分析场与扩展卡尔曼滤波在对应时刻的分析场是同样的(Kalnay,2005)。这被称作四维变分分析和扩展卡尔曼滤波分析的等价性。这个等价性意味着四维变分能够隐式地使预报误差协方差从 $\boldsymbol{x}_{\mathrm{b}}$ 所在时刻的 $\boldsymbol{B}_{t0}$ **演变**到各个观测所在时刻的$\boldsymbol{MB}_{t0}\boldsymbol{M}^{\mathrm{T}}$。

根据 4DVar 和 ExKF 的分析方程的导出(Hamill,2006),可以理解,对于同化相同的观测,这个等价性的适用条件包括:①预报模式和观测算子是线性的,②不考虑预报模式误差,以及③背景场误差正态分布,且④在同化开始时刻有相同的背景场误差协方差。

需要指出:①4DVar 中 $\boldsymbol{B}_{t0}$ 本身是不变的,因为 $\boldsymbol{B}_{t0}$ 只对应着 $\boldsymbol{x}_{\mathrm{b}}$,在同化时间窗里 $\boldsymbol{x}_{\mathrm{b}}$ 不变,自然 $\boldsymbol{B}_{t0}$ 本身不变;②4DVar 中 $\boldsymbol{B}_{t0}$ 矩阵并不是无期限地被预报模式传播下去,而只是在同化时间窗时段隐式地演变;在下一个同化循环开始时刻 $\boldsymbol{B}$ 矩阵又返回到起初的静态矩阵。

4.7 分析同化方法中的共性特征

4.7.1 数学在分析同化方法中的至关重要作用

分析同化方法从客观分析这个源头一开始就离不开数学。可以从以下方面认识:

1)作为科技方法的理论基础

分析同化方法,作为科技方法,其理论基础离不开数学。

- 最早的客观分析方法,即多项式函数拟合方法,对应数值计算的**函数逼近与曲线拟合**;
- Var 对应估计理论的**最大后验估计方法**;
- OI 和 KF(及同类的 ExKF 和 EnKF)对应估计理论的**线性最小方差估计方法**。

2)作为科技工程的实施手段/核心技术

分析同化方法,作为科技工程,其实施手段、甚至是核心技术离不开数学。

- 多项式函数拟合方法通过**最小二乘方法**求解;
- SCM 包含着观测算子中的空间**插值算法**和其单点分析方案的**迭代方法**求解;
- OI 中通过**求解线性方程组**得到权重;
- Var 通过(求泛函极值的)**变分法**使其能使用复杂的非线性观测算子,和通过**最优化算法**求解其目标泛函;
- EnKF 采用**集合方法**,由此能考虑动态 $\boldsymbol{B}$ 矩阵和给出完整的输出信息(分析场及其误差协方差)。

3)分析同化方法基于估计理论的分类

由3.7节“状态估计方法与大气的分析同化基本方法”,可以理解这样的分类:

- 多项式函数拟合方法是基于最小二乘的**最优估计方法**;
- SCM是**经验**分析方法;
- OI、Var、KF(及以KF为理论基础的EKF、EnKF)是基于随机变量的**统计最优估计方法**。

也就是,自OI之后,分析同化方法基于随机变量使得概率论和数理统计成为其数学基础,由此基于估计理论使分析同化方法成为统计最优估计方法和有了最优标准及其数学表述形式。

4.7.2 科学技术上需要多学科知识的综合应用

根据Panofsky(1949)的经典文献“客观天气图分析”,作为最早的客观分析方法(即“多项式函数拟合方法”,参见2.3节),就能充分地体现这一特征。

1)首先在方法的公式表示上

假定气象物理量和三维空间坐标存在着解析函数的客观联系,考虑在相对小的区域二维的三次多项式函数可以令人满意地拟合观测。这体现了方法本身的**物理问题**和**数学形式**。

2)在具体实施上

由于所有观测受到观测误差和可能的局地涡旋影响,不应该准确地拟合观测,而总是需要一些**平滑**;这体现了对**观测资料**误差特征的理解。

同时,方法所确定的多项式不可能指望能拟合局地涡旋,而是应该表示所分析的气象物理量场的大尺度特征;这体现了从**天气动力学**知识上理解平滑的意义。

进一步地,所限定的拟合区域大小取决于需要**平滑观测的程度**,而平滑的程度取决于所分析的气象物理量场的性质:观测值比较不准或易受到非代表性涨落影响的变量(如风)应当比观测值较准的变量(如气压)进行更多平滑;这体现了对**观测不确定性**和**天气动力学**的理解。

3)最后在实现求解上

使用多于待定多项式系数个数的观测,按照最小二乘方法来确定多项式系数,得到可信的分析场;其中,对于风场的分析比对于气压场的分析使用更多观测来考虑更多的平滑,并假定观测误差和局地涡旋是关于平滑的场正态分布,这样的最小二乘方法的处理会得到最可信的多项式;这些体现了对**观测资料**特征(不同的误差特征)、**天气动力学**、**数学方法**的理解。

由上述1)— 3)可见,即使是最早客观分析方法,就协调地考虑“平滑、大气中气压和风变量的特征、它们的观测准确性” 等物理方面,以及使用函数拟合和最小二乘方法求解等数学方法。这具体而充分地体现出:一种分析同化技术方法是对所用**数学方法**、**天气动力学性质**和**观测资料特征**的清晰理解基础上,来有效地、极致地使用当时的有限观测资料,从而力求得到最可信的分析场。

4.7.3 工程实施上要做好系统工程的各个串联环节

根据Cressman(1959)的经典文献《一个业务客观分析系统》,作为最早的业务客观分析系统之一,它就首先强调指出,对于任一客观分析方案,实际应用中的主要问题之一是数据可靠性问题和数据错误的识别和剔除。因此首先的工作是**数据预处理**。该分析系统在进行客观分析之前是一个数据自动处理系统,自动处理由电传打字机接收的来自北半球的资料数据,主要包括：①对于温度探空资料，进行**静力学检验和可能的订正**，删除不能订正的错误资料；②对于风探空资料，进行**垂直一致性检验**，删除错误资料；之后，③选择待分析的观测要素并**按地理顺序分类**；④并对该过程做图，**控制监视**资料的覆盖和错误资料的剔除。

业务同化系统，作为系统工程，还体现在**同化系统设计和程序代码**的规范性、文档化和技术支撑上。英国气象局“变分资料同化的**科学文档**”(Variational Data Assimilation Scientific Documentation)突出了业务同化系统设计中**数据流组织**的重要性；为了高效率的计算，大量工作涉及数据流组织。ECMWF 的 2011—2020 战略部署之“科学技术基础”(ECMWF，2011)把业务 NWP 中**程序代码开发**和质量放在突出的位置，给予相当多的投入(包括：观测数据处理和监控、资料同化、全球大气数值预报、全球海洋预报、图形显示、产品制作和检验等软件代码)；特别是，**程序软件设计**视作集成不同模式系统的根基，**程序代码的质量**有着明确的界定(即计算上高效，方便灵活的模块化适应计算机环境快速发展的更新扩展，以及文档记录完整)。这些支撑了其持续和合作发展。

可见，业务资料同化系统包含数据**接收**、数据**预处理**、**质量控制及监控**、同化方法得以实现的**程序软件工程**(系统工程的设计和规范的数据流组织、模块化的程序及详实完备的科学技术文档)等接连相继、环环相扣的环节。这些环节是串联性质的，所以有着短板效应；任一环节的粗陋都将限制最后分析场的质量。这些环节构成了一个业务实施的系统工程。

4.7.4 这些共性特征的现实意义

4.7.1 节“数学在分析同化方法中的至关重要作用”，不仅有助于分析同化的**概念**、**方法**及其**实施**的理解，而且它活现了一个范例，从中可以具体地体会“**学以致用**”(数学知识之用，在分析同化之中)。

4.7.2 节“科学技术上需要多学科知识的综合应用”和 4.7.3 节“工程实施上要做好系统工程的各个串联环节”反映了任何一种分析同化方法**要能得到好的性能效果**所呈现的共同特征；它们揭示了自主研发同化系统的**客观要求**。因此，需要**科学上**注重“理解”和应用综合学科知识来**做对**，需要**工程上**注重环环相扣的“基础与过程”和稳扎稳打而避免短板来**做好**。这对于从应用或移植他人的同化系统转变到自主研发自己的业务 NWP 同化系统，在“自主、持续、合作”发展的**观念上**，在严谨扎实的**方式上**，以及具体的系统工程**内容上**，有着直接的启发和借鉴的作用。

4.8 资料同化的综合概述

本节总结之前的章节，试图从**总体**上形成资料同化的**内容框架**和**知识脉络**，以期有益于对资料同化在条理脉络上的整体理解。

(1) **资料同化与数值天气预报**

大气资料同化**源自**数值天气预报初值形成的客观分析。从客观分析一开始，分析同化的结果即分析场一直为数值天气预报提供初值；同时，资料同化方法本身的发展开辟了新领域，它的伴随方法和集合方法与数值天气预报的两个发展方向“集合预报”和“交互式预报”又建立了新的内在联系(同化的伴随方法和集合方法用于“集合预报的初始扰动”“适应性观测的敏感区识别和观测对分析、预报的影响评估”等)，有了相互的密切关联(集合同化方法将资料同化和集合预报自然地结合为一体)。

（2）　**资料同化的发展史**

客观分析方法**先后经历了**多项式函数拟合方法、逐步订正方法、最优插值方法、变分方法和集合卡尔曼滤波方法等分析同化基本方法。这个历史进程有着一个**在认识上极其简单清晰的**内在发展逻辑，也就是**上下承接**和**循序渐进**这两个基本特征，呈现为一个经典的**累积精进**的范例。参见 2.9 节的表 2.9.1。

沿着发展史，包含着从“分析”到“更新”到“同化”的历史进程和脉络，呈现这样一条发展的路：从仅用观测的单纯分析，到以观测订正初猜场/背景场的更新形式分析，到构成预报—分析循环的现代资料同化。

依据“分析” 和“同化” 的概念，上述分析同化基本方法都是**客观分析方法**；从客观分析发展到资料同化是一个渐进演变过程（不好一刀截然划分），自预报场用作初猜场/背景场，并**有着预报分析循环**的客观分析方法就是**资料同化方法**。

只有在分析同化的历史发展进程中才能清晰和准确地理解大气资料同化的来龙去脉和含义。

（3）　**大气资料同化已发展成为一门独立的科技工程学科**

大气资料同化发展到今天，它的目的被 Talagrand（1997）表述为“使用所有可用信息，尽可能准确地估计大气运动的状态”。

1）**独立**。发展到今天的大气资料同化有了**自己独立的明确含义**，也就是，资料同化是实现“分析” 功能、有着“更新” 形式及资料“四维同化” 内涵的统一体；而且，有了**独立于数值预报的诸多用处**。具体表现为：

• **分析**的功能实现：由不规则分布的观测，加之其他可用信息，得到某一预定的规则网格点上最可能的值；

• **更新**的外在形式：用观测增量的加权订正，更新作为背景场的预报场，来得到分析场，即：$\boldsymbol{x}_a=\boldsymbol{x}_b+\boldsymbol{W}[\boldsymbol{y}_o-H(\boldsymbol{x}_b)]$这一公式形式；

• **同化**的内在涵义：通过**预报分析循环**将不同时刻的各种观测资料通过大气动力数值模式在一起进行融合，来尽可能精确地确定大气的状态；这也被称为资料的**“四维同化”**，就是指包含时间维的四维分析：不仅使用分析时的观测资料及气候资料，还利用由以前观测时间所得出的、在分析时仍然有效的预报场作为分析的背景场；

• 早期的“分析” 依附于数值天气预报，其作用是提供预报模式初值。现在资料同化发展出**两大方向的用处**：第一，所得到的分析场，作为大气状态的最优估计，尽管还主要地为数值预报提供初值，但还用于许多方面，如：天气系统结构和演变的诊断分析，（再分析资料用于）气候变化的监测，（其观测模拟值用于）观测值的质量检测等；第二，其方法本身的发展开辟了新课题，如：利用同化中伴随方法和集合方法的“集合预报的初始扰动” “适应性观测的敏感区识别”和“观测对分析、预报的影响评估” 及“观测系统的评估” 等热点和前沿性的研究应用。此外，它已被应用到更广阔的领域，如海洋科学。

2）**科技**。除了客观分析从一开始就充分体现的“需要多学科知识的综合应用”（如数学方法、天气动力学性质和大气探测原理及观测资料特征等等，参见4.7.2 节）的**科技特征**之外，发展到今天的大气资料同化有着**自己作为科学的数学理论基础**，大气的状态估计属于**估计理论**之状态估计。具体地，

• **随机变量**是大气资料同化成为一门科学的根本概念；

• 基于随机变量使得**概率论和数理统计**成为资料同化的数学基础；

• 由此，自 OI 之后，基于估计理论之状态估计，使资料同化方法成为**统计最优估计方法**，以及有了最小方差或最大概率的最优标准，及均值或众数的数学表述形式即最优分析的理想化方程；

• 对于实际业务资料同化，**两种代表性最优统计估计方法**是最大后验估计方法和线性最小方差估计方法；前者对应着变分同化方法，后者对应着最优插值方法和集合卡尔曼滤波方法；

• 现有统计最优估计的资料同化方法都是在**线性统计估计理论**的框架下，或是这个理论的扩展。参见 4.6.2.2 节“统计最优估计的资料同化方法(OI/Var/KF)”。

3)**工程**。如 4.7.3 节所述，实际业务资料同化系统要做好**系统工程**的各个**串联**环节。这个系统工程包含各种不同来源观测资料的数据接收、数据预处理、质量控制及监控、同化方法得以实现的程序软件工程(系统工程的设计，规范的数据存取格式及数据流组织，模块化的程序，及详实完备的科学技术文档)等接连相继、环环相扣的环节；而且，因为这些环节是串联性质的，所以有着短板效应，任一环节的粗陋都将限制最后分析场的质量。

4)**学科**。除了上述资料同化的发展史、基本方法、数学理论基础之外，发展到今天的大气资料同化形成了不限于某种具体同化方法的**一般内容**；它们包含资料同化的以下条理脉络：

• 分析同化**问题是什么**；

• 资料同化的**输入是什么**；

• 资料同化**如何实施**；

• 资料同化**结果有着什么内在要求**；

• 资料同化算法系统**为什么要精雕细刻**和**如何精雕细刻**。

沿着这个脉络，其中包含以下内在关联：

• **逆问题**及其求解的欠定性与先验背景信息的引入；

• **可用信息**的来源及其内涵；

• 观测信息的引入与**观测算子**，观测信息的权重及传播平滑与**背景场误差协方差矩阵**；

• 分析场本身的**准确性**和它用作初值时与预报模式的**协调性**；

• 同化(算法)系统中误差参量的**预先给定**与**后验诊断和调谐**。

(4)　**大气资料同化最为常用的一般假定和基本数学形式**

有以下通常的**一般假定**：

• 观测和背景场的误差**无偏**且为**正态**分布；

• 不同地点、不同时刻的**观测**误差彼此不相关；

• 由“不同时刻的观测误差不相关”，可推出“同时刻的**背景场误差和观测误差**彼此不相关”(参见 3.7.3.4 之后“#附　大气状态后验 PDF 的另一个导出方法”)。

• 假定观测算子在一取值点附近范围的切线性近似；也就是，假定 $H(\boldsymbol{x})$ 在一取值点(通常是在 $\boldsymbol{x}_b$ 处)的线性化对于 $\boldsymbol{x}$ 的可能值的整个值域范围是合理的近似。

以下**基本数学形式**最为常用：

• $\boldsymbol{x}_a=\boldsymbol{x}_b+\boldsymbol{W}\boldsymbol{d}$，式中 $\boldsymbol{d}=[\boldsymbol{y}_o-H(\boldsymbol{x}_b)]$ 为观测增量/新息，$\boldsymbol{W}=\boldsymbol{B}\boldsymbol{H}^{\mathrm{T}}(\boldsymbol{H}\boldsymbol{B}\boldsymbol{H}^{\mathrm{T}}+\boldsymbol{R})^{-1}$ 是最优权重矩阵。

它作为(分析行为)“分析的**更新订正形式**”，表示“用观测增量 $\boldsymbol{d}$ 的加权订正 $\boldsymbol{W}\boldsymbol{d}$，更新作为背景场的预报场 $\boldsymbol{x}_b$，来得到分析场 $\boldsymbol{x}_a$”；

它作为(分析结果)“分析场的**统一数学表示形式**”(参见式(2.4.1b)、式(2.5.1b)和式

(2.6.2)),表示“分析场通过(以观测增量形式的)观测信息本身和 NWP 短期预报的统计结合产生”,亦即“以先验背景场 $\boldsymbol{x}_b$ 为平台,统计最优地(表现为统计最优估计方法和统计最优权重)融合各种观测 $\boldsymbol{y}_o$,得到分析场 $\boldsymbol{x}_a$”。

• $J(\boldsymbol{x})=J_b(\boldsymbol{x})+J_o(\boldsymbol{x})=\frac{1}{2}\{(\boldsymbol{x}-\boldsymbol{x}_b)^T\boldsymbol{B}^{-1}(\boldsymbol{x}-\boldsymbol{x}_b)+[H(\boldsymbol{x})-\boldsymbol{y}_o]^T\boldsymbol{R}^{-1}[H(\boldsymbol{x})-\boldsymbol{y}_o]\}$

它是变分同化方法的目标泛函(参见 2.6 节“变分方法”的式(2.6.1a));进一步的理解可参见 5.2 节“基于泛函和算子认识目标泛函的数学表达式”。

(5)　**几个将来可以考虑的方向**

• 除了继续**调协**现有资料同化系统的不同组成部分(包括系统框架的误差参数和各种观测的观测算子)之外,另一个方向可能是观测误差协方差矩阵 $\boldsymbol{R}$ **的更好给定**,其中非对角协方差项可能被引入 Chapnik 等(2006)。

• 显式地引入和定量使用**观测数据尺度特征**的**多尺度同化方法**,就如最优插值方法开始了显式地引入(背景场和观测)**数据误差**和显式地定量使用数据误差的统计特征(方差和相关)一样(参见 2.5 节“最优插值方法”)。从而,对于**不同尺度特征的**观测数据(如探空的测风和风廓线的测风),自然地进行融合一体的多尺度同化。

(6)　**大气资料同化的认识和实践**

认识上,资料同化终于简单,可以藐视它;实践上,资料同化始终不简单,必须重视它。

“认识上资料同化终于简单”表现在它的**概念**、**方法**和**内在发展逻辑**:

• 它的概念**与生活很近**(资料同化与美好家庭建设);它的两个代表性方法(线性最小方差估计方法,目标泛函方法/变分方法)可示范为**一个经典的简单例子**(参见 3.7.2 节“大气状态的统计最优估计方法之经典示范的简单例子”)。

• 它的内在发展逻辑**极其简单清晰**(上下承接和循序渐进的累积精进,参见 2.9 节表 2.9.1)。

“实践上资料同化始终不简单”可以典型地表现在具体的**技术细节**上,更贯穿在实际业务同化系统的自主**研发过程**中,例如:

• ECMWF 四维变分同化系统中**背景场误差参数**($\boldsymbol{B}$ 矩阵)设定和处理的不断优化改进(参见 4.5 节“资料同化算法系统为什么要精雕细刻和如何精雕细刻”)。

• 变分同化系统的研发实例;参见下面第 5—6 章。

参考文献

Kalnay E, 2005. 大气模式、资料同化和可预报性[M]. 蒲朝霞等,译,北京:气象出版社:143,154,155-162.

《现代应用数学手册》编委会,1998. 现代应用数学手册 · 现代应用分析卷[M]. 北京:清华大学出版社:274-276.

张贤达,2004. 矩阵分析与应用[M]. 北京:清华大学出版社:464,484-487.

朱国富,1999. 观测资料同化与有限区模式初期降水预报[J]. 北京大学学报(自然科学版),35(1):81-88

Andersson E, 2003. Modelling of innovation statistics[C]//Proceedings of Workshop on recent developments in data assimilation for atmosphere and ocean, ECMWF, Reading, UK.

Anthes R A, 1974. Data Assimulation and Initialization of Hurricane Prediction Model[J]. Journal of Atmospheric Science, 31: 702-719.

Baer F, Tribbia J J, 1977. On complete filtering of gravity of modes through nonlinear initialization. Mon Wea

Rev,105:1536-1539.

Bannister R N,2008. A review of forecast error covariance statistics in atmospheric variational data assimilation. I: Characteristics and measurements of forecast error covariances[J]. Quarterly Journal of the Royal Meteorological Society,134: 1951-1970.

Bergthorsson P,Doos B, 1955. Numerical weather map analysis[J]. Tellus,1: 329-340.

Berre L S, tef˜anescu S E,Pereira M B, 2006. The representation of the analysis effect in three error simulation techniques[J]. Tellus,58A: 196-209.

Bonavita M,Isaksen L,Holm E, 2012. On the use of EDA background error variances in the ECMWF 4D-Var [C]. ECMWF Tech. Memo. No. 664.

Bouttier F,Courtier P, 1999. Data assimilation concepts and methods[C]. Meteorological Training Course Lecture Series,ECMWF.

Chapnik B,Desroziers G,Rabier F,et al, 2006. Diagnosis and tuning of observational error in a quasi-operational data assimilation setting[J]. Q J R Meteorol Soc, 132: 543-565.

Cressman G P,1959. An operational objective analysis system[J]. Mon Wea Rev,87:367-374.

Daley R, 1993. Estimating observation error statistics for atmospheric data assimilation[J]. Ann Geophys, 11:634-647.

Dee D P, 2005. Bias and data assimilation[J]. Q J R Meteorol Soc, 131: 3323-3343,doi: 10. 1256/qj. 05. 137.

Dee D P,da Silva A M, 1998. Data assimilation in the presence of forecast bias[J]. Q J R Meteorol Soc, 124: 269-295,doi: 10. 1002/qj. 49712454512.

Derber J,Bouttier F, 1999. A reformulation of the background error covariance in the ECMWF global data assimilation system[J]. Tellus,51A: 195-221.

Desroziers G,Berre L,Chapnik B, et al,2005. Diagnosis of observation,background and analysis-error statistics in observation space[J]. Q J R Meteorol Soc,131:3385-3396.

Desroziers G,Ivanov S,2001. Diagnosis and adaptive tuning of information error parameters in a variationalassimilation[J]. Q J R MeteorolSoc,127:1433-1452.

ECMWF,2011. The ECMWF Strategy 2011-2020 Scientific and technical basis[Z]. Available from ECMWF, Shinfield Park,Reading,Berkshire,RG2 9AX,UK.

Fisher M, 2001. Assimilation techniques(4): 4dVar[Z]. ECMWF Meteorological Training Course Lecture Series. Available from ECMWF,Shinfield Park,Reading,Berkshire,RG2 9AX,UK.

Fisher M, 2003. Background error covariance modelling[C]// Proc. ECMWF Seminar on Recent Developments in Data Assimilation for Atmosphere and Ocean:45-64,Reading UK.

Fisher M, 2006. Wavelet jb-a new way to model the statistics of background errors[Z]. ECMWF Newsletter No. 106:23-28.

Gaspari G,Cohn S E, 1999. Construction of correlation functions in two and three dimensions[J]. Q J R Meteorol Soc, 125: 723-757.

Hamill T M, 2006. Ensemble-based atmospheric data assimilation[M]//Palmer T,Hagedorn R. Predictability of Weather and Climate. Cambridge University Press: 124-156.

Hamill T M,Whitaker J S,Snyder C, 2001. Distance-dependent filtering of background error covariance estimates in an ensemble Kalman filer[J]. Mon Weather Rev, 129: 2776-2790.

Hoke J E, Anthes R A,1976. The Initialization of numerical models by a dynamical initialization technique[J]. Monthly Weather Review,104: 1551-1556.

Hollingsworth A,Lönnberg P, 1986. The statistical structure of shortrange forecast errors as determined from radiosonde data. Part I: The wind field[J]. Tellus,38A: 111-136.

Ingleby N B, 2001. The statistical structure of forecast errors and its representation in the Met Office global three-dimensional variational data assimilation system[J]. Q J R Meteorol Soc, 127: 209-231.

Isaksen L,Bonavita M,Buizza R,et al, 2010. Ensemble of data assimilations at ECMWF[Z]. ECMWF Tech Memo No 636.

Kistler R E,McPherson R D,1975. On the use of local wind correction techniques for four-dimensional data assimulation[J]. Monthly Weather Review,103: 445-449.

Lönnberg P,Hollingsworth A,1986. The statistical structure of shortrange forecast errors as determined from radiosonde data. Part II: The covariance of height and wind errors[J]. Tellus,38A: 137-161.

Lorenc A C, 1981. A global three-dimensional multivariate statistical interpolation scheme[J]. Mon Weather Rev, 109: 701-721.

Lorenc A C, 1986. Analysis methods for numerical weather prediction[J]. Quart J Roy Met Soc, 112: 1177-1194.

Lorenc A C, 2003. Modelling of error covariances by 4d-Var assimilation[J]. Q J R Meteorol Soc, 129: 3167-3182.

Lorenc A,Tibaldi S, 1980. The treatment of humidity in ECMWF's data assimilation scheme[C]// Deepak A, Wilkinson T,Ruhnke L H. Atmospheric Water Vapor. New York:Academic Press.

Lynch P, 1997. The Dolph-Chebyshev window: A simple optimal filter[J]. Mon Wea Rev,125,655-660.

Lynch P,Huang X-Y, 1992. Initialization of the HIRLAM model using a digital filter[J]. Mon Weather Rev, 120: 1019-1034.

Machenhauer B, 1977. On the dynamics of gravity oscillations in a shallow water model,with application to normal-mode initialization[J]. Contrib Atmos Phys,50:253-271.

Panofsky H A,1949. Objective Weather-Map Analysis[J]. Journal of Meteorology,6: 386-392.

Parrish D F,Derber J C, 1992. The National Meteorological Center's spectral statistical interpolation analysis system[J]. Mon Weather Rev, 120: 1747-1763.

Phillips N A, 1986. The spatial statistics of random geostrophic modes and first-guess errors[J]. Tellus,38A: 314-332.

Rabier F, 2005. Overview of global data assimilation developments in numerical weather prediction centres [J]. Quart J Roy Meteor Soc,131:3215-3233.

Rutherford I D, 1972. Data assimilation by statistical interpolation of forecast error fields[J]. J Atmos Sci, 29: 809-815.

Širok'a M,Fischer C,Cassé V,et al, 2003. The definition of mesoscale selective forecast error covariances for a limited area variational analysis[J]. Meteorol Atmos Phys, 82: 227-244.

Talagrand O, 1997. Assimilation of observations: An introduction[J]. J Meteor Soc Japan,75:191-209.

Talagrand O, 1999. A posteriori evaluation and verification of analysis and assimilation algorithms[C]// Proceedings of Workshop on Diagnosis of Data Assimilation Systems,2-4 Nov 1998,ECMWF,Reading,UK.

Talagrand O,Bouttier F, 2000. Internal diagnostics of data assimilation systems[C]// Proceedings of the ECMWF Seminar on Diagnosis of Models and Data Assimilation. ECMWF, Reading, September 1999: 407-409. Available from ECMWF,Shinfield Park,Reading,Berkshire RG2 9AX,UK.

软件系统研发:你想看看一个资料同化系统的研发实例吗

在实际应用中,依据某一同化方法,自主研发一个同化系统依次包含三个基本方面:理解、实施方案和编程实现。其中,

- **理解**是在认识论层面,清楚“是什么”,涉及该方法基本原理和公式的理解,及相关所有方面的整体认识;
- **实施方案**是在可行性层面,研究“怎么做成”,涉及方法的实际应用中遇到的实施困难及其处理方案;
- **编程实现**是在实际操作层面,开发“软件系统”,涉及软件的系统设计和代码编写。

我国自主研发的GRAPES(Global/Regional Assimilation and PrEdiction System)同化系统采用变分方案(薛纪善等,2008)。实际上,变分同化方法从20世纪90年代起被国际上主要业务数值天气预报中心所应用(Parrish et al.,1992;Courtier et al.,1998)。所以,本部分以变分同化方法为例,阐述实际研发一个同化系统的三个基本方面;它们分别是第5—7章。

由于四维变分的观测算子包含复杂的NWP模式,且观测算子本身是面对不胜枚举的各类观测,又加之通常设定“观测误差协方差矩阵 $\boldsymbol{R}$ 为对角矩阵”(不构成变分同化系统研发的主要困难),所以这里的研发实例不着重于此,而是着重在变分方法共同的**基本方面**,且在实施方案这一方面主要涉及(作用于每个观测的)变分同化系统的**核心框架**部分即背景场误差协方差矩阵 $\boldsymbol{B}$ 的处理。

第5章 实际应用中变分资料同化方法的整体理解

变分资料同化方法(Var)是把资料同化归结为一个目标泛函的极值问题而通过求解泛函极值来实现资料同化的方法。因为变分法就是研究求解泛函极值(极大或极小)的数学方法,故此得名“变分资料同化方法”。

不论三维或四维变分,不论观测空间或状态空间的变分方案,目标泛函是变分同化方法面向的对象。在实际应用中,对于一个变分同化系统的研发,围绕它的目标泛函,能梳理出“它**从哪里来**”“它**是什么**”“**如何能实施**它在实际应用中的求解”和“**怎么**实现它的**求解**”这样一个清晰的脉络,分别对应着原理上理解、形式上认识、方案上实施、和求解上实现的四个基本环节,即:基于随机变量,**理解**目标泛函的导出;基于泛函和算子,**认识**目标泛函的数学表达式;通过一系列变量变换,**实施**对原目标泛函的优化和简化;最后,通过一种具体**最优化**下降算法(即在变分同化中表现为**极小化**算法),**实现**对新目标泛函极值问题的数值求解。这个脉络可以提供一个连贯的整体理解。

5.1 基于随机变量理解目标泛函的导出

5.1.1 把分析问题转变为最大后验估计问题

把某时刻大气状态(**真值**)视为一个随机向量 $\boldsymbol{X}$,它的可能取值用 $\boldsymbol{x}$ 表示。把背景场 $\boldsymbol{x}_{\mathrm{b}}$ 作为 $\boldsymbol{X}$ 的先验信息,把观测 $\boldsymbol{y}_{\mathrm{o}}$(通过观测算子 $H(\boldsymbol{x})$)作为 $\boldsymbol{X}$ 在先验信息之后又已知的新的信息。也把观测 $\boldsymbol{y}_{\mathrm{o}}$ 对应的观测物理量(**真值**)视为一个随机向量 $\boldsymbol{Y}$。于是,误差 $\boldsymbol{E}_{\mathrm{b}}=(\boldsymbol{X}-\boldsymbol{x}_{\mathrm{b}})$、$\boldsymbol{E}_{\mathrm{o}}=[\boldsymbol{Y}-\boldsymbol{y}_{\mathrm{o}}]$(取了负号)也是随机向量,分别是背景场和观测的**误差**随机向量,它们的可能取值为 $\boldsymbol{\varepsilon}_{\mathrm{b}}=(\boldsymbol{x}-\boldsymbol{x}_{\mathrm{b}})$、$\boldsymbol{\varepsilon}_{\mathrm{o}}=(\boldsymbol{y}-\boldsymbol{y}_{\mathrm{o}})$。

在此基础上,假设背景场和观测的**误差**随机向量的 PDF 为已知,表示为 $f_{\mathrm{b}}(\boldsymbol{\varepsilon}_{\mathrm{b}})$ 和 $f_{\mathrm{o}}(\boldsymbol{\varepsilon}_{\mathrm{o}})$。于是,由误差$\boldsymbol{\varepsilon}_{\mathrm{b}}$ 形式表示的 $f_{\mathrm{b}}(\boldsymbol{\varepsilon}_{\mathrm{b}})$便得到以**大气状态变量** x 形式表示的 $f_{\mathrm{b}}(\boldsymbol{x}-\boldsymbol{x}_{\mathrm{b}})$,把它作为来自**先验背景场**信息的 $\boldsymbol{X}$ 的先验 PDF,即 $f(\boldsymbol{X}=\boldsymbol{x})=f_{\mathrm{b}}(\boldsymbol{x}-\boldsymbol{x}_{\mathrm{b}})$。类似地,由误差$\boldsymbol{\varepsilon}_{\mathrm{o}}$ 形式表示的 $f_{\mathrm{o}}(\boldsymbol{\varepsilon}_{\mathrm{o}})$,并利用观测方程 $\boldsymbol{y}=H(\boldsymbol{x})$,便得到$\boldsymbol{Y}$ 的条件PDF,它是来自**观测**信息和以观测方程为桥梁的关于 $\boldsymbol{x}$ 的一个 PDF,即 $f(\boldsymbol{Y}=\boldsymbol{y}\,|\,\boldsymbol{X}=\boldsymbol{x})=f_{\mathrm{oc}}(H(\boldsymbol{x})-\boldsymbol{y}_{\mathrm{o}})$(其中,没有考虑观测算子 H 的误差;也没有考虑 $f_{\mathrm{o}}(\boldsymbol{\varepsilon}_{\mathrm{o}})=f_{\mathrm{o}}(\boldsymbol{y}-\boldsymbol{y}_{\mathrm{o}})$与 $\boldsymbol{x}_{\mathrm{b}}$ 有任何关系,因此已经预设了背景场误差和观测误差彼此是**无关**的)。

于是,依据贝叶斯定理:$P(A\,|\,B)\propto P(B\,|\,A)\cdot P(A)$,便得到:

$$f_{\mathrm{a}}(\boldsymbol{x})=f(\boldsymbol{X}=\boldsymbol{x}\,|\,\boldsymbol{Y}=\boldsymbol{y})\propto f(\boldsymbol{Y}=\boldsymbol{y}\,|\,\boldsymbol{X}=\boldsymbol{x})\cdot f(\boldsymbol{X}=\boldsymbol{x})=f_{\mathrm{oc}}(H(\boldsymbol{x})-\boldsymbol{y}_{\mathrm{o}})\cdot f_{\mathrm{b}}(\boldsymbol{x}-\boldsymbol{x}_{\mathrm{b}}),$$

它是已知**先验背景场**$\boldsymbol{x}_{\mathrm{b}}$ 和之后又有新的**观测**$\boldsymbol{y}_{\mathrm{o}}$ 的条件下$\boldsymbol{X}$ 的后验 PDF。由此,把这个$f_{\mathrm{a}}(\boldsymbol{x})$最大时即 $\max\limits_{\boldsymbol{x}} f_{\mathrm{a}}(\boldsymbol{x})$所对应的取值 $\boldsymbol{x}_{\mathrm{a}}$ 就作为大气状态 $\boldsymbol{X}$ 的最佳估计即分析场。

也就是说,把分析问题变成"求(已知先验的背景场和新增的观测的条件下)后验 PDF 最大时的解即众数"这一最大后验估计问题。参见 3.7.3 节"大气状态的最优分析的理想化方程"。

5.1.2 再把最大后验估计问题转化为一个目标泛函的极值问题

再假定背景场误差和观测误差都**无偏**和满足**正态分布**,求大气状态 $\boldsymbol{X}$ 的后验 PDF 即 $f_{\mathrm{a}}(\boldsymbol{x})$最大时的解等价于求一个关于 $\boldsymbol{x}$(大气状态随机向量 $\boldsymbol{X}$ 的取值)的目标泛函 $J(\boldsymbol{x})$极小时的解,即 $\max\limits_{x} f_{\mathrm{a}}(\boldsymbol{x})$等价于 $\min\limits_{x} J(\boldsymbol{x})$;其中的这个目标泛函是:

$$J(\boldsymbol{x})=\frac{1}{2}\{(\boldsymbol{x}-\boldsymbol{x}_{\mathrm{b}})^{\mathrm{T}}\boldsymbol{B}^{-1}(\boldsymbol{x}-\boldsymbol{x}_{\mathrm{b}})+[H(\boldsymbol{x})-\boldsymbol{y}_{\mathrm{o}}]^{\mathrm{T}}\boldsymbol{R}^{-1}[H(\boldsymbol{x})-\boldsymbol{y}_{\mathrm{o}}]\}=J_{\mathrm{b}}(\boldsymbol{x})+J_{\mathrm{o}}(\boldsymbol{x})。\tag{5.1.1}$$

也就是把最大后验估计问题转化为一个目标泛函的极值问题。参见 3.7.5.1 节"最大后验估计方法与变分同化方法";式(5.1.1)即式(3.7.15)。

这样,基于随机变量的概念,利用观测方程,根据贝叶斯定理,在背景场误差和观测误差不相关、且都无偏和满足正态分布的假定下,以后验概率最大为最优标准,将大气状态的最优估计归结为求一个目标泛函的极值问题。

5.1.3 所用假设条件对于实际应用的意义

不仅目标泛函的导出给出了变分同化方法的原理,而且导出过程中所用的假设条件也指导业务同化系统研发的实践；例如：

• 由于假设条件“同时刻的背景场误差和观测误差不相关”(可由假定“不同时刻的观测误差不相关”导出；参见3.7.3节的附“大气状态后验PDF的另一个导出方法”)，可以理解：对于背景场的选择，已同化 $\mathbf{y}_o$ 得到的**再分析资料**不宜用作背景场来重复同化 $\mathbf{y}_o$；对于观测的选择，利用自身 $\mathbf{x}_b$ 得到的**反演资料**(如云导风)不宜用作被同化的观测资料。

• 由假设条件“背景场误差和观测误差都无偏且满足正态分布”，可以理解：观测资料在被同化之前需要进行**质量控制**、**偏差订正**、**去除非正态分布的误差**等了解资料、处理资料的环节；以及需要对输入信息 $\mathbf{x}_b$ 和 $\mathbf{y}_o$ 的一阶矩、二阶矩等误差参数进行**检验与诊断调谐**。

• 此外，由于现场观测量测的独立性、一些观测(不同通道间辐射率、反演资料)的相关性难以确定以及资料同化中观测误差的复杂性等情形，实际应用中还通常设定“观测误差协方差矩阵 $\mathbf{R}$ 为对角矩阵”(参见4.3.2.5节“观测误差协方差矩阵($\mathbf{R}$)”)，亦即假定“不同地点/通道的观测误差是不相关的”；由此可以理解：需要对稠密观测资料进行其**稀疏化处理**。

5.2 基于泛函和算子认识目标泛函的数学表达式

对于式(5.1.1)的目标泛函 $J(\mathbf{x})$ 的表达式，**在物理意义上的认识**包括：①大气状态变量 $\mathbf{x}$(可参见1.1.3.1节(3)中“大气状态和模式大气”)，②背景场 $\mathbf{x}_b$ 及其误差协方差矩阵 $\mathbf{B}$ 和观测 $\mathbf{y}_o$ 及其误差协方差矩阵 $\mathbf{R}$(可参见4.2节中有关的“资料同化的输入是什么”，4.3.2节中有关的“观测信息的权重与传播平滑”)，③观测算子 H 的内涵(可参见4.3.1节中有关的“观测信息的引入”)，④背景项 $J_b(\mathbf{x})$ 和观测项 $J_o(\mathbf{x})$ 及完整的目标泛函 $J(\mathbf{x})$ 的含义(可参见3.7.2.3节“目标函数方法”)，等；这些都在相关章节介绍，不予重复。

在数学意义上认识式(5.1.1)的目标泛函表达式，除了“$\mathbf{x}$，$\mathbf{x}_b$，$\mathbf{y}_o$ 是向量(分别是状态空间向量和观测空间向量)，$\mathbf{B}$，$\mathbf{R}$ 是矩阵”等这些常用的简单数学名词概念之外，主要是认识“泛函”和“算子”的数学概念。

5.2.1 泛函和算子

5.2.1.1 泛函

泛函是对象集到标量的一种数值性映射；对象集是作为整体的一个集合对象，它可以是几何点集，亦可以是向量、函数、矩阵等。

泛函是函数概念的推广。泛函与函数相同：它们的值域都是数域；泛函与函数的不同：函数 $y=f(x)$ 的定义域是数域，所以函数 $y=f(x)$ 表示一个标量 x 到一个标量 y(数到数)的映射；而泛函的定义域是对象集(如向量空间或函数空间)，而不是一个数，所以泛函 $Y=F(\mathbf{x})$ 表示向量空间的一个向量 $\mathbf{x}$(或函数空间的一条函数)到标量 Y 的映射。泛函的变分是函数的微分的推广；变分法是求解泛函极值的数学方法。

5.2.1.2 算子

当泛函映射的象值非标量时，称此映射为算子；即当 $\mathbf{y}=F(\mathbf{x})$ 的 $\mathbf{y}$ 不是标量而是向量空间的一个向量时，F 就是一个算子。所以算子是抽象空间(或其子集)到抽象空间(或其子集)的映射，包括抽象空间的自映射。

5.2.2　基于泛函和算子认识目标泛函的数学表达式

5.2.2.1　基于泛函认识 $\boldsymbol{J}(\boldsymbol{x})$

实际应用中的 $\boldsymbol{x}$ 是模式大气状态空间的向量；不妨考虑一个格点模式，$\boldsymbol{x}$ 在数学上是一个 N_x 维空间(即模式大气状态变量空间，简称状态空间)的向量；维数 N_x 等于所有格点数与模式变量个数的乘积。这个向量 $\boldsymbol{x}$ 表示离散化的所有三维物理空间格点上所有模式变量构成的一个整体，也就是，它**作为一个整体**代表大气状态。

因此，基于泛函的概念，可以知道：

- $J(\boldsymbol{x})$是关于作为一个集合整体的状态空间之向量 $\boldsymbol{x}$ 的泛函。
- $J_b(\boldsymbol{x})=0.5(\boldsymbol{x}-\boldsymbol{x}_b)^T\boldsymbol{B}^{-1}(\boldsymbol{x}-\boldsymbol{x}_b)$，是一个标量(数)；它在数学上是状态空间的向量内积，在物理上表示距离，这个距离是状态空间的两个向量(点)$\boldsymbol{x}$ 和 $\boldsymbol{x}_b$ 之间的距离，并加以背景误差协方差 $\boldsymbol{B}$ 的逆为权。
- 完全类似地，$J_o(\boldsymbol{x})$是一个标量(数)；它在数学上是观测空间的向量内积，在物理上表示距离，这个距离是观测空间的两个向量(点)之间的距离，并加以 $\boldsymbol{R}$ 的逆为权。
- $J_b(\boldsymbol{x})$和 $J_o(\boldsymbol{x})$虽然是不同空间的向量内积，但正因为都是一个标量(数)，所以可以相加减。

5.2.2.2　基于算子认识 $H(\boldsymbol{x})$

考虑 $\boldsymbol{y}=H(\boldsymbol{x})$，$\boldsymbol{y}$ 是对应 $\boldsymbol{y}_o$ 的观测空间向量。$\boldsymbol{y}_o$ 是所有观测构成的一个整体。$\boldsymbol{y}$ 和 $\boldsymbol{y}_o$ 一样，在数学上是一个 N_y 维空间(即观测变量空间，简称观测空间)的向量；维数 N_y 等于所用观测的数据个数总和，是对每种观测其测站数(或观测点个数)、层数(或通道数)、观测要素个数的乘积，而后对所有观测类型数的求和。

由于 $\boldsymbol{y}$ 是一个向量，不是一个数，基于算子的概念，由 $\boldsymbol{y}=H(\boldsymbol{x})$可以知道，$H$ 是把状态空间之向量 $\boldsymbol{x}$ 映射到观测空间之向量 $\boldsymbol{y}$ 的算子。也正是这样，通过 $H(\boldsymbol{x})$使得不同空间的 $\boldsymbol{x}$ 和 $\boldsymbol{y}_o$ 这二者能够在观测空间下进行加减运算，即$[H(\boldsymbol{x})-\boldsymbol{y}_o]$。

5.3　通过一系列变量变换实施对原目标泛函的优化和简化

5.3.1　理论上目标泛函极小化的求解：迭代求解或近似求一个显式解

(1)　**迭代求解**

数学上，对于式(5.1.1)的目标泛函，可以用迭代方法求满足 $\min_x J(\boldsymbol{x})$的解 $\boldsymbol{x}_a$。根据取极值的必要条件：$\nabla_x J(\boldsymbol{x}_a)=0$，有：

$$\nabla_x J(\boldsymbol{x}_a)=\boldsymbol{B}^{-1}(\boldsymbol{x}_a-\boldsymbol{x}_b)+\boldsymbol{H}^T\boldsymbol{R}^{-1}[H(\boldsymbol{x}_a)-\boldsymbol{y}_o]=0; \tag{5.3.1}$$

式中，$\boldsymbol{H}=\left.\dfrac{\partial H(\boldsymbol{x})}{\partial \boldsymbol{x}}\right|_{x=x_a}$ 是观测算子 H 在 $\boldsymbol{x}_a$ 处的切线性算子，它的转置$\boldsymbol{H}^T$ 是其伴随算子。由于 $\boldsymbol{H}$ 和 $H(\boldsymbol{x}_a)$都包含 $\boldsymbol{x}_a$，所以不易直接显式求解，可以通过迭代求解。

(2)　**近似求一个显式解及其误差协方差**

或者，近似求 $\min_x J(\boldsymbol{x})$的一个显式解(参见2.6节“变分方法”)。在假定观测算子 H 在 $\boldsymbol{x}_b$ 处的线性化对于 $\boldsymbol{x}$ 的可能值的整个值域范围是合理近似的条件下，则相应的目标泛函即式

(2.6.1b):

$$J(\boldsymbol{x})=\frac{1}{2}\{(\boldsymbol{x}-\boldsymbol{x}_b)^T\boldsymbol{B}^{-1}(\boldsymbol{x}-\boldsymbol{x}_b)+[\boldsymbol{H}(\boldsymbol{x}-\boldsymbol{x}_b)-\boldsymbol{d}]^T\boldsymbol{R}^{-1}[\boldsymbol{H}(\boldsymbol{x}-\boldsymbol{x}_b)-\boldsymbol{d}]\}$$

于是,通过$\nabla_x J(\boldsymbol{x}_a)=0$,便直接导出一个显式解即式(2.6.2):

$$\boldsymbol{x}_a=\boldsymbol{x}_b+\boldsymbol{W}[\boldsymbol{y}_o-H(\boldsymbol{x}_b)], \tag{5.3.2}$$

式中,$\boldsymbol{W}=\boldsymbol{B}\boldsymbol{H}^T(\boldsymbol{H}\boldsymbol{B}\boldsymbol{H}^T+\boldsymbol{R})^{-1}$,这里$\boldsymbol{H}\approx\left.\frac{\partial H(\boldsymbol{x})}{\partial \boldsymbol{x}}\right|_{x=x_b}$,是观测算子$H$在$\boldsymbol{x}_b$处的切线性算子;

理论上,还可以得到线性化后的目标泛函的Hessian矩阵:

$$J''=\nabla\nabla J(\boldsymbol{x})=\boldsymbol{B}^{-1}+\boldsymbol{H}^T\boldsymbol{R}^{-1}\boldsymbol{H}$$

利用上面$\nabla_x J(\boldsymbol{x}_a)=0$的式(5.3.1),可以证明:在背景场误差和观测误差彼此无关的假定下,目标泛函的Hessian矩阵的逆等于分析场误差协方差矩阵(Bouttier et al.,1999);也就是:

$$\boldsymbol{A}=\langle\boldsymbol{\varepsilon}_a\boldsymbol{\varepsilon}_a^T\rangle=\langle(\boldsymbol{x}_a-\boldsymbol{x}_t)(\boldsymbol{x}_a-\boldsymbol{x}_t)^T\rangle=(\boldsymbol{B}^{-1}+\boldsymbol{H}^T\boldsymbol{R}^{-1}\boldsymbol{H})^{-1}$$,亦即:$\boldsymbol{A}=(J'')^{-1}$。

5.3.2 实际应用中目标泛函极小化求解遇到的困难:B矩阵维数巨大和近于病态

由于通常设定“观测误差协方差矩阵$\boldsymbol{R}$为对角矩阵”(参见4.3.2.5节“观测误差协方差矩阵($\boldsymbol{R}$)”),所以$\boldsymbol{R}$对目标泛函极小化求解不构成困难。

在实际应用中,目标泛函极小化求解遇到的困难是$\boldsymbol{B}$矩阵的维数巨大和近于病态。

5.3.2.1 B矩阵维数巨大

对于实际应用的NWP模式,代表大气状态的模式状态变量$\boldsymbol{x}$是一个由多变量、三维场构成的巨维向量(即使对于2012年GRAPES同化系统区域设置,其维数是$4\times502\times330\times31\sim2\times10^7$)。它的背景场$\boldsymbol{x}_b$通常来自NWP模式短期预报场(6 h、12 h的预报);基于预报模式方程组的模式变量相互关联,这个预报场及其误差存在变量间的物理相关和空间相关,即一个空间点上一个变量及其误差会影响其他点上该变量和其他变量及其误差的变化,因此$\boldsymbol{x}_b$的误差协方差$\boldsymbol{B}$是一个超大规模的非对角的对称矩阵(对于前述的GRAPES同化系统区域设置,$\sim2\times10^7\times2\times10^7$),这使得数值求解式(5.1.1)的目标泛函极小时巨维$\boldsymbol{B}$矩阵无法存贮,更无法求逆。

实际应用中,因为$\boldsymbol{B}$矩阵这样巨大的维数,不仅无法实施式(5.3.1)的理论上迭代求解,而且即使对式(5.3.2)这个理论上显式解,也不能进行直接显式计算。实际上,为了求得(观测算子$H(\boldsymbol{x})$在$\boldsymbol{x}_b$处的切线性近似条件下的)式(5.3.2)的这个理论上显式解,通常是通过下面将介绍的方式来实现的,即:对式(5.1.1)的目标泛函进行切线性近似并假定其中的$\boldsymbol{B}$矩阵是静态的,之后实施一系列变量变换,最后应用最优化下降算法进行极小化的数值求解。

5.3.2.2 B矩阵近于病态

通常一个空间点上的变量及其误差只会影响到该点**周围有限范围**的其他空间点上,当模式网格的分辨率越高,$\boldsymbol{B}$会是相邻行、列往往很接近的一个稀疏矩阵,造致$\boldsymbol{B}$矩阵的条件数很大而近于病态。这使得极小化的数值求解难于收敛;更严重的,这使得解对输入数据的微小误差很敏感,导致计算结果一般是不可靠的。

因此,实际应用中$\boldsymbol{B}$矩阵的巨大维数和近于病态导致了式(5.1.1)的目标泛函极小化的直接数学求解在实际上是不可能的。

5.3.3　克服困难的对策：通过一系列变量变换实施目标泛函的简化和优化

这一系列变量变换的原则和目的是：处理掉目标泛函中 $\boldsymbol{B}$ 矩阵的逆；从而使得目标泛函得到**简化**（去掉对 $\boldsymbol{B}$ 的显式引用）而**能够**进行极小化的数值**求解**，并使得目标泛函得到**优化**而使其极小化**求解易于收敛和计算结果可靠**。

5.3.3.1　切线性近似下的目标泛函增量形式

一系列变量变换首先表现为以增量 $\delta\boldsymbol{x}$ 形式表示的目标泛函。也就是说，一系列变量变换是对于增量 $\delta\boldsymbol{x}$ 实施的。

(1)　**一般的增量形式**

一般地，背景场 $\boldsymbol{x}_b$，作为大气状态变量 $\boldsymbol{x}$ 的一个已知取值，来自 NPW 短期预报；目前也不易得到比 $\boldsymbol{x}_b$ 更准确的某一已知大气状态取值。

因此，通常取在 $\boldsymbol{x}_b$ 处的观测算子 $H(\boldsymbol{x})$ 的切线性近似，即假定 $H(\boldsymbol{x})$ 在 $\boldsymbol{x}_b$ 处的线性化对于 $\boldsymbol{x}$ 的可能值的整个值域范围是合理的近似。于是，对 $H(\boldsymbol{x})$ 在 $\boldsymbol{x}_b$ 处进行泰勒展开，则式(5.1.1)的目标泛函中 $[H(\boldsymbol{x})-\boldsymbol{y}_o]$ 可以写成：

$$[H(\boldsymbol{x})-\boldsymbol{y}_o]\approx[H(\boldsymbol{x}_b)+\boldsymbol{H}(\boldsymbol{x}-\boldsymbol{x}_b)-\boldsymbol{y}_o]$$

记 $\delta\boldsymbol{x}=(\boldsymbol{x}-\boldsymbol{x}_b)$，$\boldsymbol{d}=[\boldsymbol{y}_o-H(\boldsymbol{x}_b)]$，则式(5.1.1)的目标泛函成为：

$$J(\delta\boldsymbol{x})=\frac{1}{2}\{\delta\boldsymbol{x}^{\mathrm{T}}\boldsymbol{B}^{-1}\delta\boldsymbol{x}+[\boldsymbol{H}\delta\boldsymbol{x}-\boldsymbol{d}]^{\mathrm{T}}\boldsymbol{R}^{-1}[\boldsymbol{H}\delta\boldsymbol{x}-\boldsymbol{d}]\}\tag{5.3.3a}$$

这里为了后面叙述的方便，顺便写出它关于自变量 $\delta\boldsymbol{x}$ 的梯度是：

$$\nabla_{\delta\boldsymbol{x}}J(\delta\boldsymbol{x})=\boldsymbol{B}^{-1}\delta\boldsymbol{x}+\boldsymbol{H}^{\mathrm{T}}\boldsymbol{R}^{-1}[\boldsymbol{H}\delta\boldsymbol{x}-\boldsymbol{d}]\tag{5.3.4a}$$

式(5.3.3a)就是目标泛函以 $\delta\boldsymbol{x}=(\boldsymbol{x}-\boldsymbol{x}_b)$ 表示的一般增量形式；式中，$\boldsymbol{d}=[\boldsymbol{y}_o-H(\boldsymbol{x}_b)]$，$\boldsymbol{H}=\left.\dfrac{\partial H(\boldsymbol{x})}{\partial\boldsymbol{x}}\right|_{\boldsymbol{x}=\boldsymbol{x}_b}$ 是观测算子 H 在 $\boldsymbol{x}_b$ 处的切线性算子。

这个以 $\delta\boldsymbol{x}=(\boldsymbol{x}-\boldsymbol{x}_b)$ 表示的增量形式是实际应用中三维变分同化系统通常采用的。

(2)　**适用于内外循环的增量形式**

如果有某一已知大气状态的取值 $\boldsymbol{x}_g$，它比 $\boldsymbol{x}_b$ 更准，也就是，$\boldsymbol{x}_g$ 比 $\boldsymbol{x}_b$ 更接近真实 $\boldsymbol{x}$，则 $(\boldsymbol{x}-\boldsymbol{x}_g)$ 比 $(\boldsymbol{x}-\boldsymbol{x}_b)$（的绝对值）更小，因此 $H(\boldsymbol{x})$ 如果在 $\boldsymbol{x}_g$ 处进行泰勒展开所做的切线性近似更准确。事实上，有比 $\boldsymbol{x}_b$ 更准的某一已知大气状态的取值 $\boldsymbol{x}_g$ 也是可能的，如 ECMWF 的集合预报的均值比控制预报更准确。

观测算子 $H(\boldsymbol{x})$ 取在 $\boldsymbol{x}_g$ 处的切线性近似，则：

$$[H(\boldsymbol{x})-\boldsymbol{y}_o]\approx[H(\boldsymbol{x}_g)+\boldsymbol{H}(\boldsymbol{x}-\boldsymbol{x}_g)-\boldsymbol{y}_o]$$

记 $\delta\boldsymbol{x}=(\boldsymbol{x}-\boldsymbol{x}_g)$，$\delta\boldsymbol{x}_b=(\boldsymbol{x}_b-\boldsymbol{x}_g)$，于是 $(\boldsymbol{x}-\boldsymbol{x}_b)=\delta\boldsymbol{x}-\delta\boldsymbol{x}_b$，又 $\boldsymbol{d}=[\boldsymbol{y}_o-H(\boldsymbol{x}_g)]$，则式(5.1.1)的目标泛函成为：

$$J(\delta\boldsymbol{x})=\frac{1}{2}\{[\delta\boldsymbol{x}-\delta\boldsymbol{x}_b]^{\mathrm{T}}\boldsymbol{B}^{-1}[\delta\boldsymbol{x}-\delta\boldsymbol{x}_b]+[\boldsymbol{H}\delta\boldsymbol{x}-\boldsymbol{d}]^{\mathrm{T}}\boldsymbol{R}^{-1}[\boldsymbol{H}\delta\boldsymbol{x}-\boldsymbol{d}]\}\tag{5.3.3b}$$

这是目标泛函以另一个 $\delta\boldsymbol{x}=(\boldsymbol{x}-\boldsymbol{x}_g)$ 表示的增量形式；式中，$\boldsymbol{d}=[\boldsymbol{y}_o-H(\boldsymbol{x}_g)]$，$\boldsymbol{H}$ 是观测算子 H 在 $\boldsymbol{x}_g$ 处的切线性算子。其中 $\delta\boldsymbol{x}_b=(\boldsymbol{x}_b-\boldsymbol{x}_g)$ 被称为背景场增量($\boldsymbol{x}_b=\boldsymbol{x}_g+\delta\boldsymbol{x}_b$)。

这个以 $\delta\boldsymbol{x}=(\boldsymbol{x}-\boldsymbol{x}_g)$ 表示的增量形式源自为了四维变分的业务实施提出的一种增量方法(an incremental approach)(Courtier et al.,1994)；该方法用于能考虑内外循环的极小化迭代数值求解，来减少计算开销。

之所以能考虑内外循环是因为：①可以用 $\boldsymbol{x}_g$ 作为第一初猜值，通过下节（5.4 节）中的最优化下降算法对目标泛函（经变换后的新目标泛函，参见 5.3.3.3 节中的式（5.3.3d））求解，算出初次的 $\delta\boldsymbol{x}_a$，于是得到初次分析场 $\boldsymbol{x}_a=\boldsymbol{x}_g+\delta\boldsymbol{x}_a$；②作为分析场，$\boldsymbol{x}_a$ 比 $\boldsymbol{x}_g$ 更准，故再以这个初次分析场 $\boldsymbol{x}_a$ 更新替代 $\boldsymbol{x}_g$，考虑在更新的 $\boldsymbol{x}_g$ 处进行泰勒展开的切线性近似，即用更新的 $\boldsymbol{x}_g$ 来计算 $\boldsymbol{d}=[\boldsymbol{y}_o-H(\boldsymbol{x}_g)]$ 和 $\delta\boldsymbol{x}_b=(\boldsymbol{x}_b-\boldsymbol{x}_g)$，然后对目标泛函再次通过最优化下降算法求解，算出第二次的 $\delta\boldsymbol{x}_a$；③如此循环；这个循环被称为**外循环**。之所以称为外循环，是因为其每次循环之中对目标泛函求解（算出 $\delta\boldsymbol{x}_a$）的最优化下降算法本身也是通过循环迭代进行数值求解的（参见 5.4.2 节“实施最优化下降算法的具体做法”），这个（算出 $\delta\boldsymbol{x}_a$ 的）最优化下降算法所包含的循环被称为**内循环**。

之所以能减少计算开销是因为：开销大的在内循环计算出 $\delta\boldsymbol{x}_a$ 的最优化下降算法可以在低分辨网格上进行，而只是开销较小的在外循环计算 $H(\boldsymbol{x}_g)$ 和更新 $\boldsymbol{x}_a=\boldsymbol{x}_g+\delta\boldsymbol{x}_a$ 在高分辨网格上进行（Courtier et al.，1994）。

需要指出，可以得到以下有实际应用意义的认识（参见 5.5.2 节“四维变分同化系统研发的一条能够循序渐进的技术路线”）：

• 形式上的认识。式（5.3.3b）包含的 $\boldsymbol{x}_g$ 也可以取 $\boldsymbol{x}_b$；这时，式（5.3.3b）的内外循环增量形式和式（5.3.3a）的一般增量形式实质上是等同的。也就是说，（三维变分同化系统通常采用的）式（5.3.3a）的**一般增量形式也可以转换为内外循环增量形式**。

• 用途上的认识。（使用内外循环的）增量方法的优点不限于减少计算开销；如果 $\boldsymbol{x}_g$ 是比 $\boldsymbol{x}_b$ 更准确的某一已知大气状态，则 $H(\boldsymbol{x})$ 在 $\boldsymbol{x}_g$ 处的泰勒展开可以改善 $H(\boldsymbol{x})$ 的切线性近似准确度；因此，增量方法，虽然是源自四维变分业务实施提出的，但**也可用于三维变分**；只是三维变分的开销本身不大，才没有首先在三维变分中提出。此外，可以理解，用途上的认识和形式上的认识这二者是一致的。

• 特别是，概念上的认识。在增量方法的极小化迭代求解中能够看到 $\boldsymbol{x}_g$ 和 $\boldsymbol{x}_b$ 在概念上有着根本意义上的不同。尽管零次迭代时的 $\boldsymbol{x}_g$ 通常取 $\boldsymbol{x}_b$（目前还不易得到比 $\boldsymbol{x}_b$ 更准确的某一已知大气状态 $\boldsymbol{x}_g$），即此时二者在数值上相同，但是二者含义不同，也就是：$\boldsymbol{x}_g$ 是对应着计算数学迭代算法意义下作为初次输入的初猜场，而 $\boldsymbol{x}_b$ 是对应着估计理论意义下作为先验信息的背景场；正是这样，对于实施内外循环的目标泛函，它的背景项中 $\boldsymbol{x}_b$ 是始终不变的，而观测项中 $\boldsymbol{x}_g$ 是随外循环变化的。而且，$\boldsymbol{x}_g$ 作为迭代算法的第一次输入值，撇开在物理意义上它要求是大气状态的“*尽可能准确*”的值（这是和 $\boldsymbol{x}_b$ 一样的物理意义上要求），在计算数学意义上它的选用要求是要“*与最终的解尽可能接近*”而便于以最小的计算开销得到收敛。

5.3.3.2 一系列变量变换的数学基础和目标泛函的简化优化

（1） 数学上 $\boldsymbol{B}$ 矩阵的特征值分解和 $\boldsymbol{B}^{1/2}$ 的严格准确形式

由 4.3.2.2 节“认识 $\boldsymbol{B}$ 矩阵：$\boldsymbol{B}$ 矩阵的数学和物理意义”知道，作为一个实对称矩阵，$\boldsymbol{B}$ 能够写成式（4.3.1d），即：

$$\boldsymbol{B}=\boldsymbol{E\Lambda E}^{\mathrm{T}}=\boldsymbol{E\Lambda}^{1/2}\boldsymbol{Q}^{\mathrm{T}}\boldsymbol{Q\Lambda}^{1/2}\boldsymbol{E}^{\mathrm{T}}=\boldsymbol{UU}^{\mathrm{T}};$$

式中，$\boldsymbol{E}$ 的各列是 $\boldsymbol{B}$ 的**特征向量**，彼此相互正交，线性无关；$\boldsymbol{\Lambda}$ 是由 $\boldsymbol{B}$ 的**特征值**构成的对角矩阵；$\boldsymbol{Q}$ 是满足 $\boldsymbol{Q}^{\mathrm{T}}\boldsymbol{Q}=\boldsymbol{I}$ 的任意正交旋转。

据此 $\boldsymbol{B}$ 能够分解成它的平方根形式：

$$\boldsymbol{B}=\boldsymbol{UU}^{\mathrm{T}}=\boldsymbol{B}^{1/2}(\boldsymbol{B}^{1/2})^{\mathrm{T}}\text{，其中 }\boldsymbol{B}^{1/2}=\boldsymbol{U}=\boldsymbol{E\Lambda}^{1/2}\boldsymbol{Q}^{\mathrm{T}}\text{。}$$

（2）　**一系列变量变换的一般表示及理解**

基于 $\boldsymbol{B}$ 矩阵分解的平方根形式，考虑这样的变量变换形式：

$$\delta\boldsymbol{x}=\boldsymbol{U}\boldsymbol{\chi}=\boldsymbol{B}^{1/2}\boldsymbol{\chi}=\boldsymbol{E}\boldsymbol{\Lambda}^{1/2}\boldsymbol{Q}^{\mathrm{T}}\boldsymbol{\chi}。\tag{5.3.5a}$$

式中，$\boldsymbol{B}^{1/2}$ 为变换算子，$\boldsymbol{\chi}$ 是对应该变换的新变量。

这个变换可以通过它的逆得到理解。它的逆是：

$$\boldsymbol{\chi}=\boldsymbol{B}^{-1/2}\delta\boldsymbol{x}=\boldsymbol{Q}\boldsymbol{\Lambda}^{-1/2}\boldsymbol{E}^{\mathrm{T}}\delta\boldsymbol{x}。\tag{5.3.5b}$$

它表示这样一系列步骤：首先通过 $\boldsymbol{E}^{\mathrm{T}}$ 把 $\delta\boldsymbol{x}$ 投影到统计上不相关的变量（以 $\boldsymbol{E}^{\mathrm{T}}$ 的各行表示的不同模态）上，然后通过 $\boldsymbol{\Lambda}^{-1/2}$ 除以特征向量方差的平方根对其归一化；之后通过 $\boldsymbol{Q}$ 做可选择的正交旋转（由于 $\boldsymbol{Q}$ 的正交化，这不影响之前所得到的变量（$\boldsymbol{E}^{\mathrm{T}}\delta\boldsymbol{x}$）的不相关的性质）。

（3）　**一系列变量变换的结果表现：目标泛函经变换后的简化优化**

由于一系列变量变换只在于处理 $\boldsymbol{B}$ 矩阵，与观测算子和内外循环无实质性关联，为了简明起见，所以不妨用目标泛函（其观测算子 $H(\boldsymbol{x})$ 取在 $\boldsymbol{x}_{\mathrm{b}}$ 处切线性近似而）以 $\delta\boldsymbol{x}=(\boldsymbol{x}-\boldsymbol{x}_{\mathrm{b}})$ 表示的一般增量形式即式(5.3.3a)：

$$J(\delta\boldsymbol{x})=\frac{1}{2}\{\delta\boldsymbol{x}^{\mathrm{T}}\boldsymbol{B}^{-1}\delta\boldsymbol{x}+[\boldsymbol{H}\delta\boldsymbol{x}-\boldsymbol{d}]^{\mathrm{T}}\boldsymbol{R}^{-1}[\boldsymbol{H}\delta\boldsymbol{x}-\boldsymbol{d}]\};$$

式中，$\boldsymbol{d}=[\boldsymbol{y}_{\mathrm{o}}-H(\boldsymbol{x}_{\mathrm{b}})]$。

将 $\delta\boldsymbol{x}=\boldsymbol{B}^{1/2}\boldsymbol{\chi}$ 代入上式，并考虑到 $\boldsymbol{B}=\boldsymbol{B}^{1/2}(\boldsymbol{B}^{1/2})^{\mathrm{T}}$，便得到：

$$J(\boldsymbol{\chi})=\frac{1}{2}\{\boldsymbol{\chi}^{\mathrm{T}}\boldsymbol{\chi}+[\boldsymbol{H}\boldsymbol{B}^{1/2}\boldsymbol{\chi}-\boldsymbol{d}]^{\mathrm{T}}\boldsymbol{R}^{-1}[\boldsymbol{H}\boldsymbol{B}^{1/2}\boldsymbol{\chi}-\boldsymbol{d}]\}=J_{\mathrm{b}}(\boldsymbol{\chi})+J_{\mathrm{o}}(\boldsymbol{\chi})。\tag{5.3.3c}$$

这里为了后面叙述的方便，顺便写出它关于自变量 $\boldsymbol{\chi}$ 的梯度是：

$$\nabla_{\chi}J(\boldsymbol{\chi})=\boldsymbol{\chi}+(\boldsymbol{H}\boldsymbol{B}^{1/2})^{\mathrm{T}}\boldsymbol{R}^{-1}[\boldsymbol{H}\boldsymbol{B}^{1/2}\boldsymbol{\chi}-\boldsymbol{d}]。\tag{5.3.4b}$$

式(5.3.3c)就是经过变量变换后关于新变量 $\boldsymbol{\chi}$ 的**新目标泛函**；由此可以看到：

• **对目标泛函的大大简化**表现在：$J_{\mathrm{b}}(\boldsymbol{\chi})$ 项**去掉了对 $\boldsymbol{B}$ 的显式引用**。由于 $J_{\mathrm{o}}(\boldsymbol{\chi})$ 项的 $\boldsymbol{R}$ 通常考虑为对角矩阵（参见 4.3.2.5 节"观测误差协方差矩阵($\boldsymbol{R}$)"），因此这个以 $\boldsymbol{\chi}$ 为变量的**新泛函** $J(\boldsymbol{\chi})$ 通过 5.4 节中的最优化下降算法**能够直接求解**，得到 $\min\limits_{\chi}J(\boldsymbol{\chi})$ 的解 $\boldsymbol{\chi}_{\mathrm{a}}$；由式(5.3.5a)，再通过 $\boldsymbol{x}_{\mathrm{a}}=\boldsymbol{x}_{\mathrm{b}}+\delta\boldsymbol{x}_{\mathrm{a}}=\boldsymbol{x}_{\mathrm{b}}+\boldsymbol{B}^{1/2}\boldsymbol{\chi}_{\mathrm{a}}$，得到分析场 $\boldsymbol{x}_{\mathrm{a}}$。

• **对目标泛函的大大优化**表现在：$J_{\mathrm{b}}(\boldsymbol{\chi})$ 项中对应 $\boldsymbol{\chi}$ 的协方差矩阵是**单位矩阵**（这是"新向量 $\boldsymbol{\chi}$ 各分量之间彼此不相关"的表现），是良性矩阵，且它的条件数为 1，**使得极小化的收敛非常有效率**。极小化的效率与泛函的 Hessian 矩阵（泛函 J 的二阶导数矩阵）的特征值结构相联系；Hessian 矩阵描述了目标泛函的局部形状。通常用来说明 Hessian 矩阵特征值结构的一个量是条件数（表征矩阵的病态与良态性状）；它定义为 Hessian 矩阵的最大特征值和最小特征值的比率（李庆扬等，2000）。条件数越大，矩阵越病态，极小化效率越低。通过求泛函 J 关于自变量的二阶导数（参见式(5.3.4a)和式(5.3.4b)），可以得到：式(5.3.3a)的原泛函关于 $\delta\boldsymbol{x}$ 的 Hessian 矩阵是($\boldsymbol{B}^{-1}+\boldsymbol{H}^{\mathrm{T}}\boldsymbol{R}^{-1}\boldsymbol{H}$)（参见式(5.3.4a)），式(5.3.3c)的新泛函关于 $\boldsymbol{\chi}$ 的 Hessian 矩阵是 $[\boldsymbol{I}+(\boldsymbol{H}\boldsymbol{B}^{1/2})^{\mathrm{T}}\boldsymbol{R}^{-1}\boldsymbol{H}\boldsymbol{B}^{1/2}]$（参见式(5.3.4b)）；前者 Hessian 矩阵有一个可能的最小特征值是 0（$\boldsymbol{B}$ 会是一个相邻行、列往往接近的稀疏矩阵），而后者 Hessian 矩阵有一个可能的最小特征值是 1（单位矩阵）。只要背景项主导着 Hessian 矩阵特征值的谱（观测项中 $\boldsymbol{R}$ 通常考虑为对角矩阵），则变量变换使得变换后新目标函数的 Hessian 矩阵可以有望有更小的条件数，使得极小化的收敛更有效率；且它是良性矩阵，使得计算结果可靠。

可见，通过变量变换 $\delta\boldsymbol{x}=\boldsymbol{B}^{1/2}\boldsymbol{\chi}=\boldsymbol{E}\boldsymbol{\Lambda}^{1/2}\boldsymbol{Q}^{\mathrm{T}}\boldsymbol{\chi}$，**隐式地实现** $\boldsymbol{B}$ 矩阵的作用，使得变换后的目标泛函去掉了对 $\boldsymbol{B}$ 的**显式引用**，得到大大的简化和优化，而能够进行极小化的数值求解、且求解易于收敛和计算结果可靠。

必须指出：目标泛函通过变量变换得到大大简化；不过，这并不意味 $\boldsymbol{B}$ 从分析问题中去除了。从内在实质上，$\boldsymbol{B}$ 的信息移到了变量变换上，是通过变量变换隐式地捕捉 $\boldsymbol{B}$ 的内在结构特征；从外表形式上，需要通过变量变换来计算增量 $\delta\boldsymbol{x}$（$=\boldsymbol{B}^{1/2}\boldsymbol{\chi}$）和计算观测项 $J_{\mathrm{o}}(\boldsymbol{\chi})$（因为 $\boldsymbol{H}$ 直接作用于 $\delta\boldsymbol{x}$、而不是直接作用于 $\boldsymbol{\chi}$）。参见 6.2.5 节“CVTs 隐含的 $\boldsymbol{B}$ 矩阵”。

5.3.3.3 实际应用中的一系列变量变换

(1) **概念框架**

在实际应用中，由于 $\boldsymbol{B}$ 矩阵的维数巨大和近于病态，进行矩阵分解是不可能的；何况，由于真值是不知道的，所以 $\boldsymbol{x}_{\mathrm{b}}$ 的误差、进而 $\boldsymbol{B}^{1/2}$ 也是不可知的。因此，$\boldsymbol{B}^{1/2}=\boldsymbol{E}\boldsymbol{\Lambda}^{1/2}\boldsymbol{Q}^{\mathrm{T}}$ 这个严格准确形式实际上是得不到的。

尽管如此，上述 $\boldsymbol{B}=\boldsymbol{U}\boldsymbol{U}^{\mathrm{T}}=\boldsymbol{B}^{1/2}(\boldsymbol{B}^{1/2})^{\mathrm{T}}$ 这种表示形式是很有用的；它作为数学基础提供了一个概念框架，这就是：通过 $\delta\boldsymbol{x}=\boldsymbol{B}^{1/2}\boldsymbol{\chi}$ 变量变换后的新向量 $\boldsymbol{\chi}$ 各分量之间是彼此不相关的，于是对应 $\boldsymbol{\chi}$ 的协方差矩阵是**单位矩阵**；从而，原目标泛函得到大大简化和优化，所得到的关于新变量 $\boldsymbol{\chi}$ 的新目标泛函通过下节的最优化下降算法能够直接求解。

(2) **近似模拟 $\boldsymbol{B}^{1/2}$ 及其一般表示形式**

实际应用中，由于背景场 $\boldsymbol{x}_{\mathrm{b}}$ 来自 NWP，它的 $\boldsymbol{B}$ 矩阵不仅包含多变量相关、三维空间相关，而且包含 NWP 中的各种大气运动尺度。所以处理这个 $\boldsymbol{B}$ 矩阵是一件艰难的事情。国际上大多数业务变分同化系统（Parrish et al.，1992；Courtier et al.，1998；Lorenc et al.，2000；薛纪善等，2008）使用被称作控制变量变换方法（CVTs：Control Variable Transforms）来处理实际应用中的 $\boldsymbol{B}$ 矩阵。尽管具体的 CVTs 有各自不同的实施方式，但它的基本思想和其中的基本变换步骤及其思路相同（Bannister，2008）：

• CVTs 的基本思想是通过构造一个包含一系列变量变换的算子 $\boldsymbol{B}_0{}^{1/2}$ 近似地模拟 $\boldsymbol{B}^{1/2}$ 即 $\boldsymbol{B}_0{}^{1/2}\approx\boldsymbol{B}^{1/2}$，能使得经过 $\delta\boldsymbol{x}=\boldsymbol{B}_0{}^{1/2}\boldsymbol{\chi}$ 变换后所得到的新向量 $\boldsymbol{\chi}$ 各分量之间是彼此不相关的。

• 其中的一系列变换包含两个基本变换步骤，即 $\boldsymbol{B}_0{}^{1/2}=\boldsymbol{K}_{\mathrm{p}}\boldsymbol{B}_{\mathrm{s}}^{1/2}$；首先以**物理参量变换**解决 $\boldsymbol{B}$ 矩阵中多变量之间的物理相关，然后以**向量空间变换**解决 $\boldsymbol{B}$ 矩阵中单变量的三维空间相关。

也就是，CVTs（即近似模拟 $\boldsymbol{B}^{1/2}$ 的变量变换）的一般表示形式为：

$$\delta\boldsymbol{x}=\boldsymbol{B}_0{}^{1/2}\boldsymbol{\chi}=\boldsymbol{K}_{\mathrm{p}}\boldsymbol{B}_{\mathrm{s}}^{1/2}\boldsymbol{\chi},$$

由此使得变换后所得到的新向量 $\boldsymbol{\chi}$ 各分量之间是彼此不相关的，对应 $\boldsymbol{\chi}$ 的协方差矩阵是**单位矩阵**；以 $\boldsymbol{K}_{\mathrm{p}}\boldsymbol{B}_{\mathrm{s}}^{1/2}\approx\boldsymbol{B}^{1/2}$ 对式(5.3.3c)进行替代，关于新变量 $\boldsymbol{\chi}$ 的新目标泛函便写成：

$$J(\boldsymbol{\chi})\approx\frac{1}{2}\{\boldsymbol{\chi}^{\mathrm{T}}\boldsymbol{\chi}+[\boldsymbol{H}\boldsymbol{K}_{\mathrm{p}}\boldsymbol{B}_{\mathrm{s}}^{1/2}\boldsymbol{\chi}-\boldsymbol{d}]^{\mathrm{T}}\boldsymbol{R}^{-1}[\boldsymbol{H}\,\boldsymbol{K}_{\mathrm{p}}\boldsymbol{B}_{\mathrm{s}}^{1/2}\boldsymbol{\chi}-\boldsymbol{d}]\}=J_{\mathrm{b}}(\boldsymbol{\chi})+J_{\mathrm{o}}(\boldsymbol{\chi})。\tag{5.3.3d}$$

这里为了后面叙述的方便，顺便写出它关于自变量 $\boldsymbol{\chi}$ 的梯度是：

$$\nabla_{\chi}J(\boldsymbol{\chi})=\boldsymbol{\chi}+(\boldsymbol{H}\boldsymbol{B}_0{}^{1/2})^{\mathrm{T}}\boldsymbol{R}^{-1}[\boldsymbol{H}\boldsymbol{B}_0{}^{1/2}\boldsymbol{\chi}-\boldsymbol{d}]。\tag{5.3.4c}$$

(3) **控制变量(control variable)和控制变量变换方法**(CVTs: Control Variable Transforms)

最优化方法习惯上对直接求解极小化的泛函自变量称作控制变量;所以,能直接求解的式(5.3.3d)的自变量 $\boldsymbol{\chi}$ 被称为控制变量。由于(被大多数业务变分同化系统使用的)$\delta \boldsymbol{x}=\boldsymbol{B}_0{}^{1/2}\boldsymbol{\chi}=\boldsymbol{K}_{\mathrm{p}}\boldsymbol{B}_{\mathrm{s}}^{1/2}\boldsymbol{\chi}$ 这个变换是算子 $\boldsymbol{B}_0{}^{1/2}$ 作用于控制变量 $\boldsymbol{\chi}$ 的变量变换,所以得名为控制变量变换。于是,这种通过控制变量变换来处理 $\boldsymbol{B}$ 矩阵、由此简化优化目标泛函的方法被称为控制变量变换方法。

上述是业务变分同化系统的研发中处理 $\boldsymbol{B}$ 矩阵的数学基础和一般思想及基本方案。具体实施的物理参量变换 $\boldsymbol{K}_{\mathrm{p}}$ 和向量空间变换 $\boldsymbol{B}_{\mathrm{s}}^{1/2}$ 都包含着一系列子变量变换,是相当复杂的(Bannister,2008)。关于 $\boldsymbol{K}_{\mathrm{p}}$ 和 $\boldsymbol{B}_{\mathrm{s}}^{1/2}$ 的构造设计实例及其具体形式将在第 6 章介绍。

总之,实际应用中模拟 $\boldsymbol{B}$ 矩阵的这一系列变量变换表现为大大简化、优化目标泛函而使之能够进行极小化的数值求解,并使求解易于收敛和计算结果可靠;它构成了一个业务变分同化系统的核心框架,作用于被同化的每一观测($\boldsymbol{B}$ 矩阵在权重矩阵的最左边)。

5.4 通过最优化下降算法实现对新目标泛函极小化的数值求解

对于实际应用的变分同化系统,式(5.3.3d)的新变量 $\boldsymbol{\chi}$ 是一个由多物理变量及其高维空间(如谱空间)各分量构成的向量,所以求该泛函 $J(\boldsymbol{\chi})$ 极小化的解是变量维数很大的无约束最优化问题。

最优化理论和方法可以追溯到十分古老的极值问题,然而它成为一门独立的学科还是在 20 世纪 40 年代末,是在 1947 年 Dantzing 提出求解一般线性规划问题的单纯形算法之后(袁亚湘等,2001)。它主要运用数学方法研究各种系统的优化途径及方案,对于给出的实际问题,从众多的方案中选出最优方案,即研究某些数学上定义的问题的最优解。

从数学意义上说,最优化方法是一种求极值的方法,即在有或无约束的条件下(约束表述为一组等式或不等式),使所述问题的目标函数达到极值。目标函数达到极值的点是函数的平稳点或驻点;平稳点可能是极小点、极大点或鞍点,这取决于目标函数的二阶导数(或二阶导数矩阵)。极值点是严格局部极小点的充分条件是该点二阶导数大于 0;若目标函数是多元函数,则它的二阶导数矩阵是正定矩阵(这是资料同化中的一般情形)(袁亚湘等,2001)。

5.4.1 最优化下降算法及其迭代式

5.4.1.1 何谓最优化算法

对于一个目标函数 $f(\boldsymbol{x})$,则 $\boldsymbol{x}*$ 为 $f(\boldsymbol{x})$ 的极小点(或极大点)的必要条件是:$\nabla f(\boldsymbol{x}*)=0$,即:

$$\frac{\partial f(\boldsymbol{x}*)}{\partial x_i}=0\ ,i=1,2,3,\cdots,N。$$

这是 N 个未知量$(x_1,x_2,x_3,\cdots,x_N)$的 N 个方程的方程组。求 $f(\boldsymbol{x})$ 的极小点(或极大点)$\boldsymbol{x}*$,就是求这个方程组的解。

由于这个方程组一般是非线性的,特别当 N 很大时,用这种求解方程组的方式求解 $f(\boldsymbol{x})$ 的极小点 $\boldsymbol{x}*$,即求目标函数极小的解,是不可能的。

通常情况下，只能**用数值方法逐步求 $f(\boldsymbol{x})$ 极小的近似解**，这就是采用迭代方式求得目标函数 $f(\boldsymbol{x})$ 极小点 $\boldsymbol{x}*$ 的极小化算法，亦即求目标函数最优解的最优化算法。它的基本思想是：给定一个初始点 $\boldsymbol{x}^{(0)}$，按照某一迭代规则产生一个点列 $\{\boldsymbol{x}^k\}$，使得它的最后一个点（为有穷点列时）或它的极限点（为无穷点列且有极限点时）$\boldsymbol{x}*$ 满足 $\nabla f(\boldsymbol{x}*)=0$。

表征一个好的算法的原则是：①迭代点能稳定地接近局部极小点 $\boldsymbol{x}*$ 的邻域；也就是，迭代点列对应的函数值是逐次减少的，至少是不增的：$f(\boldsymbol{x}^{(0)})\geqslant f(\boldsymbol{x}^{(1)})\geqslant\cdots\geqslant f(\boldsymbol{x}^{(k)})\cdots$ 具有这种性质的算法，称为下降递推算法或下降法。②迭代点列 $\{\boldsymbol{x}^k\}$ 能收敛于极小点 $\boldsymbol{x}*$。具有这种性质的算法称为收敛的。收敛速度是衡量一种算法有效性的重要方面。但一种算法收敛性的研究往往是很困难的。

5.4.1.2 最优化下降算法的迭代式

一般地，对于无约束问题：$\min f(\boldsymbol{x}), \boldsymbol{x}\in R^n$，给定一个初始点 $\boldsymbol{x}^{(0)}$，依照一定规则，确定搜索方向和步长，则不同的最优化下降算法的迭代式可以统一写为：

$$\boldsymbol{x}^{(k+1)}=\boldsymbol{x}^{(k)}+\alpha_k\boldsymbol{d}_k \tag{5.4.1}$$

式中，$\boldsymbol{x}^{(k)}$ 为第 k 次迭代点；$\boldsymbol{d}_k$ 是第 k 次搜索方向，是在点 $\boldsymbol{x}^{(k)}$ 处的下降方向；设目标函数 $f(\boldsymbol{x})\in C^1$（具有一阶连续偏倒数），则满足：$\nabla f(\boldsymbol{x}^{(k)})^{\mathrm{T}}\boldsymbol{d}_k<0$；$\alpha_k$ 是第 k 次步长，是个正实数，满足：$f(\boldsymbol{x}^{(k)}+\alpha_k\boldsymbol{d}_k)<f(\boldsymbol{x}^{(k)})$。式(5.4.1)中步长 α_k 和搜索方向 $\boldsymbol{d}_k$ 的不同确定方法构成了不同的下降算法。

5.4.2 实施最优化下降算法的具体做法

实施最优化下降算法包括依次的三个部分：①确定下降方向 $\boldsymbol{d}_k$，②确定步长 α_k，③迭代求解。结合 GRAPES 变分同化系统所采用的最优化算法，简述以下三个部分：确定下降方向的有限内存 BFGS 方法（L-BFGS：Limited memory BFGS method），确定步长的 Wolfe-Powell 准则，以及极小化求解的主要步骤。

5.4.2.1 确定下降方向的有限内存 BFGS 算法

BFGS 算法被认为是迄今最好的拟牛顿法（袁亚湘等，2001）。L-BFGS 是对 BFGS 算法的很小改编（Liu et al.，1989）；它是解决变量个数很大的无约束最优化问题的有效方法。

（1） **牛顿法和修正牛顿法**

牛顿法的基本思想是：在极小点附近的局部，利用**目标函数的二阶** Taylor **展开**所得到的二次函数来近似目标函数，并将该二次函数极小化，得到目标函数极小点的近似估计值，形成牛顿法的迭代式。

目标函数 $f(\boldsymbol{x})$ 在 $\boldsymbol{x}^{(k)}$ 处的二阶 Taylor 展开式为：

$$f(\boldsymbol{x})=f(\boldsymbol{x}^{(k)})+(\nabla f(\boldsymbol{x}^{(k)}))^{\mathrm{T}}(\boldsymbol{x}-\boldsymbol{x}^{(k)})+\frac{1}{2}(\boldsymbol{x}-\boldsymbol{x}^{(k)})^{\mathrm{T}}\nabla^2 f(\boldsymbol{x}^{(k)})(\boldsymbol{x}-\boldsymbol{x}^{(k)})+O(\|\boldsymbol{x}-\boldsymbol{x}^{(k)}\|^2)。$$

若 $\boldsymbol{x}^{(k)}$ 为 $f(\boldsymbol{x})$ 的一个近似极小点，则 $\boldsymbol{x}$ 在极小点附近的局部，$(\boldsymbol{x}-\boldsymbol{x}^{(k)})$ 很小，所以可略去高于 $(\boldsymbol{x}-\boldsymbol{x}^{(k)})$ 二次的项，得到：

$$f(\boldsymbol{x})\approx f(\boldsymbol{x}^{(k)})+(\nabla f(\boldsymbol{x}^{(k)}))^{\mathrm{T}}(\boldsymbol{x}-\boldsymbol{x}^{(k)})+\frac{1}{2}(\boldsymbol{x}-\boldsymbol{x}^{(k)})^{\mathrm{T}}\nabla^2 f(\boldsymbol{x}^{(k)})(\boldsymbol{x}-\boldsymbol{x}^{(k)})=Q(\boldsymbol{x}),$$

用这个二次函数 $Q(\boldsymbol{x})$ 近似目标函数 $f(\boldsymbol{x})$。

然后求 $Q(\boldsymbol{x})$ 的极小化，由 $\nabla Q(\boldsymbol{x}^{(k+1)})=0$，便得到：

$$x^{(k+1)}=x^{(k)}-[\nabla^2 f(x^{(k)})]^{-1}\nabla f(x^{(k)})=x^{(k)}+\alpha_k d_k。$$

它就是牛顿法迭代式。其中，$d_k=-[\nabla^2 f(x^{(k)})]^{-1}\nabla f(x^{(k)})$被称为牛顿方向；步长因子 $\alpha_k=1$。

如果目标函数是正定二次函数，则此时 $f(x)=Q(x)$，牛顿法一步即可达到极小点(即 $\nabla Q(x^{(k+1)})=0$ 的点 $x^{(k+1)}$)。由于目标函数在极小点附近近似于二次函数，故当初始点靠近极小点时牛顿法的收敛速度一般是快的；可以证明牛顿法的局部收敛性和二阶收敛速度。但是它的缺点是：①$f(x)\in C^2$(具有二阶连续偏导数)，而且计算二阶偏导矩阵的逆 $G_k^{-1}=[\nabla^2 f(x^{(k)})]^{-1}$ 是困难的；②对初始点的选择要求高，即要求初始点靠近极小点；当初始点远离极小点时，迭代可能不收敛，这说明恒取步长为 1 的牛顿法是不合适的。

为了克服初始点需要靠近极小点这个缺点，提出了**修正牛顿法**(又称**阻尼牛顿法**)。修正牛顿法是沿牛顿方法搜索得到所选的步长因子，它是满足在牛顿方向上使得目标函数值达到最小的步长：

$$f(x^{(k)}+\alpha_k d_k)=\min_{\alpha\geqslant 0} f(x^{(k)}+\alpha d_k)。$$

(2)　**拟牛顿法**

牛顿法有快的收敛速度，它成功的关键是牛顿方向不仅利用了目标函数的梯度，还利用了二阶偏导矩阵(Hessian 矩阵)所包含的曲率信息。但计算 Hessian 矩阵的逆，工作量大，甚至不好求出。

拟牛顿法的基本思想是：在牛顿法基础上，仅利用**目标函数值**f 和**一阶导数**∇f 的信息构造出Hessian 矩阵的逆的近似矩阵，避免每次迭代都直接计算 Hessian 矩阵的逆。这样既不需要显式求Hessian 矩阵，同时保持牛顿法收敛快的优点。

用 $g_k=\nabla f(x^{(k)})$表示一阶导数，令 $d_k=-H_k g_k$，则对比上述牛顿方向可知，H_k 就是欲构造的 Hessian 矩阵的逆 $G_k^{-1}(=[\nabla^2 f(x^{(k)})]^{-1})$的近似矩阵。构造 H_k 所需要满足的关系称为拟牛顿条件或拟牛顿方程。H_k 是在迭代计算中逐次生成，即 $H_{k+1}=H_k+C_k$，这里 C_k 称为修正矩阵；设计出不同的H_k 迭代式和C_k，就得到了不同的拟牛顿算法。详见袁亚湘等(2001)的著作。

(3)　**BFGS 算法**

BFGS 是拟牛顿算法的一种；由 Broyden，Fletcher，Goldfarb 和 Shanno 在 1970 年几乎同时各自提出的，并因此得名。

记 $s_k=x^{(k+1)}-x^{(k)}$，$g_k=\nabla f(x^{(k)})$，$y_k=g_{k+1}-g_k$。

BFGS 算法所设计的 H_k 迭代式是：

$$H_{k+1}=V_k^{T}H_k V_k+\rho_k s_k s_k^{T},$$

其中

$$V_k=I-\rho_k y_k s_k^{T},\qquad \rho_k=1/y_k^{T}s_k$$

通过拟牛顿条件，最终得到迭代式：

$$H_{k+1}=H_k+C_k=H_k+\left(1+\frac{y_k^{T}H_k y_k}{s_k^{T}y_k}\right)\frac{s_k s_k^{T}}{s_k^{T}y_k}-\frac{s_k y_k^{T}H_k+H_k y_k s_k^{T}}{s_k^{T}y_k}。$$

(4)　**有限内存的 BFGS 算法：L-BFGS**

L-BFGS 是对 BFGS 算法的很小改编。BFGS 算法中在计算 H_{k+1} 时需存储H_k 矩阵。但是事实上，由迭代式可以发现：H_{k+1} 是利用$\{s_k,y_k\}$更新 H_k 得到。L-BFGS 算法就是利用了这个特征，仅存储能**隐式计算确定**H_k 的有限对(比如 m 对)$\{s_k,y_k\}$，而不是存储 H_k 矩阵本身。在一次迭代之后，最老的一对$\{\boldsymbol{s}_k, \boldsymbol{y}_k\}$被最新得到的一对所替代，如此迭代循环。因此L-BFGS算法总是保持m对最当前的矢量对$\{\boldsymbol{s}_k, \boldsymbol{y}_k\}$，来计算矩阵$\boldsymbol{H}_{k+1}$。

应用中发现，m取很小的值(如$m \in [3,7]$)就能得出满意的结果，所以L-BFGS对于变量个数N很大的问题很适合。

5.4.2.2 确定步长的Wolfe-Powell准则

采用使目标函数得到可接受下降量的不精确一维搜索方法确定步长α_k。考虑Wolfe-Powell准则，即：选取正数α_k作步长，如果α_k满足：

① $f(\boldsymbol{x}^{(k)} + \alpha_k \boldsymbol{d}_k) \leqslant f(\boldsymbol{x}^{(k)}) + \sigma_1 \alpha_k \boldsymbol{g}_k^{\mathrm{T}} \boldsymbol{d}_k$，　② $\boldsymbol{g}(\boldsymbol{x}^{(k)} + \alpha_k \boldsymbol{d}_k)^{\mathrm{T}} \boldsymbol{d}_k \geqslant \sigma_2 \boldsymbol{g}(\boldsymbol{x}^{(k)})^{\mathrm{T}} \boldsymbol{d}_k$。

这里$0 < \sigma_1 < \sigma_2 < 1$，典型取值：$\sigma_1 = 10^{-4}$，$\sigma_2 = 0.9$。第一个不等式称为下降条件，保证目标函数值有足够的减小；第一个不等式称为曲率条件，避免步长α_k太小。

5.4.2.3 新目标泛函$J(\boldsymbol{\chi})$极小化迭代求解的主要步骤

采用L-BFGS方法求搜索方向$\boldsymbol{d}_k(= -\boldsymbol{H}_k \boldsymbol{g}_k)$，然后沿$\boldsymbol{d}_k$方向采用Wolfe-Powell准则求步长$\alpha_k$。取$m0 = 4$，$\sigma_1 = 10^{-4}$，$\sigma_2 = 0.9$。对于式(5.3.3d)的新目标泛函$J(\boldsymbol{\chi})$的极小化求解，主要步骤如下：

1)因为$\boldsymbol{\chi}$对应增量$\delta \boldsymbol{x}(\delta \boldsymbol{x} = \boldsymbol{K}_{\mathrm{p}} \boldsymbol{B}_{\mathrm{s}}^{1/2} \boldsymbol{\chi})$，可以给定初始点$\boldsymbol{\chi}^{(0)} = 0$(即$\delta \boldsymbol{x}^{(0)} = 0$)；取$\boldsymbol{H}_0 = \boldsymbol{I}$，为单位矩阵；迭代收敛判据：$(\boldsymbol{g}_{k+1}, \boldsymbol{g}_{k+1}) \leqslant (\boldsymbol{g}_k, \boldsymbol{g}_k)/100$；令$k = 0$。

2)令$m = \min\{k, m0-1\}$，采用L-BFGS方法得到$\boldsymbol{H}_k$，计算在$J(\boldsymbol{\chi})$在$\boldsymbol{\chi}^{(k)}$点处的下降方向作为搜索方向：$\boldsymbol{d}_k = -\boldsymbol{H}_k \boldsymbol{g}_k$。

3)按照Wolfe-Powell准则迭代求得步长α_k：先计算下降条件，满足后计算曲率条件，直至两个条件都满足，或达到预先规定的求步长最大迭代次数。

4)$\boldsymbol{\chi}^{(k+1)} = \boldsymbol{\chi}^{(k)} + \alpha_k \boldsymbol{d}_k$。检验是否满足收敛判据，若是，则结束，得到近似最优解$\boldsymbol{\chi}^{(k+1)}$，于是计算$\delta \boldsymbol{x}_{\mathrm{a}} = \boldsymbol{K}_{\mathrm{p}} \boldsymbol{B}_{\mathrm{s}}^{1/2} \boldsymbol{\chi}^{(k+1)}$；若否，令$k = k+1$，返回2)。

顺便指出，实际计算中下降算法**保证目标函数值**严格逐步减小，但因为不同迭代步中下降方向的不断改变，所以**不能保证一阶导数向量的模**严格逐步下降，而是它趋于下降的曲线中存在抖动。因此实用的迭代收敛判据往往根据**函数值**给定或根据具体极小化迭代的下降情况限定最大求解迭代次数。

5.5 其他

5.5.1 数学在应用变分同化方法中的份量

综合上述，实际应用中变分同化方法包含四个基本环节，即：①原理上，基于随机变量**理解**目标泛函的导出；②形式上，基于泛函和算子**认识**目标泛函的数学表达式；③过程上，通过一系列变量变换**实施**对原目标泛函的优化和简化；④最后的求解方法上，通过最优化下降算法**实现**对新目标泛函极值问题的数值求解。

从中可以看到，四个基本环节中的三个半基于数学，也就是：①、②和④完全基于数学，③中包含物理参量变换和向量空间变换，其向量空间变换也基于数学。它们涉及数学的概率论、矩阵分析与应用、最优化方法，以及数学的基本概念如随机变量、向量和矩阵、泛函和算子、向量空间变换、极小化算法等。

由此，具体地凸显了数学对于应用变分同化方法的份量和作用：既是**科学**理解和认识的理论基础，又是**工程**实施实现的工具手段。这呈现了一个“学以致用”的具体示例：数学知识之用，在资料同化之中。

5.5.2　四维变分同化系统研发的一条能够循序渐进的技术路线

5.5.2.1　认识上四维变分同化方法的简单

在认识上，基于三维变分，四维变分是相当简单的，它只是三维变分观测算子在时间维上的扩展。这可以从变分同化方法目标泛函的一般形式和四维变分形式直接说明：

$$J(\boldsymbol{x})=\frac{1}{2}\{(\boldsymbol{x}-\boldsymbol{x}_b)^{\mathrm{T}}\boldsymbol{B}^{-1}(\boldsymbol{x}-\boldsymbol{x}_b)+[H(\boldsymbol{x})-\boldsymbol{y}_o]^{\mathrm{T}}\boldsymbol{R}^{-1}[H(\boldsymbol{x})-\boldsymbol{y}_o]\}=J_b(\boldsymbol{x})+J_o(\boldsymbol{x});\tag{5.5.1}$$

$$\begin{aligned}J[\boldsymbol{x}(t_0)]&=\frac{1}{2}[\boldsymbol{x}(t_0)-\boldsymbol{x}_b(t_0)]^{\mathrm{T}}\boldsymbol{B}_{t0}^{-1}[\boldsymbol{x}(t_0)-\boldsymbol{x}_b(t_0)]+\\&\quad\frac{1}{2}\sum_{t_i}\{H[\boldsymbol{x}(t_i)]-\boldsymbol{y}_o(t_i)\}^{\mathrm{T}}\boldsymbol{R}_{ti}^{-1}\{H[\boldsymbol{x}(t_i)]-\boldsymbol{y}_o(t_i)\}\\&=J_b[\boldsymbol{x}(t_0)]+J_o[\boldsymbol{x}(t_i)],\end{aligned}\tag{5.5.2}$$

式中，$M_{ti\leftarrow t0}[\boldsymbol{x}(t_0)]=\boldsymbol{x}(t_i)$。

式(5.5.1)（也就是式(5.1.1)或式(3.7.15)）是变分方法目标泛函的一般形式；这个省略了时间标识的形式表示，**对于三维变分**：①同化时间窗（通常 6 h）内的所有观测近似地视为在同一个时间点，一般取在该时间窗的中间时刻；②此时，$J_o(\boldsymbol{x})$中**观测算子**H 只包含空间插值和变量变换，**没有时间演变**；③$J_b(\boldsymbol{x})$只包含一个时间点，是 $\boldsymbol{x}_b$ 和 $\boldsymbol{B}$ 对应的有效时刻，也是三维变分的分析时刻；这个时间点和 $J_o(\boldsymbol{x})$一样，也取在该时间窗的中间时刻（亦即 $J_b(\boldsymbol{x})$和 $J_o(\boldsymbol{x})$、以及分析时刻都在同一个时间点）。

式(5.5.2)（也就是式(4.6.2)）是变分方法目标泛函的四维变分形式：①为了**显式地**表示出预报模式M，这个四维变分形式中 H 只包含空间插值和变量变换，而 $M_{ti\leftarrow t0}[\boldsymbol{x}(t_0)]=\boldsymbol{x}(t_i)$表示：利用**预报模式**$M$ 将同化时间窗起始时刻 t_0 的状态向量 $\boldsymbol{x}(t_0)$显式地预报到**各个观测所在时刻**t_i，亦即观测算子所包含的**时间演变**；也因此四维变分能更准确地利用观测的时间维信息。②四维变分的$J_b(\boldsymbol{x})$只包含一个时间点（它也是分析时刻），这和三维变分一样，不同的只是这个时间点是同化时间窗的起始时刻 t_0，而不是该时间窗的中间时刻。

可见，三维变分和四维变分的 $J_b(\boldsymbol{x})$在实质上是一样的：都只包含一个时间点；二者的实质不同是在 $J_o(\boldsymbol{x})$项：四维变分的观测算子包含**时间演变**。也就是，四维变分方法只是三维变分方法其观测算子在时间维上的扩展。

5.5.2.2　实践上四维变分同化系统研发的复杂

在实际应用中，相比一个三维变分同化系统的研发，依据四维变分方法研发四维变分同化系统要在诸多方面都复杂得多！例如：

• 四维变分方法观测算子引入的时间演变在实际应用中是 NWP 模式；而**在物理和数学上**这个预报模式本身是一个复杂的非线性模式，在**数值计算**的科技工程上给资料同化带来巨大的内存、运算、存储等资源开销以及高效算法要求。

• 实际应用的变分同化是一个变量维数很大的无约束最优化问题，求解时所用的**最优化下**

降算法一般不可能只是需要计算泛函的值(如试探法那样),还需要计算泛函的梯度,如上述有限内存的BFGS算法。泛函梯度的计算不仅涉及观测算子(空间插值、变量变换、时间变换),还包括它的切线性算子及其伴随算子(如式(5.3.4a)中的 $\boldsymbol{H}$ 和 $\boldsymbol{H}^{\mathrm{T}}$);因此四维变分引入NWP的预报模式,还意味着求解时需要编写NWP预报模式的切线性模式及其伴随模式,这比观测算子中空间插值和变量变换的切线性模式及其伴随模式要复杂得多!此外,还多了由此而来的设计和开销,如内循环中NWP预报模式的切线性模式及其伴随模式所需自变量参考量的计算方案设计及运算、存取等。

• 四维变分的实际实施更有了许多额外的**具体细节**,如观测数据时间维信息的时间槽剖分,及相应的数据检索、读取、存取等。

5.5.2.3 一条能够循序渐进的技术路线

实际应用的四维变分同化系统极其复杂,很难设想一步到位地实施和实现它的研发。这不仅因为它复杂性本身,更主要的是:即使一步到位地完成了系统的开发,但如果所得到的结果不合理、出现问题(这是不可避免会出现的情况),要发现和定位问题是很难的、甚至不可思议的,会因为环节太多、各环节又都可能出问题而无处下手。

因此,实际应用的四维变分同化系统的研发需要循序渐进(step by step);这不仅在实践上是其软件系统开发的要求,因此便于验证,保障**正确性**,而且在认识上能在这个过程中通过发现的问题和进行的验证而得到对同化系统的更多和更深的理解,因此保障**可持续发展**。

然而,循序渐进,不仅仅是思维意识,必需是始于其思维意识和终于其行为能力。对于实践上的四维变分同化系统研发,这首先是它的一条能够**循序渐进**的技术路线。下面阐述一条在技术方法上从**一般形式的三维变分**、到它的**内外循环形式**、到**3.5维变分**、最后到**四维变分**的变分同化系统研发路线。

• **一般形式的三维变分系统**包含:观测算子在 $\boldsymbol{x}_{\mathrm{b}}$ 处的切线性近似,处理 $\boldsymbol{B}$ 矩阵的物理参量变换和向量空间变换,以及最优化下降算法。也就是:①从变分同化方法目标泛函的一般形式即式(5.1.1)或式(5.5.1)出发:

$$J(\boldsymbol{x})=\frac{1}{2}\{(\boldsymbol{x}-\boldsymbol{x}_{\mathrm{b}})^{\mathrm{T}}\boldsymbol{B}^{-1}(\boldsymbol{x}-\boldsymbol{x}_{\mathrm{b}})+[H(\boldsymbol{x})-\boldsymbol{y}_{\mathrm{o}}]^{\mathrm{T}}\boldsymbol{R}^{-1}[H(\boldsymbol{x})-\boldsymbol{y}_{\mathrm{o}}]\}=J_{\mathrm{b}}(\boldsymbol{x})+J_{\mathrm{o}}(\boldsymbol{x}),$$

对于三维变分,这里**观测算子** H 只包含空间插值和变量变换,没有时间演变;

然后,②取在 $\boldsymbol{x}_{\mathrm{b}}$ 处的观测算子 $H(\boldsymbol{x})$ 的切线性近似,得到它对应以 $\delta\boldsymbol{x}=(\boldsymbol{x}-\boldsymbol{x}_{\mathrm{b}})$ 表示的增量形式即式(5.3.3a):

$$J(\delta\boldsymbol{x})=\frac{1}{2}\{\delta\boldsymbol{x}^{\mathrm{T}}\boldsymbol{B}^{-1}\delta\boldsymbol{x}+[\boldsymbol{H}\delta\boldsymbol{x}-\boldsymbol{d}]^{\mathrm{T}}\boldsymbol{R}^{-1}[\boldsymbol{H}\delta\boldsymbol{x}-\boldsymbol{d}]\}, \tag{5.5.3}$$

式中,$\boldsymbol{d}=[\boldsymbol{y}_{\mathrm{o}}-H(\boldsymbol{x}_{\mathrm{b}})]$;

之后,③通过物理参量变换和向量空间变换 $\boldsymbol{B}_0{}^{1/2}=\boldsymbol{K}_{\mathrm{p}}\boldsymbol{B}_{\mathrm{s}}^{1/2}\approx\boldsymbol{B}^{1/2}$ 来近似模拟 $\boldsymbol{B}^{1/2}$,即通过变换 $\delta\boldsymbol{x}=(\boldsymbol{x}-\boldsymbol{x}_{\mathrm{b}})=\boldsymbol{K}_{\mathrm{p}}\boldsymbol{B}_{\mathrm{s}}^{1/2}\boldsymbol{\chi}$,得到以新变量表示的形式即式(5.3.3d):

$$J(\boldsymbol{\chi})\approx\frac{1}{2}\{\boldsymbol{\chi}^{\mathrm{T}}\boldsymbol{\chi}+[\boldsymbol{H}\boldsymbol{K}_{\mathrm{p}}\boldsymbol{B}_{\mathrm{s}}^{1/2}\boldsymbol{\chi}-\boldsymbol{d}]^{\mathrm{T}}\boldsymbol{R}^{-1}[\boldsymbol{H}\boldsymbol{K}_{\mathrm{p}}\boldsymbol{B}_{\mathrm{s}}^{1/2}\boldsymbol{\chi}-\boldsymbol{d}]\}=J_{\mathrm{b}}(\boldsymbol{\chi})+J_{\mathrm{o}}(\boldsymbol{\chi}), \tag{5.5.4a}$$

以及它相应的梯度即式(5.3.4d):

$$\nabla_{\chi}J(\boldsymbol{\chi})=\boldsymbol{\chi}+(\boldsymbol{H}\boldsymbol{K}_{\mathrm{p}}\boldsymbol{B}_{\mathrm{s}}^{1/2})^{\mathrm{T}}\boldsymbol{R}^{-1}[\boldsymbol{H}\boldsymbol{K}_{\mathrm{p}}\boldsymbol{B}_{\mathrm{s}}^{1/2}\boldsymbol{\chi}-\boldsymbol{d}]。 \tag{5.5.5a}$$

最后,④通过最优化下降算法,得到 $\min\limits_{\chi}J(\boldsymbol{\chi})$ 的解 $\boldsymbol{\chi}_{\mathrm{a}}$,再通过:

$$\boldsymbol{x}_{\mathrm{a}}=\boldsymbol{x}_{\mathrm{b}}+\delta\boldsymbol{x}_{\mathrm{a}}=\boldsymbol{x}_{\mathrm{b}}+\boldsymbol{K}_{\mathrm{p}}\boldsymbol{B}_{\mathrm{s}}^{1/2}\boldsymbol{\chi}_{\mathrm{a}}, \tag{5.5.6a}$$

得到分析场 $\boldsymbol{x}_a$。

• **内外循环形式**实现：在外循环能够对 $\boldsymbol{x}_g$ 进行更新的观测算子在 $\boldsymbol{x}_g$ 处的切线性近似。也就是：①从**第一次取值** $\boldsymbol{x}_g=\boldsymbol{x}_b$ 出发，以 $\delta\boldsymbol{x}=(\boldsymbol{x}-\boldsymbol{x}_g)$ 和 $\delta\boldsymbol{x}_b=(\boldsymbol{x}_b-\boldsymbol{x}_g)$，将 $(\boldsymbol{x}-\boldsymbol{x}_b)$ 改写成 $(\boldsymbol{x}-\boldsymbol{x}_b)=\delta\boldsymbol{x}-\delta\boldsymbol{x}_b$，得到 $H(\boldsymbol{x})$ 在 $\boldsymbol{x}_g$ 处切线性近似的、以 $\delta\boldsymbol{x}=(\boldsymbol{x}-\boldsymbol{x}_g)$ 表示的**能内外循环的**目标泛函，即式(5.3.3b)：

$$J(\delta\boldsymbol{x})=\frac{1}{2}\{[\delta\boldsymbol{x}-\delta\boldsymbol{x}_b]^{\mathrm{T}}\boldsymbol{B}^{-1}[\delta\boldsymbol{x}-\delta\boldsymbol{x}_b]+[\boldsymbol{H}\delta\boldsymbol{x}-\boldsymbol{d}]^{\mathrm{T}}\boldsymbol{R}^{-1}[\boldsymbol{H}\delta\boldsymbol{x}-\boldsymbol{d}]\},$$

式中，$\boldsymbol{d}=[\boldsymbol{y}_o-H(\boldsymbol{x}_g)]$；

然后，②由于内外循环形式和一般形式中的 $\boldsymbol{B}$ 是同一个 $\boldsymbol{B}$，所以利用一般形式中一样的变换：$\boldsymbol{B}_0^{1/2}=\boldsymbol{K}_p\boldsymbol{B}_s^{1/2}\approx\boldsymbol{B}^{1/2}$，即通过变换 $\delta\boldsymbol{x}=(\boldsymbol{x}-\boldsymbol{x}_g)=\boldsymbol{K}_p\boldsymbol{B}_s^{1/2}\boldsymbol{\chi}$，和 $\delta\boldsymbol{x}_b=(\boldsymbol{x}_b-\boldsymbol{x}_g)=\boldsymbol{K}_p\boldsymbol{B}_s^{1/2}\boldsymbol{\chi}_b$，便将式(5.5.4a)**改写成**：

$$J(\boldsymbol{\chi})\approx\frac{1}{2}\{[\chi-\chi_b]^{\mathrm{T}}[\chi-\chi_b]+[\boldsymbol{H}\boldsymbol{K}_p\boldsymbol{B}_s^{1/2}\boldsymbol{\chi}-\boldsymbol{d}]^{\mathrm{T}}\boldsymbol{R}^{-1}[\boldsymbol{H}\boldsymbol{K}_p\boldsymbol{B}_s^{1/2}\boldsymbol{\chi}-\boldsymbol{d}]\}=J_b(\boldsymbol{\chi})+J_o(\boldsymbol{\chi}),\tag{5.5.4b}$$

以及它相应的梯度：

$$\nabla_\chi J(\boldsymbol{\chi})=[\chi-\chi_b]+(\boldsymbol{H}\boldsymbol{K}_p\boldsymbol{B}_s^{1/2})^{\mathrm{T}}\boldsymbol{R}^{-1}[\boldsymbol{H}\boldsymbol{K}_p\boldsymbol{B}_s^{1/2}\boldsymbol{\chi}-\boldsymbol{d}]。\tag{5.5.5b}$$

之后，③通过和一般形式中一样的最优化下降算法，得到 $\min\limits_{\chi}J(\boldsymbol{\chi})$ 的解 $\boldsymbol{\chi}_a$，再通过：

$$\boldsymbol{x}_a=\boldsymbol{x}_g+\delta\boldsymbol{x}_a=\boldsymbol{x}_g+\boldsymbol{K}_p\boldsymbol{B}_s^{1/2}\boldsymbol{\chi}_a,\tag{5.5.6b}$$

得到分析场 $\boldsymbol{x}_a$。

之后，④以这个 $\boldsymbol{x}_a$ 更新 $\boldsymbol{x}_g$，进行下一次外循环求解，直至满足所要求的收敛判据为止。

• **3.5 维变分**，被称作 FGAT(First Guess at Appropriate Time)方法，它**只是在计算** $\boldsymbol{d}=[\boldsymbol{y}_o-H(\boldsymbol{x}_g)]$ 中的**观测算子**引入时间演变的预报模式M，即：

$$\boldsymbol{d}=\boldsymbol{y}_o(t_i)-H\{M_{ti\leftarrow t0}[\boldsymbol{x}(t_0)]\},$$

这样不仅利用了**准确的观测时间维信息**，而且**更多使用**了同一时间窗内的**不同时次**的**高频观测资料**；

但目标泛函值和梯度的计算公式(式(5.5.4b)和式(5.5.5b))中观测算子的切线性模式及其伴随模式都不引入时间演变，而和上面的内外循环形式一样计算，也就是：**3.5 维变分**中没有隐式地传播 $\boldsymbol{B}$ 矩阵，而和内外循环形式一样。此外，对应在工程细节上，**3.5 维变分**实现了观测的**时间槽剖分**及相应的数据检索、读取、存取等。正是这些使得**3.5 维变分**向着**四维变分**靠近。

顺便指出，由 4.3.1 节中观测信息的引入所对应的基本要求之“**数量和准确性**”和 4.3.2.4 节中 $\boldsymbol{B}$ 矩阵所对应的基本要求之“**合理的天气流型的尺度特征**”，可以理解**3.5 维变分**的方法依据。

• **四维变分**，最后是在**3.5 维变分**基础上，通过观测算子的切线性模式及其伴随模式($\boldsymbol{M}$ 和 $\boldsymbol{M}^{\mathrm{T}}$)也引入时间演变(由此隐式地传播 $\boldsymbol{B}$ 矩阵即 $\boldsymbol{MBM}^{\mathrm{T}}$)，得以实现。

由此可以理解**四维变分**的两个基本作用：不仅(通过 3.5 维变分)观测信息在时间上更准确，而且观测信息的传播有隐式的流依赖。也因此它比三维变分应当有正效果。

5.5.2.4　可以逐步进行的考察、验证和理解

上述路线不仅在技术实施和实现上是循序渐进的，而且可以**逐步**地考察、验证和理解以下

内容：

• 一般形式的三维变分系统可以考察、验证和理解：①**不同初猜值**对观测算子切线近似的结果影响；②**变分核心框架**即控制变量变换（CVTs）的作用，其中所用的准平衡动力特征和相关特征长度尺度统计特征对资料同化结果的影响和进而可能的改进试验；③**不同最优化下降算法**的效果分析、参数改进和取舍选用。

• 它的内外循环形式：①**内外循环中使用不同分辨率**对分析结果的影响；由此，②内外循环中高低分辨率具体比例的合理给定。

• 3.5 维变分：观测信息**在时间上更准确**对资料同化结果的影响。

• 四维变分：观测信息的**流依赖传播**对资料同化结果的影响。

正是如此，沿着这条从一般形式的三维变分、到它的内外循环形式、到 3.5 维变分、到四维变分的系统研发技术路线，最后能够**这样扎扎实实、步步为营、循序渐进**地以增量方法（Courtier et al.，1994）实现业务四维变分同化系统的研究开发，并利于保障研发的**正确性**和**可持续发展**。

参考文献

李庆扬，关治，白峰彬，2000. 数值计算原理[M]. 北京：清华大学出版社：14-15，165-170，216-217.

薛纪善，庄世宇，朱国富，等，2008. GRAPES 新一代全球/区域变分同化系统研究[J]. 科学通报，53(20)：2408-2417.

袁亚湘，孙文瑜，2001. 最优化理论与方法[M]. 北京：科学出版社：46-50，219-238.

Bannister R N，2008. A review of forecast error covariance statistics in atmospheric variational data assimilation. II：Modelling the forecast error covariance statistics[J]. Quart J Roy Meteor Soc，134：1971-1996.

Bouttier F，Courtier P，1999. Data assimilation concepts and methods[C]//ECMWF Meteorological Training Course Lecture Series，Bracknell：37-38.

Courtier P，Andersson E，Heckley W，et al，1998. The ECMWF implementation of three-dimensional variational assimilation(3D-Var). Part 1：formulation[J]. Quart J Roy Meteor Soc，124：1783-1807.

Courtier P，Thépaut J N，Hollingsworth A，1994. A strategy for operational implementation of 4D-Var，using an incremental approach[J]. Quart J Roy Meteor Soc，120：1367-1387.

Liu D C，Nocedal J，1989. On the limited memory BFGS method for large scale optimization[J]. Mathematical Programming 45：503-528.

Lorenc A C，Ballard S P，Bell R S，et al，2000. The Met Office global three-dimensional variational data assimilation scheme[J]. Quart J Roy Meteor Soc，126：2991-3012.

Parrish D F，Derber J C，1992. The National Meteorological Center's spectral statistical interpolation analysis system[J]. Mon Wea Rev，120：1747-1763.

第6章 变分资料同化系统核心框架的实施方案

对于变分同化方法在实际应用中遇到的实施困难及其处理方案，在5.3节“通过一系列变量变换实施对原目标泛函的优化和简化”中已给予了以下概述：①实际应用中变分方法的目标泛函极小化求解遇到的困难是$\boldsymbol{B}$矩阵的维数巨大和近于病态；②处理$\boldsymbol{B}$矩阵构成了业务变分同化系统的**核心框架**，它使得变分同化系统的目标泛函得到大大简化和优化而能够实现数值求解，和求解过程易于收敛并能得到可靠的解；③一般地，国际上大多数业务变分同化系统使用控制变量变换方法(CVTs)来处理$\boldsymbol{B}$矩阵；④基于其数学基础的概念框架，CVTs的**基本思想**是通过构造一个包含一系列变量变换的算子$\boldsymbol{B}_0^{1/2}$近似地模拟$\boldsymbol{B}^{1/2}$即$\boldsymbol{B}_0^{1/2}\approx\boldsymbol{B}^{1/2}$，里面对应的**两个基本方案及步骤**是物理参量变换和向量空间变换即$\delta\boldsymbol{x}=\boldsymbol{B}_0^{1/2}\boldsymbol{\chi}=\boldsymbol{K}_{\mathrm{p}}\boldsymbol{B}_{\mathrm{s}}^{1/2}\boldsymbol{\chi}$，其中以物理参量变换$\boldsymbol{K}_{\mathrm{p}}$解决$\boldsymbol{B}$矩阵中多变量之间的物理相关，以向量空间变换$\boldsymbol{B}_{\mathrm{s}}^{1/2}$解决$\boldsymbol{B}$矩阵中单变量的三维空间相关，使得变换后的新向量$\boldsymbol{\chi}$**各分量之间是彼此不相关的**，于是对应$\boldsymbol{\chi}$的协方差矩阵是**单位矩阵**；从而，原目标泛函得到大大简化和优化，所得到的关于新变量$\boldsymbol{\chi}$的新目标泛函通过最优化下降算法能够直接求解。

这些只是核心框架的**脉络性**思路和**一般性**内容。本章就大多数业务变分同化系统使用的CVTs方法，落脚在具体实施的物理参量变换$\boldsymbol{K}_{\mathrm{p}}$和向量空间变换$\boldsymbol{B}_{\mathrm{s}}^{1/2}$，以较为简单的例子，介绍它们的构造设计实例及其具体形式。

由于CVTs包含的一系列变量变换构成了业务变分同化系统的核心框架，并作用于所引入的每一份观测，所以不论开发自己的、还是了解和应用他人的变分同化系统，都需要至少在思路上首先理解清楚这个核心框架部分。

6.1 静态$\boldsymbol{B}$矩阵的假定及其理解

为了实施物理参量变换$\boldsymbol{K}_{\mathrm{p}}$和向量空间变换$\boldsymbol{B}_{\mathrm{s}}^{1/2}$，通常是首先假定“背景场误差协方差$\boldsymbol{B}$是不随时间变化的”；这是因为：静态$\boldsymbol{B}$矩阵包含了准平衡动力特征，从而可以基于物理上准平衡动力特征来构造物理参量变换；而向量空间变换是基于数学上矩阵特征值分解概念构造的(参见4.3.2.2节“认识$\boldsymbol{B}$矩阵：$\boldsymbol{B}$矩阵的的数学和物理意义”中式(4.3.2d)：$\boldsymbol{B}=\boldsymbol{E\Lambda E}^{\mathrm{T}}=\boldsymbol{UU}^{\mathrm{T}}$)，其中也用到静态$\boldsymbol{B}$矩阵包含的气候统计特征(如空间相关特征长度尺度)。

静态$\boldsymbol{B}$矩阵的实质是真实$\boldsymbol{B}$矩阵**平均意义上的近似**。静态$\boldsymbol{B}$矩阵这一假定的合理性在于：①(尺度分析**理论上**)“(不随时间变化的)**大气运动零级近似**”的准平衡动力特征(如运动场和质量场之间的地转平衡、质量场之气压和位势之间的静力平衡等约束关系)和气候统计特征(如空间相关特征长度尺度)，②(观测事实**实践上**)“**真实大气是缓慢变化的**”隐含着作用于大气的各种力的平衡。所以可以相信，全球模式所分辨的大多数运动尺度主要是处于静力和地转平衡的状态，$\boldsymbol{B}$矩阵应当含有这样近于平衡性质的结构函数($\boldsymbol{B}$矩阵的一列所呈现的分布特征被称为结构函数)。这样,$\boldsymbol{B}$ 矩阵被视为一个静态(或是准静态,如按季节统计)、多变量相关、三维空间相关的矩阵。

需要指出,真实的 $\boldsymbol{B}$ 矩阵是随天气流型而动态演变的。对于某一时刻的大气状态,由于静态 $\boldsymbol{B}$ 矩阵只是一种平均意义上的近似,所以它的准平衡动力特征和气候统计特征与实际情形可能会有明显差距,如在锋面附近。这正是变分同化方法中因静态 $\boldsymbol{B}$ 矩阵包含的不足和因此对 $\boldsymbol{B}$ 矩阵不断优化改进的原因,如 ECMWF 四维变分同化系统中对 $\boldsymbol{B}$ 矩阵所做的日益精进的工作(参见 4.5 节"资料同化算法系统为什么要精雕细刻和如何精雕细刻")。

6.2 控制变量变换(CVTs)的构造设计及其对应的新泛函

我们将看到,控制变量变换(CVTs)立足于数学的基础,但在实际过程中 CVTs 模拟 $\boldsymbol{B}$ 矩阵需要物理的知识(如用于物理参量变换的准地转平衡)以及对 $\boldsymbol{B}$ 矩阵大致结构的具象了解(如向量空间变换时不同物理量的相关特征长度尺度不同:大尺度运动的位势高度场比风场更长)(Bannister,2008)。

6.2.1 一般增量形式的目标泛函

由于 CVTs 旨在处理背景项 $J_b(\boldsymbol{x})$ 中的 $\boldsymbol{B}$ 矩阵,与观测算子和内外循环无实质性关联,为简便起见,所以不妨只考虑式(5.1.1)中观测算子 $H(\boldsymbol{x})$ 取在 $\boldsymbol{x}_b$ 处切线性近似的目标泛函:

$$J(\boldsymbol{x})=\frac{1}{2}\{(\boldsymbol{x}-\boldsymbol{x}_b)^{\mathrm{T}}\boldsymbol{B}^{-1}(\boldsymbol{x}-\boldsymbol{x}_b)+[\boldsymbol{H}(\boldsymbol{x}-\boldsymbol{x}_b)-\boldsymbol{d}]^{\mathrm{T}}\boldsymbol{R}^{-1}[\boldsymbol{H}(\boldsymbol{x}-\boldsymbol{x}_b)-\boldsymbol{d}]\}=J_b(\boldsymbol{x})+J_o(\boldsymbol{x}),$$

以及采用它的一般增量形式即式(5.3.3a),这就是:

$$\delta\boldsymbol{x}=(\boldsymbol{x}-\boldsymbol{x}_b), \tag{6.2.1a}$$

$$J(\delta\boldsymbol{x})=\frac{1}{2}\{\delta\boldsymbol{x}^{\mathrm{T}}\boldsymbol{B}^{-1}\delta\boldsymbol{x}+[\boldsymbol{H}\delta\boldsymbol{x}-\boldsymbol{d}]^{\mathrm{T}}\boldsymbol{R}^{-1}[\boldsymbol{H}\delta\boldsymbol{x}-\boldsymbol{d}]\}; \tag{6.2.2a}$$

式中,$\boldsymbol{d}=[\boldsymbol{y}_o-H(\boldsymbol{x}_b)]$。

6.2.2 物理参量变换 $\boldsymbol{K}_p$ 和向量空间变换 $\boldsymbol{B}_s^{1/2}$ 的表示形式

对于 CVTs 的一般表示形式即式(5.3.5d):

$$\delta\boldsymbol{x}=\boldsymbol{K}_p\boldsymbol{B}_s^{1/2}\boldsymbol{\chi}, \tag{6.2.1b}$$

分开物理参量变换和向量空间变换两个基本步骤,表示为:

$$\delta\boldsymbol{x}=\boldsymbol{K}_p\tilde{\boldsymbol{\chi}}, \tag{6.2.1c}$$

$$\tilde{\boldsymbol{\chi}}=\boldsymbol{B}_s^{1/2}\boldsymbol{\chi}, \tag{6.2.3a}$$

其中,$\delta\boldsymbol{x}=\boldsymbol{K}_p\tilde{\boldsymbol{\chi}}$ 是 CVTs 中物理参量变换的表示形式,式中 $\tilde{\boldsymbol{\chi}}$ 是经过该变换后的新变量;$\tilde{\boldsymbol{\chi}}=\boldsymbol{B}_s^{1/2}\boldsymbol{\chi}$ 是 CVTs 中向量空间变换的表示形式。

6.2.3 基于物理的物理参量变换 $\boldsymbol{K}_p$ 的构造设计及其对应的新泛函

6.2.3.1 物理参量变换的构造设计及其理解

(1) $\boldsymbol{K}_p$ 的构造设计与不相关物理参量 $\tilde{\boldsymbol{\chi}}$

这个构造设计的目的是解决 $\boldsymbol{B}$ 矩阵中多变量之间的**物理相关**;它的实施是基于**物理**的大

气运动准平衡特征(如风场与质量场之间的地转平衡)。这就是:

• 考虑大气运动的平衡部分由**某单一变量**(如作为大气运动零级近似的有旋运动部分的**涡度或流函数**)即可描述;

• 在此基础上,其他的各变量(如位势高度)分解为各变量与这个单一变量相平衡(如位势高度与流函数之间的地转平衡)的部分(称作它的平衡部分)和扣除该平衡部分的剩余部分(称作它的**非平衡部分**);

• 认为**这个单一变量**和其他变量的**非平衡部分**是彼此不相关的(或几乎如此),并由它们(即这个单一变量和其他变量的非平衡部分)在一起构造为对应变换算子 $\boldsymbol{K}_{\mathrm{p}}$ 的新的大气状态变量。也就是说,经过 $\delta\boldsymbol{x}=\boldsymbol{K}_{\mathrm{p}}\tilde{\boldsymbol{\chi}}$ 变换后的新变量 $\tilde{\boldsymbol{\chi}}$ 所包含的**各物理变量**彼此不相关(不过,对于每个物理量,该单变量是三维空间相关的)。正是由于 $\tilde{\boldsymbol{\chi}}$ 包含的各物理变量被认为是彼此不相关的,所以 $\tilde{\boldsymbol{\chi}}$ 被称为**不相关物理参量**。

(2)　**$\boldsymbol{K}_{\mathrm{p}}$ 构造设计的具体理解**

为简便起见,这里考虑**待分析的大气状态变量** x 只包含**三个物理量**,即 $\boldsymbol{x}=(\boldsymbol{x}_1,\boldsymbol{x}_2,\boldsymbol{x}_3)^{\mathrm{T}}$,分别是状态空间(如在纬度、经度和高度的三维网格上,或作为水平波数和模式层的函数用谱表示)的**纬向风、经向风、位势高度**;其增量 $\delta\boldsymbol{x}=(\delta\boldsymbol{x}_1,\delta\boldsymbol{x}_2,\delta\boldsymbol{x}_3)^{\mathrm{T}}$。$\tilde{\boldsymbol{\chi}}=(\tilde{\boldsymbol{\chi}}_1,\tilde{\boldsymbol{\chi}}_2,\tilde{\boldsymbol{\chi}}_3)^{\mathrm{T}}$,分别是同样状态空间(如在纬度、经度和高度的三维网格上)的新参量,如分别是①描述大气运动平衡部分的**流函数**、扣除平衡部分所剩余的②**不平衡势函数**和③**不平衡位势高度**。

为了理解 $\boldsymbol{K}_{\mathrm{p}}$ 的构造和 $\tilde{\boldsymbol{\chi}}$,考虑 $\boldsymbol{K}_{\mathrm{p}}$ 的逆:

$$\tilde{\boldsymbol{\chi}}=\boldsymbol{K}_{\mathrm{p}}{}^{-1}\delta\boldsymbol{x}。$$

对于上述的三个物理量,由 $\delta\boldsymbol{x}$ 到 $\tilde{\boldsymbol{\chi}}$ 所对应的 $\boldsymbol{K}_{\mathrm{p}}{}^{-1}$ 依次包含以下一连串的变量变换:

• (根据速度分解定理,)由纬向风增量 $\delta\boldsymbol{x}_1$ 和经向风增量 $\delta\boldsymbol{x}_2$ 变换为**流函数增量** $\tilde{\boldsymbol{\chi}}_1$ 和势函数增量;

• (通过流函数增量与势函数增量的平衡关系计算及扣除,)由势函数增量变换为**不平衡势函数** $\tilde{\boldsymbol{\chi}}_2$;

• (通过流函数增量与位势高度增量的平衡关系计算及扣除,)由位势高度增量 $\delta\boldsymbol{x}_3$ 变换为**不平衡位势高度** $\tilde{\boldsymbol{\chi}}_3$。

6.2.3.2　物理参量变换后的新泛函 $J(\tilde{\boldsymbol{\chi}})$

将 $\delta\boldsymbol{x}=\boldsymbol{K}_{\mathrm{p}}\tilde{\boldsymbol{\chi}}$ 代入目标泛函的一般增量形式即式(6.2.2a),并考虑 $\boldsymbol{B}=\boldsymbol{B}^{1/2}(\boldsymbol{B}^{1/2})^{\mathrm{T}}$ 和 $\boldsymbol{K}_{\mathrm{p}}\boldsymbol{B}_{\mathrm{s}}^{1/2}\approx\boldsymbol{B}^{1/2}$,便得到以**不相关物理参量** $\tilde{\boldsymbol{\chi}}$ 表示的新目标泛函 $J(\tilde{\boldsymbol{\chi}})$:

$$J(\tilde{\boldsymbol{\chi}})\approx\frac{1}{2}\{\tilde{\boldsymbol{\chi}}^{\mathrm{T}}\boldsymbol{B}_{\mathrm{s}}^{-1}\tilde{\boldsymbol{\chi}}+[\boldsymbol{H}\boldsymbol{K}_{\mathrm{p}}\tilde{\boldsymbol{\chi}}-\boldsymbol{d}]^{\mathrm{T}}\boldsymbol{R}^{-1}[\boldsymbol{H}\boldsymbol{K}_{\mathrm{p}}\tilde{\boldsymbol{\chi}}-\boldsymbol{d}]\},\tag{6.2.2b}$$

式中,$\boldsymbol{B}_{\mathrm{s}}=\mathrm{diag}(\boldsymbol{B}_{\mathrm{s},\tilde{\chi}_1},\boldsymbol{B}_{\mathrm{s},\tilde{\chi}_2},\boldsymbol{B}_{\mathrm{s},\tilde{\chi}_3})$ 是**块对角的**,表示不同物理参量 $\tilde{\boldsymbol{\chi}}_i$ 之间的背景误差是无关的;$\boldsymbol{B}_{\mathrm{s},\tilde{\chi}_i}(i=1,2,3)$ 表示各个单变量物理参量 $\tilde{\boldsymbol{\chi}}_i$ 的误差协方差矩阵。

可见,基于**物理**的大气运动**准平衡关系**构造 $\boldsymbol{K}_{\mathrm{p}}$,由此解决 $\boldsymbol{B}$ 中多变量之间的物理相关,实现物理变量之间的分离,使得分离后的不同物理参量之间被认为是相互独立不相关的。也因此 $\boldsymbol{K}_{\mathrm{p}}$ 被称为**物理**参量变换算子,又得名为**平衡算子**。

需要指出,实际上,因为不存在能完全解耦(去掉多变量之间彼此相关)的严格精确的物理参量变换，所以不可能存在严格彼此无关的不相关物理参量($\widetilde{\boldsymbol{\chi}}_1,\widetilde{\boldsymbol{\chi}}_2,\widetilde{\boldsymbol{\chi}}_3$)，它们只是被认为是相互独立不相关的(或几乎如此)。这样假定的理由见下面 6.3.1.2 节(1)“选择不相关物理参量的考虑依据”。

6.2.4 基于数学的向量空间变换 $\boldsymbol{B}_{\mathrm{s}}^{1/2}$ 的构造设计及其对应的新泛函

6.2.4.1 各个单变量向量变换 $\boldsymbol{B}_{\mathrm{s},\widetilde{\chi}_i}^{1/2}$ 的构造设计及其理解

(1) $\boldsymbol{B}_{\mathrm{s},\widetilde{\chi}_i}^{1/2}$ **的表示形式和构造设计**

对于各个单变量物理参量 $\widetilde{\boldsymbol{\chi}}_i$，其向量空间变换的表示形式为：

$$\widetilde{\boldsymbol{\chi}}_i=\boldsymbol{B}_{\mathrm{s},\widetilde{\chi}_i}^{1/2}\boldsymbol{\chi}_i; \tag{6.2.3b}$$

$\boldsymbol{B}_{\mathrm{s},\widetilde{\chi}_i}^{1/2}$ 的构造设计的目的是解决 $\boldsymbol{B}$ 矩阵中单变量的**三维空间相关**；它的实施是基于**数学**上矩阵特征值分解概念(参见 4.3.2.2 节式(4.3.2d)：$\boldsymbol{B}=\boldsymbol{E}\boldsymbol{\Lambda}\boldsymbol{E}^{\mathrm{T}}$)。这就是：

• 把各单变量 $\widetilde{\boldsymbol{\chi}}_i$(**有各自相关特征长度尺度**)的物理三维空间相关矩阵的**结构函数**(矩阵的一列所呈现的分布特征被称为它的结构函数)进行数学上的空间展开(如在水平方向上球谐函数的**谱空间**、在垂直方向上垂直相关矩阵的**特征向量空间**)，所得到的对应在这个**数学向量空间**的各分量之间相互正交、彼此不相关。

• 由所有单变量 $\widetilde{\boldsymbol{\chi}}=(\widetilde{\boldsymbol{\chi}}_1,\widetilde{\boldsymbol{\chi}}_2,\widetilde{\boldsymbol{\chi}}_3,\cdots)^{\mathrm{T}}$ 所对应的在各自向量空间表示的各分量**在一起**构造为对应变换算子 $\boldsymbol{B}_{\mathrm{s}}^{1/2}$ 的新的大气状态变量 $\boldsymbol{\chi}$；这就是式(6.2.3a)：$\widetilde{\boldsymbol{\chi}}=\boldsymbol{B}_{\mathrm{s}}^{1/2}\boldsymbol{\chi}$。由于各个 $\widetilde{\boldsymbol{\chi}}_i$ 是经过 $\boldsymbol{K}_{\mathrm{p}}$ 变换后被认为彼此不相关的，所以这个所有在一起的**向量 $\boldsymbol{\chi}$** 的各分量彼此不相关；也就是，经过 $\widetilde{\boldsymbol{\chi}}=\boldsymbol{B}_{\mathrm{s}}^{1/2}\boldsymbol{\chi}$ 变换后的新变量 $\boldsymbol{\chi}$ 所包含的各分量彼此不相关。

(2) $\boldsymbol{B}_{\mathrm{s},\widetilde{\chi}_i}^{1/2}$ **构造设计的具体理解**

各个单变量物理参量 $\widetilde{\boldsymbol{\chi}}_i$ 的自协方差矩阵 $\boldsymbol{B}_{\mathrm{s},\widetilde{\chi}_i}$ 存在不同空间位置之间的空间相关。各物理参量 $\widetilde{\boldsymbol{\chi}}_i$ 的维数(如格点模式的所有格点数)通常超过 10^6，所以 $\boldsymbol{B}_{\mathrm{s},\widetilde{\chi}_i}$ 是超过($10^6\times10^6$)的矩阵，不能显式地处理。

在实际应用中，利用**各单变量的**相关长度尺度的统计特征**设计**它的相关矩阵 $\boldsymbol{B}_{\mathrm{s},\widetilde{\chi}_i}$(如对于位势高度，水平方向上，结构函数取相关特征长度尺度为 500 km 的各向同性的正态分布特征的自协方差矩阵)。之后，概念上完全类似数学的矩阵特征值分解，**构造**向量空间变换 $\boldsymbol{B}_{\mathrm{s},\widetilde{\chi}_i}^{1/2}$，解决不同位置之间的空间相关。它的表示形式上即式(6.2.3b)：$\widetilde{\boldsymbol{\chi}}_i=\boldsymbol{B}_{\mathrm{s},\widetilde{\chi}_i}^{1/2}\boldsymbol{\chi}_i$。

为了理解 $\boldsymbol{B}_{\mathrm{s},\widetilde{\chi}_i}^{1/2}$ 的构造和 $\boldsymbol{\chi}_i$，考虑 $\boldsymbol{B}_{\mathrm{s},\widetilde{\chi}_i}^{1/2}$ 的逆：

$$\boldsymbol{\chi}_i=\boldsymbol{B}_{\mathrm{s},\widetilde{\chi}_i}^{-1/2}\widetilde{\boldsymbol{\chi}}_i。$$

类似于式(5.3.5b)的 $\boldsymbol{\chi}=\boldsymbol{\Lambda}^{1/2}\boldsymbol{E}^{\mathrm{T}}\delta\boldsymbol{x}$，可以把 $\boldsymbol{B}_{\mathrm{s},\widetilde{\chi}_i}^{-1/2}$ 表示为：$\boldsymbol{B}_{\mathrm{s},\widetilde{\chi}_i}^{-1/2}=\boldsymbol{\Lambda}^{-1/2}\boldsymbol{E}^{\mathrm{T}}$，于是这个逆变换写成：

$$\boldsymbol{\chi}_i=\boldsymbol{\Lambda}^{-1/2}\boldsymbol{E}^{\mathrm{T}}{}_{\widetilde{\chi}_i},$$

这里 $\boldsymbol{E}$ 表示进行数学上的空间展开时其空间(列)向量构成的矩阵；所进行的空间展开可以是在水平方向上球谐函数的**谱空间**或在垂直方向上垂直相关矩阵的**特征向量空间**。

对于谱空间，则 $\boldsymbol{E}^{\mathrm{T}}\widetilde{\boldsymbol{\chi}}_i$ 表示水平方向上对 $\widetilde{\boldsymbol{\chi}}_i$ 实施的从格点空间变换到**谱模态空间**的富氏变换；对于特征向量空间，则 $\boldsymbol{E}^{\mathrm{T}}\widetilde{\boldsymbol{\chi}}_i$ 表示垂直方向上把 $\widetilde{\boldsymbol{\chi}}_i$ 投影到以**特征向量**（$\boldsymbol{E}^{\mathrm{T}}$ 的各行）表示的不同模态上。然后，通过 $\boldsymbol{\Lambda}^{-1/2}$（即除以每个模态方差的平方根）进行归一化，得到 $\boldsymbol{\chi}_i$。

于是，变换后所得到的新向量 $\boldsymbol{\chi}_i$ 具有两个性质：①由于新空间（如谱模态空间，或特征向量表示的模态空间）的不同模态是彼此无关的，$\boldsymbol{\chi}_i$ 的各分量是**彼此不相关的**，由此解决不同位置之间的空间相关；②由于归一化处理，各分量**的误差方差为** 1。

由于 $\widetilde{\boldsymbol{\chi}}_i$ 和 $\boldsymbol{\chi}_i$ 是数学上两个不同空间的向量，因此 $\boldsymbol{B}^{1/2}_{\mathrm{s},\widetilde{\boldsymbol{\chi}}_i}$ 被称为**向量空间**变换算子。

顺便指出，$\boldsymbol{B}^{-1/2}_{\mathrm{s},\widetilde{\boldsymbol{\chi}}_i}$ 通常分开为 $\widetilde{\boldsymbol{\chi}}_i$ 的水平和垂直两个方向乘积来处理。一般考虑水平和垂直方向上的协方差是不可分离的，所以处理上有先后顺序的选择；如果水平和垂直方向的处理顺序可以互换，这意味着水平和垂直方向上的协方差是可分离的，但这是一个很严重的近似假定（Bannister，2008）。

6.2.4.2　向量空间变换后的新泛函 $J(\boldsymbol{\chi})$

各个 $\boldsymbol{\chi}_i$ 在一起便得到 $\boldsymbol{\chi}=(\boldsymbol{\chi}_1,\boldsymbol{\chi}_2,\boldsymbol{\chi}_3,\cdots)^{\mathrm{T}}$，它就是经过 $\widetilde{\boldsymbol{\chi}}=\boldsymbol{B}_{\mathrm{s}}^{1/2}\boldsymbol{\chi}$ 变换后的新变量 $\boldsymbol{\chi}$。将 $\widetilde{\boldsymbol{\chi}}=\boldsymbol{B}_{\mathrm{s}}^{1/2}\boldsymbol{\chi}$ 代入式（6.2.2b）的目标泛函 $J(\widetilde{\boldsymbol{\chi}})$，便得到以新变量 $\boldsymbol{\chi}$ 表示的新泛函 $J(\boldsymbol{\chi})$：

$$J(\boldsymbol{\chi})\approx\frac{1}{2}\{\boldsymbol{\chi}^{\mathrm{T}}\boldsymbol{\chi}+[\boldsymbol{H}\boldsymbol{K}_{\mathrm{p}}\boldsymbol{B}_{\mathrm{s}}^{1/2}\boldsymbol{\chi}-\boldsymbol{d}]^{\mathrm{T}}\boldsymbol{R}^{-1}[\boldsymbol{H}\boldsymbol{K}_{\mathrm{p}}\boldsymbol{B}_{\mathrm{s}}^{1/2}\boldsymbol{\chi}-\boldsymbol{d}]\}=J_{\mathrm{b}}(\boldsymbol{\chi})+J_{\mathrm{o}}(\boldsymbol{\chi})。\tag{6.2.2c}$$

可见，经过 $\boldsymbol{B}^{1/2}_{\mathrm{s},\widetilde{\boldsymbol{\chi}}_i}$ 变换后的新变量 $\boldsymbol{\chi}_i$ 所包含的各分量彼此不相关且各分量**有单位**1 **的方差**，使得新泛函 $J_{\mathrm{b}}(\boldsymbol{\chi})$ 项的 Hessian 矩阵是单位矩阵，这样极好地（条件数为 1）改善了背景项 Hessian 矩阵的条件数，起到了预条件作用。也因此**向量空间**变换算子 $\boldsymbol{B}^{1/2}_{\mathrm{s},\widetilde{\boldsymbol{\chi}}_i}$ 又得名为**预条件算子**。

式（6.2.2c）的新泛函 $J(\boldsymbol{\chi})$ 是能通过最优化下降算法直接求解的泛函，所以最优化方法习惯上 $\boldsymbol{\chi}$，作为它的自变量，被称为**控制变量**。

6.2.5　CVTs 隐含的 $\boldsymbol{B}$ 矩阵

考察控制变量变换（CVTs）隐含的 $\boldsymbol{B}$ 矩阵，可以进一步理解"控制变量变换是通过一系列变量变换，近似地隐式模拟 $\boldsymbol{B}^{1/2}$ 即 $\boldsymbol{B}_0{}^{1/2}=\boldsymbol{K}_{\mathrm{p}}\boldsymbol{B}_{\mathrm{s}}^{1/2}\approx\boldsymbol{B}^{1/2}$ 而去掉了 $J_{\mathrm{b}}(\boldsymbol{\chi})$ 项中对 $\boldsymbol{B}$ 的显式引用"。

由式（6.2.2c）的新泛函 $J(\boldsymbol{\chi})$ 可见，经过 CVTs 即 $\delta\boldsymbol{x}=\boldsymbol{K}_{\mathrm{p}}\widetilde{\boldsymbol{\chi}}=\boldsymbol{K}_{\mathrm{p}}\boldsymbol{B}_{\mathrm{s}}^{1/2}\boldsymbol{\chi}$ 后，新变量 $\boldsymbol{\chi}$ 的误差协方差矩阵是单位矩阵，即：取 $\boldsymbol{\chi}$ 为离"真值"的偏差的全体，则 $\langle\boldsymbol{\chi},\boldsymbol{\chi}^{\mathrm{T}}\rangle=\boldsymbol{I}$；其中 $\langle\rangle$ 表示数学期望。

对于大气状态，以 $\boldsymbol{x}$ 表示"真值"，取 $\delta\boldsymbol{x}$ 为离该"真值"的偏差的全体，则 $\langle\delta\boldsymbol{x},\delta\boldsymbol{x}^{\mathrm{T}}\rangle=\langle(\boldsymbol{x}-\boldsymbol{x}_{\mathrm{b}}),(\boldsymbol{x}-\boldsymbol{x}_{\mathrm{b}})^{\mathrm{T}}\rangle=\boldsymbol{B}$（这里，没有做随机向量 $\boldsymbol{X}$ 及其取值 $\boldsymbol{x}$ 的表示符号区分，以便保持与文献的常用符号表示一致，免添混淆。）

考虑控制变量变换 $\delta\boldsymbol{x}=\boldsymbol{K}_{\mathrm{p}}\widetilde{\boldsymbol{\chi}}=\boldsymbol{K}_{\mathrm{p}}\boldsymbol{B}_{\mathrm{s}}^{1/2}\boldsymbol{\chi}$，则有：

$$\boldsymbol{B}^{\mathrm{ic}}=\langle\delta\boldsymbol{x},\delta\boldsymbol{x}^{\mathrm{T}}\rangle=(\boldsymbol{K}_{\mathrm{p}}\boldsymbol{B}_{\mathrm{s}}^{1/2})\langle\boldsymbol{\chi},\boldsymbol{\chi}^{\mathrm{T}}\rangle(\boldsymbol{K}_{\mathrm{p}}\boldsymbol{B}_{\mathrm{s}}^{1/2})^{\mathrm{T}}=(\boldsymbol{K}_{\mathrm{p}}\boldsymbol{B}_{\mathrm{s}}^{1/2})(\boldsymbol{K}_{\mathrm{p}}\boldsymbol{B}_{\mathrm{s}}^{1/2})^{\mathrm{T}}=(\boldsymbol{B}_0{}^{1/2})(\boldsymbol{B}_0{}^{1/2})^{\mathrm{T}}\approx\boldsymbol{B}\tag{6.2.4}$$

它就是隐含的 $\boldsymbol{B}$（the **i**mplied error covariance matrix，表示为 $\boldsymbol{B}^{\mathrm{ic}}$）。顾名思义，这个 $\boldsymbol{B}^{\mathrm{ic}}$ 不是

在同化中显式计算的。

由此可知，经过CVTs后得到的以新变量$\boldsymbol{\chi}$表示的新泛函$J(\boldsymbol{\chi})$即式(6.2.2c)，虽是在$J_b(\boldsymbol{\chi})$中去掉了对$\boldsymbol{B}$的显式引用，但并不意味着$\boldsymbol{B}$从分析问题中去除了，而是在内在实质上，$\boldsymbol{B}$的信息移到了变量变换上，即通过变量变换隐式地捕捉$\boldsymbol{B}$包含的多变量和单变量的相关性质和结构；在外在形式上，这表现为：①新泛函极小化的解$\boldsymbol{\chi}_a$需要通过CVTs(即$\delta\boldsymbol{x}=\boldsymbol{K}_p\tilde{\boldsymbol{\chi}}=\boldsymbol{K}_p\boldsymbol{B}_s^{1/2}\boldsymbol{\chi}$)来计算分析增量$\delta\boldsymbol{x}_a$，②极小化求解过程中计算观测项$J_o(\boldsymbol{\chi})$时需要通过CVTs由$\boldsymbol{\chi}$回复还原到$\delta\boldsymbol{x}$(因为$\boldsymbol{H}$直接作用于$\delta\boldsymbol{x}$、而不是直接作用于$\boldsymbol{\chi}$)。

6.2.6 CVTs的益处

为了处理$J_b(\boldsymbol{x})$中$\boldsymbol{B}$的逆，CVTs的方法尽管只是近似模拟$\boldsymbol{B}$，但有着以下的益处：

• 经过CVTs后得到的以新变量$\boldsymbol{\chi}$表示的新泛函$J(\boldsymbol{\chi})$即式(6.2.2c)**非常简洁**。去掉了$J_b(\boldsymbol{\chi})$中对$\boldsymbol{B}$的显式引用，通过CVTs隐式地捕捉$\boldsymbol{B}$的内在结构特征。

• $J(\boldsymbol{\chi})$能够**高效地**进行极小化求解。$J(\boldsymbol{\chi})$关于$\boldsymbol{\chi}$的Hessian矩阵是$[\boldsymbol{I}+(\boldsymbol{HB}_0{}^{1/2})^T\boldsymbol{R}^{-1}\boldsymbol{HB}_0{}^{1/2}]$：有更小的条件数，使得极小化的收敛更有效率，且是良性矩阵，使得计算结果可靠。参见5.3.3.2节(3)中有关的“对目标泛函的大大优化”。

• 通过$\boldsymbol{K}_p$把平衡关系约束引入到同化，这是变分同化系统有着动力一致性的因素。

6.3 控制变量变换中物理参量变换和向量空间变换的实例

6.3.1 实际应用中的物理参量变换

式(6.2.1c)的$\delta\boldsymbol{x}=\boldsymbol{K}_p\tilde{\boldsymbol{\chi}}$是CVTs中物理参量变换的表示形式，式中$\delta\boldsymbol{x}$是**分析变量$\boldsymbol{x}$**的增量，$\tilde{\boldsymbol{\chi}}$是**不相关物理参量**。在实际应用中，物理参量变换首先是考虑分析变量$\boldsymbol{x}$和不相关物理参量$\tilde{\boldsymbol{\chi}}$的选择；此外，对于物理参量变换$\boldsymbol{K}_p$，由于它是基于动力平衡关系，所以在实施中$\boldsymbol{K}_p$与所采用的不同等级近似的平衡关系(如运动场和质量场关系的散度方程形式：地转关系或线性平衡关系/非线性平衡关系)、格点或谱模式及其网格设计、垂直坐标(如气压或高度)等具体选用相关联。

$\boldsymbol{x}$和$\tilde{\boldsymbol{\chi}}$的选择是主导性的，需要首先理解；实施上的细节是具体的，不同变分同化系统各有不同。因此，以下着重于主导思路，阐述和理解“分析变量”和“不相关物理参量”的选择以及物理参量变换的实例。

6.3.1.1 实际应用中分析变量的选择

(1) **分析变量和模式变量**

分析变量是分析同化中**待估计的**大气状态变量，通常与模式变量一致(尽管可以不一致)；但是在实际应用中分析变量所包含的物理量的**个数一般少于**模式变量物理量的个数，这因为受约束于如静力平衡的假定、模式与初值的协调性和分析方案实施的难度等。

(2) **选择分析变量的一般考虑**

对于业务NWP变分同化系统，一般地，分析变量的选择考虑以下因素：①为其提供初值场的**预报模式的变量**，②所要同化的**观测物理量**，③所用的**同化方法**。

作为最早业务化的变分同化系统，美国当时的国家气象中心(NMC：National Meteorological Center)采用的谱统计插值系统(the Spectral Statistical Interpolation，SSI)(Parrish et al.,1992)便可以用来理解这些因素。

• **预报模式变量**的因素。在 SSI 之前,NMC 采用的最优插值系统(OI)所用的分析变量是位势高度、风和混合比的等压面格点值;SSI 所用的分析变量是涡度、散度、温度、地面气压对数和混合比的 σ 坐标**球谐函数展开系数**。这个改变正是为了更好地与当时 NMC 谱预报模式变量一致。

• **观测物理量**的因素。SSI 中质量场的分析变量是**温度和地表气压**,而不是原来 OI 的位势高度,这是因为:对于同化辐射率、折射率、可降水量等这些与大气温、湿状态有关的大量卫星资料,温度和地表气压作为分析变量更直截了当。

• **同化方法**的因素。OI 分析系统中的分析是准水平的,但由于温度和风的热成风关系是在垂直方向上,因此在 OI 中要想把温度场中的变化和速度场中平衡部份的变化联系起来就存在问题;所以 OI 通常选择位势高度作为质量场的分析变量。然而,SSI 分析系统,由于采用变分方法,通过**三维**全局求解完成分析,因此能够从温度和地表气压的变化来计算相应的高度变化、产生相应的风场变化,所以 SSI **能够选择以温度和地表气压**作为质量场的分析变量。

(3) **位势高度和温度作为质量场分析变量的不同特点和问题**

在分析方案设计上,选择位势高度相对较简单:位势高度和运动场的平衡约束关系仅在水平面上,此外由位势高度可通过静力方程容易得到温度。选择温度则对于同化辐射率等观测更直截,但相对复杂:温度和运动场的平衡约束关系还需要考虑垂直方向,此外由温度得到位势高度需要额外附加的求解约束条件,如 SSI 中的附加约束"垂直各层上温度的二阶导数最小"(Parrish et al.,1992)。

在具体实施上(2012 年与朱宗申的个人通信),选择位势高度的一个缺点是:当垂直分辨率很高时(如在边界层),带来由高度求得的温度会很不准;因为此时两层的对数气压差很小,按照静力平衡计算温度时它作为分母将高度的误差放大,因此得到的温度的误差很大;而且,由于位势高度误差的客观存在,所以得到的温度不准确是不可避免的,这随着垂直分辨率越高而越突出。选择温度的一个缺点是:当温度的误差不是随机的情况下,由温度求得的位势高度有着垂直层上的累加误差,且高度越高,所得到的位势高度的误差越大。

6.3.1.2 实际应用中不相关物理参量的选择

(1) **选择不相关物理参量的考虑依据**

选择不相关物理参量所基于的**一个依据**是:相信大气中地转平衡的物理参量(这些参量和 Rossby 波模态相关联)的误差与不平衡的物理参量(这些参量和惯性重力波模态相关联)的误差是大部分解耦的,即"平衡成分和非平衡成分几乎是不相关的"(Bannister,2008)。

"平衡成分和非平衡成分是不相关的" 这个假定的理由包括(Bannister,2008):

• Rossby 波和重力波模态是线性化运动方程的**正交模**。它们(和它们的误差)本身独立演变。这能够在线性化的浅水方程中简单明了地看到(Daley,1991)。非线性和强迫作用将引入模态间的耦合,但假定在形成背景场的短期预报中这是微不足道的,尽管这还没有详细地探究。

• Phillips(1986)的研究表明:按照**不相关的正交模态**所描述的预报误差能够与通过**经验方法**(如 Hollingsworth 和 Lönnberg(1986)的研究)所发现的预报误差有很好的**一致性**;只考虑地转模态的结果表明,平衡部分能够合理地与不平衡部分分开处理。

• **实际应用**已表明:利用"平衡成分和非平衡成分是不相关的" 这个假定的现有资料同化

系统能够产生物理上合理的模式变量间的误差协方差。

(2) **描述大气运动平衡部分 $\tilde{\boldsymbol{\chi}}_1$ 的物理量选择**

与大气运动平衡部分相连的(质量场和风场之间)**平衡关系**有着不同等级的近似(如 McIntyre,2003)。业务实施上,常用来描述平衡的是简单的线性平衡关系。线性平衡把**风场**增量的平衡部分(由平衡部分的流函数 $\delta\psi_b$ 所描述)和**质量场**增量的平衡部分(由平衡部分的气压 δp_b 所描述)联系起来:

$$\nabla_h \cdot (f\rho_0 \nabla_h \delta\psi_b) - \nabla_h^2 \delta p_b = 0; \tag{6.3.1}$$

式中,f 是科氏参数,ρ_0 是参考状态的密度,∇_h是水平梯度算子。

基于此,**描述大气运动平衡部分**的增量可以是运动场的 $\delta\psi_b$(或相关联的参量,如涡度 $\delta\zeta_b$)或质量场 δp_b,即选作为不相关物理参量 $\tilde{\boldsymbol{\chi}}$ 之中 $\tilde{\boldsymbol{\chi}}_1$ 的物理量。扣除该平衡部分之后剩余的大气运动成分是不平衡的,如由不平衡的风场和不平衡的气压所描述的重力波模态,它们可以选作为 $\tilde{\boldsymbol{\chi}}_2$ 和 $\tilde{\boldsymbol{\chi}}_3$ 的物理量(对于每个 Rossby 波模态存在两个重力波模态;Daley,1991)。

此外,可以一般地理解,对于**较大尺度**的天气系统,描述大气运动平衡部分选用**质量场**更合适;而对于**较小尺度**的天气系统,选用**运动场**更合适。这是因为:根据准地转理论,大气运动中包含两种最基本的动力学过程,即准地转演变过程和地转适应过程。准地转**演变过程**是准地转平衡状态**缓慢**变化过程(运动基本是非线性的,具有准涡旋运动性质),是由接近地转平衡状态向不平衡状态的转化(如涡度平流、温度平流的作用)。地转**适应过程**是准地转平衡状态遭到破坏后,通过风场与气压场的相互调整,**很快**又重新建立起新的准地转平衡状态的过程(运动基本是线性的,具有显著的位势运动),是由不平衡状态向新的接近平衡状态的调整;而且,在适应过程中,对于**较大尺度**(远大于 Rossby 变形半径)的非地转扰动,调整中风场变化大,是风场主要地向**气压场**适应调整;对于**较小尺度**(远小于 Rossby 变形半径)的非地转扰动,调整中气压场变化大,是气压场主要地向**风场**适应调整(陶祖钰等,1989)。

(3) **两种典型的湿度场不相关物理参量的选择及其与其他变量的相关**

相对湿度增量 $\delta\tilde{\mu}$ 和比湿增量 $\delta\tilde{q}$ 是湿度场不相关物理参量的两种典型选择。根据相对湿度的定义 $\mu = q/q_{sat}$(饱和比湿 q_{sat} 是温度和气压的函数),相对湿度、比湿、温度和气压是彼此相关的(因为只涉及物理量之间关系,简明起见,不妨用标量形式)。

1)如果选择**相对湿度增量 $\delta\tilde{\mu}$** 作为湿度场不相关物理参量,则意味着 $\delta\tilde{\mu}$ 与动量场和质量场的不相关物理参量(即涡度或流函数的增量($\delta\zeta$ 或 $\delta\tilde{\psi}$)、不平衡的散度或势函数($\delta\tilde{\eta}_u$ 或 $\delta\chi_u$)、不平衡的温度或气压($\delta\tilde{T}_u$ 或 $\delta\tilde{p}_u$))是不相关的;此时,比湿增量 δq 与这些参量相关:

$$\delta q = q_{0sat}\delta\tilde{\mu} + \mu_0 \frac{\partial q_{0sat}}{\partial p}\delta p + \mu_0 \frac{\partial q_{0sat}}{\partial T}\delta T \tag{6.3.2a}$$

式中,下标"0"表示参考态。因此如果有来自比湿观测产生的比湿场扰动 δq,则 δq 将会通过变量变换隐含的 $\boldsymbol{B}^{ic}$ 影响风场、气压场和温度场。

2)反之,如果选择**比湿增量 $\delta\tilde{q}$** 作为湿度场不相关物理参量,则意味着 $\delta\tilde{q}$ 与动量场和质量场的不相关物理参量不相关;此时,相对湿度增量 $\delta\mu$ 与这些参量相关。

需要指出,湿度场不相关物理参量的选择**不是一个简单的问题**。首先,湿度变量存在非高斯性问题;由于目前 NWP 所用同化方案假定了背景场误差的高斯分布,因此需要考虑湿度分析变量的选择和处理,如 Dee 等(2003)定义一个**伪相对湿度**(pseudo-relative humidity)作为湿度分析变量。此外,对于相对湿度作为不相关物理参量的有效正确性,存在着相反的研究结果，例如：Lorenc 等(2003)指出，比较于比湿误差和温度误差的相关，相对湿度误差和温度误差的相关更弱；但是 Dee 等(2003)得出了相反的结果。

6.3.1.3　物理参量变换的实例：ECMWF 的物理参量变换

(1)　**分析变量和不相关变量的选用及相应具体物理参量变换的表示形式**

欧洲中期天气预报中心(ECMWF：European Centre for Medium－Range Weather Forecasts)变分同化系统中使用的**分析变量**增量$\delta \boldsymbol{x}=(\delta \boldsymbol{x}_1,\delta \boldsymbol{x}_2,\delta \boldsymbol{x}_3,\delta \boldsymbol{x}_4)^{\mathrm{T}}$，其物理量分别是涡度$\delta\zeta$、散度$\delta\eta$、质量场$(\delta T,\delta p_s)$(两个合在一起作为单个参量)和比湿$\delta q$ 等增量；**不相关物理参量** $\widetilde{\boldsymbol{\chi}}=(\widetilde{\boldsymbol{\chi}}_1,\widetilde{\boldsymbol{\chi}}_2,\widetilde{\boldsymbol{\chi}}_3,\widetilde{\boldsymbol{\chi}}_4)^{\mathrm{T}}$，其物理量不妨用标量表示，分别是涡度 $\widetilde{\chi}_1=\delta\widetilde{\zeta}$、不平衡的散度 $\widetilde{\chi}_2=\delta\widetilde{\eta}_u$、不平衡的质量场 $\widetilde{\chi}_3=(\delta\widetilde{T},\delta\widetilde{p}_s)_u$、和比湿 $\widetilde{\chi}_4=\delta\widetilde{q}$。它们都是用谱表示的，是水平波数和模式层的函数。这些物理量之间的具体变换形式表示为(Bannister，2008)：

$$\delta \boldsymbol{x}=\begin{pmatrix}\delta\zeta\\ \delta\eta\\ (\delta T,\delta p_s)\\ \delta q\end{pmatrix}=\begin{pmatrix}I&0&0&0\\ \mathscr{M}\mathscr{H}&I&0&0\\ \mathscr{N}\mathscr{H}&\mathscr{P}&I&0\\ 0&0&0&I\end{pmatrix}\begin{pmatrix}\delta\widetilde{\zeta}\\ \delta\widetilde{\eta}_u\\ (\delta\widetilde{T},\delta\widetilde{p}_s)_u\\ \delta\widetilde{q}\end{pmatrix}=\boldsymbol{K}_p\widetilde{\boldsymbol{\chi}}, \tag{6.3.3}$$

式中，$\boldsymbol{I}$ 表示单位矩阵。

(2)　**具体物理参量变换的理解**

式(6.3.3)物理参量变换算子 $\mathbf{K}_{\mathrm{p}}$ 矩阵的**每一行**对应着**一个物理量**的具体物理参量变换：

• 第一行对应**涡度**的物理参量变换：$\widetilde{\chi}_1=\delta\widetilde{\zeta}=\delta\zeta=\delta x_1$，即涡度的分析变量增量 $\delta\zeta$ 等同于其不相关物理量$\delta\widetilde{\zeta}$。$\delta\widetilde{\zeta}$ 是主导的不相关物理参量，用来**描述大气运动的平衡部分**；根据地转适应理论，如果大气运动的水平尺度小于 Rossby 半径、但大于“对流尺度”(对于对流尺度，平衡的概念失效)，$\delta\widetilde{\zeta}$ 是代表大气运动平衡成分的合适参量，对于许多天气尺度的形势是有效的。

• 第二行对应**散度**：$\mathscr{M}\mathscr{H}\delta\widetilde{\zeta}+\delta\widetilde{\eta}_u=\mathscr{M}\mathscr{H}\widetilde{\chi}_1+\widetilde{\chi}_2=\delta\eta=\delta x_2$，即散度的分析变量增量 $\delta\eta$ 有**平衡成分**$\mathscr{M}\mathscr{H}\delta\widetilde{\zeta}$ 和**不平衡成分**$\delta\widetilde{\eta}_u$ 这两个部分。平衡成分是 $\delta\eta$ 与 $\delta\widetilde{\zeta}$ 相关的部分，其中：①$\mathscr{H}$表示线性平衡方程式(参见式(6.3.1)，这时 $\delta\widetilde{\zeta}=\nabla_{\mathrm{h}}^2\delta\psi_b$)的一个统计表述，是一个水平的回归算子，给出与涡度处于平衡的气压场；②$\mathscr{M}$是气压和散度之间的回归算子，通过 $\mathscr{M}$ 由平衡的气压回归得到平衡的散度。

为了使得 $\delta\widetilde{\zeta}$ 和 $\delta\widetilde{\eta}_u$ 是尽可能不相关的，在用来定义回归的数据集中，进行一定处理，把 $\delta\widetilde{\eta}_u$ 定义作与 $\delta\widetilde{\zeta}$ 没有关联的 $\delta\eta$ 剩余那部分。

• 第三行对应**质量场**：$\mathscr{N}\mathscr{H}\delta\widetilde{\zeta}+\mathscr{P}\delta\widetilde{\eta}_u+(\delta\widetilde{T},\delta\widetilde{p}_s)_u=\mathscr{N}\mathscr{H}\widetilde{\chi}_1+\mathscr{P}\widetilde{\chi}_2+\widetilde{\chi}_3=(\delta T,\delta p_s)=\delta x_3$ 即质量场的分析变量增量$(\delta T,\delta p_s)$由平衡成分 $\mathscr{N}\mathscr{H}\delta\widetilde{\zeta}$ 和不平衡成分组成。**平衡成分**中的 $\mathscr{H}$ 仍然是线性平衡方程式的回归算子，$\mathscr{N}$ 是气压和质量场之间的回归算子。**不平衡成分包含两部分**：与不平衡散度相关的部分 $\mathscr{P}\delta\widetilde{\eta}_u$ 和自身的不平衡质量场$(\delta\widetilde{T},\delta\widetilde{p}_s)_u$；其中 $\mathscr{P}$ 是散度和质量场之间的回归算子。

• 第四行对应**比湿**：$\widetilde{\chi}_4=\delta\widetilde{q}=\delta q=\delta x_4$，即比湿的分析变量增量 δq 等同于其不相关物理量 $\delta\widetilde{q}$；这样，它被认为是与动量场和质量场的变量解耦的。

顺便提及，比湿的物理参量变换或可以加以扩展：试图把部分的比湿增量与 $\delta\tilde{\zeta}$、$\delta\tilde{\eta}_u$ 和 $(\delta\tilde{T},\delta\tilde{p}_s)_u$ 联系起来，把之后剩余的部分作为湿度场不相关物理参量 $\tilde{\chi}_4$。法国 ALADAS (*The M'et'eo－France Aladin limited area data assimilation system*) 同化系统（Berre，2000）和 ECMWF 的同化系统很相似，但使用了下面的比湿的物理参量变换：

$$\delta q = \mathscr{Q}\mathscr{H}\tilde{\chi}_1 + \mathscr{R}\tilde{\chi}_2 + \mathscr{S}\tilde{\chi}_3 + \tilde{\chi}_4 = \mathscr{Q}\mathscr{H}\delta\tilde{\zeta} + \mathscr{R}\delta\tilde{\eta}_{\mathrm{u}} + \mathscr{S}(\delta\tilde{T},\delta\tilde{p}_{\mathrm{s}})_{\mathrm{u}} + \delta\tilde{q}_{\mathrm{u}}, \qquad (6.3.2\mathrm{b})$$

这里 $\mathscr{Q}$、$\mathscr{R}$ 和 $\mathscr{S}$ 都是垂直回归算子，$\delta\tilde{q}_{\mathrm{u}}$ 是所选择的比湿不相关物理参量 $\tilde{\chi}_4$。

(3)　**与英国气象局变分同化系统的一些比较**

英国气象局（Met Office）变分同化系统中的物理参量变换与 ECMWF 的方案有所不同，如：

- 选择的不相关物理参量是流函数 $\delta\tilde{\psi}$、速度势 $\delta\tilde{\chi}$、不平衡的气压 $\delta\tilde{p}_u$ 和相对湿度 $\delta\tilde{\mu}$；
- 类似式(6.3.3)具体变换形式中的 $\mathscr{H}$、$\mathscr{M}$、$\mathscr{N}$ 和 $\mathscr{P}$ 等算子是解析的，而不是统计回归的；
- 对应**散度**的第二行，其物理参量变换是：$\tilde{\chi}_2 = \delta\tilde{\eta}_u = \delta\eta = \delta x_2$，即 $\delta\eta$ 完全是不平衡成分（忽略了平衡散度增量的存在，不依赖于大气运动平衡部分）；Obukhov(1954)显示，如果大气运动是均匀的，则旋转风和散度风是不相关的，这可能证明 Met Office 同化方案所做的这个简化的合理性。

(4)　**具体物理参量变换形式的可能扩充**

上述物理参量变换过程对于大气状态的其他自由度物理变量能够类似地重复。在假定静力平衡的同化系统中，只有三个不相关动力物理参量是重要的（一个平衡的参量和两个不平衡的参量），但是对于静力平衡近似失效的高分辨系统这个变换过程可能需要扩充。

(5)　**物理参量变换所隐含的 $\boldsymbol{B}$ 矩阵**

将式(6.3.3)的物理参量变换形式代入式(6.2.1b)的控制变量变换 $\delta\boldsymbol{x} = \boldsymbol{K}_{\mathrm{p}}\tilde{\boldsymbol{\chi}} = \boldsymbol{K}_{\mathrm{p}}\boldsymbol{B}_{\mathrm{s}}^{1/2}\boldsymbol{\chi}$，然后再代入式(6.2.4)的**隐含 $\boldsymbol{B}$ 矩阵表示形式**，便能得到对应 ECMWF 物理参量变换的 $\boldsymbol{B}^{\mathrm{ic}}$（Derber et al.，1999）：

$$\boldsymbol{B}^{\mathrm{ic}} = (\boldsymbol{K}_{\mathrm{p}}\boldsymbol{B}_{\mathrm{s}}^{1/2})(\boldsymbol{K}_{\mathrm{p}}\boldsymbol{B}_{\mathrm{s}}^{1/2})^{\mathrm{T}}$$

$$= \begin{pmatrix} \boldsymbol{B}_{s,\tilde{\zeta}} & \boldsymbol{B}_{s,\tilde{\zeta}}(\mathscr{M}\mathscr{H})^{\mathrm{T}} & \boldsymbol{B}_{s,\tilde{\zeta}}(\mathscr{N}\mathscr{H})^{\mathrm{T}} & 0 \\ \mathscr{M}\mathscr{H}\boldsymbol{B}_{s,\tilde{\zeta}} & \mathscr{M}\mathscr{H}\boldsymbol{B}_{s,\tilde{\zeta}}(\mathscr{M}\mathscr{H})^{\mathrm{T}} + \boldsymbol{B}_{s,\tilde{\eta}_u} & \mathscr{M}\mathscr{H}\boldsymbol{B}_{s,\tilde{\zeta}}(\mathscr{N}\mathscr{H})^{\mathrm{T}} + \boldsymbol{B}_{s,\tilde{\eta}_u}\mathscr{P}^{\mathrm{T}} & 0 \\ \mathscr{N}\mathscr{H}\boldsymbol{B}_{s,\tilde{\zeta}} & \mathscr{N}\mathscr{H}\boldsymbol{B}_{s,\tilde{\zeta}}(\mathscr{M}\mathscr{H})^{\mathrm{T}} + \mathscr{P}\boldsymbol{B}_{s,\tilde{\eta}_u} & \mathscr{N}\mathscr{H}\boldsymbol{B}_{s,\tilde{\zeta}}(\mathscr{N}\mathscr{H})^{\mathrm{T}} + \mathscr{P}\boldsymbol{B}_{s,\tilde{\eta}_u}\mathscr{P}^{\mathrm{T}} + \boldsymbol{B}_{s,(\delta\tilde{T},\delta\tilde{p}_s)_u} & 0 \\ 0 & 0 & 0 & B_{s,\tilde{q}} \end{pmatrix}; \qquad (6.3.4)$$

其行和列的元素对应着涡度 $\delta\zeta$、散度 $\delta\eta$、质量场 $(\delta T,\delta p_{\mathrm{s}})$ 和比湿 δq 等多变量之间的误差协方差。从中可见，**对于每个协方差**，不同方面的贡献是显而易见的；例如，第二行第三列的矩阵元素表示 $\delta\eta$ 和 $(\delta T,\delta p_{\mathrm{s}})$ 之间的协方差，很清楚地显示出两部分的贡献，即：通过涡度（可以看作平衡流部分）的贡献 $\mathscr{N}\mathscr{H}\boldsymbol{B}_{\mathrm{s},\tilde{\zeta}}(\mathscr{N}\mathscr{H})^{\mathrm{T}}$ 和通过不平衡散度的贡献 $\boldsymbol{B}_{\mathrm{s},\tilde{\eta}_{\mathrm{u}}}\mathscr{P}^{\mathrm{T}}$。

6.3.2　向量空间变换的实例：ECMWF 的向量空间变换

6.3.2.1　具体向量空间变换的表示形式

每个不相关物理参量 $\tilde{\boldsymbol{\chi}}_i$ 都有各自的向量空间变换 $\boldsymbol{B}_{\mathrm{s},\tilde{\chi}_i}^{1/2}$，虽然包含各自不同的空间相关

特征长度尺度，但有着相同的数学形式。

ECMWF 对于各单变量 $\widetilde{\boldsymbol{\chi}}_i$ 的向量空间变换表示为(Derber et al.,1999)：

$$\widetilde{\boldsymbol{\chi}}_i = \boldsymbol{B}^{1/2}_{s,\widetilde{\chi}_i}\boldsymbol{\chi}_i = (\boldsymbol{S}^{-T}\boldsymbol{V}^{1/2}\boldsymbol{S}^{T})(\boldsymbol{E}\boldsymbol{D}^{1/2})\boldsymbol{\chi}_i \quad \text{(省掉了 } \boldsymbol{S}、\boldsymbol{V}、\boldsymbol{E}、\boldsymbol{D} \text{ 的下标 } i\text{)；} \tag{6.3.5a}$$

式中：

• $\widetilde{\boldsymbol{\chi}}_i$ 用谱表示，是水平波数和模式层的函数；

• 向量 $\boldsymbol{\chi}_i$ 是 $\widetilde{\boldsymbol{\chi}}_i$ 经过向量空间变换后的新变量，该向量各分量的背景误差是不相关的，其方差为 1；

• 算子 $\boldsymbol{S}^T$ 表示水平方向上处理误差协方差的富氏逆变换(由谱空间到格点空间)；

• $\boldsymbol{E}$ 和 $\boldsymbol{D}^{1/2}$ 表示垂直方向上处理误差协方差的(列)特征向量矩阵和相应特征值平方根的对角矩阵。

6.3.2.2　具体向量空间变换的理解

式(6.3.5a)的向量空间变换由**水平变换**和**垂直变换**两部分组成；为了更便于理解，考虑它的逆：

$$\boldsymbol{\chi}_i = \boldsymbol{B}^{-1/2}_{s,\widetilde{\chi}_i}\widetilde{\boldsymbol{\chi}}_i = (\boldsymbol{D}^{-1/2}\boldsymbol{E}^{T})(\boldsymbol{S}^{-T}\boldsymbol{V}^{-1/2}\boldsymbol{S}^{T})\widetilde{\boldsymbol{\chi}}_i。 \tag{6.3.5b}$$

(1)　**水平变换**

首先是**水平变换**，它表示为右边括号部分即($\boldsymbol{S}^{-T}\boldsymbol{V}^{-1/2}\boldsymbol{S}^{T}$)：

• 算子 $\boldsymbol{S}^T$ 是**逐层地**实施水平方向的富氏逆变换，将谱空间的 $\widetilde{\boldsymbol{\chi}}_i$ 变换到格点空间；

• 之后，在格点空间通过对角矩阵 $\boldsymbol{V}^{-1/2}$(**逐格点地**)除以格点参量的标准差对其归一化(因此格点位置上的变量($\boldsymbol{V}^{-1/2}\boldsymbol{S}^{T}\widetilde{\boldsymbol{\chi}}_i$)有单位 1 的方差)；这使得水平变换能逐个格点地考虑变量的方差。

• 然后，通过富氏变换 $\boldsymbol{S}^{-T}$ 回到谱空间表示。

顺便提及，与水平变换相关的背景场误差**水平相关矩阵**，对于**全球**，其球面上两点间相关函数的球谐函数表示及其性质可参见 Boer(1983)的文献；对于可近似当作直角坐标的**有限区域**，可以用一系列递归滤波来逼近(Lorenc,1992；薛纪善等,2008)。

(2)　**垂直变换**

之后的**垂直变换**分别对**每个水平波数**处理误差协方差的垂直分量。它表示为左边括号部分，即($\boldsymbol{D}^{-1/2}\boldsymbol{E}^{T}$)；这是式(5.3.5b)(参见 5.3.3.2 节(2)“一系列变量变换的**一般表示**及理解”)的一个应用：式(5.3.5b)中的 $\boldsymbol{Q}$、$\boldsymbol{V}^{-1/2}$ 和 $\boldsymbol{E}^T$ 分别类似于这里的 $\boldsymbol{I}$、$\boldsymbol{D}^{-1/2}$ 和 $\boldsymbol{E}^T$。

• $\boldsymbol{E}^T$ 的一行(即 $\boldsymbol{E}$ 的一列)是垂直误差协方差矩阵的一个特征向量(所有这些特征向量是一次性地预先准备好的)，表示一特定的垂直模态；所有这些垂直模态可以对每个水平谱模态(实施中只是对每个总波数)分别地指定(这意味着：协方差在垂直和水平方向不可分离，垂直模态依赖于水平谱模态)。$\boldsymbol{E}^T$ 将谱空间的变量($\boldsymbol{S}^{-T}\boldsymbol{V}^{-1/2}\boldsymbol{S}^{T}$)$\widetilde{\boldsymbol{\chi}}_i$ 投影到垂直模态。

• 之后，用相应的特征值平方根即 $\boldsymbol{D}^{-1/2}$，使垂直模态归一化，以便它们的误差方差为 1。

经过这两个部分的变换步骤，近似地到达 6.2.4.1 节 CVTs 之向量变换的目的：通过假定水平谱模态之间误差的不相关以及垂直模态之间误差的不相关，实现各单变量 $\widetilde{\boldsymbol{\chi}}_i$ 经过变换后所得到的新变量 $\boldsymbol{\chi}_i$ 的“**误差不相关**”的性质；并通过归一化，实现“**单位方差**”的性质。

6.3.2.3　向量空间变换中一些具体的细化考虑

由于 $\boldsymbol{B}$ 矩阵实质上是一个非静态的、多变量相关、三维空间相关的协方差矩阵(协方差包含方差和相关两个部分)，因此在实际应用中对向量空间变换会尽可能进行细化考虑，来表现季节变化和不同变量的方差和相关等特征：

• **季节变化**。垂直误差协方差矩阵的特征向量矩阵 $\boldsymbol{E}$ 和特征值矩阵 $\boldsymbol{D}$ 以及格点位置的方差矩阵 $\mathbf{V}$ 是通过统计校准步骤得到；其中只有**方差**矩阵 $\mathbf{V}$ 允许有季节变化；以这种方式增加 $\mathbf{V}$ 对季节的依赖来替代 $\mathbf{V}$ 对本身天气流型的依赖；尽管这很不充分，但为了捕捉通常存在的误差的季节性变化是必要的。

• **不同变量**。涡度 $\delta\widetilde{\zeta}$ 和比湿 $\delta\widetilde{q}$ 的 $\mathbf{V}$ 矩阵有不同于其他参量的处理方式。涡度的方差，不是预先季节性指定，而是从一个循环算法得到；这个算法是由前一次同化循环的 Hessian 矩阵来估计误差的传播(Fisher et al.，1995)。比湿的方差被指定为背景场的温度和比湿的函数(Derber et al.，1999)。

• 一些可供选择的方案可以克服上述向量空间变换存在的不足。例如：上述垂直协方差的特征向量矩阵 $\boldsymbol{E}$ 允许依赖于水平谱模态，这意味着**允许垂直相关依赖于水平尺度**。但是，由于谱表示是全局性的，所以 $\boldsymbol{E}$ 不可能把垂直相关描述为水平位置的函数；而基于小波的方案(Fisher，2003；2004)允许垂直相关不仅依赖于水平尺度**还依赖于指定的水平位置**；这个方案在 ECMWF 同化系统已经业务化。

6.3.2.4 向量空间变换所隐含的 $\boldsymbol{B}$ 矩阵

考虑式(6.2.4)的**隐含 $\boldsymbol{B}$ 矩阵表示形式**中向量空间变换的部分，则向量空间变换所隐含的单变量的背景误差协方差矩阵为：

$$\boldsymbol{B}^{\mathrm{ic}}_{\mathrm{s},\widetilde{\chi}_i}=\langle\widetilde{\boldsymbol{\chi}}_i,\widetilde{\boldsymbol{\chi}}_i^{\mathrm{T}}\rangle=(\boldsymbol{B}^{1/2}_{\mathrm{s},\widetilde{\chi}_i})\langle\boldsymbol{\chi}_i,\boldsymbol{\chi}_i^{\mathrm{T}}\rangle(\boldsymbol{B}^{1/2}_{\mathrm{s},\widetilde{\chi}_i})^{\mathrm{T}}=(\boldsymbol{B}^{1/2}_{\mathrm{s},\widetilde{\chi}_i})(\boldsymbol{B}^{1/2}_{\mathrm{s},\widetilde{\chi}_i})^{\mathrm{T}};$$

将式(6.3.5a)的向量空间变换形式：$\widetilde{\boldsymbol{\chi}}_i=\boldsymbol{B}^{1/2}_{\mathrm{s},\widetilde{\chi}_i}\boldsymbol{\chi}_i=(\boldsymbol{S}^{-\mathrm{T}}\mathbf{V}^{1/2}\boldsymbol{S}^{\mathrm{T}})(\boldsymbol{E}\boldsymbol{D}^{1/2})\boldsymbol{\chi}_i$，代入上式，便能得到对应 ECMWF 向量空间变换所隐含的单变量的背景误差协方差矩阵：

$$\boldsymbol{B}^{\mathrm{ic}}_{\mathrm{s},\widetilde{\chi}_i}=(\boldsymbol{B}^{1/2}_{\mathrm{s},\widetilde{\chi}_i})(\boldsymbol{B}^{1/2}_{\mathrm{s},\widetilde{\chi}_i})^{\mathrm{T}}=\boldsymbol{S}^{-\mathrm{T}}\{\mathbf{V}^{1/2}[\boldsymbol{S}^{\mathrm{T}}\boldsymbol{E}\boldsymbol{D}\,\boldsymbol{E}^{\mathrm{T}}\boldsymbol{S}\,]\mathbf{V}^{1/2}\}\boldsymbol{S}^{-1};\tag{6.3.6}$$

它是在**谱空间**表示的。右端中的大括号部分$\{\mathbf{V}^{1/2}[\boldsymbol{S}^{\mathrm{T}}\boldsymbol{E}\boldsymbol{D}\,\boldsymbol{E}^{\mathrm{T}}\boldsymbol{S}\,]\mathbf{V}^{1/2}\}$是在**格点空间**表示的；它和协方差矩阵的一般形式 $\boldsymbol{B}_{\mathrm{i}}=\Sigma\boldsymbol{C}\Sigma$($\Sigma$ 是标准差的对角矩阵，$\boldsymbol{C}$ 是一个相关矩阵)进行比较可知：右端中的方括号部分$[\boldsymbol{S}^{\mathrm{T}}\boldsymbol{E}\boldsymbol{D}\,\boldsymbol{E}^{\mathrm{T}}\boldsymbol{S}\,]$可以解读为**格点空间的相关矩阵**。

6.4 变分同化系统中的变量命名与控制变量变换

控制变量变换 CVTs 包含一系列连贯的变换步骤，涉及许多变量，特别容易导致变量称谓上的混乱。不论是概念和术语本身应有其**界面和规范**，还是对于该领域的新来者便于**理解**，还是对于熟悉变分同化的研发者便于相互**交流**，明确一致的变量命名都太重要了，有着实用的实际意义(2012 年与朱宗申、薛纪善等的个人通信)。

以下由分析问题出发和对应 CVTs 的两个基本变换步骤，可以明确三个基本层的变量命名。

6.4.1 由分析问题定义状态变量(state variables)

分析问题旨在得到某时刻的尽可能准确的大气状态亦即大气状态的最优估计。描述大气状态的变量就是状态变量，包括以下情形(参见 1.1.3.1 节(3)“大气状态和模式大气”)：

• 对于**物理模型大气**，大气状态变量是按照“流体质点”模型流体连续介质假设下大气运动基本方程组的预报变量，亦即描述物理模型大气状态的变量，是某一时刻包含大气的气压、温度、风、湿度等三维、连续的多物理变量的一个整体量。

• 对于**数值模型大气**，物理模型大气状态变量是离散化的 NWP 模式规则网格上所有物理量构成的一个向量，亦即 NWP 模式中代表物理模型大气状态的变量，称作**模式状态变量**（或简称**模式变量**）。

• 对于**分析问题**，待估计的大气状态变量称作**分析变量**；它通常与模式变量一致，但分析变量所包含的物理量的个数一般少于模式变量所包含的物理量的个数，因为受约束于如静力平衡的假定、模式与初值的协调性和分析方案实施的难度等（参见 6.3.1.1 节“实际应用中分析变量的选择”）。

因此，状态变量包括模式变量和分析变量。模式变量和分析变量都是状态空间的变量，通常用符号表示为 $\boldsymbol{x}$；分析变量的先验背景场和结果分析场分别表示为 $\boldsymbol{x}_{\mathrm{b}}$ 和 $\boldsymbol{x}_{\mathrm{a}}$。分析变量所对应的背景场 $\boldsymbol{x}_{\mathrm{b}}$ 的背景误差协方差是多变量物理相关的和三维空间相关的稀疏对称矩阵。在变分同化中，分析变量增量 $\delta\boldsymbol{x}$ 对应 CVTs 的物理参量变换 $\boldsymbol{K}_{\mathrm{p}}$（即 $\delta\boldsymbol{x}=\boldsymbol{K}_{\mathrm{p}}\tilde{\boldsymbol{\chi}}$）。

6.4.2　由 CVTs 的物理参量变换定义不相关物理变量/参量(uncorrelated variables/parameters)

不相关物理变量是 CVTs 中物理参量变换的逆 $\boldsymbol{K}_{\mathrm{p}}^{-1}$ 作用于**分析变量**增量 $\delta\boldsymbol{x}$ 而得到的新变量，用符号表示为 $\tilde{\boldsymbol{\chi}}$，即：$\tilde{\boldsymbol{\chi}}=\boldsymbol{K}_{\mathrm{p}}^{-1}\delta\boldsymbol{x}$。它与分析变量在同样的三维物理空间网格上，但它包含的各物理参量被认为是彼此不相关的，经 $\delta\boldsymbol{x}=\boldsymbol{K}_{\mathrm{p}}\tilde{\boldsymbol{\chi}}$ 变换后所对应的背景误差协方差矩阵是块对角的。

6.4.3　由 CVTs 的向量空间变换和最优化方法定义控制变量(control variables)

CVTs 中向量空间变换的逆 $\boldsymbol{B}_{\mathrm{s}}^{1/2}$ 作用于**不相关物理变量** $\tilde{\boldsymbol{\chi}}$，得到的新变量；这个新变量用符号表示为 $\boldsymbol{\chi}$，即：$\boldsymbol{\chi}=\boldsymbol{B}_{\mathrm{s}}^{1/2}\tilde{\boldsymbol{\chi}}$。它包含的各物理量及其向量的各分量都是彼此不相关的，经 $\tilde{\boldsymbol{\chi}}=\boldsymbol{B}_{\mathrm{s}}^{1/2}\boldsymbol{\chi}$ 变换后所对应的背景误差协方差矩阵是单位矩阵。因此以这个新变量 $\boldsymbol{\chi}$ 表示的新目标泛函得到大大简化，可以直接进行极小化求解。由于最优化方法习惯上对直接求解极小化的泛函自变量称作控制变量，因此这个新变量 $\boldsymbol{\chi}$ 得名为**控制变量**。

总之，**分析变量**为分析问题中待估计的大气状态变量，分析变量增量 $\delta\boldsymbol{x}$ 对应 CVTs 的物理参量变换；**不相关物理变量**是经过 CVTs 的物理参量变换后的新变量；**控制变量**是经过 CVTs 的向量空间变换后的新变量，是按照最优化方法上习惯的一个称谓。这样的变量命名，基于“变量命名对应变量变换”这一原则和结合分析问题和最优化方法习惯，有着明确和简单的界面，可以便于理解，少有歧义，也便于和国际上一致的交流。

参考文献

陶祖钰，谢安，1989. 天气过程诊断分析原理和实践[M]. 北京：北京大学出版社：1-61.

薛纪善，陈德辉，等，2008. 数值预报系统 GRAPES 的科学设计与应用[M]. 北京：科学出版社：6-11.

Bannister R N,2008. A review of forecast error covariance statistics in atmospheric variational data assimilation. II: Modelling the forecast error covariance statistics[J]. Quart J Roy Meteor Soc,134:1971-1996.

Berre L, 2000. Estimation of synoptic and mesoscale forecast error covariances in a limited area model[J]. Mon Weather Rev, 128: 644-667.

Boer G J, 1983. Homogenous and isotropic turbulence on the sphere[J]. J Atmos Sci,40: 154-163.

Daley R, 1991. Atmospheric Data Analysis[M]. Cambridge,UK:Cambridge University Press.

Dee D P,Da Silva A M, 2003. The choice of variable for atmospheric moisture analysis[J]. Mon Weather Rev, 131: 155-171.

Derber J,Bouttier F, 1999. A reformulation of the background error covariance in the ECMWF global data assimilation system[J]. Tellus, 51A: 195-221.

Fisher M, 2003. Background error covariance modelling[C]// ECMWF Seminar on Recent developments in data assimilation for atmosphere and ocean,8-12 September 2003. ECMWF: Reading UK.

Fisher M, 2004. Generalized frames on the sphere,with application to background error covariance modelling [C]// ECMWF Seminar on Recent developments in numerical methods for atmosphere and ocean modelling,6-10 September 2004. ECMWF: Reading UK.

Fisher M,Courtier P, 1995. Estimating the covariance matrices of analysis and forecast error in variational data assimilation[C]// ECMWF Tech. Memo,220. Available from ECMWF,Shinfield Park,Reading,Berkshire,RG2 9AX,UK.

Lorenc A C, 1992. Iterative analysis using covariance functions and filters[J]. Quart J Roy Meteor Soc,118: 569-591.

Lorenc A C,Roulstone I,White A, 2003. On the choice of control fields in VAR[C]// Forecasting Research Tech. Report 419. Available from Met Office,Fitzroy Road,Exeter,Devon,EX8 3PB,UK.

Obukhov A M, 1954. Statistical description of continuous fields[C]// Trudy Geofiz In-ta Akad Nauk SSSR No. 24,151 3-42(English translation by Liason Office,Technical Information Centre,Wright-Patterson AFB F-TS-9295/v).

Parrish D F,Derber J C, 1992. The National Meteorological Center's spectral statistical interpolation analysis system[J]. Mon Wea Rev,120:1747-1763.

第7章 变分资料同化软件系统的编程实现

开发一个完整的资料同化软件系统是一个非常大的系统工程;不仅仅是具体同化方法依照实施方案的**编程实现**,还包括数据上的资料获取、预处理、资料控制,计算上的并行技术,过程监控和结果输出上的可视化显示等诸多方面及相关技术应用和子软件系统(如数据服务系统、监控及作业管理系统、图形图像系统)的程序代码和脚本的编写。

仅就一个软件系统的编程实现,首先需要"知道**编写什么**内容及其组成部分",之后是"**如何设计**编写""**怎么编写**具体程序代码",以及"检验写的代码**是否正确**"四个连贯的基本环节。

为了简明起见(也限于作者水平),本章结合初期 GRAPES 变分同化(软件)**系统框架**建立的实际一线研发,只落脚在**编程实现**,从框架**内容**的理解和剖分、到顶层的**设计**、到具体的**编程**及其正确性**检验**,为资料同化领域的学生和新人提供一个基本但脉络较为清晰和完整的介绍。

7.1 变分同化(软件)系统框架的主体内容

7.1.1 初期 GRAPES 变分同化系统简介

GRAPES 变分同化系统(薛纪善等,2008b)的研发是从区域三维变分同化系统开始;它是一个水平面上为 Arakawa A 格点的经纬度网格、垂直方向上为 P 面的分析系统,采用 L-BFGS 方法求解控制变量的极小化问题,采用 Fortran90 为其软件系统的编程语言。

初期 GRAPES 变分同化系统的实施方案,考虑观测算子在 $\boldsymbol{x}_b$ 处的切线性近似,基于一般增量形式的目标泛函即式(5.3.3a)(参见 5.3.3.1 节"切线性近似下的目标泛函增量形式"):

$$J(\delta \boldsymbol{x})=\frac{1}{2}\{\delta \boldsymbol{x}^{\mathrm{T}}\boldsymbol{B}^{-1}\delta \boldsymbol{x}+[\boldsymbol{H}\delta \boldsymbol{x}-\boldsymbol{d}]^{\mathrm{T}}\boldsymbol{R}^{-1}[\boldsymbol{H}\delta \boldsymbol{x}-\boldsymbol{d}]\}。$$

它的**分析变量** $\boldsymbol{x}$ 包含风场 u、v、质量场 Φ/T、和湿度场 RH/q;其中质量场为位势($\Phi=\boldsymbol{g}\boldsymbol{z}$)和温度($T$)可选,湿度场为相对湿度($RH$)和比湿($q$)可选;所选的湿度场变量与其他分析变量不相关。它的**不相关物理变量**包含流函数(ψ)、不平衡的速度势(χ_u)、不平衡的质量场(Φ_u/T_u)、和湿度场(RH/q)。物理参量变换 $\boldsymbol{K}_p$ 中的风场和质量场之间平衡关系是地转平衡和线性平衡可选。向量空间变换 $\boldsymbol{B}_s^{1/2}$ 中垂直变换实施垂直协方差矩阵的特征值分解、水平变换考虑水平相关解析模型为高斯型。经过控制变量变换后的控制变量表示为 $\boldsymbol{w}$,它所包含的各分量彼此不相关且各分量的误差方差为 1;以 $\boldsymbol{w}$ 表示的新目标泛函可通过最优化下降算法直接求解,这个目标泛函即式(5.3.3d)(参见 5.3.3.3 节"实际应用中的一系列变量变换"):

$$J(\boldsymbol{w})=\frac{1}{2}\{\boldsymbol{w}^{\mathrm{T}}\boldsymbol{w}+[\boldsymbol{H}\boldsymbol{K}_p\boldsymbol{B}_s^{1/2}\boldsymbol{w}-\boldsymbol{d}]^{\mathrm{T}}\boldsymbol{R}^{-1}[\boldsymbol{H}\boldsymbol{K}_p\boldsymbol{B}_s^{1/2}\boldsymbol{w}-\boldsymbol{d}]\}, \qquad (7.1.1)$$

以及它相应的梯度即式(5.3.4d):

$$\nabla_w J(w) = w + (B_s^{1/2})^T K_p^T H^T R^{-1}[HK_p B_s^{1/2} w - d]; \tag{7.1.2}$$

式中，

$$d = [y_o - H(x_b)]。 \tag{7.1.3}$$

7.1.2 系统框架的主体内容

变分同化是一个求泛函极值问题。从编程实现的角度，搭建变分同化软件系统框架的主体内容与极小化求解所采用的最优化下降算法直接有关。初期 GRAPES 变分同化系统采用 L-BFGS 方法；它属于拟牛顿法，是一种利用目标函数值和一阶导数的信息进行数值迭代求解的最优化下降算法。因此，目标泛函值 $J(w)$ 的计算、目标泛函梯度 $\nabla_w J(w)$ 的计算和最优化算法的实施这三个部分构成了系统框架的主体内容；它们的编程实现就完成了变分同化软件系统的框架建立。

(1) **目标泛函值 $J(w)$ 的计算**

由式(7.1.1)可见，$J(w)$ 的计算在于观测算子及其切线性算子和控制变量变换：

- **观测算子** H 用来计算式(7.1.3)的新息向量中的 $H(x_b)$，
- 在 x_b 处的**切线性算子** H 用来计算 $H(x)$ 在 x_b 处泰勒展开的线性项 $H\delta x$；
- **控制变量变换**用来计算分析增量 $\delta x = K_p B_s^{1/2} w$，因为 H 直接作用于 δx，而不是直接作用于 w。

(2) **目标泛函梯度 $\nabla_w J(w)$ 的计算**

由式(7.1.2)可见，$\nabla_w J(w)$ 的计算在于观测算子切线性的**伴随算子**和控制变量变换的**伴随算子**，它们是 $(HK_p B_s^{1/2})^T = (B_s^{1/2})^T K_p^T H^T$；而 $[HK_p B_s^{1/2} w - d]$，作为这些算子最右边的首步输入，已经包含于目标泛函值 $J(w)$ 的计算之中。

(3) **最优化算法的实施**

这是资料同化软件系统的核心。对于 L-BFGS 算法，上面 $J(w)$ 的计算和 $\nabla_w J(w)$ 的计算都是为之提供输入原料；也就是，把控制变量 w 赋初值为零(意味着 x 初猜值为 x_b，$\delta x = (x - x_b) = 0$)，计算 $J(w)$ 和 $\nabla_w J(w)$，由此 L-BFGS 算法利用泛函值 $J(w)$ 和一阶导数 $\nabla_w J(w)$ 的信息而实现数值迭代求解(参见 5.4 节“通过最优化下降算法实现对新目标泛函极小化的数值求解”)。

7.1.3 系统框架的数学计算公式和实施计算

编程实现的一个基本要求是必须做到所用数学计算公式与相应代码程序**一一对应**。所以首要任务是明确数学公式和进而理清它的计算实施步骤。

(1) **数学计算公式汇总**

系统框架的数学计算公式包含计算 $J(w)$ 的式(7.1.1)、计算 $\nabla_w J(w)$ 的式(7.1.2)和计算新息 d 的式(7.1.3)，以及式(7.1.4)的分析变量的更新计算公式；汇总如下：

$$J(w) = \frac{1}{2}\{w^T w + [HK_p B_s^{1/2} w - d]^T R^{-1}[HK_p B_s^{1/2} w - d]\},$$

$$\nabla_w J(w) = w + (B_s^{1/2})^T K_p^T H^T R^{-1}[HK_p B_s^{1/2} w - d];$$

式中，

$$d = [y_o - H(x_b)]。$$

$$x_a = x_b + \delta x_a = x_b + K_p B_s^{1/2} w_a。 \tag{7.1.4}$$

式中，w_a 为目标泛函 $J(w)$ 极小化求解达到收敛判据时的数值解；

此外，计算公式：

$$\delta \boldsymbol{x} = \boldsymbol{K}_{\mathrm{p}} \boldsymbol{B}_{\mathrm{s}}^{1/2} \boldsymbol{w}, \tag{7.1.5}$$

已包含在式(7.1.1)之中。

(2)　**实施路线图**

求式(7.1.1)的极值，即：$J(\boldsymbol{w}_{\mathrm{a}}) = \min\limits_{w} J(\boldsymbol{w})$，其**实施路线**如下：

①**预先给定**式(7.1.1)包含的**误差统计参数**。式(7.1.1)中已包含“背景场和观测的**误差无偏**”的假定，还需要误差二阶矩的预先给定，即**背景场和观测的误差协方差 $\boldsymbol{B}$ 和 $\boldsymbol{R}$**；GRAPES 变分同化系统中，

• 用“NMC 方法”(参见 4.3.2.3 节(2)“估测 $\boldsymbol{B}$ 矩阵的主要方法”中的 NMC 方法)求与 $\boldsymbol{B}$ 矩阵有关的参数，包括：各单变量的水平相关特征长度尺度(用于 $\boldsymbol{B}_{\mathrm{s}}^{1/2}$ 中的水平变换)，各单变量的误差方差和垂直相关特征长度尺度(通过构造垂直误差协方差，用于 $\boldsymbol{B}_{\mathrm{s}}^{1/2}$ 中的垂直变换即垂直误差协方差矩阵的特征值分解)；

• 对于观测误差协方差 $\boldsymbol{R}$，设定为对角矩阵，方差由经验给定，并参考“观测法”(参见 4.3.2.3 节(2)中的观测法)的估测结果。

②准备**背景场**：$\boldsymbol{x}_{\mathrm{b}}$，

③准备**观测**资料：$\boldsymbol{y}_{\mathrm{o}}$，

④计算**新息**向量：$\boldsymbol{d} = [\boldsymbol{y}_{\mathrm{o}} - H(\boldsymbol{x}_{\mathrm{b}})]$；

⑤控制变量赋**初估值**：$\delta \boldsymbol{x} = (\boldsymbol{x} - \boldsymbol{x}_b) = 0, \boldsymbol{w} = (\boldsymbol{K}_{\mathrm{p}} \boldsymbol{B}_{\mathrm{s}}^{1/2})^{-1} \delta \boldsymbol{x} = 0$，

⑥计算控制变量的目标函数：$J_{\mathrm{b}} = \dfrac{1}{2} \boldsymbol{w}^{\mathrm{T}} \boldsymbol{w}, J_{\mathrm{o}} = \dfrac{1}{2} (\boldsymbol{H}\boldsymbol{K}_{\mathrm{p}} \boldsymbol{B}_{\mathrm{s}}^{1/2} \boldsymbol{w} - \boldsymbol{d})^{\mathrm{T}} \boldsymbol{R}^{-1} (\boldsymbol{H}\boldsymbol{K}_{\mathrm{p}} \boldsymbol{B}_{\mathrm{s}}^{1/2} \boldsymbol{w} - \boldsymbol{d})$，

⑦计算目标函数梯度：$\nabla_{\mathrm{w}} J(\boldsymbol{w}) = \boldsymbol{w} + (\boldsymbol{B}_s^{1/2})^{\mathrm{T}} \boldsymbol{K}_{\mathrm{p}}{}^{\mathrm{T}} \boldsymbol{H}^{\mathrm{T}} \boldsymbol{R}^{-1} [\boldsymbol{H}\boldsymbol{K}_{\mathrm{p}} \boldsymbol{B}_{\mathrm{s}}^{1/2} \boldsymbol{w} - \boldsymbol{d}]$，

⑧极小化求解：利用 $J(\boldsymbol{w})$ 和 $\nabla_{\mathrm{w}} J(\boldsymbol{w})$，通过 L-BFGS 算法的循环迭代，求出达到收敛判据时的最优解 $\boldsymbol{w}_{\mathrm{a}}$；

⑨分析变量的更新：由 $\delta \boldsymbol{x}_{\mathrm{a}} = \boldsymbol{K}_{\mathrm{p}} \boldsymbol{B}_{\mathrm{s}}^{1/2} \boldsymbol{w}_{\mathrm{a}}$，得到 $\boldsymbol{x}_{\mathrm{a}} = \boldsymbol{x}_{\mathrm{b}} + \delta \boldsymbol{x}_{\mathrm{a}}$。

以上 9 个之中，①是**独立**的步骤，预先通过样本统计和经验给定；⑥—⑧构成了**极小化求解**的迭代循环，而之前的②—⑤为其提供输入。

顺便指出，这个实施路线图也形成了变分同化软件系统的**主程序流程图**：

```
PROGRAM Grapes3dvar
!++++++++++++++++++++++++++++++++++++++++++++++++++++++++++++++++++++++++
  ......
  IMPLICIT NONE

  TYPE (type_xb)       :: xb      ! First guess structure
  TYPE (type_be)       :: be      ! Background error structure
  TYPE (type_ob)       :: yo      ! Observation structures, including ob. and
  TYPE (type_y)        :: d       ! Innovation vector: d=H(xb)-yo

  REAL, ALLOCATABLE    :: w(:)    ! Control variable
  TYPE (type_x)        :: dxa     ! =KU*w
!------------------------------------------------------------------------
! [1.0] Setup background field xb and its errors:
! [1.1] Read background field xb:
  CALL AllocateTypeXb(xb)
  CALL SetupFirstGuess( xb )
! [1.2] Set up background error structure:
  CALL  AllocateBe(be)
  CALL  SetupBackgroundErrors( be )
!------------------------------------------------------------------------
```

```
! [2.0] Set up observation structure:
  CALL  AllocateYo( yo )
  CALL  SetupObs( yo )
!-----------------------------------------------------------------------------
! [3.0] Calculate innovation vector:  d=H(xa)-yo
  CALL  AllocateY( yo,d)
  CALL  Innovation( xb, yo, d )
!-----------------------------------------------------------------------------
! [4.0] Perform minimisation of cost function
  ALLOCATE( w(1:be % wsize) )
  w(1:be % wsize) = 0.0
  CALL  Minimize( be, yo, d, w )
  CALL  DeallocateYo( yo )
  CALL  DeallocateY( yo,d )
!-----------------------------------------------------------------------------
! [5.0] Convert optimal control variable to model space increments:
  CALL  AllocateX ( miy_l, mjx_l, mkp, dxa )
  CALL  TransfWToDxa( be, w, dxa )
  DEALLOCATE( w )
  CALL  DeallocateBe(be)
!-----------------------------------------------------------------------------
! [6.0] Update xa:   xb=xb + dxa
  CALL  UpdateXa( dxa, xb )
!-----------------------------------------------------------------------------
! [7.0] Output the incremental analysis (dxa) and full analysis (xa)
  CALL  OutputAnalysis( dxa,xb )
  CALL  DeallocateX(dxa)
  CALL  DeallocateTypeXb(xb)
!-----------------------------------------------------------------------------
  STOP
END PROGRAM Grapes3dvar
```

(3)　**主要计算步骤**

对于这个极小化求解的迭代循环，主要计算步骤：

①计算新息向量：$\boldsymbol{d}=[\boldsymbol{y}_{\mathrm{o}}-H(\boldsymbol{x}_{\mathrm{b}})]$；

②赋控制变量初值：$\boldsymbol{w}=0$；

③给定收敛判据，在极小化求解的迭代循环中顺序计算：

目标泛函：$J_{\mathrm{b}}=\dfrac{1}{2}\boldsymbol{w}^{\mathrm{T}}\boldsymbol{w}$；

$$\boldsymbol{B}_{\mathrm{s}}^{1/2}\boldsymbol{w},$$

$$\delta\boldsymbol{x}=\boldsymbol{K}_{\mathrm{p}}\boldsymbol{B}_{\mathrm{s}}^{1/2}\boldsymbol{w},$$

$$\boldsymbol{H}\delta\boldsymbol{x}=\boldsymbol{H}\boldsymbol{K}_{\mathrm{p}}\boldsymbol{B}_{\mathrm{s}}^{1/2}\boldsymbol{w},$$

$$[\boldsymbol{H}\delta\boldsymbol{x}-\boldsymbol{d}]=(\boldsymbol{H}\boldsymbol{K}_{\mathrm{p}}\boldsymbol{B}_{\mathrm{s}}^{1/2}\boldsymbol{w}-\boldsymbol{d}),$$

$$J_{\mathrm{o}};$$

目标泛函梯度：$\boldsymbol{R}^{-1}[\boldsymbol{H}\boldsymbol{K}_{\mathrm{p}}\boldsymbol{B}_{\mathrm{s}}^{1/2}\boldsymbol{w}-\boldsymbol{d}]=\boldsymbol{R}^{-1}[\boldsymbol{H}\delta\boldsymbol{x}-\boldsymbol{d}]$，

$$\boldsymbol{H}^{\mathrm{T}}\boldsymbol{R}^{-1}[\boldsymbol{H}\boldsymbol{K}_{\mathrm{p}}\boldsymbol{B}_{\mathrm{s}}^{1/2}\boldsymbol{w}-\boldsymbol{d}]=\boldsymbol{H}^{\mathrm{T}}\boldsymbol{R}^{-1}[\boldsymbol{H}\delta\boldsymbol{x}-\boldsymbol{d}],$$

$$(\boldsymbol{B}_{s}^{1/2})^{\mathrm{T}}\boldsymbol{K}_{\mathrm{p}}{}^{\mathrm{T}}\boldsymbol{H}^{\mathrm{T}}\boldsymbol{R}^{-1}[\boldsymbol{H}\boldsymbol{K}_{\mathrm{p}}\boldsymbol{B}_{\mathrm{s}}^{1/2}\boldsymbol{w}-\boldsymbol{d}],$$

$$\nabla_{\mathrm{w}}J(\boldsymbol{w});$$

④极小化求解迭代循环直至达到收敛判据，得到最优解 $\boldsymbol{w}_{\mathrm{a}}$。

最优化算法(作为专业算法)的计算代码，除了可以自己开发，一般有开发好的程序包可供选用，如 L-BFGS 算法的 Fortran90 程序包。

7.2　一体化和模块化的编程顶层设计

7.2.1　一体化的编程设计

软件系统工程上，一体化的基本思想是：①最大程度地一套**共用**，而不是多套独立，②各子系统是通过**统一**的软件标准和**共享**的代码程序成为整体系统的“组成部分”。它有诸多好处，例如：①**减少重复**；②便于更新；③便于仅一套公用源代码的维护；④减少多套会说不清楚带来结果和讨论的不确定性。

“一体化气象数值预报系统”（参见1.2.3节）是多尺度统一模式系统，包含“共用统**一动力模式框架**和统**一编码**（即执行统一软件标准和共享相同部分代码程序）”的可插拔的中尺度、短期和中期天气预报、月－季－年气候预测等气象预报预测子系统，而有别于全球NWP系统、区域NWP系统、台风NWP系统等“多套独立的气象数值预报系统”。

一体化的编程设计是“一体化”基本思想在代码程序编写上的体现，主要是指系统框架本身**各模块**以及**关联组成部分**（如观测资料的预处理部分）：①使用相同一致的计算公式；②执行统一和规范的编程标准（参见7.3节“标准化的编程”）；③**最大程度地共用**一套（不是多套）相同的变量名、派生数据结构、源代码程序、脚本的编译连接选项。例如定义和使用相同的公用常数/变量的模块文件（ModuleConstants.f90）和派生数据结构的模块文件（ModuleTypedefine.f90）。

7.2.2　模块化的编程设计

模块化设计的基本思想是：①将软件系统**分成很多的模块**；模块**尽可能明确**、**独立**而分开，也就是，②**模块内**“高聚合”：模块自身功能明确、组成模块的程序（软件代码）本身独立（参见7.3节“标准化的编程”），可扩展性强；③**模块间**“低耦合”：易插拔式地调用，可移植性强；④模块的对外**接口**尽可能简单、清晰。

以资料同化系统（das：data assimilation system）为例，模块化的编程设计可以体现在**系统**目录结构、**源程序组织**结构和模块文件、**源程序**本身等方面的做法上。

7.2.2.1　系统目录结构的模块化

资料目录data（包括输入和输出目录）与**系统软件**目录ver1.0分开。这样的做法不仅使得功能明确、本身独立，另一个好处是：资料目录通常因为存放大量资料会占有很大的空间，这样分开的做法便于系统软件的备份、下载和移植。

在系统软件目录中，**源程序代码**目录src与系统软件的配置文件、运行脚本文件、系统编译时产生的库文件、模块文件和目标文件等目录分开。因为源程序代码占存放空间很小，所以这样分开做法的另一个好处是便于源程序代码的备份。

以GRAPES变分同化系统为例，软件系统的目录结构图示如下：

其中，das/ver1.0/configs/存放fortran编译器的系统编译配置文件；das/ver1.0/libdir、moddir和objdir/分别是存放系统编译时产生的库文件、模块文件和目标文件；das/ver1.0/rundir/存放执行系统编译和运行的脚本文件。

```
das
  data
    input
    output
  ver1.0
    configs
    libdir
    moddir
    objdir
    rundir
    src
```

7.2.2.2 源程序代码组织结构的模块化

（1） **功能上的模块化：源程序代码的子目录和模块文件**

按照**功能**和**性质**组建源程序模块；由此来组织所有的源程序代码。具体地，由完成**某一功能**或有着**相近性质**的子程序在一起形成**一个模块文件**，放在同一**子目录**下；这个模块文件将该子目录下的所有子程序通过 include 方式包含其中；命名规则是：子目录××××下模块文件 Module××××.f90。

例如：子目录 Minimization/下的模块文件 ModuleMinimization.f90，包含与极小化有关的源程序代码文件(如：确定方向、确定步长、可能遇到问题的报警、是否收敛的检查、迭代过程必要信息的打印输出等代码文件)。

```
MODULE module_minimization
!+++++++++++++++++++++++++++++++
! Description:
!
! Current Code Owner:
!
! History:
!
!  ... ... ... ... ... ... ...
!
!+++++++++++++++++++++++++++++++
!

  IMPLICIT NONE

  CONTAINS

    INCLUDE  'Minimize.f90'
    INCLUDE  'FDirectn.f90'
    INCLUDE  'FdStep.f90'
      INCLUDE  'VD05BD.f90'
    INCLUDE  'MiniWarning.f90'
    INCLUDE  'MiniCheck.f90'
    INCLUDE  'MiniPrint.f90'

END MODULE module_minimization
```

顺便说明，每一子目录下都有执行源程序编译的 make 脚本文件，命名为 Make_××××。

（2）　**同化系统的功能模块即子目录：具体实例**

以 GRAPES 变分同化系统为例，所有源程序代码都在目录src 之下，功能模块如下：

- src
  - Background
  - Constants
  - DefineStructures
  - Dynamics
  - Eigen
  - Interpolation
  - JJgrad
  - Main
  - Minimization
  - ObsBda
  - ObsGts
  - ObsInterface
  - ObsTovs
  - Output
  - Physics

其中，Background/与背景场（状态空间）有关的模块文件；包括：背景场的读入、其误差协方差解析模型的构造、分析增量对它的更新即分析场的产生等。

Constants/定义公共变量和设置常量的模块文件。

DefineStructures/定义所有派生数据类型和分配/释放其内存空间的模块文件。

Dynamics/用于物理参量变换（速度分解和准平衡）的动力约束关系的模块文件。

Eigen/用于垂直变换的矩阵特征值分解的模块文件。

Interpolation/水平、垂直空间插值（线性插值、三次样条插值）的模块文件。

JJgrad/计算目标函数及其梯度（但不包括与观测算子有关的部分）的模块文件。

Main/系统的主程序源文件。

Minimization/与极小化有关的模块文件。

ObsBda/台风 BDA（Bogus Data Assimilation）人造资料的观测算子（包括正演、切线性及其伴随）的模块文件。

ObsGts/GTS 常规资料的观测算子（包括正演、切线性及其伴随）的模块文件。

ObsInterface/观测算子接口的模块文件。

ObsTovs/辐射率观测资料的观测算子的模块文件。

Output/输出分析增量场和分析场的模块文件。

Physics/存放计算物理量之间诊断关系的模块文件。

（3）　**变分同化系统几个主要功能的模块化编程设计：核心框架，观测算子，新观测接入**

• 处理 $\boldsymbol{B}^{-1}$ 的**核心框架**。主要在 src/JJgrad /目录下，对应数学计算公式 $\boldsymbol{K}_{\mathrm{p}}\boldsymbol{B}_{\mathrm{s}}^{1/2}\boldsymbol{w}$ 的源程序为：TransfWToDxa. f90；它包含：

$\boldsymbol{B}_s^{1/2}$:TransfWToWh. f90,为向量空间变换的水平变换部分(水平相关的空间变换),

TransfWhToWv. f90,为其垂直变换部分(垂直误差协方差矩阵的特征值分解);

$\boldsymbol{K}_p$:TransfWvToDxa. f90,为物理参量变换的速度分解和准动力平衡。

其中的 $\boldsymbol{K}_p$ 这个明确功能(即物理参量变量)又独立地放在专门分开的src/**Dynamics**/目录下;$\boldsymbol{B}_s^{1/2}$ 所需要的误差协方差解析模型的一些预先给定(包括水平相关特征长度尺度的给定:SetupRRh. f90,垂直误差协方差矩阵的构造:SetupBv. f90)放在与背景场相关的 src/**Background** 目录下;而特征值分解的专业算法模块放在 src/**Eigen** 目录下。

• 不同类型观测资料所对应的**观测算子**和它的切线性算子及其伴随算子。主要在源程序 src/Obs**XXX**(Obs**Gts**、Obs**Tovs**、Obs**Bda**)目录下,对应数学计算公式 $H(\boldsymbol{x}_b)$、$\boldsymbol{H}\delta\boldsymbol{x}$ 和 $\boldsymbol{H}^T\boldsymbol{R}^{-1}[\boldsymbol{H}\delta\boldsymbol{x}-\boldsymbol{d}]$;对于三维变分,一般地,观测算子包含质量控制、变量变换和空间变换,即 $H=H_{qc}H_pH_s$;当 H 为线性时(如水平双线性插值),H 和它的切线性算子 $\boldsymbol{H}$ 相同。此外,观测误差参量($\boldsymbol{R}^{-1}$)的一些预先给定(标准差)在 src/**Constants** 目录下 ModuleConstants. f90。

• **新类型观测的接入**。按观测资料类型组织程序模块;欲接入新类型观测,只涉及两步工作:①在 src/ObsInterface/目录下**接口程序模块**ModuleObsInterface. f90 中增添新观测的开关和接口;②**建立新的子目录**src/ObsXXXX/,在该目录下,根据新观测的观测算子增添新的观测模块文件及其子程序;而这个步骤可完全参照已有观测功能模块(如:简单的情形可参照 src/ObsGts/,较为复杂的情形可参考 src/ObsTovs/)来实现。这不仅充分体现了模块化的编程设计,更显示了由此可以在思路上和结构上**相当方便、简单和清晰地**加入新类型观测的资料同化模块。

以上从源程序代码的组织结构(即它的子目录和模块文件)角度,说明模块化编程设计的基本思想和做法。

7.2.2.3 源程序代码本身的"模块化"

"**尽可能明确、独立**而分开"这一基本思想也体现在**源程序代码**本身的编写上,使得一个个源程序功能明确和自身独立,即模块化编程。例如,**资料读取**和**数据处理**彼此独立,即:数据的**读取程序**不对数据做任何处理;使用数据所**必需的变换**(如量级变换、位势与位势高度的变换)集中在一个子程序中。上面提及的 SetupRRh. f90 和 SetupBv. f90 也是体现模块化编程的实例。

由此,不仅使得一个个源程序功能明确和自身独立,而且便于它内容扩展和方法改进,更易于程序调用的"模块化",和保障程序流程的步骤清晰而减少出错环节。

7.3 标准化的编程

在明确了软件系统的框架内容和顶层设计之后,便落在系统开发上的源程序**代码**的编写。标准化的编程,简言之,就是统一和规范化的编程,是**按照一定的规范、规则**编写源程序代码,使程序代码**高度组织化、计算高效、通用、易读、易于维护**(金之雁等,2001),且以这些性能特征保障编程的**正确性**。

7.3.1 标准化编程的一些具体做法和良好习惯

实际的系统开发中,标准化编程在点滴之中;下面结合 GRAPES 变分同化系统的开发实践，以具体的做法来体现标准化编程的若干方面。

（1） **编程语言上的规范**

- 采用统一的Fortran90计算机语言；只调用同化系统自己内部的模块和子程序以及包含在Fortran90标准库里的内部函数。这可保障系统的**通用性**和**可移植性**。也因此，不建议使用与机器有关的代码；如果特别需要使用（如为了提高程序运行效率），要尽可能将这些代码文件与其他代码文件分开，并放在另外的统一文件目录中；如果向其他机器移植，也很清楚那些文件需要做依赖于某一计算机平台的相应改动。

（2） **具体编程时源程序代码的结构和形式规范**

- 每个程序都要有注释说明的头文件；一般放在程序开头，内容包括：本程序/模块的功能描述、所用方法、接口的说明、有关数据的说明、开发历史等。这便于**易读**。例如：

```
SUBROUTINE Minimize( be, yo, d, w )
!+++++++++++++++++++++++++++++++++++++++++++++++++++++++++++++++++++++++++
! Description:
!   Allocates and calculates the control variable
!
! Method:
!   The limited memory BFGS (LBFGS) algorithm
!
! Current code owner: RCNMP
!
! History:
! Version    Date          Comment
! -------    ----          -------
!
! Code Description:
!   Language:             Fortran 90.
!
! Parent module:
!   module_minimization
!
!+++++++++++++++++++++++++++++++++++++++++++++++++++++++++++++++++++++++++
 USE module_constants,  ONLY : file_mininfo, file_minerror
 USE module_typedefine, ONLY : type_be, type_ob, type_y
 USE module_jjgrad,     ONLY : CalculateJ, GradJ

 IMPLICIT NONE
!* Subroutine arguments:
  TYPE (type_be), INTENT(in)    :: be    ! Background error structure
  TYPE (type_ob), INTENT(in)    :: yo    ! Obs. structures, including:
                                         ! obs. value and its error variance
  TYPE (type_y),  INTENT(in)    :: d     ! Innovation vector: d=H(xa)-yo
  REAL,          INTENT(inout)  :: w(:)! Control variable
!* End of Subroutine arguments

!* Local parameters:
! A loop counter:
  INTEGER :: iter     ! The loop for the iteration in the inner loop
  INTEGER :: istp     ! The loop for finding the step
```

- 所有单个程序（主程序/模块程序/子程序）中完全显示其常数/变量名、派生数据类型和子程序的出处，保障程序的自身**独立性**和**模块化**调用，为此：

  ①所有单个程序采用ONLY的引用模块方式，即“USE module_×××，ONLY ：aaa，bbb，…”，必须指明所使用的常数/变量名、派生数据类型和子程序。

  ②每个程序包括IMPLICIT NONE语句，关掉隐含类型；所有变量必须显式定义。

- 所有哑元必须清楚地说明它的**意向**（INTENT）属性，即INTENT（in/inout/out）；in/inout/out分别说明哑元是作为输入且以后不变的量、或是作为输入但以后变化的量、或是输出量。这便于**易读**，且助于代码查错（编译器会由此捕获一些可能的错误）。

（3） **编程时的具体细节**

- 编写程序内容时，Fortran语言特殊语义字符（蓝色字符）统一用大写（REAL，IF，…）；采用一目了然的同级平行排列、逐级缩进的方式；等。

- 为便于程序的数据流和控制结构清晰**易读**,不建议使用“COMMON、EQUIVELANCE”数据流语句和“GO TO”转向执行语句等FORTRAN语言的过时特性。GO TO语句和语句标号只能在程序出现异常情况需要立即退出时才能使用,即允许使用GO TO语句的唯一例外,是在出现错误时跳到程序的末尾处,这时用9999作为语句标号(这样可使所有人都知道GO TO 9999的意思)。
- 根据高性能计算机的并行计算要求编写程序,以便减少模式计算时间,提高模式**计算效率**,同时要求模式程序具有串行与并行、不同计算机系统之间的兼容性。

(4) **目录和文件、程序和变量等的命名规则**

- 为便于**组织**和**易读**,目录、模块、主/子程序(及其文件名)、函数(及其文件名)、派生数据类型和变量有**统一**的命名规则,如:

①选择一个有意义的名称,在编程中始终不变。

②源程序代码的目录和之下模块文件的命名规则是:目录××××下模块文件Module××××.f90。

③对于目录和文件名(包括模块、主/子程序、函数名的文件名),不同词义的首字母大写,如:TransfWToDxa.f90(从控制变量$\boldsymbol{w}$到分析变量增量$\delta \boldsymbol{x}$的控制变量变换)。

④主/子程序和函数的文件名与它包含的程序名和函数名一致,如Minimize.f90文件包含SUBROUTINE Minimize子程序。

⑤模块名全部用小写,字之间用下划线,并以前缀module_开头,如module_constants;派生数据类型名全部用小写,字之间用下划线,并以前缀type_开头,如type_ob。

⑥派生数据类型名称不能与变量名同名,类似的还有模块名、子程序名、函数名等。

⑦不要用大小写来区分命名,特别是变量名,即不用AA和aa来命名不同的变量。

以上谈不上是专业性的要求,但作为研发实践中实用性的规范、规则,不仅提供标准化编程的多方面示例,还可以提供一些良好编程习惯的借鉴。

7.3.2 标准化编程的重要性和高质量源程序代码

结合**自主**研发、**众人**参与、**持续**发展的GRAPES变分同化系统,可以从以下方面理解标准化编程的重要性:

- 作为**一个软件系统**,说到底,它的最终实物就是**源程序代码和脚本**。
- 作为一个**需众人参与**的软件系统,它是一个**团队协作、开放合作的平台**;因为标准化的编程才可能有统一和规范的软件系统版本,进而才可能保障众人“**能**”**做到一起来**。所以,标准化的编程是必要条件,统一和规范的软件系统版本是至关重要的合作平台。
- 作为一个**要持续发展**的软件系统,它是一个**科技工程平台**;也就是,它是当前**所基于的**平台和未来**旨在发展的**科技工程。所以,不论从循序渐进的过程还是从持续长远的结果上讲,或至少在研发阶段,可持续的软件系统版本本身就是**研发工作的重心**;而标准化的编程才能够保障可持续的软件系统版本。

相反,编程和软件系统版本的不统一和不规范有严重危害和直接后果:

- 将增加研发工作的散乱、程序开发的重复以及导致“清楚讨论问题、正确解决问题”的难度;因此,会使得**当前的工作事倍功半**,不能保障**自主研发的效率**;
- 使得**他日**软件系统版本**日益散乱**,不能保障**可持续**发展;

- 使得**他人难于**介入参与或正确地使用应用，不能保障**合作**发展。

因此，对于**自主**研发、**众人**参与、**持续**发展的软件**平台**和科技**系统工程**，**标准化的编程是前提性的必要条件**，是“**做好工程**”的核心体现；而不注重标准化编程，离开一体化和模块化设计下统一和规范化编程的软件系统版本/平台，很难想象实质性的**团队**、**可持续**的发展以及**合作**发展和**集约**发展，甚至最终是致命的，会终结这项科技系统工程的发展；因为，当程序和脚本没人看得懂了，也就没有了自主研发的能力，更谈不上可持续和合作发展能力。GRAPES变分同化系统的发展经历启示我们：对于科技**系统工程**的软件**平台**，为保障它的可持续和合作发展，**需要最高优先级地注重**一体化和模块化设计、统一和规范化编程的软件系统版本。

从中可见：对于科技系统工程的软件平台，**标准化编程**是**高质量源程序代码的保障**，而“**高质量**”所要求的共识和行为准则在于今日编程、“**他日好用**”而可持续，和自己编程、“**他人好用**”而好合作。

7.4 变分同化系统程序代码的可规范化正确性检验

完成软件系统源程序代码的编写之后，为了产生系统的可执行文件和得到系统包含的正确合理结果，需要对程序代码进行正确性检验。下面将直接对应数学计算公式，对于一个变分同化系统的代码程序，梳理出**可以规范化的**依次逐步的以下正确性检验步骤：

- 程序代码编译、连接和程序调试；是属于任何程序代码的通用检查。以下是属于变分同化系统程序代码的正确性检查。
- 切线性模式的正确性检查。亦或在程序调试之前或同时。
- 伴随模式的正确性检查。亦或在程序调试之前或同时。
- 目标泛函梯度的的正确性检查；是依靠同化系统程序代码本身的最顶层的正确性检查。以下是依靠同化系统运行结果(分析增量)对程序代码的正确性测试检验。
- 单个观测的理想试验测试(单变量分析/多变量分析：检验 $\boldsymbol{B}$ 矩阵的空间相关和物理相关)。
- 实际应用的试验测试(个例/批量试验)。超越了程序代码本身的检查，但是**业务**资料同化系统必需的测试检验。

7.4.1 程序代码编译、连接和程序调试

任何一个高级语言编写的程序代码都首先需要通过编译、连接才能产生可执行程序，然后执行之来运行程序。

不同操作系统的编译器(如dos系统Compaq visual fortran编译器，或unix系统fortran编译器)对程序代码进行编译、连接。在**编译**、**连接**过程中，编译器对代码进行词法和语法分析，会检查、发现代码中存在的相关错误；还可以利用编译选项(如数组越界检查)检查、发现隐藏于代码中的错误。在编译、连接过程中(通过词法和语法分析)发现的这些错误，依照所显示的错误信息，比较容易修改。

所谓程序“调试”(debug)，就是找出程序中的错误，进行修改，使之能够正常地运行(杜维文，1997)。**运行**可执行程序遇到程序崩溃时，可以利用编译的调试选项或使用调试工具，通过确定程序崩溃的位置、显示变量和表达式的值、在程序代码中设置断点以及控制和跟踪程序的

执行等做法，从中分析、排查、进而找出原因和根源，来进行程序调试。

7.4.2 切线性模式的正确性检查

(1) **切线性模式的产生原因和它对应的数学计算公式**

变分同化方法中，切线性模式的产生是因为**增量形式**的目标泛函包含着观测算子的切线性近似(参见5.3.3.1节"切线性近似下的目标泛函增量形式")。因此，7.1.3节的数学计算公式(7.1.1)计算目标泛函时出现 $\boldsymbol{H}\delta\boldsymbol{x}$ 亦即 $\boldsymbol{H}\boldsymbol{K}_{\mathrm{p}}\boldsymbol{B}_{\mathrm{s}}^{1/2}\boldsymbol{w}$：

$$J(\boldsymbol{w})=\frac{1}{2}\{\boldsymbol{w}^{\mathrm{T}}\boldsymbol{w}+[\boldsymbol{H}\boldsymbol{K}_{\mathrm{p}}\boldsymbol{B}_{\mathrm{s}}^{1/2}\boldsymbol{w}-\boldsymbol{d}]^{\mathrm{T}}\boldsymbol{R}^{-1}[\boldsymbol{H}\boldsymbol{K}_{\mathrm{p}}\boldsymbol{B}_{\mathrm{s}}^{1/2}\boldsymbol{w}-\boldsymbol{d}]\},$$

其中的 $\boldsymbol{H}$ 就是观测算子 H 在 $\boldsymbol{x}_{\mathrm{b}}$(亦或内外循环增量形式的 $\boldsymbol{x}_{\mathrm{g}}$)处的**切线性算子**。

变分同化软件系统中对应 H 的切线性算子 $\boldsymbol{H}$ 之源程序代码需要进行正确性检查；这就是该系统的切线性模式的正确性检查。

(2) **其正确性检查的依据和做法**

用 $F(\boldsymbol{x})$ 表示一个非线性模式(它可能是一般矩阵表示，如 $\boldsymbol{x}=(u,v,w,\cdots)$ 的NWP模式：$\boldsymbol{x}(t+1)=M[\boldsymbol{x}(t)]$)，$\boldsymbol{F}(\boldsymbol{x})$ 表示它的切线性模式。对非线性模式 F 做泰勒展开，得到：

$$F(\boldsymbol{x}+a\delta\boldsymbol{x})=F(\boldsymbol{x})+a\boldsymbol{F}(\boldsymbol{x})\delta\boldsymbol{x}+O(a^2),$$

其中，$\delta\boldsymbol{x}$ 是给定的小扰动，a 是一个可变的实数；由此，定义标量函数(邹晓蕾，2009；薛纪善等，2008a)：

$$I(a)=\frac{\|F(\boldsymbol{x}+a\delta\boldsymbol{x})-F(\boldsymbol{x})\|}{a\|\boldsymbol{F}(\boldsymbol{x})\delta\boldsymbol{x}\|}=1+O(a),\tag{7.4.1}$$

其中，$\|\cdot\|$ 表示矩阵的Frobonius范数。如果切线性模式 $\boldsymbol{F}$ 是正确的，那么当 a 趋近于零时，$I(a)$ 趋近于1，即 $\lim\limits_{a\to0}I(a)=1$。

所以，这个标量函数 $I(a)$ 可用于切线性模式的正确性检查；步骤如下：

①给定一个自变量值 $\boldsymbol{x}$，计算非线性模式 $F(\boldsymbol{x})$。

②再给定一个扰动值 $\delta\boldsymbol{x}$，计算切线性模式 $\boldsymbol{F}(\boldsymbol{x})\delta\boldsymbol{x}$ 和 $\|\boldsymbol{F}(\boldsymbol{x})\delta\boldsymbol{x}\|$。

③通过循环，给出 a 由大到小的变化值，如 $a=0.01,0.001,\cdots,1.0\mathrm{E}-12$；对于每个 a 值，计算非线性模式 $F(\boldsymbol{x}+a\delta\boldsymbol{x})$ 和 $\|F(\boldsymbol{x}+a\delta\boldsymbol{x})-F(\boldsymbol{x})\|$。

④对于每个 a 值，计算标量函数 $I(a)$。

如果 $I(a)$ 能够**线性地**以计算机舍入误差的精度位数**接近**1(这是 $I(a)=1+O(a)$ 所要的结果)，则切线性模式 $\boldsymbol{F}$ 通过正确性检查；否则为未通过正确性检查，例如：对于复杂的非线性模式 F，如果它包含大量的if开关结构时，开关的不连续性可能导致其切线性近似误差很大，而不能通过其正确性检查。

步骤③中 a 的变化值，需要同时考虑因为 $\lim\limits_{a\to0}$ 要求 a **足够小**和因为计算机舍入误差影响要求 a **不能过小**。事实上，可以发现：随着 a 越来越小，受计算机舍入误差的影响，$I(a)$ 接近1的精度逐渐降低。

(3) **其正确性检查所涵盖的源程序代码**

H 包含多个独立的功能块；它的切线性算子 $\boldsymbol{H}$ 对应观测算子 H，一般地包括空间插值、变量变换(如同化辐射率资料的辐射传输模式)和时间变换(如四维变分的NWP模式)的切线性算子。由式(7.4.1)可知，变分同化系统的切线性模式正确性检查涵盖了上面这些功能块所

涉及的 $\boldsymbol{H}$ 及其所对应的观测算子 H 之源程序代码。

对于 H 包含的各独立功能块，如果该功能块是线性的（如线性空间插值），则无需进行检查，因为 $\boldsymbol{H}$ 就是 H 的线性项系数本身；如果该功能块又包含它的各分部分及其以**单个子程序**为单元的各子部分（例如复杂的辐射传输模式和更复杂的 NWP 模式），则需要对各个子部分都分别独立地进行其正确性检查，然后，再逐步扩大到分部分、直至完整功能块。

7.4.3　伴随模式的正确性检查

（1）　伴随模式的产生原因和它对应的数学计算公式

变分同化方法中，因为两个方面原因产生伴随模式。因为 $\delta\boldsymbol{x}$ 增量形式而包含着观测算子的切线性近似项 $\boldsymbol{H}\delta\boldsymbol{x}$，因为是对控制变量 $\boldsymbol{w}$（而不是 δx）进行极小化求解而包含着控制变量变换 $\delta\boldsymbol{x}=\boldsymbol{K}_p\boldsymbol{B}_s^{1/2}\boldsymbol{w}$，因此 7.1.3 节的数学计算公式（7.1.2）计算目标泛函梯度时出现 $(\boldsymbol{B}_s^{1/2})^T$、$\boldsymbol{K}_p^T$ 和 $\boldsymbol{H}^T$：

$$\nabla_w J(\boldsymbol{w})=\boldsymbol{w}+(\boldsymbol{B}_s^{1/2})^T\boldsymbol{K}_p^T\boldsymbol{H}^T\boldsymbol{R}^{-1}[\boldsymbol{H}\boldsymbol{K}_p\boldsymbol{B}_s^{1/2}\boldsymbol{w}-\boldsymbol{d}];$$

它们分别是向量空间变换 $\boldsymbol{B}_s^{1/2}$、物理参量变换 $\boldsymbol{K}_p$ 和观测切线性算子 $\boldsymbol{H}$ 的伴随算子。

变分同化软件系统中对应 $\boldsymbol{B}_s^{1/2}$、$\boldsymbol{K}_p$ 和 $\boldsymbol{H}$ 的伴随算子 $(\boldsymbol{B}_s^{1/2})^T$、$\boldsymbol{K}_p^T$ 和 $\boldsymbol{H}^T$ 之源程序代码需要进行正确性检查；这就是该系统的伴随模式的正确性检查。

需要指出，如果 $\boldsymbol{B}_s^{1/2}$、$\boldsymbol{K}_p$ 包含了非线性变换（如 $\boldsymbol{K}_p$ 包含质量场和风场之间的非线性平衡方程、而不是线性平衡方程），则需要先对该非线性变换进行线性化（也需要进行 7.4.2 节的切线性模式正确性检查），此时的 $(\boldsymbol{B}_s^{1/2})^T$、$\boldsymbol{K}_p^T$ 是对应其线性化模式的伴随模式（虽然其线性模式不出现在 $J(\boldsymbol{w})$ 和 $\nabla_w J(\boldsymbol{w})$ 的计算公式里）。简明起见，$\boldsymbol{B}_s^{1/2}$、$\boldsymbol{K}_p$ 为线性算子，如：$\boldsymbol{B}_s^{1/2}$ 用谱展开/特征值分解，$\boldsymbol{K}_p$ 用线性平衡方程。

（2）　其正确性检查的依据和做法

已知线性变换算子 $\boldsymbol{A}$（矩阵）及其伴随算子 $\boldsymbol{A}^*$，那么对于任意向量 $\boldsymbol{x}$ 和 $\boldsymbol{y}$，有：

$$\langle \boldsymbol{y},\boldsymbol{A}\boldsymbol{x}\rangle=\langle \boldsymbol{A}^*\boldsymbol{y},\boldsymbol{x}\rangle, \tag{7.4.2}$$

式中，$\langle\rangle$ 表示向量的内积。

因为 $\langle \boldsymbol{y},\boldsymbol{A}\boldsymbol{x}\rangle=\langle \boldsymbol{A}^T\boldsymbol{y},\boldsymbol{x}\rangle$，所以 $\boldsymbol{A}^*=\boldsymbol{A}^T$。

变分同化系统中，伴随算子 $(\boldsymbol{B}_s^{1/2})^T$、$\boldsymbol{K}_p^T$ 和 $\boldsymbol{H}^T$ 所对应的线性化模式 $\boldsymbol{B}_s^{1/2}$、$\boldsymbol{K}_p$ 和 $\boldsymbol{H}$ 都是在某一**给定值**处的线性算子（如 $\boldsymbol{H}$ 是在 x_b（亦或内外循环增量形式的 x_g）处的线性算子），所以都是矩阵。因此，由上面矩阵伴随算子的定义可知，伴随算子 $(\boldsymbol{B}_s^{1/2})^T$、$\boldsymbol{K}_p^T$ 和 $\boldsymbol{H}^T$ 就是 $\boldsymbol{B}_s^{1/2}$、$\boldsymbol{K}_p$ 和 $\boldsymbol{H}$ 这些矩阵的转置。

依据式（7.4.2）进行伴随模式的正确性检查；步骤如下：

①给定切线性模式 $\boldsymbol{A}$ 的一个输入值 $\boldsymbol{x}_0$，由切线性模式先计算 $\boldsymbol{y}_0=\boldsymbol{A}\boldsymbol{x}_0$，再计算 $\boldsymbol{y}$ 空间的内积 $\langle \boldsymbol{y}_0,\boldsymbol{y}_0\rangle$；它就是式（7.4.2）的左端内积：$\langle \boldsymbol{y}_0,\boldsymbol{A}\boldsymbol{x}_0\rangle$。

②将已计算得到的 $\boldsymbol{y}_0(=\boldsymbol{A}\boldsymbol{x}_0)$ 作为伴随模式 $\boldsymbol{A}^*$ 的输入值，由伴随模式先计算 $\boldsymbol{x}^*=\boldsymbol{A}^*\boldsymbol{y}_0$，与之前的给定输入值 $\boldsymbol{x}_0$ 一起，再计算 $\boldsymbol{x}$ 空间的内积 $\langle \boldsymbol{x}^*,\boldsymbol{x}_0\rangle$；它就是式（7.4.2）的右端内积：$\langle \boldsymbol{A}^*\boldsymbol{y}_0,\boldsymbol{x}_0\rangle$。

如果伴随模式是正确的，不考虑计算机舍入误差的计算精度，则两次计算得到的内积应该是**严格相等的**（因为式（7.4.2）是一个**严格**等式，是基于伴随模式的定义；这不同于切线性模式的正确性检查，是基于泰勒展开的切线性近似）。

(3) **其正确性检查所涵盖的源程序代码**

由式(7.4.2)可知,变分同化系统的伴随模式正确性检查涵盖了$(\boldsymbol{B}_s^{1/2})^T$、$\boldsymbol{K}_p^T$ 和 $\boldsymbol{H}^T$ 及其所对应的线性化模式 $\boldsymbol{B}_s^{1/2}$、$\boldsymbol{K}_p$ 和 $\boldsymbol{H}$ 之源程序代码。

7.4.4 目标泛函梯度的正确性检查

(1) **泛函梯度的产生原因和它对应的数学计算公式**

变分同化方法中,泛函梯度的产生是因为所采用的最优化算法。对于实际应用的变分同化方法,求解其目标泛函极小化是一个控制变量维数很大的无约束最优化问题;因此,只需利用泛函值就能求解的简单最优化算法(如单纯形算法)或是需要利用泛函二阶偏导矩阵(Hessian 矩阵)的收敛快的牛顿法都无法采用。通常采用的是拟牛顿法或共轭梯度法;它们是需要泛函**一阶导数**的最优化算法。例如,GRAPES 变分同化系统采用 L-BFGS 方法;它属于拟牛顿法,是一种利用目标泛函值和一阶导数的信息构造出Hessian 矩阵的逆的近似矩阵来进行极小化的数值迭代求解(参见 5.4.2 节“实施最优化下降算法的具体做法”)。

变分同化方法目标泛函梯度的数学公式即 7.1.3 节数学计算公式的式(7.1.2):

$$\nabla_w J(\boldsymbol{w}) = \boldsymbol{w} + (\boldsymbol{B}_s^{1/2})^T \boldsymbol{K}_p^T \boldsymbol{H}^T \boldsymbol{R}^{-1} [\boldsymbol{H}\boldsymbol{K}_p \boldsymbol{B}_s^{1/2} \boldsymbol{w} - \boldsymbol{d}]。$$

变分同化软件系统中计算$\nabla_w J(\boldsymbol{w})$之源程序代码需要进行正确性检查;这就是该系统的目标泛函梯度的正确性检查。

(2) **其正确性检查的依据和做法**

不论是依据还是做法,目标泛函梯度的正确性检查与切线性模式的正确性检查相类似。只是对于非线性模式 $F(\boldsymbol{x})$,它可能是一般矩阵表示;而对于泛函 $J(\boldsymbol{w})$,它是一个**标量**。对泛函 J 做泰勒展开,得到:

$J(\boldsymbol{w}+a\delta\boldsymbol{w}) = J(\boldsymbol{w}) + a\delta\boldsymbol{w}^T \nabla J + O(a^2)$;由此,定义标量函数:

$$I(a) = \frac{J(\boldsymbol{w}+a\delta\boldsymbol{w}) - J(\boldsymbol{w})}{a\langle \nabla J, \delta\boldsymbol{w}\rangle} = 1 + O(a)。 \tag{7.4.3}$$

它用于泛函梯度的正确性检查;也就是,如果泛函梯度∇J 是正确的,那么当 a 趋近于零时,$I(a)$趋近于 1,即 $\lim\limits_{a\to 0} I(a) = 1$。

(3) **其正确性检查所涵盖的源程序代码**

由式(7.4.3)可知,泛函梯度的正确性检查涵盖了目标泛函值 $J(\boldsymbol{w})$及其梯度$\nabla_w J(\boldsymbol{w})$之源程序代码。

由 7.1.2 节和 7.1.3 节可知,$J(\boldsymbol{w})$和$\nabla_w J(\boldsymbol{w})$的计算属于变分资料同化软件系统中编程实现的主体内容,涉及大部分和主要的系统源程序代码。因此,目标泛函梯度的正确性检查是依靠系统程序代码本身的最顶层的正确性检查。

7.4.5 单个观测的理想试验测试(检验 **B** 矩阵的空间相关和物理相关)

7.4.5.1 检验的依据

可以依靠系统**运行结果**即分析增量的输出来对系统**程序代码**进行正确性检验。检验的依据是因为:对于变分同化方法,可以相当简单地得到单个观测所产生的分析增量的解析解;于是,可以进行变分同化软件系统的同化单个观测的试验测试,通过对比**试验输出的**分析增量与**解析解**来检验系统程序代码的正确性。

由 2.6 节“变分方法”或 5.3.1 节中相关的“理论上目标泛函极小化的求解”可知，能够得到变分同化方法在观测算子 H 于 $\boldsymbol{x}_b$ 处的切线性近似条件下的显式的解析解，即式(2.6.2)或式(5.3.2)：

$$\boldsymbol{x}_a=\boldsymbol{x}_b+\boldsymbol{W}[\boldsymbol{y}_o-H(\boldsymbol{x}_b)]，亦即\ \delta\boldsymbol{x}=\boldsymbol{Wd}=\boldsymbol{BH}^{\mathrm{T}}(\boldsymbol{HBH}^{\mathrm{T}}+\boldsymbol{R})^{-1}[\boldsymbol{y}_o-H(\boldsymbol{x}_b)]。$$

对于**单个观测**的同化，将测站置于格点 k 上，考虑分析变量和观测变量相同(如同为位势高度，或同为相对湿度)和三维变分，此时 $H=\boldsymbol{H}^{\mathrm{T}}=1$(无需空间插值、变量变换和时间变换，且只有一个观测)，则(三维空间)任一格点 i 上分析增量的**解析解**(亦可参见 4.3.2 节中相关的“观测信息的权重与传播平滑”的式(4.3.1b))为：

$$\delta x_a(i)=b(i,k)/[b(k)+o(k)]\times d(k)；\tag{7.4.4a}$$

式中，$b(k)$、$o(k)$分别是格点 k 上背景场误差和观测误差的方差，$b(i,k)$是不同格点(i,k)之间的背景场误差协方差。

7.4.5.2　做法

依据式(7.4.4a)，可以用两种做法进行同化系统的理想试验测试：单个观测的单变量分析和多变量分析。其中的单变量分析检验 $\boldsymbol{B}$ 矩阵的空间相关，多变量分析检验 $\boldsymbol{B}$ 矩阵的空间相关和物理相关。

初期 GRAPES 变分同化系统，其分析变量 $\boldsymbol{x}$ 包含 u、v、Φ 和 rh(即水平风、位势和相对湿度)，其中的湿度场变量 rh 与其他分析变量不相关；在物理参量变换 $\boldsymbol{K}_p$ 中考虑(风场 u、v 和质量场 Φ 之间)**地转平衡**，在向量空间变换 $\boldsymbol{B}_s^{1/2}$ 中考虑**高斯型**的水平相关模型。简明起见，以此系统为例，说明具体的做法。

(1)　**单个观测的单变量分析**

因为分析变量 $\boldsymbol{x}$ 中的湿度场变量与其他分析变量不相关，所以进行同化系统的单变量 rh 分析的理想试验；试验设置为：①所同化的观测资料仅是单个观测 rh_o，②把该观测置于格点 k 上，于是它的观测增量 $d(k)=(rh_o-rh_b)$；③并设置背景场和观测有相同的误差方差：$b(k)=o(k)$。

而对应这个理想试验设置，由式(7.4.4a)，可以得到其解析解：

$$\delta rh_a(i)=b(i,k)/[2\times b(k)]\times d(k)=0.5\times\rho(i,k)\times(rh_o-rh_b)；\tag{7.4.4b}$$

式中，$\rho(i,k)$是不同格点(i,k)之间背景场误差的空间**相关**。

- 在格点 k 上，因为 $\rho(k,k)=\rho(k)=1$，所以很简单地得到：
$$\delta rh_a(k)=0.5\times(rh_o-rh_b)。$$
- 水平二维上，因为考虑**高斯型**的水平相关模型，$\delta rh_a(i)$表现为中心极值在格点 k 上且等于 $0.5\times(rh_o-rh_b)$的**一个个同心圆等值线**；对应在一维上(即水平的单个方向上)，$\delta rh_a(i)$表现为极值在格点 k 上且等于 $0.5\times(rh_o-rh_b)$的**一条高斯曲线**。
- 对于其他分析变量，因为与湿度场变量无关，所以 $\delta u_a(i)=\delta v_a(i)=\delta\Phi_a(i)=0$。

尽管由于极小化迭代求解存在收敛判据的限制及计算机的计算精度等原因，同化系统的运行结果不会与解析解严格相等，但对比(单个湿度观测的单变量 rh 分析的)理想试验结果与其解析解，可以用来测试检验系统程序代码的正确性；也就是，如果系统程序代码是正确的，那么理想试验的结果和解析解在数值上相当接近，在形状特征上表现一致(即同心圆等值线/高斯曲线)。

(2)　**单个观测的多变量分析**

因为在物理参量变换 $\boldsymbol{K}_p$ 中考虑**地转平衡**，即分析变量 $\boldsymbol{x}$ 中 u、v、$\Phi(=gz)$的增量之间存

在地转关系，所以可以进行同化系统的 u、v、Φ 的多变量分析的理想试验。试验设置和单变量 rh 分析的情形相类似，不同的只是所同化的**单个观测**分别是位势高度 z_o 或风场 u_o 或 v_o。

对应这个多变量分析理想试验，它的解析解由式(7.4.4a)可以得到；例如，如果单个观测是在格点 k 上的位势高度 z_o，则 z、u、v、rh 的分析增量为：

$$\delta z_a(i)=0.5\times\rho_{zz}(i,k)\times(z_o-z_b),$$
$$\delta u_a(i)=C_{zu}\times\rho_{zu}(i,k)\times(z_o-z_b),$$
$$\delta v_a(i)=C_{zv}\times\rho_{zv}(i,k)\times(z_o-z_b);$$
$$\delta rh_a(i)=0。$$

式中，ρ_{zz} 是位势高度背景场误差的单变量**自相关**，ρ_{zu}、ρ_{zv} 分别是 u、v 与 z 之间的背景场误差的**互相关**；简明起见，用 C_{zu}、C_{zv} 表示(对应于 ρ_{zu}、ρ_{zv} 的)由 u、v 与 z 之间地转关系和其他常数因子产生的系数。而对于高斯分布的水平相关以及地转关系的 u、v 与 z，则 ρ_{zz}、ρ_{zu}、ρ_{zv} 的(二维)水平相关的**解析模型**见图 7.4.1；它表示：对于一个$(z_o-z_b)>0$ 的位势高度观测，它通过高斯分布的空间水平相关产生一个圆形的、在中心点最大的、**正的**位势高度分析增量区(高值区)，通过地转关系的物理相关产生围绕位势高度高值区的**顺时针旋转的**风场分析增量。

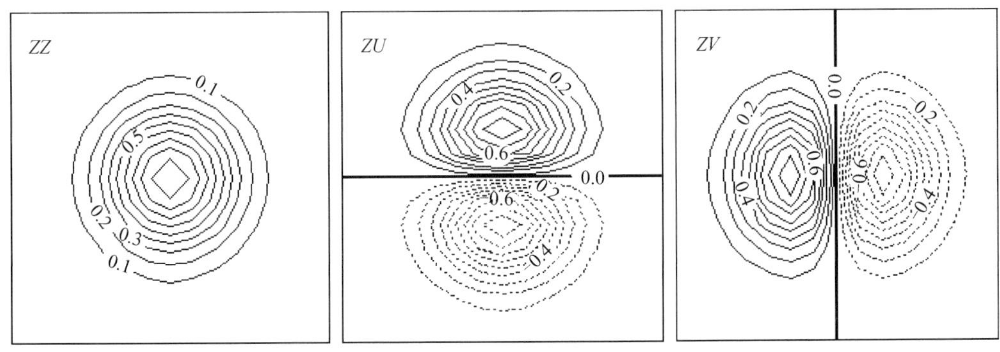

图 7.4.1 **B** 矩阵中多变量之间的水平相关的解析模型

(使用 u、v、Φ 之间的地转关系和高斯分布的水平相关)

由此，可以用来测试检验系统程序代码的正确性；也就是，如果系统程序代码是正确的，那么单个观测 z_o 的多变量分析理想试验的结果和图 7.4.1 的解析模型相接近。

7.4.5.3 检验所涵盖的源程序代码

由于单个观测的理想试验中 $H=\boldsymbol{H}^{\mathrm{T}}=1$，所以它不涉及观测算子的程序代码。

单个观测的理想试验关系观测信息的传播、散布，所以它聚焦在 **B** 矩阵，其中的单变量分析试验结果取决于 **B** 矩阵的**空间相关**，它涉及所有关联 $\boldsymbol{B}_s^{1/2}$ 及其伴随的程序代码；而多变量分析试验结果取决于整个 **B** 矩阵，即它的**空间相关**和**物理相关**，它涉及所有关联 $\boldsymbol{B}_s^{1/2}$、$\boldsymbol{K}_p$ 及其伴随的程序代码。

由于单个观测的理想试验依靠系统运行结果，所以它包含同化系统的整个程序流，自然涉及**极小化算法**的所有程序代码。

7.4.6 实际应用的试验测试(个例/批量试验)

业务资料同化系统的研发旨在实际应用。资料同化源自数值天气预报(NWP)，而且直至现在它的一个重要用途仍然是为 NWP 提供初值。因此，可以通过资料同化系统得到的分析场用于 NWP，来测试检验同化软件系统的整体性能，包括它的程序代码。这种实际应用的试验包括**个例试验**和**批量试验**；批量试验又包括利用历史数据的回算试验和与当前所用业务系统同时运行、利用实时资料的平行试验。个例试验通过对比实际天气过程及其天气系统的结构和演变特征来检验所研发的资料同化系统和预报模式系统；批量试验通过月或季或冬夏半年的统计特征来检验所研发的软件系统。

业务资料同化系统在实际应用中如果表现不好，会有诸多和复杂的因素，不只是因为系统程序代码的可能错误（已通过了上面的程序代码本身的检查和理想试验结果的检验之后，往往是程序代码的较小错误和错误的可能性较小），更可能取决于同化系统的整体性能（原理、所用的近似和实施方案等）以及 NWP 的预报模式系统；所以实际应用的试验测试超越了程序代码本身的检查。但是，它是**业务**资料同化系统必需的测试检验，用于业务系统的准入和性能改进。

参考文献

杜维文，1997. UNIX 使用指南[M]. 北京：清华大学出版社：350-351.

金之雁，伍湘君，2001. 中国气象数值预报创新系统软件编程标准（草稿）[Z]. 北京：中国气象科学研究院数值预报研究中心.

薛纪善，陈德辉，等，2008a. 数值预报系统 GRAPES 的科学设计与应用[M]. 北京：科学出版社：58-59.

薛纪善，庄世宇，朱国富，等，2008b. GRAPES 新一代全球/区域变分同化系统研究[J]. 科学通报，53(20)：2408-2417.

邹晓蕾，2009. 资料同化理论和应用[M]. 北京：气象出版社：22-23.